工科基础物理学

（上）

周雨青 主编
张玉萍 张道宇 黄宏彬 副主编

清华大学出版社
北京

图书在版编目（CIP）数据

工科基础物理学. 上/周雨青主编. --北京：清华大学出版社，2011.3（2016.1 重印）
ISBN 978-7-302-24905-4

Ⅰ. ①工…　Ⅱ. ①周…　Ⅲ. ①物理学－高等学校－教材　Ⅳ. ①O4

中国版本图书馆 CIP 数据核字(2011)第 017362 号

责任编辑：朱红莲
责任校对：王淑云
责任印制：李红英

出版发行：清华大学出版社
网　址：http://www.tup.com.cn，http://www.wqbook.com
地　址：北京清华大学学研大厦 A 座　　邮　编：100084
社 总 机：010-62770175　　邮　购：010-62786544
投稿与读者服务：010-62776969，c-service@tup.tsinghua.edu.cn
质 量 反 馈：010-62772015，zhiliang@tup.tsinghua.edu.cn

印 装 者：北京中献拓方科技发展有限公司
经　销：全国新华书店
开　本：185mm×260mm　印　张：14　　字　数：336 千字
版　次：2011 年 3 月第 1 版　　印　次：2016 年 1 月第 3 次印刷
定　价：30.00 元

产品编号：037471-02

前言

物理学对人类的科学发展和进步，以及对其他学科的基础作用和意义，再怎么强调也不为过。科学史告诉我们，物理学是科学发展的火车头，当今乃至未来仍将是科学发展的助力器。

本书根据教学基本要求，选择了除“几何光学”之外的所有A类知识点。考虑到物理学的成熟(完善)、系统和发展，本教材仍以物理学系统分类，以经典物理内容(力、热、电磁、光)为主线，阐述物理概念、方法、工具和发展。但是，如果我们只讲传统不讲现代，只讲线性不讲非线性，只讲内容不分层次，那么就体现不出物理的发展和时代的需要。因此，强化近、现代物理内容，特别是强化非线性物理的内容变得非常重要，这部分内容在本书中既独立成章(第16章)，又穿插于经典之中(第5、14章)。这样做可以保证学时的“弹性”，如学时较多，可以全面介绍非线性(第16章)；学时不足，只要在相应章节中选讲非线性即可。

在强化近、现代物理内容的同时，本书在传统内容部分做了如下的加强：

(1) 非惯性力的内容(2-6节)；

(2) 固体的弹性(3-2节)和流体力学(3-3节)内容；

(3) 相对论中的“视觉形象”(4-2节)和“四维动量-能量、力”(4-3节)；

(4) 振动和波中的“复杂振动的处理理论”(5-1节)、“耦合振子”(5-3节)和“非线性波简介”(5-7节)；

(5) 光学中的“光的色散”(14-8节)和“非线性光学”(14-9节)；

(6) 在量子物理中，用适当的篇幅介绍了“量子力学基本问题的争论”(15-3节)。

本书在内容编排次序上做了如下安排：

(1) 将相对论和振动与波分别放在牛顿力学之后的第4章和第5章，而大多数同类教材的相应内容是分别放在光学之后和电磁学之后的。我们的这种做法是考虑：一方面，从系统上来说，相对论和振动与波仍属于力学范畴；另一方面，从本质上说，相对论是时空变换问题，仍属相对运动范畴，而振动与波就是机械运动的一种形式。

(2) 将光学放在量子物理之前的第14章，而同类教材大多把光学内容放在机械振动机械波之后。我们的考虑是，光本质上属于量子和近代物理范畴。

本书在每一章的开头，以“引子”的形式引入各章主题。“引子”不是一个问题，而是一个现象、一段历史、一种发展趋势抑或一段猜想，比如，“从Tocama大桥的坍塌看防震减灾技术”、“地球磁场是否即将再次发生惊天大倒转?”就分别是第5章“振动和波”及第9章“稳恒磁场”开头的“引子”，既切题、有趣，又能帮助读者理解相关内容，具有画龙点睛之效果。

本教材的梯度较大、内容相对较深。例如，在力学部分，减少了运动学、动力学的描述，增加了坐标系的表述(直角坐标、极坐标、自然坐标和柱坐标)和例题分析(质点运、动力学部分共15道例题)；在相对论部分，不仅介绍若干实验基础(布拉德雷实验、斐索流水实验、迈克耳孙-莫雷实验)，而且给出了洛仑兹变换的推导，还引进了相对论视觉形象；在近代物理部分，加强了物质结构的固体理论；此外，全书多处提到了非线性物理内容。纵观全书，明显加大、加深了近现代物理内容，其内容皆在可教、可学的范围内。

总之，我们觉得，教材是为学生和老师服务的。培养目标和学生的基础决定了教材的起点及其内容的深浅，科学的发展决定了教材的扩展。因此，教材一定要分层次。为此我们在这方面做了一些努力，尽管还存在着许多不足，但明确地传导了我们编写教材的思路。

教材编写分工如下：张玉萍负责第1、2、3章和第14章一部分的编写；黄宏彬负责第4、15、16章的编写；周雨青负责第5、6章和第12、13、14章的引言部分的编写；张道宇负责第7、8、10章的编写；朱明负责第9章；董科负责第11章；王勇刚负责第12、13章；范吉阳负责第14章一部分的编写。周雨青负责全书的策划与统稿工作。

书稿自2006年开始启动编写，历时4年，经多次修改并试用，终在2010年收笔。在这期间，叶善专老师一如既往地关心和支持着我们，可以这样说，是叶老师的倡导，才有了我们完成这本书稿的动力。在此向叶老师表示深深的谢意！同时感谢清华大学出版社的朱红莲编辑，她耐心细致的工作为本书增色不少。夏桂红老师为本书出版前做最后一次校稿，感谢他为此付出的辛劳。

因编著者经验有限，书稿中错误难免，还请读者多提宝贵意见，在此预先向你们表示感谢！

编　者

2010年9月于东南大学

目录

第 1 章

质点运动学

引子：说说故事“刻舟求剑”

图 1 邮票

中国是文化丰富多彩且历史悠久的国度，有很多精彩又耐人寻味的寓言、笑话、传说、成语故事。这里我们来说一个街知巷闻的寓言故事“刻舟求剑”。图 1 是北京邮票厂于 1981 年发行的一套邮票，全套画面为五连张，波纹相连，有整体感，形象地刻画了故事“刻舟求剑”情节的发展。故事“刻舟求剑”出自《吕氏春秋·察今》，其原文为：“楚人有涉江者，其剑自舟中坠于水，遽契其舟，曰：‘是吾剑之所从坠。’舟止，从其所契者入水求之。舟已行矣，而剑不行。求剑若此，不亦惑乎！”故事的结果当然是这个楚国人没有找到他的剑，但他觉得很纳闷：“我的剑明明是从这个记号处掉进水里的，为什么从这里跳进水里去却找不到剑呢？”

故事中楚国人滑稽可笑的做法违背了什么原理呢？物理学中物质与运动关系的基本原理，即运动是物质的运动，运动离不开物质；物质是运动的物质，物质离不开运动。故事中的楚国人，虽然看到了船、水、剑的客观存在，却忽视、否认了它们的运动，是一种离开运动谈物质的形而上学的错误表现。物质与运动不可分，实质上也就是承认了运动的绝对性，即任何事物在任何条件下都是永恒运动的，是无条件的，但这并不意味着完全否认静止的存在。恰恰相反，在绝对运动中存在着某种相对静止的状态，但相对静止不是物质的本质属性，而是绝对运动的一种特殊状态。这就是说运动是绝对的，静止是相对的。所谓静止是相对的，是说静止是运动在特定条件下的特殊状态，是有条件的。运动和静止是相互依存、相互贯通的，即所谓动中有静、静中有动。故事中的楚国人找不到剑，就是因为他既否认运动，又否认静中有动。

要捞出水中的剑，凭一般的经验，应以河岸作参照物来确定剑在水中的位置，把剑丢在水中的位置确定下来，而故事中的楚国人则以行走的船为参照物（可惜故事中没有说明），把记号刻在船上，所以作者笑话他“不亦惑乎”。大家笑过之后再想想他在船上刻下记号是不是完全没有道理。

1-1 运动的种类

自然界中物质的运动形式包括机械运动、分子热运动、电磁运动、原子和原子核运动以及其他微观粒子运动等。其中机械运动是最常见和最基本的物质运动形式。所谓机械运动是指物体间或物体内各部分之间相对位置的变动。在力学中常将机械运动简称为运动。力学就是研究物体的机械运动规律的。因为实际物体有大小和形状，所以它的运动比较复杂，一般可分为平动、转动和振动。本章从最简单的平动开始。所谓平动是指物体的运动只有整体位置的移动，即物体上各点的运动轨迹的形状完全相同，这时可用物体上任一点的运动代表整个物体的运动，即可把整个物体当作一个有质量的点，这样的物体称为质点。质点是宏观物体的一种最简单的理想模型，研究质点的运动是研究物体复杂运动的基础。一般情况下，物体各部分的运动并不相同，研究这些物体的运动时不能把它们视为质点，但我们可把整个物体看成是由许多质点组成，通过分析这许多质点的运动就可以弄清楚整个物体的运动。

本章介绍质点运动学，即研究对质点机械运动的描述，主要内容是用矢量代数和微积分知识讨论质点运动的状态和状态的变化，暂不追究质点运动的原因。

1-2 质点运动的描述

1-2-1 参照物和坐标系

经验告诉我们，运动具有绝对性和相对性。绝对性是指自然界中所有物体均处于永恒不息的运动之中，绝对静止的物体是没有的；相对性是指在观察一个物体的运动时必须参考其他物体，参考不同的物体，同一物体的运动会表现为不同的形式，这也叫运动描述的相对性。“坐地日行八万里”就是这个意思。

为描述一个物体的运动而选作参考的另一物体或一组相对静止的物体称为参考系。所有物体都有被选作参考系的同等地位，即参考系的选择具有任意性，只是同一物体的运动相对不同的参考系而言其运动情况的描述不一样。比如在匀速行驶的轮船中竖直上抛一个小球，在轮船中看小球的运动轨迹是一条直线，而在地面上看则是一条抛物线。因此，当我们描述一个物体的运动时，必须指明是对什么参考系而言的。例如在讨论地面上物体的运动时，我们常用固定在地面上的一些物体，如树木或房屋等作参考系，这样的参考系叫地面参考系。在讨论船、车中的物体的运动时，常以船、车作为参考系。在讨论人造卫星的运动时，为了方便我们常以地心作为参考系。在讨论行星的运动时，又常采用日心作为参考系。

对于故事中的楚国人，他所选取的参照物是行走的船（假设船匀速行驶），若我们把宝剑落水时的位置作为坐标系原点，同时不考虑空气以及水对宝剑的阻力，那么在宝剑离开船到落在水底这段时间内就是一个自由落体运动，在他所选取的坐标系中，宝剑就不会发生水平方向的位移，因此，他在船上刻下记号并不是完全没有道理。

为了定量地描述物体的运动，我们必须进一步在参考系中建立一个坐标系。坐标系有直角坐标系（即笛卡儿坐标系）、极坐标系、球坐标系、柱坐标系和自然坐标系等。下面将重点讨论如何在直角坐标系、极坐标系和自然坐标系中描述质点的运动。

1-2-2　运动的描述

1. 描写质点运动的物理量

(1) 位矢

要确定质点的运动，首先要确定质点的空间位置，为此我们引入矢量 $\boldsymbol{r}$。如图 1-1 所示，在某一时刻 t 质点位于 P 点，从坐标原点 O 到点 P 引一矢量 $\boldsymbol{r}$，该矢量称为质点在时刻 t 的位置矢量，简称位矢，又称径矢。$\boldsymbol{r}$ 的大小表明了质点到原点的距离，$\boldsymbol{r}$ 的方向指明了质点相对原点的方位，即 $\boldsymbol{r}$ 可确定质点的空间位置。很显然，质点运动时，它的位矢是随时间变化的，也就是说 $\boldsymbol{r}$ 是时间的函数，即

$$\boldsymbol{r} = \boldsymbol{r}(t) \tag{1-1}$$

由以上讨论可知，位矢 $\boldsymbol{r}$ 的函数形式能详细地描述质点在任一时刻的位置，并包含了质点如何运动的全部信息，此式称为质点的运动方程，运动学的任务之一就是找出质点的运动方程。

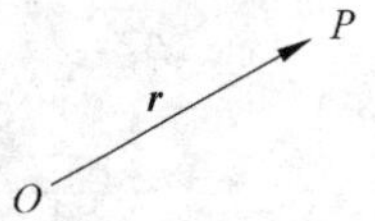

图　1-1

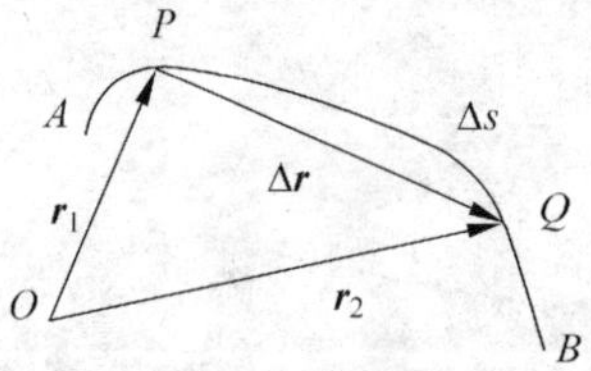

图　1-2

(2) 位移

设质点沿如图 1-2 所示的 AB 曲线轨道运动，质点在 t 时刻位于点 P 处，在 $t+\Delta t$ 时刻位于点 Q 处，其相应的位置矢量分别为 $\boldsymbol{r}_1$ 和 $\boldsymbol{r}_2$，从点 P 到点 Q 引一矢量，我们称矢量 $\overrightarrow{PQ}$ 为质点在 $t \to t+\Delta t$ 时间间隔内位矢的增量，简称位移，它仅反映质点位置变化的实际效果。用 $\Delta\boldsymbol{r}$ 表示位移，则

$$\Delta\boldsymbol{r} = \boldsymbol{r}_2 - \boldsymbol{r}_1 \tag{1-2}$$

应该注意的是，位移 $\Delta\boldsymbol{r}$ 是矢量，它的大小(即它的模)只能记为 $|\Delta\boldsymbol{r}|$，不能用 Δr 表示，因为 $\Delta r = r_2 - r_1$，它是标量，仅仅表示矢量 $\boldsymbol{r}$ 的大小的增量，所以在一般情况下，$|\Delta\boldsymbol{r}| \neq \Delta r$。

(3) 速度

若仅仅知道质点在某时刻的位矢，而不能同时知道质点运动的方向和快慢，这还不能确定质点的运动状态。描述质点的运动状态需要两个物理量，即位矢和速度。

如图 1-2 所示，$\Delta\boldsymbol{r}$ 是质点在 $t \to t+\Delta t$ 时间间隔内的位移，那么质点在此时间间隔内的平均速度为

$$\bar{\boldsymbol{v}} = \frac{\Delta\boldsymbol{r}}{\Delta t} \tag{1-3}$$

平均速度是矢量，它的方向与 $\Delta\boldsymbol{r}$ 的方向一致。平均速度只是粗略地描述了质点在 $t \to t+\Delta t$ 时间间隔内运动的快慢和方向，而我们需要的是质点在某一时刻运动的快慢和方向，

即瞬时速度。将时间间隔 Δt 无限减小，并使之趋近于零，即 $\Delta t \to 0$，则位矢 $\boldsymbol{r}_1$ 和 $\boldsymbol{r}_2$ 将无限接近，这时 $|\Delta \boldsymbol{r}|$ 将无限接近于 PQ 之间的路程 Δs，即 $|\Delta \boldsymbol{r}| = \Delta s$，同时 $\Delta \boldsymbol{r}$ 的方向将与 P 点处的切线一致。因此我们可用下式

$$\boldsymbol{v} = \lim_{\Delta t \to 0} \bar{\boldsymbol{v}} = \lim_{\Delta t \to 0} \frac{\Delta \boldsymbol{r}}{\Delta t} = \frac{\mathrm{d}\boldsymbol{r}}{\mathrm{d}t} \tag{1-4}$$

表示在 P 点质点运动的快慢和方向，$\boldsymbol{v}$ 称为质点在 t 时刻的瞬时速度，简称速度。速度 $\boldsymbol{v}$ 是矢量，它的方向沿着运动轨道上质点所在处的切线方向，并指向质点前进的一侧，它的大小称为速率，用 v 表示。值得注意的是，$v = |\boldsymbol{v}| = \left|\frac{\mathrm{d}\boldsymbol{r}}{\mathrm{d}t}\right| = \frac{\mathrm{d}s}{\mathrm{d}t}$，但在一般情况下，$v \neq \frac{\mathrm{d}r}{\mathrm{d}t}$。具体原因在本章中找。

(4) 加速度

当质点作任意曲线运动时，质点的运动速度会随时间变化，即速度是时间的函数。如图 1-3 所示，质点沿 AB 曲线轨道运动，设质点在 t 时刻的速度为 $\boldsymbol{v}_1$，在 $t + \Delta t$ 时刻的速度为 $\boldsymbol{v}_2$，那么在 $t \to t + \Delta t$ 时间间隔内的速度增量为

$$\Delta \boldsymbol{v} = \boldsymbol{v}_2 - \boldsymbol{v}_1 \tag{1-5}$$

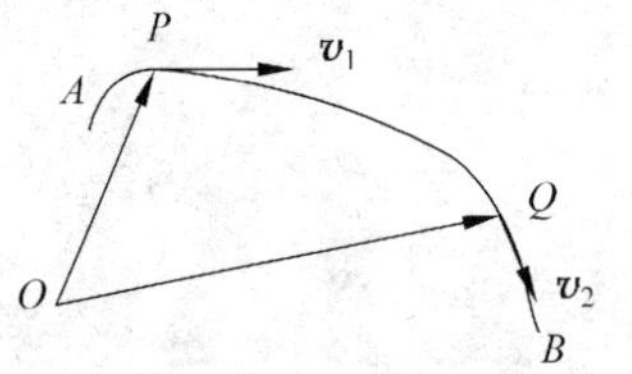

图 1-3

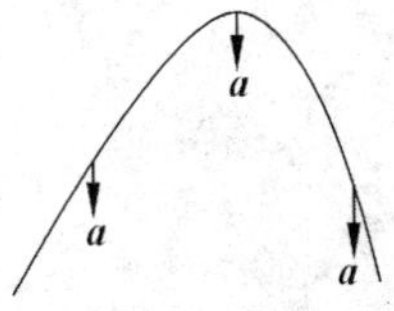

图 1-4

速度增量 $\Delta \boldsymbol{v}$ 与时间间隔 Δt 之比，定义为质点在 Δt 时间内的平均加速度，即

$$\bar{\boldsymbol{a}} = \frac{\Delta \boldsymbol{v}}{\Delta t} \tag{1-6}$$

当 $\Delta t \to 0$ 时取式(1-6)的极限，就可得到 t 时刻质点运动的瞬时加速度 $\boldsymbol{a}$（简称加速度），即

$$\boldsymbol{a} = \lim_{\Delta t \to 0} \bar{\boldsymbol{a}} = \lim_{\Delta t \to 0} \frac{\Delta \boldsymbol{v}}{\Delta t} = \frac{\mathrm{d}\boldsymbol{v}}{\mathrm{d}t} = \frac{\mathrm{d}^2 \boldsymbol{r}}{\mathrm{d}t^2} \tag{1-7}$$

应当注意，加速度是矢量，它既反映了速度大小的变化，又反映了速度方向的变化。其方向就是当 $\Delta t \to 0$ 时速度增量 $\Delta \boldsymbol{v}$ 的极限方向，而不是速度方向。质点作曲线运动时，加速度的方向总是指向轨道曲线的凹侧。图 1-4 表示了抛体运动中加速度的方向。

以上介绍了描写质点运动的四个矢量，即位矢 $\boldsymbol{r}$、位移 $\Delta \boldsymbol{r}$、速度 $\boldsymbol{v}$ 和加速度 $\boldsymbol{a}$。其中位矢和速度是描写质点运动状态的物理量，位移和加速度是描写质点运动状态变化的物理量。从以上的讨论可知，如果知道了质点的运动方程，就可按公式

$$\boldsymbol{v} = \frac{\mathrm{d}\boldsymbol{r}}{\mathrm{d}t} \quad 和 \quad \boldsymbol{a} = \frac{\mathrm{d}\boldsymbol{v}}{\mathrm{d}t} = \frac{\mathrm{d}^2 \boldsymbol{r}}{\mathrm{d}t^2}$$

求出质点在任一时刻的位矢、速度和加速度；反过来，如果知道了质点运动的速度或加速度以及初始运动状态，就可用积分法求运动方程。上述就是质点运动学的两类基本问题。为了求解这两类问题，我们必须将 $\boldsymbol{r}$、$\Delta \boldsymbol{r}$、$\boldsymbol{v}$ 和 $\boldsymbol{a}$ 写成有关的坐标分量式才便于进行微积分计算，下面讨论位矢 $\boldsymbol{r}$、位移 $\Delta \boldsymbol{r}$、速度 $\boldsymbol{v}$ 和加速度 $\boldsymbol{a}$ 在直角坐标系、平面极坐标系、自然坐标系、柱坐标系和球坐标系中的表示。

2. 矢量在坐标系中的表示

(1) 直角坐标系

最常用的坐标系是直角坐标系。在如图 1-5 所示的直角坐标系中，质点沿 AB 曲线轨道运动，在时刻 t 质点 P 的位矢在 Ox 轴、Oy 轴和 Oz 轴上的投影分别为 x、y、z，如果取 $\boldsymbol{i}$、$\boldsymbol{j}$ 和 $\boldsymbol{k}$ 分别为沿 Ox 轴、Oy 轴和 Oz 轴的单位矢量，那么可将位矢 $\boldsymbol{r}$ 表示为

$$\boldsymbol{r} = x\boldsymbol{i} + y\boldsymbol{j} + z\boldsymbol{k} \tag{1-8}$$

其大小为 $r=\sqrt{x^2+y^2+z^2}$，方向可由下面三个方向余弦确定：

$$\cos\alpha = \frac{x}{r},\quad \cos\beta = \frac{y}{r},\quad \cos\gamma = \frac{z}{r}$$

式中 α、β、γ 分别是 $\boldsymbol{r}$ 与 Ox 轴、Oy 轴和 Oz 轴之间的夹角。

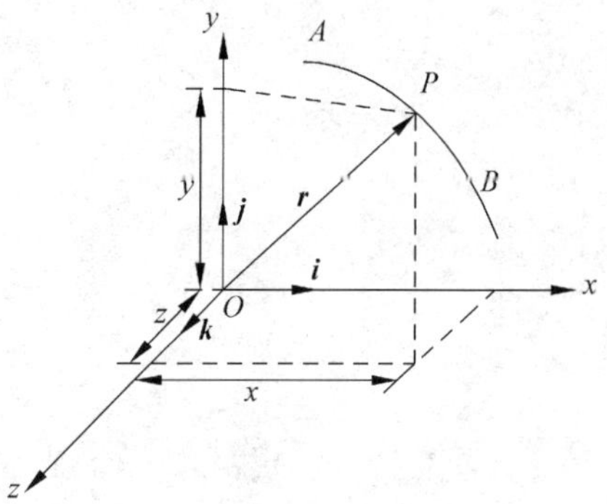

图　1-5

运动方程式(1-1)可表示为

$$\boldsymbol{r}(t) = x(t)\boldsymbol{i} + y(t)\boldsymbol{j} + z(t)\boldsymbol{k} \tag{1-9}$$

分量式则为

$$\begin{cases} x = x(t) \\ y = y(t) \\ z = z(t) \end{cases} \tag{1-10}$$

式(1-9)反映了实际运动是各分运动的矢量合成，即运动具有叠加性，例如平抛运动可以看作水平方向匀速直线运动和竖直方向匀加速直线运动的叠加。任何一个运动都可以看作是质点沿各坐标轴的分运动合成。另外，从式(1-10)中消去参数 t 还可得到质点运动的轨迹方程。

因为 $\boldsymbol{r}=x\boldsymbol{i}+y\boldsymbol{j}+z\boldsymbol{k}$，所以速度在直角坐标系中的表示式是

$$\begin{aligned} \boldsymbol{v} &= \frac{\mathrm{d}\boldsymbol{r}}{\mathrm{d}t} = \frac{\mathrm{d}x}{\mathrm{d}t}\boldsymbol{i} + \frac{\mathrm{d}y}{\mathrm{d}t}\boldsymbol{j} + \frac{\mathrm{d}z}{\mathrm{d}t}\boldsymbol{k} \\ &= v_x\boldsymbol{i} + v_y\boldsymbol{j} + v_z\boldsymbol{k} \end{aligned} \tag{1-11}$$

式中

$$v_x = \frac{\mathrm{d}x}{\mathrm{d}t},\quad v_y = \frac{\mathrm{d}y}{\mathrm{d}t},\quad v_z = \frac{\mathrm{d}z}{\mathrm{d}t} \tag{1-12}$$

v_x、v_y、v_z 是速度在坐标轴上的分量，这些分量都是数值，可正可负。速度的大小为 $v=\sqrt{v_x^2+v_y^2+v_z^2}$，方向可由下面三个方向余弦确定：

$$\cos\alpha = \frac{v_x}{v},\quad \cos\beta = \frac{v_y}{v},\quad \cos\gamma = \frac{v_z}{v}$$

式中 α、β、γ 分别是 $\boldsymbol{v}$ 与 Ox 轴、Oy 轴和 Oz 轴之间的夹角。

加速度 $\boldsymbol{a}$ 在直角坐标系中可写成

$$\begin{aligned} \boldsymbol{a} &= \frac{\mathrm{d}\boldsymbol{v}}{\mathrm{d}t} = \frac{\mathrm{d}^2\boldsymbol{r}}{\mathrm{d}t^2} \\ &= \frac{\mathrm{d}v_x}{\mathrm{d}t}\boldsymbol{i} + \frac{\mathrm{d}v_y}{\mathrm{d}t}\boldsymbol{j} + \frac{\mathrm{d}v_z}{\mathrm{d}t}\boldsymbol{k} \end{aligned} \tag{1-13a}$$

或

$$a=\frac{d^2x}{dt^2}i+\frac{d^2y}{dt^2}j+\frac{d^2z}{dt^2}k \tag{1-13b}$$

或

$$a=a_xi+a_yj+a_zk \tag{1-13c}$$

加速度沿三个坐标轴的分量分别为

$$a_x=\frac{dv_x}{dt}=\frac{d^2x}{dt^2},\quad a_y=\frac{dv_y}{dt}=\frac{d^2y}{dt^2},\quad a_z=\frac{dv_z}{dt}=\frac{d^2z}{dt^2}$$

加速度的大小为 $a=\sqrt{a_x^2+a_y^2+a_z^2}$，方向可由下面三个方向余弦确定：

$$\cos\alpha=\frac{a_x}{a},\quad \cos\beta=\frac{a_y}{a},\quad \cos\gamma=\frac{a_z}{a}$$

式中 α、β、γ 分别是 $\boldsymbol{a}$ 与 Ox 轴、Oy 轴和 Oz 轴之间的夹角。

（2）平面极坐标系

当质点在平面上运动时，也可采用平面极坐标系。如图 1-6 所示，假设某时刻质点位于点 P，这时从坐标原点 O 到点 P 的有向线段称为位矢 $\boldsymbol{r}$，$\boldsymbol{r}$ 与 Ox 轴之间的夹角为 θ，于是质点的坐标为 r 和 θ。这种以 (r,θ) 为坐标的参考系称为平面极坐标系，r 称为极径，θ 称为极角。

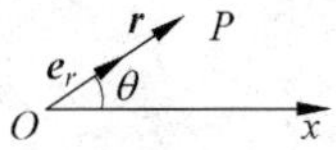

图 1-6

平面极坐标系中，在任意时刻 t，位矢 $\boldsymbol{r}$ 可表示为

$$\boldsymbol{r}=r\boldsymbol{e}_r \tag{1-14}$$

其中 $\boldsymbol{e}_r$ 是径向的单位矢量。一般情况下，r 和 $\boldsymbol{e}_r$ 都随时间变化，所以运动方程为

$$\boldsymbol{r}=r(t)\boldsymbol{e}_r(t) \tag{1-15}$$

其极坐标分量式为

$$\begin{cases} r=r(t) \\ \theta=\theta(t) \end{cases} \tag{1-16}$$

由式(1-4)，我们有

$$\boldsymbol{v}=\frac{d\boldsymbol{r}}{dt}=\frac{d}{dt}(r\boldsymbol{e}_r)=\frac{dr}{dt}\boldsymbol{e}_r+r\frac{d\boldsymbol{e}_r}{dt} \tag{1-17}$$

式中右端第一项的意义很清楚，是质点径向坐标对时间的变化率，它是速度 $\boldsymbol{v}$ 的径向分量。第二项中含有 $\boldsymbol{e}_r$ 对时间的导数，下面讨论这一项的意义。

如图 1-7 所示，当质点沿轨道在 t 到 $t+\Delta t$ 时间内由点 P 运动到点 Q 时，径向单位矢量由 $\boldsymbol{e}_r(t)$ 变为 $\boldsymbol{e}_r(t+\Delta t)$，横向（同径向垂直并指向极角增加的方向）单位矢量由 $\boldsymbol{e}_\theta(t)$ 变为 $\boldsymbol{e}_\theta(t+\Delta t)$，由导数法则，可得到

$$\frac{d\boldsymbol{e}_r}{dt}=\lim_{\Delta t\to 0}\frac{\Delta\boldsymbol{e}_r}{\Delta t}=\lim_{\Delta\theta\to 0}\frac{\Delta\boldsymbol{e}_r}{\Delta\theta}\lim_{\Delta t\to 0}\frac{\Delta\theta}{\Delta t}=\frac{d\theta}{dt}\boldsymbol{e}_\theta \tag{1-18}$$

$$\frac{d\boldsymbol{e}_\theta}{dt}=\lim_{\Delta t\to 0}\frac{\Delta\boldsymbol{e}_\theta}{\Delta t}=\lim_{\Delta\theta\to 0}\frac{\Delta\boldsymbol{e}_\theta}{\Delta\theta}\lim_{\Delta t\to 0}\frac{\Delta\theta}{\Delta t}=-\frac{d\theta}{dt}\boldsymbol{e}_r \tag{1-19}$$

将式(1-18)代入式(1-17)即得

$$\boldsymbol{v}=\frac{dr}{dt}\boldsymbol{e}_r+r\frac{d\theta}{dt}\boldsymbol{e}_\theta \tag{1-20}$$

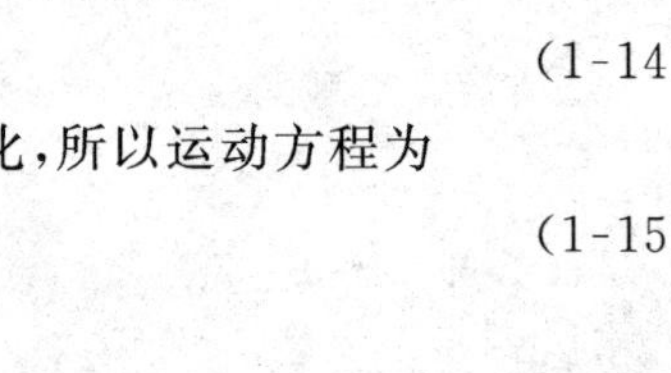

图 1-7

上式中第一项称为径向速度,第二项代表速度沿横向的分量,称为横向速度,分别用 v_r 和 v_θ 表示径向速度和横向速度,则

$$\begin{cases} v_r = \dfrac{\mathrm{d}r}{\mathrm{d}t} \\ v_\theta = r\dfrac{\mathrm{d}\theta}{\mathrm{d}t} \end{cases} \tag{1-21}$$

下面讨论加速度在平面极坐标系中的表示。将式(1-20)对时间再求一次微商,并将式(1-19)代入,得

$$\begin{aligned} \boldsymbol{a} &= \frac{\mathrm{d}\boldsymbol{v}}{\mathrm{d}t} = \frac{\mathrm{d}}{\mathrm{d}t}\left(\frac{\mathrm{d}r}{\mathrm{d}t}\boldsymbol{e}_r + r\frac{\mathrm{d}\theta}{\mathrm{d}t}\boldsymbol{e}_\theta\right) \\ &= \left[\frac{\mathrm{d}^2 r}{\mathrm{d}t^2} - r\left(\frac{\mathrm{d}\theta}{\mathrm{d}t}\right)^2\right]\boldsymbol{e}_r + \left(r\frac{\mathrm{d}^2\theta}{\mathrm{d}t^2} + 2\frac{\mathrm{d}r}{\mathrm{d}t}\frac{\mathrm{d}\theta}{\mathrm{d}t}\right)\boldsymbol{e}_\theta \end{aligned} \tag{1-22}$$

上式中第一项称为径向加速度,第二项称为横向加速度,分别用 a_r 和 a_θ 表示径向加速度和横向加速度,则

$$a_r = \frac{\mathrm{d}^2 r}{\mathrm{d}t^2} - r\left(\frac{\mathrm{d}\theta}{\mathrm{d}t}\right)^2,\quad a_\theta = r\frac{\mathrm{d}^2\theta}{\mathrm{d}t^2} + 2\frac{\mathrm{d}r}{\mathrm{d}t}\frac{\mathrm{d}\theta}{\mathrm{d}t} \tag{1-23}$$

(3) 自然坐标系

在质点作平面曲线运动,并且已知其轨迹时,我们常采用自然坐标系来分析、研究质点的运动,这要比用直角坐标系、平面极坐标系更加方便,更加直观。顾名思义,所谓自然坐标系就是顺应轨道的形状自然建立起来的坐标系。设质点沿着如图 1-8 所示的曲线轨道运动,在轨道曲线上任取一定点作为坐标原点 O,把轨道当作轴,当质点在某时刻 t 位于点 P 时,它的位置可由点 P 与原点 O 之间的轨道长度 s 来确定,s 称为动点 P 的自然坐标。

另外,为研究问题的方便,可在任意时刻于质点所在处取两个单位矢量,即切向单位矢量 $\boldsymbol{e}_\mathrm{t}$ 和法向单位矢量 $\boldsymbol{e}_\mathrm{n}$(见图 1-8),前者沿着轨道切向,其正方向指向质点前进的一侧,后者沿着轨道法向,其正方向指向轨道的凹侧。$\boldsymbol{e}_\mathrm{t}$ 和 $\boldsymbol{e}_\mathrm{n}$ 的大小恒为 1,但一般情况下,$\boldsymbol{e}_\mathrm{t}$ 和 $\boldsymbol{e}_\mathrm{n}$ 的方向随质点的位置变化而改变,即 $\boldsymbol{e}_\mathrm{t}$ 和 $\boldsymbol{e}_\mathrm{n}$ 不是恒矢量,这与直角坐标系中的单位矢量 $\boldsymbol{i}$、$\boldsymbol{j}$、$\boldsymbol{k}$ 是不同的。

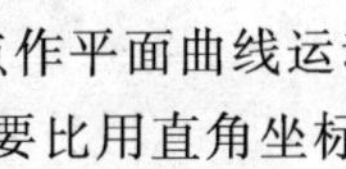

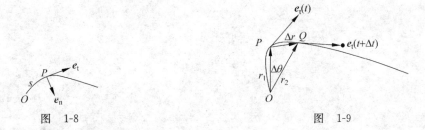

图 1-8

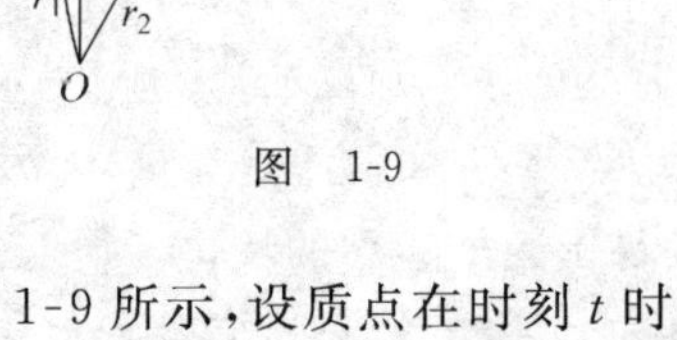

图 1-9

当质点运动时,s 随时间变化,即 $s=s(t)$。如图 1-9 所示,设质点在时刻 t 时位于点 P,自然坐标为 $s(t)$,质点在时刻 $t+\Delta t$ 时位于点 Q,自然坐标为 $s(t+\Delta t)$,在 $t\to t+\Delta t$ 的时间内,质点走过的路程

$$\Delta s = s(t+\Delta t) - s(t)$$

对应地,对原点 O,P 点位矢为 $\boldsymbol{r}_1$,Q 点位矢为 $\boldsymbol{r}_2=\boldsymbol{r}_1+\Delta\boldsymbol{r}$,当 $\Delta t\to 0$ 时,位移 $\Delta\boldsymbol{r}$ 的大小与路程 Δs 相等,而且位移的方向即为 P 点轨道的切线方向 $\boldsymbol{e}_\mathrm{t}$,由此可得到速度在自然坐

标系中的表示式，即

$$\boldsymbol{v}=\frac{\mathrm{d}\boldsymbol{r}}{\mathrm{d}t}=\frac{\mathrm{d}s}{\mathrm{d}t}\boldsymbol{e}_{\mathrm{t}}=v\boldsymbol{e}_{\mathrm{t}} \tag{1-24}$$

加速度则为

$$\boldsymbol{a}=\frac{\mathrm{d}\boldsymbol{v}}{\mathrm{d}t}=\frac{\mathrm{d}v}{\mathrm{d}t}\boldsymbol{e}_{\mathrm{t}}+v\frac{\mathrm{d}\boldsymbol{e}_{\mathrm{t}}}{\mathrm{d}t} \tag{1-25}$$

上式中的第一项$\frac{\mathrm{d}v}{\mathrm{d}t}\boldsymbol{e}_{\mathrm{t}}$，是由于速度大小变化引起的，其方向与 $\boldsymbol{e}_{\mathrm{t}}$ 一致，所以此项称为切向加速度，用 $\boldsymbol{a}_{\mathrm{t}}$ 表示，则

$$\boldsymbol{a}_{\mathrm{t}}=\frac{\mathrm{d}v}{\mathrm{d}t}\boldsymbol{e}_{\mathrm{t}} \tag{1-26}$$

下面讨论式(1-25)中的第二项 $v\frac{\mathrm{d}\boldsymbol{e}_{\mathrm{t}}}{\mathrm{d}t}$。如图 1-9 所示，设质点在时刻 t 时位于点 P，其切向单位矢量为 $\boldsymbol{e}_{\mathrm{t}}(t)$，质点在时刻 $t+\Delta t$ 时位于点 Q，其切向单位矢量为 $\boldsymbol{e}_{\mathrm{t}}(t+\Delta t)$，$\Delta\theta$ 为 P 和 Q 两点切线之间的夹角。这里的切向单位矢量和法向单位矢量相当于极坐标中的径向单位矢量和横向单位矢量，因而可得

$$v\frac{\mathrm{d}\boldsymbol{e}_{\mathrm{t}}}{\mathrm{d}t}=v\frac{\mathrm{d}\theta}{\mathrm{d}t}\boldsymbol{e}_{\mathrm{n}} \tag{1-27}$$

因为这一项的方向沿 $\boldsymbol{e}_{\mathrm{n}}$ 方向，所以这一项称为法向加速度，用 $\boldsymbol{a}_{\mathrm{n}}$ 表示，则

$$\boldsymbol{a}_{\mathrm{n}}=v\frac{\mathrm{d}\theta}{\mathrm{d}t}\boldsymbol{e}_{\mathrm{n}} \tag{1-28}$$

由此可得到加速度在自然坐标系中的表示式，即

$$\boldsymbol{a}=\frac{\mathrm{d}v}{\mathrm{d}t}\boldsymbol{e}_{\mathrm{t}}+v\frac{\mathrm{d}\theta}{\mathrm{d}t}\boldsymbol{e}_{\mathrm{n}}=a_{\mathrm{t}}\boldsymbol{e}_{\mathrm{t}}+a_{\mathrm{n}}\boldsymbol{e}_{\mathrm{n}} \tag{1-29}$$

式中

$$a_{\mathrm{t}}=\frac{\mathrm{d}v}{\mathrm{d}t},\quad a_{\mathrm{n}}=v\frac{\mathrm{d}\theta}{\mathrm{d}t} \tag{1-30}$$

如果质点在半径为 R 的圆周上运动，如图 1-10 所示，质点位矢 $\boldsymbol{r}$ 的大小恒为 R，但位矢在转动，可用位矢 $\boldsymbol{r}$ 与 Ox 轴之间的夹角 θ 表示质点的位置，θ 叫角坐标。$\Delta\theta$ 是在 $t\to t+\Delta t$ 时间间隔内质点角坐标的变化，称为角位移。我们定义

$$\omega=\lim_{\Delta t\to 0}\frac{\Delta\theta}{\Delta t}=\frac{\mathrm{d}\theta}{\mathrm{d}t} \tag{1-31}$$

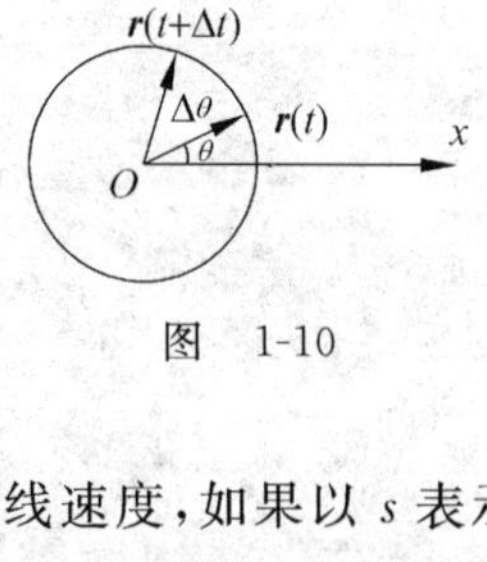

图 1-10

为质点绕 O 点转动的角速度，它描述了质点位矢转动的快慢，从而反映了质点在圆周上运动的快慢。质点沿圆周运动的速率通常称为线速度，如果以 s 表示圆周上某点起量的弧长，显然线速度可表示为

$$v=\frac{\mathrm{d}s}{\mathrm{d}t}=\frac{\mathrm{d}(R\theta)}{\mathrm{d}t}=R\frac{\mathrm{d}\theta}{\mathrm{d}t}=R\omega \tag{1-32}$$

当角速度随时间变化时，我们定义

$$\alpha=\frac{\mathrm{d}\omega}{\mathrm{d}t}=\frac{\mathrm{d}^2\theta}{\mathrm{d}t^2} \tag{1-33}$$

为角加速度,因此质点作圆周运动时的加速度可写成

$$\begin{aligned}\boldsymbol{a} &= a_t\boldsymbol{e}_t + a_n\boldsymbol{e}_n \\ &= \frac{\mathrm{d}v}{\mathrm{d}t}\boldsymbol{e}_t + v\frac{\mathrm{d}\theta}{\mathrm{d}t}\boldsymbol{e}_n \\ &= \frac{\mathrm{d}v}{\mathrm{d}t}\boldsymbol{e}_t + \frac{v^2}{R}\boldsymbol{e}_n \end{aligned} \tag{1-34a}$$

或

$$\boldsymbol{a} = R\alpha\boldsymbol{e}_t + \frac{v^2}{R}\boldsymbol{e}_n \tag{1-34b}$$

在变速圆周运动中,由于速度的大小和方向都随时间变化,所以加速度的方向肯定不指向圆心,加速度的大小和方向为(见图 1-11)

$$\begin{cases} a = \sqrt{a_t^2 + a_n^2} \\ \tan\varphi = \dfrac{a_n}{a_t} \end{cases} \tag{1-35}$$

如果质点作一般的曲线运动,式(1-34)仍然适用,这时可将一段足够小的曲线看成是一段圆弧,如图 1-11 所示,作一个包含这段圆弧的圆周,此圆周称为该点的曲率圆,其圆心和曲率半径称为轨道在该点的曲率中心和曲率半径,用曲率半径 ρ 代替式(1-34)中圆的半径 R,就可得到质点作一般曲线运动时的加速度

$$\boldsymbol{a} = \frac{\mathrm{d}v}{\mathrm{d}t}\boldsymbol{e}_t + \frac{v^2}{\rho}\boldsymbol{e}_n \tag{1-36}$$

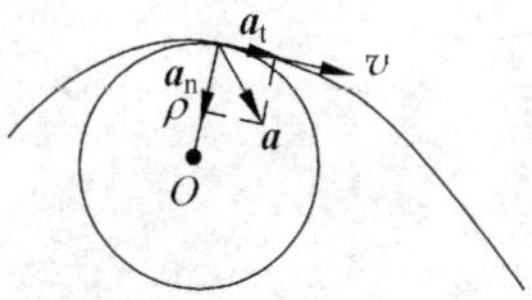

图　1-11

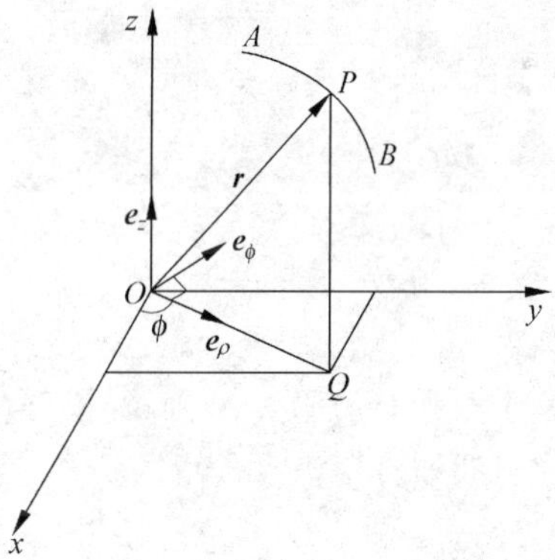

图　1-12

(4) 柱坐标系

在如图 1-12 所示的柱坐标系中,质点沿 AB 曲线轨道运动,在时刻 t 质点 P 的柱坐标为(ρ、ϕ、z),图中 $PQ\perp xy$ 平面,相应的三个单位矢量为 $\boldsymbol{e}_\rho$、$\boldsymbol{e}_\phi$ 和 $\boldsymbol{e}_z$,那么可将位矢 $\boldsymbol{r}$、速度 $\boldsymbol{v}$ 和加速度 $\boldsymbol{a}$ 表示为

$$\begin{cases} \boldsymbol{r} = \rho\boldsymbol{e}_\rho + z\boldsymbol{e}_z \\ \boldsymbol{v} = \dfrac{\mathrm{d}\rho}{\mathrm{d}t}\boldsymbol{e}_\rho + \rho\dfrac{\mathrm{d}\phi}{\mathrm{d}t}\boldsymbol{e}_\phi + \dfrac{\mathrm{d}z}{\mathrm{d}t}\boldsymbol{e}_z \\ \boldsymbol{a} = \left[\dfrac{\mathrm{d}^2\rho}{\mathrm{d}t^2} - \rho\left(\dfrac{\mathrm{d}\phi}{\mathrm{d}t}\right)^2\right]\boldsymbol{e}_\rho + \left(\rho\dfrac{\mathrm{d}^2\phi}{\mathrm{d}t^2} + 2\dfrac{\mathrm{d}\rho}{\mathrm{d}t}\dfrac{\mathrm{d}\phi}{\mathrm{d}t}\right)\boldsymbol{e}_\phi + \dfrac{\mathrm{d}^2 z}{\mathrm{d}t^2}\boldsymbol{e}_z \end{cases} \tag{1-37}$$

同学们可以自行推导以上各式。

（5）球坐标系

在如图 1-13 所示的球坐标系中，质点沿 AB 曲线轨道运动，在 t 时刻质点 P 的球坐标为 $(r、\theta、\phi)$，相应的三个单位矢量为 $\boldsymbol{e}_r$、$\boldsymbol{e}_\theta$ 和 $\boldsymbol{e}_\phi$，它们相互垂直。图中 $\overline{PQ}\perp xy$ 平面，Q 点及 $\boldsymbol{e}'_\phi$ 在 xy 平面上，$\boldsymbol{e}_\theta$ 在 OPQ 平面上，$\boldsymbol{e}_r$ 沿 OP 方向，$\boldsymbol{e}_\theta\perp\overline{OP}$，$\boldsymbol{e}'_\phi\perp\overline{OQ}$，$\boldsymbol{e}_\phi//\boldsymbol{e}'_\phi$，$\boldsymbol{e}'_\phi$、$\boldsymbol{e}_\phi\perp OPQ$ 平面，那么可将位矢 $\boldsymbol{r}$、速度 $\boldsymbol{v}$ 和加速度 $\boldsymbol{a}$ 表示为

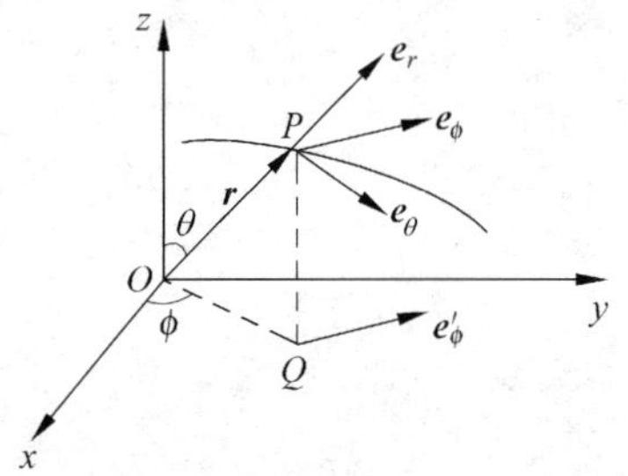

图 1-13

$$\begin{cases}\boldsymbol{r}=r\boldsymbol{e}_r\\ \boldsymbol{v}=\dfrac{\mathrm{d}r}{\mathrm{d}t}\boldsymbol{e}_r+r\dfrac{\mathrm{d}\theta}{\mathrm{d}t}\boldsymbol{e}_\theta+r\dfrac{\mathrm{d}\phi}{\mathrm{d}t}\sin\theta\boldsymbol{e}_\phi\\ \boldsymbol{a}=a_r\boldsymbol{e}_r+a_\theta\boldsymbol{e}_\theta+a_\phi\boldsymbol{e}_\phi\end{cases}$$

其中，

$$a_r=\frac{\mathrm{d}^2r}{\mathrm{d}t^2}-r\left(\frac{\mathrm{d}\theta}{\mathrm{d}t}\right)^2-r\left(\frac{\mathrm{d}\phi}{\mathrm{d}t}\right)^2\sin^2\theta$$

$$a_\theta=r\frac{\mathrm{d}^2\theta}{\mathrm{d}t^2}+2\frac{\mathrm{d}r}{\mathrm{d}t}\frac{\mathrm{d}\theta}{\mathrm{d}t}-r\left(\frac{\mathrm{d}\theta}{\mathrm{d}t}\right)^2\sin\theta\cos\theta$$

$$a_\phi=r\frac{\mathrm{d}^2\phi}{\mathrm{d}t^2}\sin\theta+2\frac{\mathrm{d}r}{\mathrm{d}t}\frac{\mathrm{d}\phi}{\mathrm{d}t}\sin\theta+2r\frac{\mathrm{d}\theta}{\mathrm{d}t}\frac{\mathrm{d}\phi}{\mathrm{d}t}\cos\theta$$

同学们可以自己推导上式。

本书中物理量的单位采用国际单位制，即 SI。在 SI 中，速度的单位为 $\mathrm{m\cdot s^{-1}}$（米每秒），加速度的单位为 $\mathrm{m\cdot s^{-2}}$（米每二次方秒），角坐标、角位移的单位为 rad，角速度的单位为 $\mathrm{rad\cdot s^{-1}}$（弧度每秒），角加速度的单位为 $\mathrm{rad\cdot s^{-2}}$（弧度每二次方秒）。

例 1 质点运动方程为

$$\boldsymbol{r}=2t\boldsymbol{i}+(4t^2+2)\boldsymbol{j}$$

式中 r 的单位为 m（米），t 的单位 s（秒）。试求：

（1）质点运动的轨迹方程；

（2）质点在 $t=1$ 至 $t=3$ 内的位移；

（3）速度的直角坐标分量式；

（4）加速度的直角坐标分量式及 $t=1$ 时的切向和法向加速度。

解 （1）由题意知 $x=2t$，$y=4t^2+2$，消去 t 可得轨迹方程

$$y=x^2+2$$

（2）由位矢 $\boldsymbol{r}=2t\boldsymbol{i}+(4t^2+2)\boldsymbol{j}$，代入 $t=1$ 和 $t=3$，得

$$\boldsymbol{r}_1=2\boldsymbol{i}+6\boldsymbol{j}$$

$$\boldsymbol{r}_2=6\boldsymbol{i}+38\boldsymbol{j}$$

所以

$$\Delta\boldsymbol{r}=\boldsymbol{r}_2-\boldsymbol{r}_1=(x_2-x_1)\boldsymbol{i}+(y_2-y_1)\boldsymbol{j}=4\boldsymbol{i}+32\boldsymbol{j}$$

（3）由题意可得速度分量分别为

$$v_x=\frac{\mathrm{d}x}{\mathrm{d}t}=2(\mathrm{m/s}),\quad v_y=\frac{\mathrm{d}y}{\mathrm{d}t}=8t(\mathrm{m/s})$$

(4) 由(3)得加速度分量分别为

$$a_x=\frac{\mathrm{d}v_x}{\mathrm{d}t}=0(\mathrm{m/s^2}),\quad a_y=\frac{\mathrm{d}v_y}{\mathrm{d}t}=8(\mathrm{m/s^2})$$

又由(3)得速度的大小为 $v=\sqrt{v_x^2+v_y^2}=2\sqrt{1+16t^2}$,则由式(1-30)可知

$$a_\mathrm{t}=\frac{\mathrm{d}v}{\mathrm{d}t}=32t/\sqrt{1+16t^2}(\mathrm{m/s^2})$$

代入 $t=1$,得

$$a_\mathrm{t}=\frac{32}{\sqrt{17}}=7.76(\mathrm{m/s^2})$$

$$a_\mathrm{n}=\sqrt{a^2-a_\mathrm{t}^2}=\sqrt{a_x^2+a_y^2-a_\mathrm{t}^2}=1.94(\mathrm{m/s^2})$$

例 2　如图 1-14 所示,靠在直角墙壁上的直杆 AB 长为 l,在同一铅垂平面内运动,约束限制 A、B 两端不能脱离直角面,已知 $\alpha=\alpha(t)$,求直杆 AB 的中点 C 的速度和加速度。

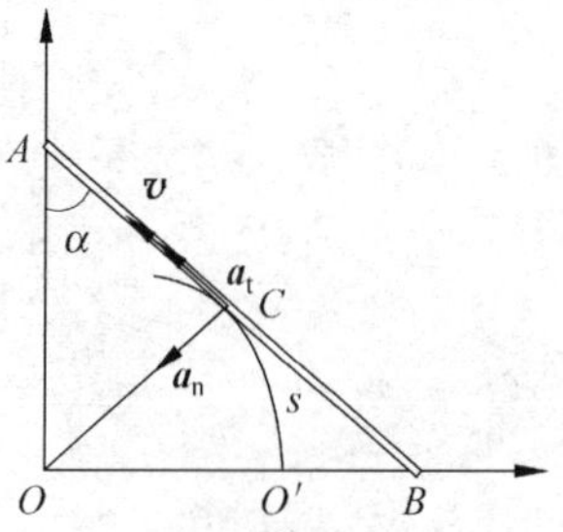

图　1-14

解　C 点在运动的过程中,它到 O 点的距离始终是 $l/2$,因此 C 点的运动轨迹是以 O 点为圆心、以 $l/2$ 为半径的圆,该圆与水平面的交点为 O',现以 O' 点为自然坐标原点,则可得到 C 点的运动方程为

$$s=\overline{O'C}=\frac{l}{2}\left(\frac{\pi}{2}-\alpha\right)$$

C 点的速度大小为

$$v=\frac{\mathrm{d}s}{\mathrm{d}t}=-\frac{l}{2}\frac{\mathrm{d}\alpha}{\mathrm{d}t}$$

方向如图 1-14 所示。

C 点的加速度大小为

$$\begin{cases}a_\mathrm{t}=\dfrac{\mathrm{d}v}{\mathrm{d}t}=\dfrac{\mathrm{d}^2s}{\mathrm{d}t^2}=-\dfrac{l}{2}\dfrac{\mathrm{d}^2\alpha}{\mathrm{d}t^2}\\ a_\mathrm{n}=\dfrac{v^2}{\rho}=\dfrac{l}{2}\left(\dfrac{\mathrm{d}\alpha}{\mathrm{d}t}\right)^2\end{cases}$$

方向如图 1-14 所示。

读者可思考一下如何在直角坐标、极坐标系中解此题。

1-3　相对运动

1-3-1　伽利略坐标变换

如图 1-15 所示,一平板车以一定的速度(远远小于光速)沿水平轨道运动,图中 $Oxyz$ 表示固定在水平地面上的坐标系 S 系,其 x 轴与水平轨道平行,图中 $O'x'y'z'$ 表示固定在这行驶的平板车上的坐标系 S',初始时 S 与 S' 重合,则在任意时刻,空间任一点在这两个坐标系中的坐标间的关系为

$$\begin{cases} x' = x - ut \\ y' = y \\ z' = z \\ t' = t \end{cases} \tag{1-38}$$

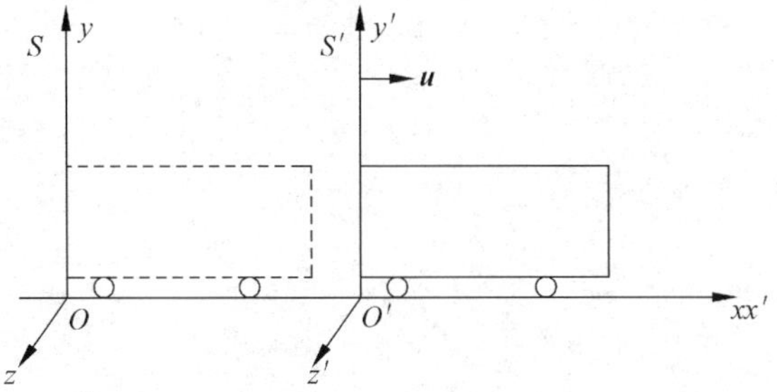

图 1-15

这就是伽利略坐标变换。这种变换的特点是时间和空间是独立的，而且认为时间和空间的测量是绝对的，与参考系无关，但是对运动的描述具有相对性，即对于不同的参考系，同一质点运动的描述可能不同。下面我们研究同一运动质点相对于两个相对作平动的参考系中的位矢、位移、速度和加速度之间的关系。

1-3-2 相对运动

如图 1-16 所示，设有代表两个参考系的坐标系 S 系（即 $Oxyz$ 坐标系）和 S'系（即 $O'x'y'z'$坐标系），S 系与 S'系初始时重合，使 S'系相对 S 系沿 x 轴方向以速度 $\boldsymbol{u}$ 运动，有一个质点在 S 系中的位置以 P 表示，在 S'系中的位置以 P'表示，显然，初始时（即 $t=0$ 时），点 P 与点 P'重合，见图 1-16(a)。

假设在 Δt 时间内，S 系相对 S'系运动的同时，质点 P 运动到点 Q，这时点 Q 相对 S 系和 S'的位矢分别为 $\boldsymbol{r}$ 和 $\boldsymbol{r}'$，如图 1-16(b)所示，显然有

$$\boldsymbol{r} = \boldsymbol{r}' + \boldsymbol{OO}' \tag{1-39}$$

此式表明质点的位矢与参考系的选择有关，即位矢具有相对性。另外，在 Δt 时间内，S'系相对 S 系的位移为 $\Delta \boldsymbol{D} = \boldsymbol{u}\Delta t$，质点 P 相对 S 系的位移为 $\boldsymbol{PQ} = \Delta \boldsymbol{r}$，质点 P 相对 S'系的位移为 $\boldsymbol{P'Q} = \Delta \boldsymbol{r}'$，如图1-16(c)所示，显然有

$$\Delta \boldsymbol{r} = \Delta \boldsymbol{r}' + \Delta \boldsymbol{D}$$

或

$$\Delta \boldsymbol{r} = \Delta \boldsymbol{r}' + \boldsymbol{u}\Delta t \tag{1-40}$$

此式表明，质点的位移取决于参考系的选取，具有相对性。

将式(1-40)两边同时除以 Δt，有

$$\frac{\Delta \boldsymbol{r}}{\Delta t} = \frac{\Delta \boldsymbol{r}'}{\Delta t} + \boldsymbol{u}$$

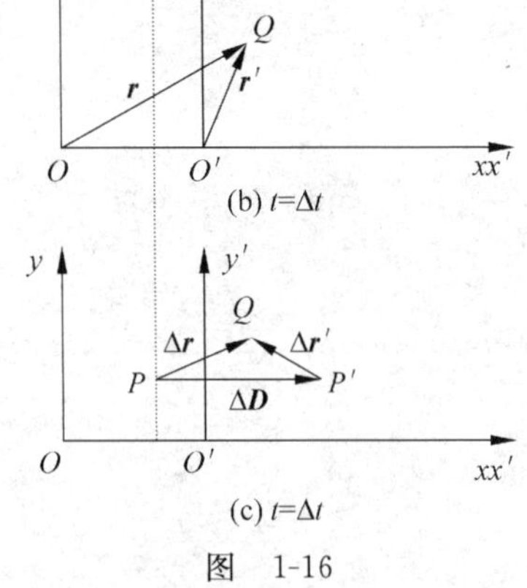

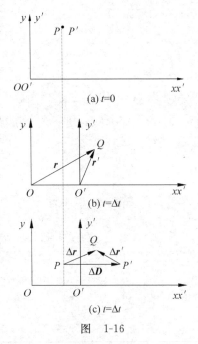

图 1-16

当 $\Delta t \to 0$ 时，有

$$\frac{\mathrm{d}\boldsymbol{r}}{\mathrm{d}t} = \frac{\mathrm{d}\boldsymbol{r}'}{\mathrm{d}t} + \boldsymbol{u}$$

即

$$\boldsymbol{v} = \boldsymbol{v}' + \boldsymbol{u} \tag{1-41}$$

这就是伽利略速度变换式。此式反映速度具有相对性，式中 $\boldsymbol{v}$ 是质点相对 S 系的速度，也称绝对速度，$\boldsymbol{v}'$是质点相对 S'系的速度，也称相对速度，$\boldsymbol{u}$ 是 S'系相对 S 系的速度，也称牵连速度。

将式(1-41)对时间再取一次微商，则得

$$\boldsymbol{a} = \boldsymbol{a}' + \frac{\mathrm{d}\boldsymbol{u}}{\mathrm{d}t} \tag{1-42}$$

关于此式的意义在下一章中进一步讨论。

在此提醒一下，当质点的速度接近光速时，伽利略坐标变换和速度变换就不适用了，此时坐标、速度的变换应遵循洛仑兹变换公式，这将在第 4 章中讨论。

例 3　一架预警飞机在速率 $v_0 = 160\ \mathrm{km \cdot h^{-1}}$ 的东风中巡航，机头指向正南，相对空气的航速 $v_{10} = 800\ \mathrm{km \cdot h^{-1}}$，飞机中雷达员在荧光屏上发现一目标正相对飞机从西南方向以 $v_{21} = 900\ \mathrm{km \cdot h^{-1}}$ 的速率逼近飞机，求该目标相对于地面的速度 v_2。

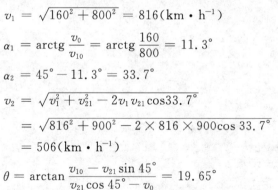

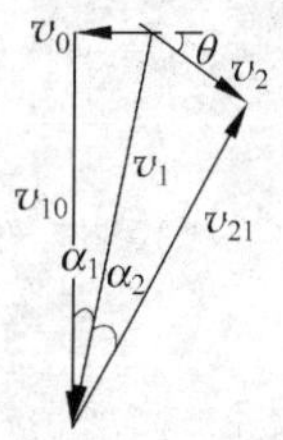

图　1-17

解　风、飞机、目标的速度分别用 $\boldsymbol{v}_0$、$\boldsymbol{v}_1$、$\boldsymbol{v}_2$ 表示，它们的关系如图 1-17 所示，由图可得

$$v_1 = \sqrt{160^2 + 800^2} = 816(\mathrm{km \cdot h^{-1}})$$

$$\alpha_1 = \arctan\frac{v_0}{v_{10}} = \arctan\frac{160}{800} = 11.3^\circ$$

$$\alpha_2 = 45^\circ - 11.3^\circ = 33.7^\circ$$

$$\begin{aligned} v_2 &= \sqrt{v_1^2 + v_{21}^2 - 2v_1 v_{21}\cos 33.7^\circ} \\ &= \sqrt{816^2 + 900^2 - 2\times 816\times 900\cos 33.7^\circ} \\ &= 506(\mathrm{km \cdot h^{-1}}) \end{aligned}$$

$$\theta = \arctan\frac{v_{10} - v_{21}\sin 45^\circ}{v_{21}\cos 45^\circ - v_0} = 19.65^\circ$$

即目标相对地面以 $506\ \mathrm{km \cdot h^{-1}}$ 的速率沿东偏南 19.65° 的方向飞行。

习　　题

1-1　质点运动学方程为 $\boldsymbol{r} = 5t^2\boldsymbol{i} + 6t\boldsymbol{j} + 8\boldsymbol{k}$，式中 r 的单位为 m，t 的单位为 s，试求该质点任意时刻的速度和加速度。

1-2　已知质点沿 x 轴作直线运动，其运动方程为 $x = -t^3 + 6t^2 - 2t$，式中 x 的单位为 m，t 的单位为 s。试求：(1)质点在运动开始后 4 s 内位移的大小；(2)质点在运动开始后 4 s 内路程的大小。

1-3　已知质点的运动方程为 $\boldsymbol{r} = 2t\boldsymbol{i} + (2 - t^2)\boldsymbol{j}$，式中 r 的单位为 m，t 的单位为 s，试求：

(1)质点的运动轨迹；(2)由 $t=0$ 到 $t=2$ s 内质点的位移 $\Delta\boldsymbol{r}$ 和径向增量 Δr；(3)2 s 内质点所走过的路程。

1-4 一升降机以加速度 1.22 m·s^{-2}上升，当上升速度为 2.44 m·s^{-1}时，有一螺丝自升降机的天花板上松脱，天花板与升降机的底面相距 2.74 m。计算：(1)螺丝从天花板落到升降机的底面所需要的时间；(2)螺丝相对升降机外固定柱子的下降距离。

1-5 空气中一质量为 m 的雨滴垂直落下，下降距离与时间关系为 $y=\frac{mg}{k}\times\left[t-\frac{m}{k}(1-e^{-kt})\right]$，式中 k 为与空气阻力有关的参量，$\boldsymbol{g}$ 为重力加速度。试求：(1)速度与时间的关系，画 $v-t$ 图；(2)加速度与时间的关系，画 $a-t$ 图。

1-6 一只在星际空间飞行的火箭，当它以恒定速率燃烧它的燃料时，其运动函数可表示为 $x=ut+u\left(\frac{1}{b}-t\right)\ln(1-bt)$，其中 u 是喷出气流相对于火箭体的喷射速度，是一个常量，b 是与燃烧速率成正比的一个常量。(1)求此火箭的速度及加速度表示式；(2)设 $u=3.0\times10^3$ m/s，$b=7.5\times10^{-3}$ s^{-1}，并设燃料在 120 s 内燃烧完，求 $t=0$ 和 $t=120$ s 时的速度和加速度。

1-7 如图所示，湖中有一小船，在离水面高为 h 的岸边，有人用绳拉船靠岸。设人以恒定速率 v_0 收绳，小船在离岸水平距离为 s 时的速度和加速度是多少？(假设绳不伸长且湖水静止)

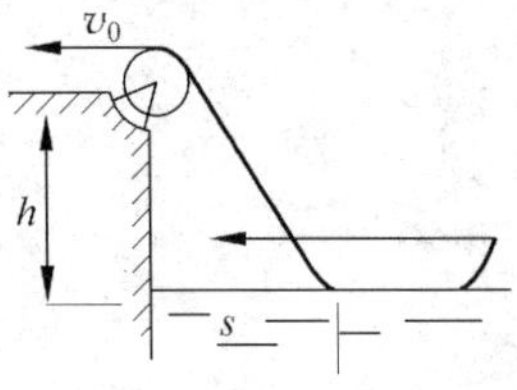

习题 1-7 图

1-8 一质点具有恒定加速度 $\boldsymbol{a}=6\boldsymbol{i}+4\boldsymbol{j}$，式中 $\boldsymbol{a}$ 的单位为 m·s^{-2}，在 $t=0$ 时，其速度为零，位置矢量 $\boldsymbol{r}_0=10\,\boldsymbol{i}$。求：(1)任意时刻的速度和位置矢量；(2)质点在 Oxy 平面上的轨迹方程。

1-9 质点运动学方程为 $\boldsymbol{r}=t^2\boldsymbol{i}+6t\boldsymbol{j}$，式中 r 的单位为 m，t 的单位为 s，试求任意时刻的切向速度和法向加速度。

1-10 质点在 Oxy 平面内运动，其运动方程为 $\boldsymbol{r}=2.0t\boldsymbol{i}+(19-2.0t^2)\boldsymbol{j}$，式中 r 的单位为 m，t 的单位为 s，求：(1)质点的轨迹方程；(2)$t=1.0$ s 时的切向速度和法向加速度；(3)$t=1.0$ s 时质点所在处轨道的曲率半径。

1-11 在生物物理实验中用来分离不同种类的分子的超级离心机的转速是 6×10^4 r·min^{-1}。在这种离心机的转子内，离轴 10 cm 远的一个分子的向心加速度是多少？

1-12 按匀速圆周运动计算，地球公转的速度和加速度是多少？

1-13 汽车在半径为 $R=300$ m 的圆弧轨道上减速行驶，设在某一时刻，汽车的速率为 $v=9$ m/s，切向加速度的大小为 $a_t=0.3$ m·s^{-2}，求汽车的法向加速度和总加速度的大小。

1-14 如图所示，一张致密光盘(CD)音轨区域的内半径为 $R_1=2.2$ cm，外半径为 $R_2=5.6$ cm，径向音轨密度为 $N=650$ 条/mm。在 CD 唱机内，光盘每转一圈，激光头沿径向向外移动一条音轨，激光束相对光盘是以 $v=1.3$ m·s^{-1}的恒定线速度运动的。(1)这张光盘的全部放映时间是多少？(2)激光束到达离盘心 $r=4.0$ cm 处时，光盘转动的角速度和角加速度各是多少？

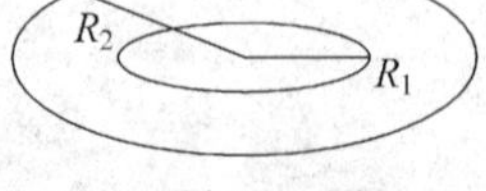

习题 1-14 图

1-15　一直立的雨伞，张开后其边缘圆周的半径为 R，离地面的高度为 h，当伞绕伞柄以匀角速度 ω 旋转时，求证雨滴沿边缘飞出后落在地面上半径为 $r=R\sqrt{1+2h\omega^2/g}$ 的圆周上。

1-16　一无风的下雨天，一列火车以 $v_1=20.0\ \mathrm{m\cdot s^{-1}}$ 的速度匀速行驶，在车内的旅客看见玻璃窗外的雨滴和垂线成 60°下降，假设下降的雨滴作匀速直线运动，求雨滴下落的速度。

1-17　当速率为 $28\ \mathrm{m\cdot s^{-1}}$ 的西风正吹时，相对于地面，向东、向西和向北传播的声音的速率各是多少？已知声音在空气中传播的速率为 $344\ \mathrm{m\cdot s^{-1}}$。

1-18　一人骑车以 $6\ \mathrm{m\cdot s^{-1}}$ 的速率自西向东行进时，看见雨滴垂直下落，当他的速率增至 $12\ \mathrm{m\cdot s^{-1}}$ 时，看见雨滴与他前进的方向成 135°下落，求雨滴对地的速度。

1-19　甲舰自南向北以速率 v_1 行驶，乙舰自北向南以速率 v_2 行驶，当两舰连线和航线垂直时，甲舰向乙舰开炮，发射炮弹速率为 v_0，为击中乙舰，求发射方向与航线成的夹角。

1-20　一质点相对观察者 O 运动，在任意时刻 t，其位置为 $x=vt$，$y=gt^2/2$，质点运动的轨迹为抛物线，若另一观察者 O' 以速率 v 沿 x 轴正向相对于 O 运动，试问质点相对 O' 的轨迹和加速度如何？

第 2 章

质点(系)动力学

引子:力的漫长统一之路

物理学的重要任务是研究物质运动及其相互作用的性质和规律。物质间的相互作用称为力。在自然界中,力是多种多样的,尽管力的种类很多,但近代科学已证明自然界中基本的相互作用力只有四种,即万有引力、电磁力、弱相互作用力、强相互作用力,其他的力都是这四种力的不同表现。

电磁相互作用是人们较早认识的相互作用。公元前 6 世纪古希腊的泰勒斯用琥珀和毛皮摩擦,开始认识摩擦生电现象。1875 年麦克斯韦在前人的一系列发现和实验成果的基础上提出了麦克斯韦方程组。这是第一个完整的电磁理论体系,它统一了电与磁这两类作用,迈出了人类统一相互作用的第一步。引力相互作用是在哥白尼、开普勒、伽利略等科学家对天体运行的大量观测和归纳基础上认识的,最后牛顿总结出了万有引力定律,该定律很好地解释了与引力有关的大量实验。另外两类相互作用都是短程作用,只在微观现象中才显示出来,因此人类认识它们的时间不长,认识的深度也远远不及前两种作用。弱相互作用是存在于基本粒子之间的一种短程(作用距离一般小于 10^{-17} m)作用力,这种力制约着放射性现象。在亚原子粒子之间,当粒子之间的距离小于 10^{-15} m 时,其主要作用是强相互作用,此作用使原子核内的核子束缚在一起。

长期以来,物理学家们有一种朴素的愿望,世界是统一的,各种基本相互作用应该有统一的起源。爱因斯坦曾有一个梦想:将宇宙中所有的力用一个简洁的公式统一起来。他为此几乎花掉毕生的精力。1955 年 4 月 17 日是星期日,爱因斯坦从普林斯顿医院的病榻上坐起来,开始了他一生的最后一次计算。他以自己特有的干净利落的笔迹,写下了一行又一行的符号。他整理了一些数字,然后把工作放在一边休息了。几个小时以后,20 世纪最伟大的科学家去世了。他的床边放着他最后的,也是失败的一项努力,即创造自己的统一场理论——对于宇宙中所有已知力的一项单一的、条理清晰的解释。

现在回过头来看,爱因斯坦的失败并不奇怪,因为当时人们对引力相互作用和电磁相互作用的宏观规律已经认识得相当清楚,对于弱相互作用和强相互作用的规律还认识得很少。

物质之间的相互作用都是通过交换媒介粒子来实现的。不同的相互作用的区别在于媒介粒子的不同以及物质放出和吸收媒介粒子的能力不同。电、弱、引力三种相互作用的媒介粒子分别是“光子”、“中间玻色子”和“引力子”,强相互作用的媒介粒子是“胶子”和“介子”。由于引力相互作用太弱,至今还未获得有关“引力子”的直接实验证据。

20 世纪 60 年代，温伯格(1967 年)和萨拉姆(1968 年)从理论上说明了可把电磁相互作用和弱相互作用看成是电弱相互作用的不同表现形式，从而把它们统一起来。电弱相互作用是规范相互作用，具有比较高的对称性，称为规范对称。我们可以用攀登断崖的例子(如图 1 所示)来说明规范对称。从崖底攀到崖顶要耗费能量。但是，由下往上攀登有两条路径：一条较短，是垂直地登上崖顶；另一条较长，是顺着较缓的坡道弯曲登上崖顶。这两条路径哪一条更有效率呢？回答是：两条路径都要耗费相同的能量(在这里，我们对诸如摩擦之类不相关的复杂情况忽略未计)。实际上很容易证明，攀登崖顶所需的能量是与所选用的路径完全无关的，这就是规范对称。上面所举的例子说的是引力场的一个规范对称，因为你要攀上崖顶，必须克服的是引力。规范对称适用于电场，也适用于与电场类似但更为复杂的磁场。现已证明，电磁场的规范对称是与光子静止质量为零的特性密切相关的，温伯格和萨拉姆终于驯服了弱力，使之与电磁力合并起来。

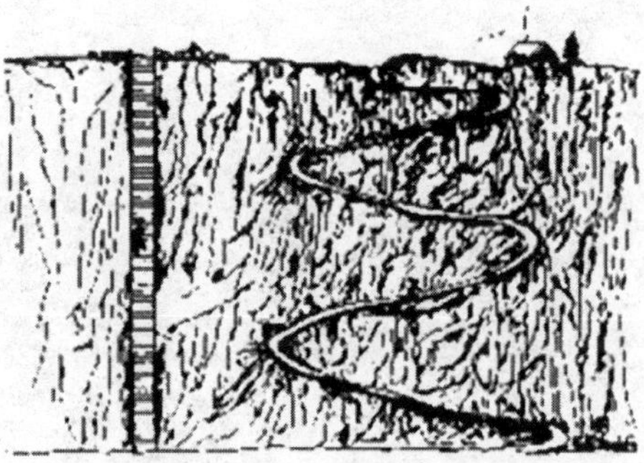

图 1　攀登断崖可以用来说明“规范对称”这一抽象的概念。不管是走那条直而短然而却是艰难的路，还是走那条长而易走的“之”字形路，攀上崖顶所需要的全部能量是相同的。这反映的就是引力场的深刻而有力的对称。大自然其他的力场具有与此相似而更为复杂的对称，最近在统一场理论的数学表达中得到了利用。

摘自：http://mengyungs.nease.net

20 世纪 70 年代末和 80 年代初，作为弱电统一理论的温伯格-萨拉姆模型，其核心部分得到了实验的证实，取得了非凡的成就。电弱统一理论的成功加深了人类对弱作用和电磁作用本质的认识，也推动人们在规范理论基础上把各种相互作用力统一起来的努力。用规范理论统一四种基本相互作用是一种诱人的前景，但是在前进道路上也有可能会遭到失败。也许人们还会寻找新的途径去统一各种基本的相互作用。近年来，一种新的统一理论正在兴起，称为超弦理论。人们期望这一理论可以统一四种基本相互作用，当然，目前困难还很大，对这个理论持批评意见的人也很多。通过一系列探索、失败、成功，再失败，再成功，不断发现矛盾，解决矛盾，每一次循环都在加深人类对自然界的认识。

2-1　牛顿运动定律

第 1 章我们讨论的质点运动学，只描述物体的运动，完全没有涉及质点作不同种运动的原因和条件，本章我们讲质点动力学，即说明质点为什么，或者说，在什么条件下作这样或那样的运动。

2-1-1 牛顿运动定律

牛顿在1687年出版的名著《自然哲学的数学原理》中提出了牛顿运动三定律，它们是动力学的基础。读者对牛顿运动定律的内容已相当熟悉了，为了进一步理解定律的全部涵义，下面用近代科学的语言予以解释和说明。

1. 牛顿第一运动定律：任何物体都保持静止或匀速直线运动的状态，直到其他物体作用的力迫使它改变这种状态为止。牛顿第一运动定律的数学表述为

$$\text{若 } \boldsymbol{F}=0, \quad \text{则 } \boldsymbol{a}=0 \tag{2-1}$$

2. 牛顿第二运动定律：运动的改变和所加的动力成正比，并且发生在所加的力的那个方向上。这里，“运动的改变”是指“运动量在外力作用时间内的改变量”，“所加的动力”指“所加的力”。所以牛顿第二运动定律可以表述为：“当质点受到外力作用时，质点的动量 $\boldsymbol{p}$（质点的动量等于质量与速度的乘积，即 $\boldsymbol{p}=m\boldsymbol{v}$）对时间的变化率，其大小与合外力成正比，其方向与合外力的方向相同。”选取适当的单位，可写为

$$\boldsymbol{F}=\frac{\mathrm{d}\boldsymbol{p}}{\mathrm{d}t} \tag{2-2a}$$

牛顿当时认为，一个物体的质量是一个与它的速度无关的常量，因而上式可写为

$$\boldsymbol{F}=m\frac{\mathrm{d}\boldsymbol{v}}{\mathrm{d}t} \tag{2-2b}$$

或

$$\boldsymbol{F}=m\boldsymbol{a} \tag{2-2c}$$

这一公式是大家早已熟知的牛顿第二运动定律公式。在此定律中同时提出了质量和力两个物理量，以及它们与加速度之间的定量关系。

3. 牛顿第三运动定律：物体间的作用是相互的，一个物体对另一个物体有作用力，则另一个物体对这个物体必有反作用力。作用力和反作用力分别作用于不同的物体上，它们总是同时存在，大小相等、方向相反，作用线在同一直线上。若以 $\boldsymbol{F}$ 和 $\boldsymbol{F}'$ 表示作用力和反作用力，则有

$$\boldsymbol{F}=-\boldsymbol{F}' \tag{2-3}$$

这三条定律涉及惯性、惯性参考系、力和质量等概念。

(1) 惯性

惯性是指物体本身要保持运动状态不变的性质，或者说物体反抗外界改变其运动状态的性质。物体的匀速直线运动也称惯性运动，牛顿第一运动定律又称惯性定律。

(2) 惯性参考系

因为运动只有相对于一定的参考系来说明才有意义，所以牛顿运动定律不可能对一切参考系都成立。我们将物体运动遵从牛顿运动定律的参考系定义为惯性参考系，简称惯性系。牛顿运动定律是生活在地球上的人们对物体运动规律的描述，所以最常用的惯性系就是地面参考系。然而在我们周围有一些物体的运动情况并不符合牛顿运动定律，例如，在赤道上空的自由落体偏东；单摆的摆动平面会缓缓地转动等。这些现象说明地面参考系并不是严格的惯性系，只是近似的惯性系，这是因为地球有自转。事实上宇宙中的所有物体都不是孤立的，它们之间存在着相互作用，因而绝对理想的惯性系是不存在的。精度要求不高

时，可以视地球为惯性系。考虑一下，太阳是否是比地球更好的惯性系？

惯性系有一个重要的性质：如果我们确认了某一参考系为惯性系，则相对于此参考系作匀速直线运动的任何其他参考系也一定是惯性系。也就是说，如图 1-15 所示，若 S 系是惯性系，则相对于 S 系作匀速直线运动的参考系（S' 系）也是惯性系。因为由式(1-42)可知：若 $\frac{d\boldsymbol{u}}{dt}=0$，则 $\boldsymbol{a}=\boldsymbol{a}'$。

在低速运动的范围内，牛顿力学认为物体的质量和相互作用力与参考系无关，即 $m=m'$，$\boldsymbol{F}=\boldsymbol{F}'$。只要在 S 系中有

$$\boldsymbol{F} = m\boldsymbol{a}$$

则在 S' 系中一定也有

$$\boldsymbol{F}' = m\boldsymbol{a}'$$

所以 S' 系也是惯性系。

由此得到经典力学相对性原理：一切惯性系都等价，也就是说在彼此作匀速直线运动的惯性系内，不可能通过观察力学实验来确定该惯性系相对于其他惯性系的速度。因为首先提出这个原理的是伽利略，因此又称它为伽利略相对性原理。

(3) 质量

牛顿把描述惯性大小的物理量称为质量，它是动力学所能提供的唯一的基本量。

在国际单位制中，质量的单位为 kg(千克)。开始规定 1 L 纯水在 4℃时的质量为 1 kg。1901 年规定：一个铂铱合金制造的一定大小的圆柱体作为 1 kg 的标准，称为千克原器。实验表明其他任何物体都可以向千克原器那样定义一个质量，它与物体的运动状态以及力的大小均无关，在同样的力作用下，物体获得的加速度与其质量成反比，即质量越大，获得的加速度越小，物体的运动状态越难改变。因此质量可以作为物体惯性的量度。

(4) 力

第一运动定律表明力是迫使一个物体运动状态改变的原因，第二运动定律将力同物体的质量和加速度以定量关系联系起来，第三运动定律指出力是物体间的相互作用。力的定义如下：在惯性系中，使标准物体(千克原器)获得的加速度越大，这个力越大。规定使千克原器获得 $1\ \mathrm{m\cdot s^{-2}}$ 的加速度的力为 1 牛顿，记作 1 N。为了能了解力的性质，下面简单介绍力学中常见的力。

1) 万有引力

物体由于具有质量而产生的相互吸引力叫万有引力，其规律可用牛顿提出的万有引力定律来描述。质量分别为 m_1 和 m_2 的两个质点，相距为 r 时，它们之间的引力可表示为

$$\boldsymbol{F} = -G\frac{m_1 m_2}{r^3}\boldsymbol{r} \tag{2-4}$$

式中引力常量 $G=6.67\times10^{-11}\ \mathrm{N\cdot m^2\cdot kg^{-2}}$，$\boldsymbol{r}$ 是 m_2 相对于 m_1 的位矢(见图 2-1)。

对一般物体而言，引力非常弱，但天体间的引力很强，对天体运行起着关键性的作用。研究万有引力具有重大的意义，比如可根据万有引力定律计算天体的质量、发现新的星体等。

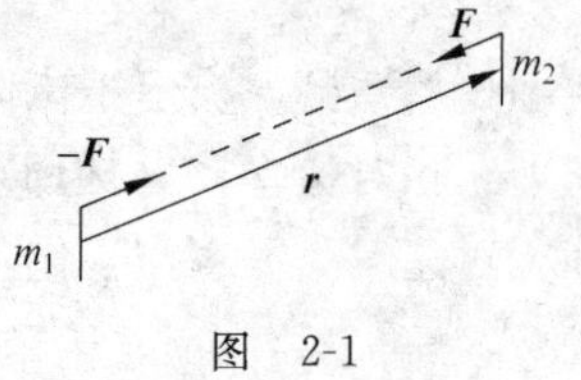

图　2-1

2) 重力

重力就是地球对其表面上的物体的引力引起的。在忽略地球自转的情况下，地球对其表面附近的物体 m 的万有引力，

就是习惯上所说的物体的重力 W，其大小为

$$W = G\frac{Mm}{R^2} = mg \tag{2-5}$$

式中 M 为地球的质量，R 为地球的半径，g 是重力加速度，其方向竖直向下。

如果考虑地球的自转，地面上的物体将绕地轴作圆周运动。如图 2-2 所示，物体所受地球的引力有一部分提供了向心力，只有余下的分力才是引起物体向地面降落的力，这个力就是重力。

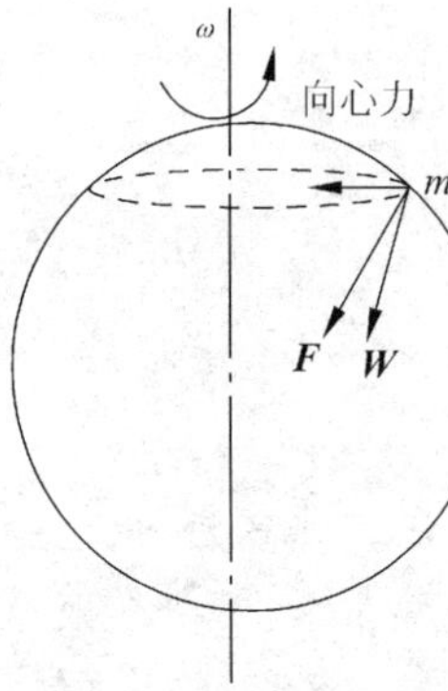

图 2-2

3）弹性力

当相互接触的物体因碰撞、挤压、拉伸等作用而发生形变时，由于物体具有弹性，它要力图恢复原来的形状，因而对使它发生形变的那些接触物，就有力的作用，这种力称为弹性力。常见的弹性力有弹簧与物体间的弹性力、绳子的张力、重物与支撑面之间的法向力等。

实验表明：在弹性限度内，物体的形变量与所加的外力成正比，这个结论叫胡克定律。因此，在弹性限度内，弹性力的大小与形变量成正比，方向与形变量相反。若以 $\boldsymbol{F}$ 代表弹性力，以 x 表示形变量，则有

$$F = -kx \tag{2-6}$$

式中 k 叫劲度系数或倔强系数。

4）摩擦力

当两物体相接触并挤压，且有相对运动或相对运动趋势时，两物体都将受到与其相对运动或相对运动趋势相反的力，这一对力是作用力和反作用力，作用于不同物体上，都称为摩擦力。发生相对运动时称为滑动摩擦力，有相对运动趋势时称为静摩擦力。

摩擦力的大小与两物体的质料和表面粗糙程度、干湿程度等有关。实验证明，静摩擦力还与引起相对运动趋势的外力有关，但最大值为

$$f_{\text{smax}} = \mu_{\text{s}} N \tag{2-7a}$$

式中 μ_{s} 为静摩擦系数，N 为两物体接触面之间的正压力。

实验证明当相对运动的速度不是太大或太小时，滑动摩擦力为

$$f_{\text{k}} = \mu_{\text{k}} N \tag{2-7b}$$

式中 μ_{k} 为滑动摩擦系数。

5）流体阻力

物体在流体（气体或液体）中运动时，受到的阻力称为流体阻力。流体阻力的方向与运动速度的方向相反，其大小与相对速度有关。实验表明，当物体的相对速率不太大时，流体可以从物体周围平顺地流过，阻力 f 的大小和相对速率 v 成正比，即

$$f = kv \tag{2-8}$$

式中比例系数 k 决定于流体性质和物体的几何形状。

在相对速率较大（但低于空气中的声速）时，在物体的后方出现流体旋涡，阻力的大小将和相对速率的平方成正比；在相对速率提高到空气中的声速时，阻力将急剧增大。

2-1-2　牛顿运动定律的应用

质点动力学的中心问题就是分析质点或相互约束着的几个质点的运动规律。在应用牛顿运动定律解决力学问题时,最好按下述思路分析：分析运动→分隔物体→受力分析→选择坐标→列式解题。

例 1　如图 2-3(a)所示,质量为 M 的直角三角形木块,开始时处于静止状态,其斜面倾角为 α。今有一质量为 m 的物体,放在木块光滑的斜面上。假设每个接触面都是光滑的,试求木块和物体(相对于木块)的加速度及物体和斜面之间的相互作用力。

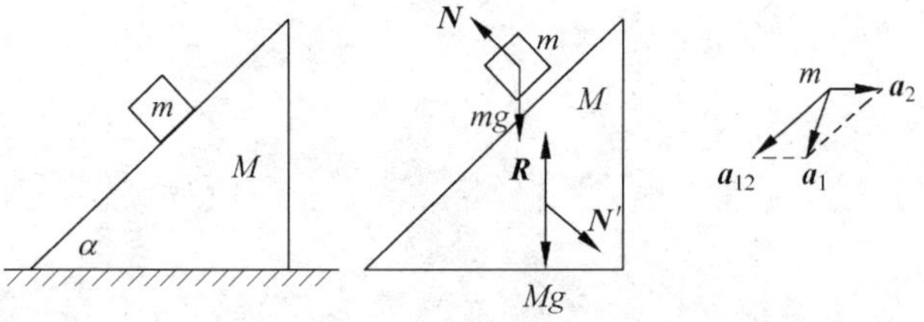

图　2-3

解　首先分析 m 和 M 的运动：当物体 m 沿着木块 M 下滑时,木块 M 相对地面向右运动,所以 m 相对于斜面下滑,同时又随木块向右运动。

然后分隔物体,进行受力分析。以地面为参考系,受力分析图如图 2-3(b)所示。m 受重力及斜面对它的正压力,M 受重力、m 对它的正压力及地面对它的正压力。

设 m 相对 M 的加速度为 $\boldsymbol{a}_{12}$,m 相对地面的加速度为 $\boldsymbol{a}_1$,M 相对地面的加速度为 $\boldsymbol{a}_2$。它们的关系如图 2-3(c)所示,即

$$\boldsymbol{a}_1=\boldsymbol{a}_2+\boldsymbol{a}_{12}$$

根据牛顿第二运动定律列出方程

$$\begin{cases}N\sin\alpha=m(a_{12}\cos\alpha-a_2)\\N\cos\alpha-mg=-ma_{12}\sin\alpha\\-N'\sin\alpha=-Ma_2\\R-Mg-N'\cos\alpha=0\\N=N'\end{cases}$$

联立求解以上各式,得

$$\begin{cases}a_2=\dfrac{m\sin\alpha\cos\alpha}{M+m\sin^2\alpha}g\\[2ex]a_{12}=\dfrac{(M+m)\sin\alpha}{M+m\sin^2\alpha}g\\[2ex]N=\dfrac{Mm\cos\alpha}{M+m\sin^2\alpha}g\end{cases}$$

例 2　如图 2-4 所示,质量为 m 的汽车,在一弯道上行驶,此弯道的水平半径为 R,路面外高内低,倾角为 α,汽车轮胎与轨道之间的静摩擦系数为 μ_s,要保证汽车无侧向滑动,汽车在此弯道上行驶的最大允许速率 v_m 应满足什么条件(以 R、α、μ_s 等量表示)?

解 汽车受重力、弯道对它的正压力、摩擦力作用，建立如图 2-4 所示的坐标系，由牛顿第二运动定律，得

$$\begin{cases} N\sin\alpha + f\cos\alpha = m\dfrac{v^2}{R} & (x\text{ 向}) \\ N\cos\alpha - f\sin\alpha - mg = 0 & (y\text{ 向}) \end{cases}$$

且 $v=v_m$ 时，有

$$f = f_m = \mu_s N$$

联立求解以上各式，得

$$v_m = \sqrt{\frac{Rg(\sin\alpha + \mu_s\cos\alpha)}{\cos\alpha - \mu_s\sin\alpha}}$$

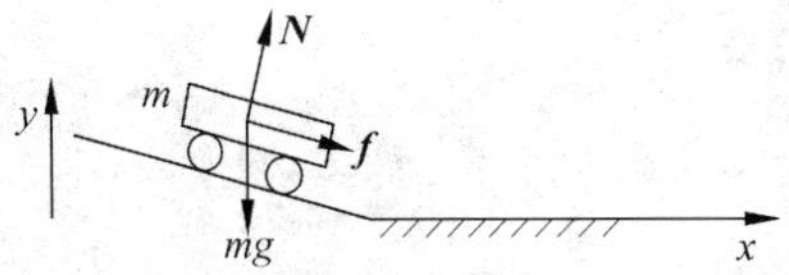

图 2-4

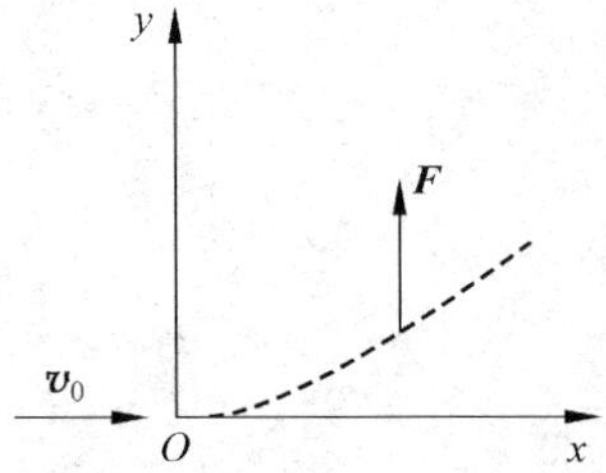

图 2-5

例 3 如图 2-5 所示，设一质量为 m 的带电粒子沿水平方向以速度 $\boldsymbol{v}_0 = v_0\boldsymbol{i}$ 向右运动，从某时刻 $t=0$ 开始粒子受到沿竖直方向向上的电场力 $\boldsymbol{F}=ft\boldsymbol{j}$ 的作用，f 为大于零的已知常量。试求粒子的速度与时间的关系。假设粒子作高速运动，可忽略它受到的重力。

解 粒子只受电场力作用，由牛顿第二运动定律，得

$$ft\boldsymbol{j} = m\boldsymbol{a}$$

其分量式为

$$\begin{cases} m\dfrac{dv_x}{dt} = 0 \\ m\dfrac{dv_y}{dt} = ft \end{cases}$$

取积分，得

$$\begin{cases} \displaystyle\int_{v_0}^{v_x} dv_x = 0 \\ \displaystyle\int_{v_0}^{v_y} dv_y = \int_0^t \frac{ft}{m}dt \end{cases}$$

得

$$\begin{cases} v_x = v_0 \\ v_y = \dfrac{ft^2}{2m} \end{cases}$$

例 4 已知抛体的质量为 m、初速为 $\boldsymbol{v}_0$、抛射角为 α，空气对抛体的流体阻力为 $f=-kv$。求在考虑空气阻力时抛体运动的轨迹方程。

解　建立如图 2-6 所示的坐标系，抛体在任一位置时受两个力作用，即重力 $\boldsymbol{P}=m\boldsymbol{g}$ 和空气阻力 $\boldsymbol{f}=-k\boldsymbol{v}$。根据牛顿第二运动定律列出方程，得

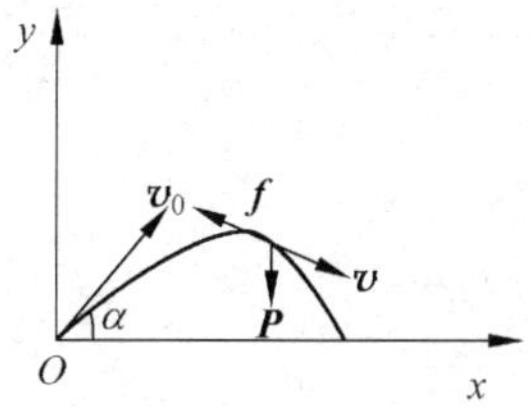

图　2-6

$$\begin{cases} ma_x = m\dfrac{\mathrm{d}v_x}{\mathrm{d}t} = -kv_x \\ ma_y = m\dfrac{\mathrm{d}v_y}{\mathrm{d}t} = -mg - kv_y \end{cases}$$

即

$$\begin{cases} \dfrac{\mathrm{d}v_x}{v_x} = -\dfrac{k}{m}\mathrm{d}t \\ \dfrac{k\mathrm{d}v_y}{(mg+kv_y)} = -\dfrac{k}{m}\mathrm{d}t \end{cases}$$

积分式为

$$\begin{cases} \displaystyle\int_{v_0\cos\alpha}^{v_x}\frac{\mathrm{d}v_x}{v_x} = -\int_0^t\frac{k}{m}\mathrm{d}t \\ \displaystyle\int_{v_0\sin\alpha}^{v_y}\frac{k\,\mathrm{d}v_y}{(mg+kv_y)} = -\int_0^t\frac{k}{m}\mathrm{d}t \end{cases}$$

积分，并考虑 $\mathrm{d}x=v_x\mathrm{d}t,\mathrm{d}y=v_y\mathrm{d}t$，得

$$\begin{cases} x = \dfrac{m}{k}v_0\cos\alpha(1-e^{-kt/m}) \\ y = \dfrac{m}{k}\left(v_0\sin\alpha+\dfrac{mg}{k}\right)(1-e^{-kt/m}) - \dfrac{mg}{k}t \end{cases}$$

消去时间 t，得抛体的轨迹方程

$$y = \left(\tan\alpha+\frac{mg}{kv_0\cos\alpha}\right)x + \frac{m^2g}{k^2}\ln\left(1-\frac{k}{mv_0\cos\alpha}x\right)$$

例 3、例 4 中物体的受力分析不难，但这些力是变力，即力是时间或速度的函数，这时物体的加速度一般也是变化的，因此必须使用积分方法求解有关问题。

2-2　力对时间的累积效应（动量定理）

牛顿第二运动定律指出，在外力作用下，质点会获得加速度，此定律表示了力和加速度之间的瞬时关系。实际上，力对质点或质点系（力不仅作用于质点，更普遍地说是作用于质点系）总要持续一段时间，在这段时间内，力的作用将产生一个总效果，这就是力对时间的累积效应。

2-2-1　质点的动量定理

把牛顿第二运动定律 $\boldsymbol{F}=\dfrac{\mathrm{d}\boldsymbol{p}}{\mathrm{d}t}$ 改写成

$$\boldsymbol{F}\mathrm{d}t = \mathrm{d}\boldsymbol{p} = \mathrm{d}(m\boldsymbol{v}) \tag{2-9}$$

一般情况下，作用在质点上的力随时间变化，即力是时间的函数，$\boldsymbol{F}=\boldsymbol{F}(t)$。在时间间隔 $\Delta t=t-t_0$ 内对上式积分，可得到

$$\int_{t_0}^{t}\boldsymbol{F}\mathrm{d}t = \boldsymbol{p}-\boldsymbol{p}_0 \tag{2-10}$$

式中 $\boldsymbol{p}_0$ 和 $\boldsymbol{p}$ 分别是 t_0 和 t 时刻的动量。$\int_{t_0}^{t}\boldsymbol{F}\mathrm{d}t$ 是力对时间的积分，称为力在 t_0 到 t 时间内的冲量。冲量是力对时间的累积作用，用符号 $\boldsymbol{I}$ 表示，即

$$\boldsymbol{I}=\int_{t_0}^{t}\boldsymbol{F}\mathrm{d}t \tag{2-11a}$$

式(2-10)的物理意义是：质点动量的增量等于合力对质点作用的冲量。这就是质点的动量定理。

下面对动量定理做几点说明：

1. 由式(2-11a)可以看出冲量是矢量，其方向一般与 $\boldsymbol{F}$ 的方向不同，与动量的方向一般也不同，而是与动量增量的方向一致。

2. 式(2-10)是质点动量定理的矢量表达式，在应用动量定理时可以直接用作图法，按几何关系求解，也可以用沿坐标轴的分量式求解。在直角坐标系中，其分量式为

$$\begin{cases}I_x=\int_{t_0}^{t}F_x\mathrm{d}t=p_x-p_{x0}\\ I_y=\int_{t_0}^{t}F_y\mathrm{d}t=p_y-p_{y0}\\ I_z=\int_{t_0}^{t}F_z\mathrm{d}t=p_z-p_{z0}\end{cases} \tag{2-11b}$$

3. 在冲击和碰撞这类问题中，动量定理有重要意义。在冲击和碰撞的过程中相互作用的时间虽很短，但相互作用的变化极大，这种力通常叫冲力。冲力随时间变化的关系一般较难确定，但根据动量定理可估算冲力的平均值(平均冲力)：

$$\overline{F}=\frac{\int_{t_0}^{t}\boldsymbol{F}\mathrm{d}t}{t-t_0}=\frac{\boldsymbol{p}-\boldsymbol{p}_0}{t-t_0} \tag{2-12}$$

4. 从动量定理可知，在相等的冲量作用下，不同质量的物体，其速度变化不同，但动量变化相同，所以动量比速度能更恰当地反映物体的运动状态，这就是动量的物理意义。

2-2-2 质点系的动量定理

由相互作用的若干个质点组成的系统称为质点系。系统内各质点间的相互作用力称为内力，系统以外的物体对系统内各质点的作用力称为外力。现在先来讨论包含两个质点 m_1 和 m_2 的质点系。设两个质点在 $t_0\sim t$ 这段时间所受的内力和外力及 t_0 和 t 时刻的动量分别为

$$m_1:\quad \boldsymbol{f}_1、\boldsymbol{F}_1、\boldsymbol{p}_{10}、\boldsymbol{p}_1$$

$$m_2:\quad \boldsymbol{f}_2、\boldsymbol{F}_2、\boldsymbol{p}_{20}、\boldsymbol{p}_2$$

对两个质点分别应用动量定理有

$$\int_{t_0}^{t}(\boldsymbol{f}_1+\boldsymbol{F}_1)\mathrm{d}t=\boldsymbol{p}_1-\boldsymbol{p}_{10}$$

$$\int_{t_0}^{t}(\boldsymbol{f}_2+\boldsymbol{F}_2)\mathrm{d}t=\boldsymbol{p}_2-\boldsymbol{p}_{20}$$

将这两式相加并注意到 $\boldsymbol{f}_1=-\boldsymbol{f}_2$，得

$$\int_{t_0}^{t}(\boldsymbol{F}_1+\boldsymbol{F}_2)\mathrm{d}t=(\boldsymbol{p}_1+\boldsymbol{p}_2)-(\boldsymbol{p}_{10}+\boldsymbol{p}_{20}) \tag{2-13}$$

将上式推广到多个质点的质点系，得到

$$\int_{t_0}^{t}\sum_i \boldsymbol{F}_i \mathrm{d}t = \sum_i \boldsymbol{p}_i - \sum_i \boldsymbol{p}_{i0} = \boldsymbol{p} - \boldsymbol{p}_0$$

即

$$\int_{t_0}^{t}\boldsymbol{F}\mathrm{d}t = \boldsymbol{p} - \boldsymbol{p}_0 \tag{2-14}$$

式中 $\boldsymbol{F}=\sum_i \boldsymbol{F}_i$ 称为质点系的合外力，$\boldsymbol{p}=\sum_i \boldsymbol{p}_i$ 称为质点系的动量，式(2-14)表明质点系动量的增量等于合外力的冲量。这个结论叫质点系的动量定理。

2-2-3　动量守恒定律

由质点的动量定理式(2-10)，若 $\boldsymbol{F}=0$，则 $\boldsymbol{p}=\boldsymbol{p}_0$，这就是惯性定律。由质点系的动量定理式(2-14)，若 $\sum_i \boldsymbol{F}_i=0$，则 $\boldsymbol{p}=\boldsymbol{p}_0$，这就是说若质点系的合外力为零，系统的动量是守恒量，这个结论叫动量守恒定律。

为了加深对动量守恒定律的理解，下面作几点说明：

1. 系统的动量守恒并不意味着系统内各质点的动量保持不变，系统的内力可以改变某些质点的动量，但不改变系统的总动量。

2. 系统动量守恒的条件是合外力为零，但在下述两种情况下也可应用动量守恒定律：一是系统的合外力不为零，但合外力在某方向的分力为零，此时系统的总动量不守恒，但在该方向的分动量守恒；二是系统的合外力不为零，但系统的外力远小于内力，比如碰撞、打击、爆炸等过程，同样可认为系统的动量守恒。

3. 动量守恒定律是物理学最普遍、最基本的定律之一。在自然界中，大到天体之间的相互作用，小到质子、中子等微观粒子间的相互作用都遵守动量守恒定律。

例 5　一个静止的炸弹，爆炸时分裂成质量相同的三块，其中两块以相同的速率 v 沿互相垂直的方向飞开。假设三块碎片速度在同一平面内，求第三块的速度。

解　炸弹爆炸前后的动量守恒，爆炸前的动量为零，爆炸后的动量矢量应该也为零，即

$$m_1\boldsymbol{v}_1 + m_2\boldsymbol{v}_2 + m_3\boldsymbol{v}_3 = 0$$

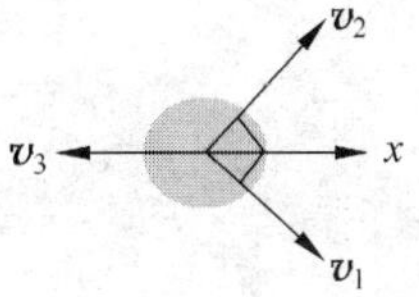

图　2-7

爆炸后三块碎片的运动方向如图 2-7 所示，图中 $\boldsymbol{v}_1\perp\boldsymbol{v}_2$，$v_1=v_2=v$，又 $m_1=m_2=m_3$，所以，解得

$$v_3=\sqrt{2}v$$

方向沿 x 轴负向。

例 6　火箭飞行原理。在火箭的运行过程中，火箭内部的燃料发生爆炸性的燃烧，产生大量的气体粒子，这些气体粒子从火箭的末端沿与火箭运动相反的方向射出，从而使火箭加速运动。问如何提高火箭获得的速度？

解　此题涉及的系统是由火箭、燃料和废气构成的，系统内各部分的质量、速度及动量都要发生变化。类似的问题还有很多，比如柔软绳索落在桌面上、沙粒流入车厢等。这类问题统称为系统内质量移动问题。如何解决此类问题？如果把火箭、燃料和废气看成一个质点系，那么就可以和不变质量的质点系一样处理。下面用质点系的动量定理求解此题。

如图 2-8 所示，设在时刻 t，火箭和燃料的总质量为 M，它们相对地球（视为惯性系）的速度为 $\boldsymbol{v}$，此时系统的总动量为 $M\boldsymbol{v}$；在时刻 $t+\Delta t$，质量为 $\mathrm{d}m$ 的燃料被喷出，其相对于火箭体的喷出速度为 $\boldsymbol{u}$，火箭体相对地球的速度增为 $\boldsymbol{v}+\mathrm{d}\boldsymbol{v}$，此时系统的总动量为

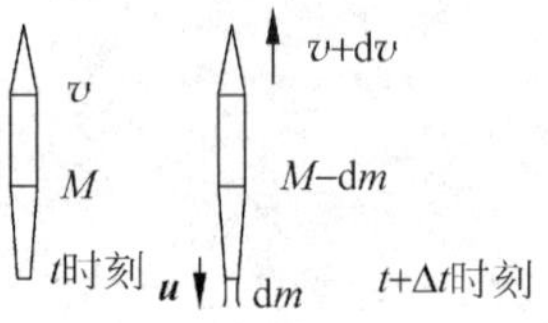

图 2-8

$$\mathrm{d}m(\boldsymbol{v}+\mathrm{d}\boldsymbol{v}+\boldsymbol{u})+(M-\mathrm{d}m)(\boldsymbol{v}+\mathrm{d}\boldsymbol{v})$$

系统动量的改变为

$$\mathrm{d}\boldsymbol{p}=\mathrm{d}m(\boldsymbol{v}+\mathrm{d}\boldsymbol{v}+\boldsymbol{u})+(M-\mathrm{d}m)(\boldsymbol{v}+\mathrm{d}\boldsymbol{v})-M\boldsymbol{v} \quad (1)$$

若系统受到的合外力为 $\boldsymbol{F}$，则由动量定理，得

$$\boldsymbol{F}\mathrm{d}t=\mathrm{d}\boldsymbol{p} \quad (2)$$

将式(1)代入式(2)，化简得

$$\boldsymbol{F}\mathrm{d}t=M\mathrm{d}\boldsymbol{v}+\boldsymbol{u}\mathrm{d}m \quad (3)$$

喷出气体的质量 $\mathrm{d}m$ 等于火箭质量的减少，即

$$\mathrm{d}m=-\mathrm{d}M$$

则式(3)可写为

$$\boldsymbol{F}\mathrm{d}t=M\mathrm{d}\boldsymbol{v}-\boldsymbol{u}\mathrm{d}M$$

若忽略空气阻力，只计重力，则

$$M\boldsymbol{g}\mathrm{d}t=M\mathrm{d}\boldsymbol{v}-\boldsymbol{u}\mathrm{d}M$$

假设喷气速度 $\boldsymbol{u}$ 恒定，其方向向下，火箭初始速度为 $\boldsymbol{v}_0$，其方向向上，若以向上为正方向，则上式可写为

$$-Mg\,\mathrm{d}t=M\mathrm{d}v+u\mathrm{d}M$$

设 $t=0$ 时 $M=M_0$，将上式积分，可得

$$-\int_0^t g\mathrm{d}t=\int_{v_0}^{v}\mathrm{d}v+\int_{M_0}^{M}u\,\frac{\mathrm{d}M}{M}$$

火箭在任一时刻 t 时的速度为

$$v=v_0+u\ln\frac{M_0}{M}-gt$$

若考虑火箭在外层空间运动，可忽略重力，得

$$v=v_0+u\ln\frac{M_0}{M}$$

由此可见，火箭获得的速度既与喷气速率 u 成正比，又与质量比 $\frac{M_0}{M}$ 的对数成正比。但在实际中，较大的 u 及 $\frac{M_0}{M}$ 都是不太可能的，所以用单级火箭不能把人造卫星或其他航天器送入轨道，而必须用多级火箭。不过由于技术上的原因，多级火箭一般是三级。

在此请读者思考一下如何求喷出气体对火箭体的推力。

2-3 力对空间的累积效应(功和能)

上一节讨论了力对时间的累积作用，事实上，力作用于质点或质点系可能会持续一段距离，这就是力对空间的累积作用。

2-3-1　功

中学物理中介绍了恒力的功，如图 2-9 所示，恒力 $\boldsymbol{F}$ 对物体所做的功，等于力在作用点位移 $\Delta\boldsymbol{r}$ 方向的分量和质点位移大小的乘积，即

$$W = F\,|\,\Delta\boldsymbol{r}\,|\cos\theta \tag{2-15}$$

式中 θ 是力 $\boldsymbol{F}$ 与位移 $\Delta\boldsymbol{r}$ 之间的夹角，用矢量表示，上式即为

$$W = \boldsymbol{F}\cdot\Delta\boldsymbol{r} \tag{2-16}$$

如果质点沿一曲线从 A 点运动到 B 点，沿这一路径任意力(可以是变力)对质点做的功的计算要复杂些。可以将质点的运动轨迹分成许多无限小的线元，任取一小段位移(见图 2-10)，称为元位移 $\mathrm{d}\boldsymbol{r}$，在元位移 $\mathrm{d}\boldsymbol{r}$ 内，$\boldsymbol{F}$ 可看成恒力，力 $\boldsymbol{F}$ 对质点做的元功 $\mathrm{d}W$ 为

$$\mathrm{d}W = \boldsymbol{F}\cdot\mathrm{d}\boldsymbol{r} \tag{2-17}$$

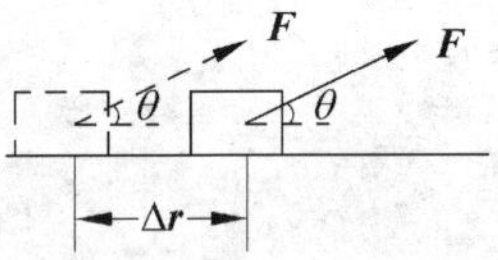

图 2-9

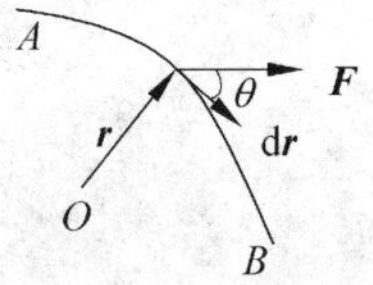

图 2-10

质点从 A 点运动到 B 点，力 $\boldsymbol{F}$ 对质点做的功则为

$$W = \int_A^B \boldsymbol{F}\cdot\mathrm{d}\boldsymbol{r} = \int_A^B F\,|\,\mathrm{d}\boldsymbol{r}\,|\cos\theta \tag{2-18}$$

所以，计算功的普遍公式是力与元位移标积的线积分，功是力 $\boldsymbol{F}$ 在由 A 到 B 路径内的空间积累作用。上式中 θ 是力 $\boldsymbol{F}$ 与元位移 $\mathrm{d}\boldsymbol{r}$ 之间的夹角。

功与完成这些功所用时间之比称为功率，用 p 表示，如果力在 $\mathrm{d}t$ 时间内做的功为 $\mathrm{d}W$，则有

$$p = \frac{\mathrm{d}W}{\mathrm{d}t} \tag{2-19}$$

将元功的表达式代入此式，则

$$p = \boldsymbol{F}\cdot\boldsymbol{v} \tag{2-20}$$

式中 $\boldsymbol{v}=\dfrac{\mathrm{d}\boldsymbol{r}}{\mathrm{d}t}$ 是力的作用点的速度。

在国际单位制中，功的单位叫 J(焦[耳])；功率的单位叫 W(瓦[特])。

为了加深对功的理解，下面作几点说明：

(1) 功是标量，可以为正值、负值或零，这取决于力和位移间的夹角。

(2) 一般来说，功是过程量，即功的值既与质点运动的始末位置有关，也与运动的路径有关。

(3) 因为质点的位移是与参考系有关的相对量，所以功随参考系的不同而异。

(4) 当质点同时受几个力作用时，合力做的功等于各分力所做功的代数和。

2-3-2　动能定理

上面从力对空间累积作用出发，讨论了功的概念，那么力对物体做功会产生什么效

果呢？

如图 2-11 所示，一质量为 m 的物体在合外力 $\boldsymbol{F}$ 作用下沿曲线从 A 运动到 B，质点在 A 点和 B 点的速率分别为 v_1 和 v_2，合外力 $\boldsymbol{F}$ 对质点做的元功 dW 为

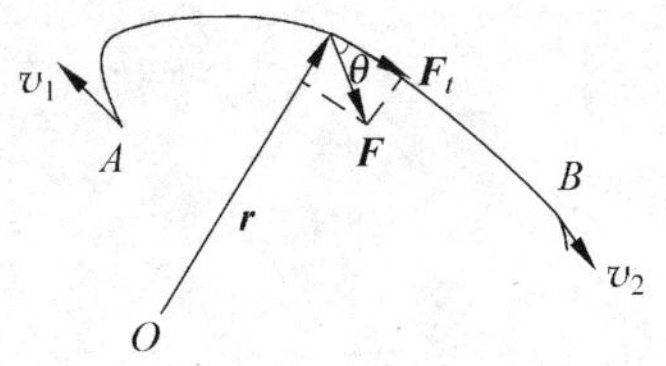

图 2-11

$$dW = \boldsymbol{F}\cdot d\boldsymbol{r} = F\cos\theta\,|d\boldsymbol{r}| = F_t\,|d\boldsymbol{r}|$$

F_t 为 $\boldsymbol{F}$ 沿切线方向的分量，由牛顿第二运动定律知

$$F_t = F\cos\theta = ma_t = m\frac{dv}{dt}$$

所以元功为

$$dW = m\frac{dv}{dt}\,|d\boldsymbol{r}| = m\frac{|d\boldsymbol{r}|}{dt}dv = mv\,dv$$

合外力的总功则为

$$W = \int_{v_1}^{v_2} mv\,dv = \frac{1}{2}mv_2^2 - \frac{1}{2}mv_1^2 \tag{2-21a}$$

此式说明合外力做功的结果，使得 $\frac{1}{2}mv^2$ 这个量获得了增量，这个量是由各个时刻质点的运动状态决定的，我们定义这个量为质点的动能，用 E_k 表示，即

$$E_k = \frac{1}{2}mv^2$$

则式(2-21a)可写成

$$W = E_{k2} - E_{k1} \tag{2-21b}$$

式中 E_{k1}、E_{k2} 分别为质点在起始和终了位置时的动能，上式说明合外力对质点做的功等于质点动能的增量，这个结论叫质点的动能定理。

以上讨论的是一个质点的动能定理，下面讨论质点系的动能定理。

先考虑有两个质量分别为 m_1、m_2 的质点组成的系统。设两个质点受到的外力、内力、初始速度、终了速度和运动路径分别为(见图 2-12)

m_1：$\boldsymbol{F}_1$、$\boldsymbol{f}_{12}$、$\boldsymbol{v}_{10}$、$\boldsymbol{v}_1$、A_1B_1

m_2：$\boldsymbol{F}_2$、$\boldsymbol{f}_{21}$、$\boldsymbol{v}_{20}$、$\boldsymbol{v}_1$、A_2B_2

图 2-12

根据质点的动能定理，有

对 m_1：

$$\int_{A_1}^{B_1}\boldsymbol{F}_1\cdot d\boldsymbol{r}_1 + \int_{A_1}^{B_1} f_{12}\cdot d\boldsymbol{r}_1 = \frac{1}{2}m\boldsymbol{v}_1^2 - \frac{1}{2}m\boldsymbol{v}_{10}^2$$

对 m_2：

$$\int_{A_2}^{B_2}\boldsymbol{F}_2\cdot d\boldsymbol{r}_2 + \int_{A_2}^{B_2}\boldsymbol{f}_{21}\cdot d\boldsymbol{r}_2 = \frac{1}{2}m\boldsymbol{v}_2^2 - \frac{1}{2}m\boldsymbol{v}_{20}^2$$

两式相加得

$$\sum_{i=1}^{2}\int\boldsymbol{F}_i\cdot d\boldsymbol{r}_i + \sum_{\substack{i,j=1\\ i\neq j}}^{2}\int\boldsymbol{f}_{ij}\cdot d\boldsymbol{r}_i = \frac{1}{2}m\boldsymbol{v}_1^2 + \frac{1}{2}m\boldsymbol{v}_2^2 - \frac{1}{2}m\boldsymbol{v}_{10}^2 - \frac{1}{2}m\boldsymbol{v}_{20}^2$$

对于 n 个质点组成的质点系，则有

$$\sum_{i=1}^{n}\int \boldsymbol{F}_i \cdot \mathrm{d}\boldsymbol{r}_i + \sum_{\substack{i,j=1\\ i\neq j}}^{n}\int \boldsymbol{f}_{ij} \cdot \mathrm{d}\boldsymbol{r}_i = \sum_{i=1}^{n} \frac{1}{2}m\boldsymbol{v}_i^2 + \sum_{i=1}^{n} \frac{1}{2}m\boldsymbol{v}_{i0}^2 \tag{2-22a}$$

此式表明外力及内力对质点系所做的总功等于系统动能的增量，这个结论称为质点系的动能定理。如果令 $\sum\limits_{i=1}^{n}\int \boldsymbol{F}_i \cdot \mathrm{d}\boldsymbol{r}_i = W_{\mathrm{ex}}$，表示外力对系统做的总功。

$\sum\limits_{\substack{i,j=1\\ i\neq j}}^{n}\int \boldsymbol{f}_{ij} \cdot \mathrm{d}\boldsymbol{r}_i - W_{\mathrm{in}}$，表示内力做的总功。

$\sum\limits_{i=1}^{n} \frac{1}{2}m\boldsymbol{v}_{i0}^2 = E_{\mathrm{k0}}$，表示质点系的初态总动能。

$\sum\limits_{i=1}^{n} \frac{1}{2}m\boldsymbol{v}_i^2 = E_{\mathrm{k}}$，表示质点系的末态总动能。

式(2-22a)可以写成

$$W_{\mathrm{ex}} + W_{\mathrm{in}} = E_{\mathrm{k}} - E_{\mathrm{k0}} \tag{2-22b}$$

注意，虽然每一对内力大小相等，方向相反，且沿同一直线，但是，由于每个质点的位移不一定相同，所以内力做功之和不一定为零。

2-3-3　机械能守恒定律

1. 力场

质点受力通常与时间、质点的位置和速度有关。如果质点所受力 $\boldsymbol{F}$ 仅与质点位置有关。即

$$\boldsymbol{F} = \boldsymbol{F}(\boldsymbol{r})$$

我们称由 $\boldsymbol{F}(\boldsymbol{r})$ 代表的质点受力的空间分布为力场。力场是传递力的物质，如引力场、重力场、静电力场分别是传递万有引力、重力、静电力的物质。

2. 保守力

应用动能定理解决力学问题时要计算力的线积分，但是在许多情况下，这种积分较麻烦。庆幸的是，有些力的线积分与积分路径无关，只与质点的起始和终了位置有关。下面我们计算几种常见的力对运动质点所做的功，从而将力分为两类——保守力和非保守力。

例 7　万有引力的功。如图 2-13 所示，质量为 m_1 的质点固定，质量为 m_2 的质点由 A 点经任一路径运动到 B 点，A、B 两点距 m_1 的距离分别为 r_A、r_B，试计算在 m_2 运动的过程中由万有引力所做的功。

解　设在某一时刻质点 m_2 相对 m_1 的位矢为 $\boldsymbol{r}$，引力做的元功为

$$\mathrm{d}W = \boldsymbol{F} \cdot \mathrm{d}\boldsymbol{r} = -G\frac{m_1 m_2}{r^3}\boldsymbol{r} \cdot \mathrm{d}\boldsymbol{r}$$

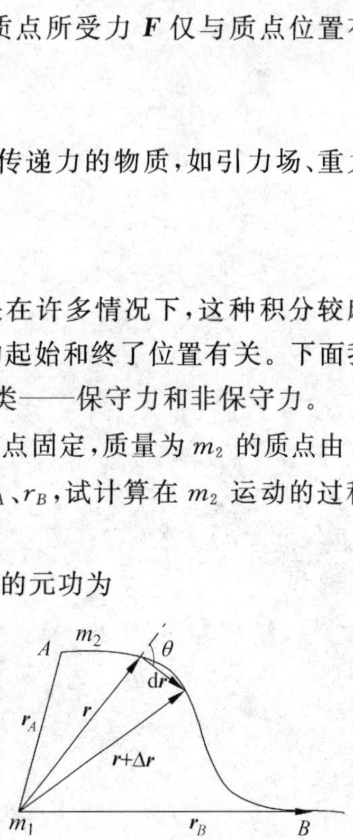

图　2-13

式中 $\boldsymbol{r} \cdot \mathrm{d}\boldsymbol{r} = r|\mathrm{d}\boldsymbol{r}|\cos\theta = r\mathrm{d}r$，其中 $\mathrm{d}r$ 为 m_2 发生位移时的位矢大小的增量，所以上式可以写成

$$\mathrm{d}W = -G\frac{m_1 m_2}{r^3}r\mathrm{d}r = -G\frac{m_1 m_2}{r^2}\mathrm{d}r$$

这样，m_2 由 A 点经任一路径运动到 B 点的过程中，万

有引力做的功为

$$W=\int \mathrm{d}W=-Gm_1m_2\int_{r_A}^{r_B}\frac{\mathrm{d}r}{r^2}=-\left[\left(-\frac{Gm_1m_2}{r_B}\right)-\left(-\frac{Gm_1m_2}{r_A}\right)\right] \qquad (2\text{-}23)$$

此式表明万有引力的功只决定于两质点的始末距离，与路径形状无关。这是万有引力做功的一个重要特点。

读者可根据功的定义计算重力、弹性力的功，计算结果如下。

(1) 重力的功：如图 2-14 所示，质量为 m 的质点从离地面高度为 Z_A 的 A 点沿任意路径运动到高度为 Z_B 的 B 点，重力做的功为

$$W=-(mgZ_B-mgZ_A) \qquad (2\text{-}24)$$

上式表明重力做功只与质点始末位置有关，与路径无关。

(2) 弹性力的功：如图 2-15 所示，一劲度系数为 k 的弹簧水平放置，其一端固定，另一端系一质点 m，以弹簧原长时质点 m 所在位置为坐标原点建立如图所示坐标，质点 m 从 A 点运动到 B 点的过程中，弹力所做的功为

$$W=-\left(\frac{1}{2}kx_B^2-\frac{1}{2}kx_A^2\right) \qquad (2\text{-}25)$$

上式表明弹性力做功只与弹簧的始末伸长量有关，与伸长的中间过程无关。

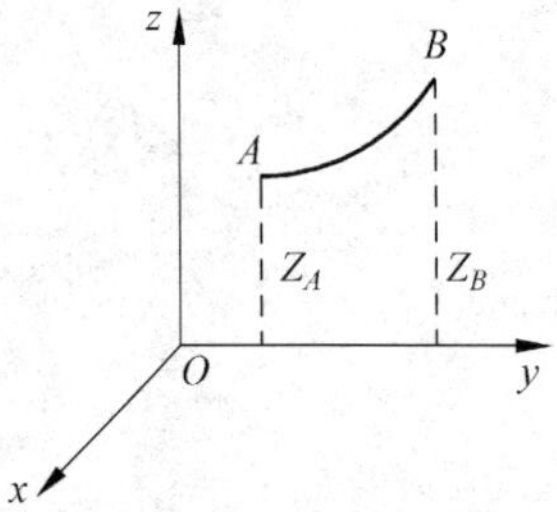

图 2-14

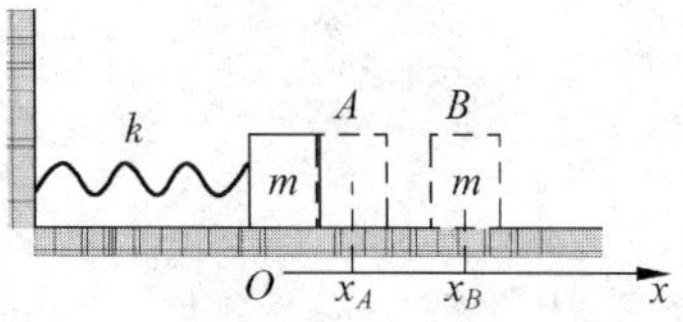

图 2-15

例 8 摩擦力的功。如图 2-16 所示，马拉爬犁在水平雪地上沿一弯曲道路行走，爬犁总质量为 m，它和地面的滚动摩擦系数为 μ_k，求马拉爬犁从 A 点出发到达 B 点行走路程 s 的过程中，路面摩擦力对爬犁做的功。

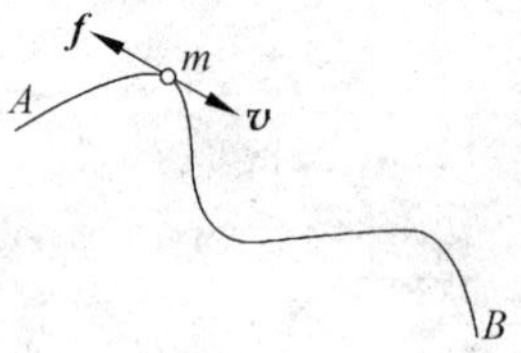

图 2-16

解 爬犁在雪地上移动时受到的摩擦力大小为 $f=\mu_k mg$，方向与运动方向相反，所以摩擦力做的功为

$$W=\int \boldsymbol{f}\cdot \mathrm{d}\boldsymbol{r}=-\int f\,|\mathrm{d}\boldsymbol{r}|=-\int \mu_k mg\,\mathrm{d}s$$

$$=-\mu_k mgs \qquad (2\text{-}26)$$

此结果说明摩擦力做功与路径形状有关。

从以上的讨论可知，各种力在做功上具有不同的特征，有些力如万有引力、重力、弹性力和静电力等，它们做功只与物体的始末位置有关，与路径无关，这种力称为保守力，相应的力场称为保守力场。还有一些力，如摩擦力、物体间相互作非弹性碰撞时的冲击力等，它们做功与路径有关，这种力称为非保守力。

如何判断一个力是保守力还是非保守力？

如图 2-17 所示，假设一质点由 A 点出发沿任意闭合路径回到 A 点，根据保守力做功与路径无关的特点，得保守力 $\boldsymbol{F}$ 在此过程中做的总功为零，即

$$\oint_l \boldsymbol{F} \cdot \mathrm{d}\boldsymbol{l} = 0 \tag{2-27}$$

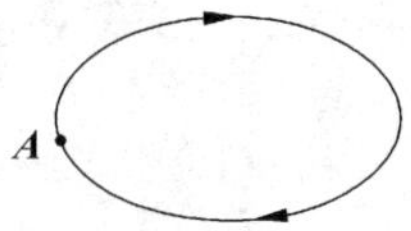

图　2-17

此式是反映保守力做功特点的数学表达式，也是判断一种力是保守力还是非保守力的数学依据。非保守力不具有沿任意闭合路径做功等于零的特征。

3. 势能

由式(2-23)～(2-25)可知：质点在保守力场中运动，保守力做的功对应于质点的位置的某个函数的减少量，这个函数叫势能函数，简称势能。一般用 $E_p(r)$ 表示势能，并规定当质点从 A 点运动到 B 点时保守力所做的功等于势能增量的负值，即

$$\int_A^B \boldsymbol{F} \cdot \mathrm{d}\boldsymbol{r} = -(E_{pB} - E_{pA}) \tag{2-28}$$

由式(2-23)～(2-25)可得到

引力势能函数：

$$E_p = -G\frac{m_1 m_2}{r} + C \tag{2-29}$$

重力势能函数：

$$E_p = mgh + C \tag{2-30}$$

弹性势能函数：

$$E_p = \frac{1}{2}kx^2 + C \tag{2-31}$$

上面三式中的 C 由势能零点确定。势能零点的选取是任意的，一般选两质点相距无穷远时为引力势能的零点，选地面的重力势能为零，选水平放置的弹簧处于平衡位置时为弹性势能零点，这样，上面三式中的 C 都等于零。

为加深对势能的理解，我们对势能概念做以下几点讨论。

(1) 只有对保守力才能引入势能概念，并能用势能的改变来度量保守力所做的功，势能的单位和功的单位一样。对非保守力谈不上势能概念(为什么?)。

(2) 势能属于有保守力相互作用的系统整体，例如重力势能属于地球和物体所组成的系统。

(3) 势能是状态的函数，保守力场中任一点的势能值是相对的，取决于势能零点的选择，保守力场中某两点之间势能的变化是绝对的，与势能零点的选择无关。

(4) 保守力场中任一点 P 点的势能等于从该点到势能零点 P_0 点保守力 $\boldsymbol{F}$ 所做的功，即

$$E_p = \int_P^{P_0} \boldsymbol{F} \cdot \mathrm{d}\boldsymbol{r} \tag{2-32}$$

(5) 已知势能函数可以求保守力。

由式(2-28)得微分形式

$$\boldsymbol{F} \cdot \mathrm{d}\boldsymbol{r} = -\mathrm{d}E_p(\boldsymbol{r})$$

在直角坐标系中，上式可写成

$$F_x\mathrm{d}x+F_y\mathrm{d}y+F_z\mathrm{d}z=-\mathrm{d}E_\mathrm{p}(x,y,z)$$

若保持 y,z 不变，则 $F_x\mathrm{d}x=-\mathrm{d}E_\mathrm{p}(x,y,z)$，可得到

$$F_x=-\left(\frac{\mathrm{d}E_\mathrm{p}}{\mathrm{d}x}\right)_{y,z}=-\frac{\partial E_\mathrm{p}}{\partial x}$$

$\frac{\partial E_\mathrm{p}}{\partial x}$称为 E_p 对 x 的偏导数，同理得

$$F_y=-\frac{\partial E_\mathrm{p}}{\partial y}$$

$$F_z=-\frac{\partial E_\mathrm{p}}{\partial z}$$

所以保守力为

$$\boldsymbol{F}=-\left(\mathbf{i}\frac{\partial E_\mathrm{p}}{\partial x}+\mathbf{j}\frac{\partial E_\mathrm{p}}{\partial y}+\mathbf{k}\frac{\partial E_\mathrm{p}}{\partial z}\right)$$

$$=-\left(\mathbf{i}\frac{\partial}{\partial x}+\mathbf{j}\frac{\partial}{\partial y}+\mathbf{k}\frac{\partial}{\partial z}\right)E_\mathrm{p}$$

记为

$$\boldsymbol{F}=-\nabla E_\mathrm{p} \tag{2-33}$$

其中算符$\nabla=\mathbf{i}\frac{\partial}{\partial x}+\mathbf{j}\frac{\partial}{\partial y}+\mathbf{k}\frac{\partial}{\partial z}$，式(2-33)说明保守力等于势能梯度冠以负号。

4. 功能原理

在质点系的动能定理中，内力的功包括保守内力和非保守内力的功，如果用 W_in^c 表示质点系内各保守内力做功之和，用 W_in^{nc} 表示质点系内各非保守内力做功之和，即

$$W_\mathrm{in}=W_\mathrm{in}^c+W_\mathrm{in}^{nc} \tag{2-34}$$

其中保守内力做功之和等于系统势能增量的负值，即

$$W_\mathrm{in}^c=-\left(\sum_{i=1}^{n}E_{\mathrm{p}i}-\sum_{i=1}^{n}E_{\mathrm{p}i0}\right)=-(E_\mathrm{p}-E_\mathrm{p0}) \tag{2-35}$$

将式(2-34)和式(2-35)代入式(2-22b)，得

$$W_\mathrm{ex}+W_\mathrm{in}^{nc}=(E_\mathrm{k}+E_\mathrm{p})-(E_\mathrm{k0}+E_\mathrm{p0}) \tag{2-36a}$$

在力学中动能和势能之和称为机械能，用 E 表示，则上式可写成

$$W_\mathrm{ex}+W_\mathrm{in}^{nc}=E-E_0 \tag{2-36b}$$

此式表明系统外力的功与非保守内力的功之总和等于系统机械能的增量，这就是质点系的功能原理。

5. 机械能守恒定律

由式(2-36a)可知，如果系统外力的功与非保守内力的功之总和等于零，则系统的机械能不变，即

$$E_\mathrm{k}+E_\mathrm{p}=E_\mathrm{k0}+E_\mathrm{p0} \tag{2-37}$$

上述结论称为机械能守恒定律。

注意，系统的机械能守恒并不意味着系统的动能和势能不变，动能和势能可以相互转换，这种转换是通过系统的保守内力做功实现的。

6. 能量守恒定律

由式(2-36)可知,如果系统外力的功与非保守内力的功之总和不等于零,则系统的机械能将增加或减少,这时就会出现能量的交换或转换。

对于一个孤立系统(与外界没有能量交换的系统)而言,在机械能增加或减少时就有等量的非机械能的减少或增加,从而保持机械能和非机械能之和(即总能量)不变,这就是能量转换和守恒定律。它是自然界的一条普遍的最基本的定律。

例 9　试判断力场 $\boldsymbol{F}=ax\mathbf{i}+by\mathbf{j}$ 是否是保守力,式中 a、b 为常数。

解　如图 2-18 所示,在力场中任意作一闭合回路,设想质点沿此路径顺时针运动一周,则力 $\boldsymbol{F}$ 所做的功为

$$\oint_l \boldsymbol{F}\cdot \mathrm{d}l=\oint_l (ax\boldsymbol{i}+by\boldsymbol{j})\cdot(\mathrm{d}x\boldsymbol{i}+\mathrm{d}y\boldsymbol{j}+\mathrm{d}z\boldsymbol{k})$$

$$=\oint_l (ax\mathrm{d}x+by\mathrm{d}y)=0$$

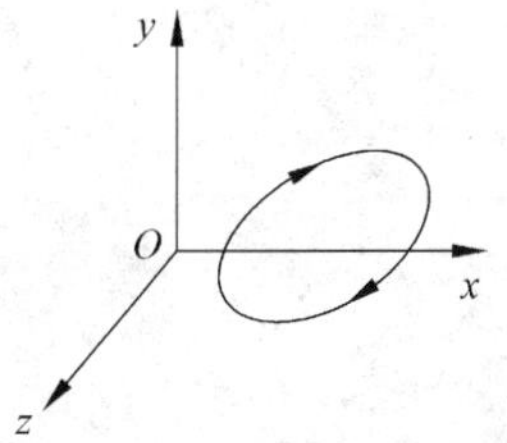

图　2-18

因为闭合回路是任意取的,所以满足判别式(2-27),故可判断 $\boldsymbol{F}$ 是保守力。

例 10　质量为 M、长度为 l 的金属板静置于光滑的水平面上,板上放一质量为 m 的铅块,板与铅块之间的滑动摩擦系数为 μ。若铅块以相对于水平面的初始速度 v_0 由板的一端向另一端开始运动,至板的另一端时,铅块刚好不离开板,v_0 应满足什么条件(用 M、l、m、μ 表示)? 并求金属板作用于铅块的摩擦力对铅块做的功和铅块作用于金属板的摩擦力对金属板所做的功。

解　显然,金属板和铅块组成的系统满足动量守恒条件,铅块运动到金属板另一端时,金属板也会移动,假设金属板移动的距离为 s,则铅块在此期间移动的距离为 $l+s$。铅块刚好不离开金属板的条件是运动到另一端时,铅块和金属板有相同的速度,设此速度为 v,则由动量守恒定律,得

$$mv_0=(m+M)v$$

对铅块和金属板分别应用动能定理,得

$$\frac{1}{2}mv^2-\frac{1}{2}mv_0^2=-\mu mg(s+l)$$

$$\frac{1}{2}Mv^2-0=\mu mgs$$

联立以上三式求解,得

$$v_0=\sqrt{2(m+M)\mu gl/M}$$

$$v=m\sqrt{2\mu gl/M(m+M)}$$

金属板作用于铅块的摩擦力对铅块做的功为

$$W=\frac{1}{2}mv^2-\frac{1}{2}mv_0^2=-\frac{\mu m(2m+M)gl}{m+M}$$

铅块作用于金属板的摩擦力对金属板所做的功为

$$W'=\frac{1}{2}Mv^2-0=\frac{\mu m^2 gl}{m+M}$$

2-4 质点的角动量

在动力学中，角动量和动量、能量一样，都是描述质点运动的重要物理概念，角动量守恒定律也是自然界最普遍、最基本的定律之一。

2-4-1 力矩、质点的角动量

在研究质点运动时，常会遇到质点或质点系绕某一确定点转动的情况，例如行星绕太阳的公转等。为了研究力对物体转动的作用效果，我们首先引入一个概念——力矩。

1. 力矩的定义

一个力 $\boldsymbol{F}$ 对参考点 O 的力矩 $\boldsymbol{M}$ 定义为力的作用点对 O 点的位矢 $\boldsymbol{r}$ 与力 $\boldsymbol{F}$ 的矢积，即

$$\boldsymbol{M} = \boldsymbol{r} \times \boldsymbol{F} \tag{2-38}$$

由此可见，力矩是一矢量。如图 2-19 所示，力矩的方向由右手螺旋法则确定：使右手四指从 $\boldsymbol{r}$ 沿 $\boldsymbol{r}$、$\boldsymbol{F}$ 的夹角 θ（小于 180°的角）转向 $\boldsymbol{F}$，这时大拇指的指向就是力矩的方向。力矩的大小为

$$M = rF\sin\theta = Fd$$

在国际单位制中，力矩的单位为 N · m，量纲为 $\mathrm{ML^2T^{-2}}$。

2. 角动量的定义

在一惯性系中，一质量为 m 的质点受外力 $\boldsymbol{F}$ 的作用，某时其动量为 $\boldsymbol{p}=m\boldsymbol{v}$，相对于某一固定点 O 的位矢为 $\boldsymbol{r}$，我们将位矢 $\boldsymbol{r}$ 与动量 $\boldsymbol{p}$ 的矢积定义为质点对定点 O 的角动量，也叫动量矩，用 $\boldsymbol{L}$ 表示，即

$$\boldsymbol{L} = \boldsymbol{r} \times \boldsymbol{p} \tag{2-39}$$

此式表明角动量是一矢量。如图 2-20 所示，角动量的方向由右手螺旋法则确定：使右手四指从 $\boldsymbol{r}$ 沿 $\boldsymbol{r}$、$\boldsymbol{p}$ 的夹角 θ（小于 180°的角）转向 p，这时大拇指的指向就是角动量的方向。角动量的大小为

$$L = rp\sin\theta$$

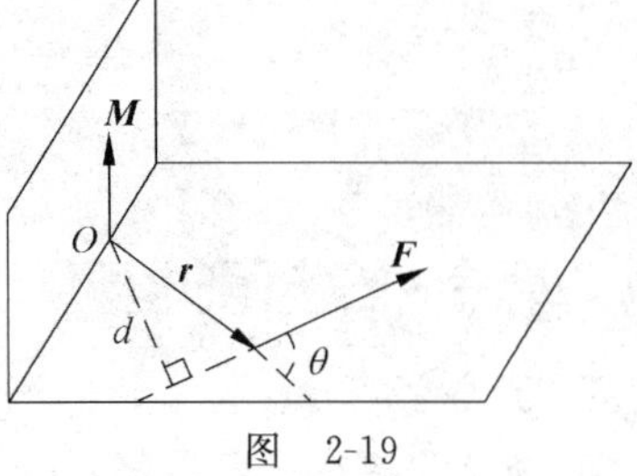

图 2-19

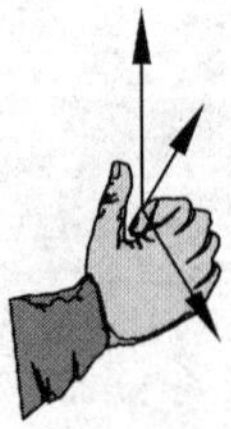

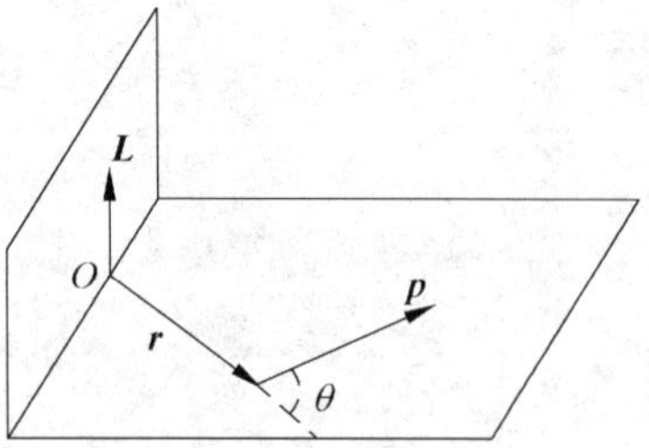

图 2-20

在国际单位制中，角动量的单位为 kg · m² · s⁻¹，量纲为 $\mathrm{ML^2T^{-1}}$。

3. 质点的角动量定理

由牛顿第二运动定律，知

$$\boldsymbol{F} = \frac{\mathrm{d}\boldsymbol{p}}{\mathrm{d}t}$$

将此式代入式(2-38)，得

$$\boldsymbol{M}=\boldsymbol{r}\times\frac{\mathrm{d}\boldsymbol{p}}{\mathrm{d}t}=\frac{\mathrm{d}}{\mathrm{d}t}(\boldsymbol{r}\times\boldsymbol{p})-\frac{\mathrm{d}\boldsymbol{r}}{\mathrm{d}t}\times\boldsymbol{p}$$

上式中$\frac{\mathrm{d}\boldsymbol{r}}{\mathrm{d}t}\times\boldsymbol{p}=0$(为什么？请读者思考一下。)

因此，有

$$\boldsymbol{M}=\frac{\mathrm{d}\boldsymbol{L}}{\mathrm{d}t} \tag{2-40}$$

此式表明，质点对某固定参考点的角动量的变化率等于质点所受合力对同一参考点的力矩。该式反映了力矩的作用效果，即力矩使物体的角动量发生变化。

将式(2-40)两边同乘以 $\mathrm{d}t$，得

$$\boldsymbol{M}\mathrm{d}t=\mathrm{d}\boldsymbol{L}$$

在 t_0—t 的有限时间段内对上式积分，则有

$$\int_{t_0}^{t}\boldsymbol{M}\mathrm{d}t=\int_{\boldsymbol{L}_0}^{\boldsymbol{L}}\mathrm{d}\boldsymbol{L}=\boldsymbol{L}-\boldsymbol{L}_0 \tag{2-41}$$

上式中$\int_{t_0}^{t}\boldsymbol{M}\mathrm{d}t$称为力矩$\boldsymbol{M}$在$t_0$到$t$的时间内的冲量矩，也叫角冲量。上式的物理意义为：对同一参考点，质点所受冲量矩等于质点角动量的增量。这个结论叫质点的角动量定理。

4. 质点的角动量守恒定律

由式(2-40)可知，若$\boldsymbol{M}=0$，则有

$$\frac{\mathrm{d}\boldsymbol{L}}{\mathrm{d}t}=0$$

即

$$\boldsymbol{L}=\boldsymbol{L}_0=\text{常矢量}$$

这就是说，当质点受到的对某一固定点的合力矩为零时，质点对该固定点的角动量矢量保持不变。这结论称为质点的角动量守恒定律。

5. 质点在有心力场中的运动

质点的角动量守恒的条件是合力矩为零，这可能是合力为零，也可能是合力虽不为零，但合力$\boldsymbol{F}$通过某一固定点，对该固定点的力矩为零。例如在有心力(所谓有心力是指质点在运动过程中所受的力，总是指向某一固定点，该点叫力心)作用的情况下，质点对力心的力矩为零，因而质点对力心的角动量守恒。比如太阳系中行星受到太阳的引力(其他星球的引力不计)都是指向太阳的，太阳位于行星的椭圆轨道的两焦点之一，如以太阳为参考点，则行星的角动量守恒。

例 11　如图 2-21 所示，设太阳m'位于原点O，行星m位于平面极坐标中的点P，它对原点O的位矢为$\boldsymbol{r}$，$\boldsymbol{r}$与参考轴的夹角为θ，试求行星的轨道方程。

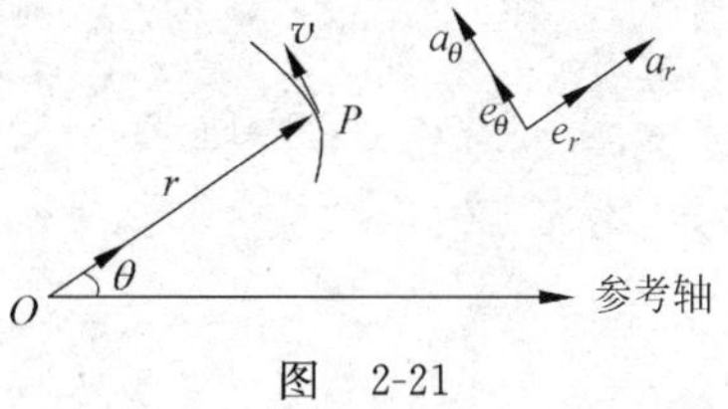

图　2-21

解　因为行星所受来自太阳的引力是指向太阳的有心力，所以行星的角动量和机械能都守恒，即

$$\boldsymbol{L}=\boldsymbol{r}\times m\boldsymbol{v}=\text{恒矢量} \tag{1}$$

$$E = \frac{1}{2}mv^2 - G\frac{mm'}{r} = 常量 \tag{2}$$

若将行星速度沿径向和横向分解，则

$$v^2 = v_r^2 + v_\theta^2 = \left(\frac{\mathrm{d}r}{\mathrm{d}t}\right)^2 + \left(r\frac{\mathrm{d}\theta}{\mathrm{d}t}\right)^2$$

式(1)、(2)可分别写为

$$L = mr^2\frac{\mathrm{d}\theta}{\mathrm{d}t} = 常量 \tag{3}$$

$$E = \frac{1}{2}m\left(\frac{\mathrm{d}r}{\mathrm{d}t}\right)^2 + \frac{1}{2}m\left(r\frac{\mathrm{d}\theta}{\mathrm{d}t}\right)^2 - G\frac{mm'}{r} = 常量 \tag{4}$$

由式(3)，得

$$\frac{\mathrm{d}\theta}{\mathrm{d}t} = \frac{L}{mr^2}$$

由式(4)，得

$$v_r = \frac{\mathrm{d}r}{\mathrm{d}t} = \sqrt{\frac{2E}{m} + \frac{2Gm'}{r} - r^2\left(\frac{\mathrm{d}\theta}{\mathrm{d}t}\right)^2}$$

又由于

$$\begin{aligned}\frac{\mathrm{d}\theta}{\mathrm{d}t} &= \frac{\mathrm{d}\theta}{\mathrm{d}r}\frac{\mathrm{d}r}{\mathrm{d}t} \\ &= \frac{\mathrm{d}\theta}{\mathrm{d}r}\sqrt{\frac{2E}{m} + \frac{2Gm'}{r} - r^2\left(\frac{\mathrm{d}\theta}{\mathrm{d}t}\right)^2}\end{aligned}$$

则

$$\mathrm{d}\theta = \frac{L\mathrm{d}r}{r\sqrt{2Emr^2 + 2Gm'm^2r - L^2}}$$

对上式积分，得

$$r = \frac{A}{1 - e\cos\theta} \tag{5}$$

式中：

$$A = \frac{L^2}{Gm'm^2}$$

$$e = \left(1 + \frac{2EL^2}{G^2m'^2m^3}\right)^{1/2} \quad (称为偏心率) \tag{6}$$

式(5)为极坐标表示的圆锥曲线，具体形状由 e 决定，即由行星的角动量和总能量决定。行星始终在太阳引力场中运动，$E<0$，因此由式(6)，得 $e<1$，故式(5)所表示的方程是椭圆方程，即行星在太阳的引力作用下绕以太阳为焦点的椭圆轨道运动。

2-4-2 质点系角动量定理、角动量守恒定律

设质点系中第 i 个质点 m_i 受外力 $\boldsymbol{F}_i$ 作用，某时刻其动量为 $\boldsymbol{p}_i$，相对某固定点 O 的位矢为 $\boldsymbol{r}_i$，此质点的角动量为

$$\boldsymbol{L}_i = \boldsymbol{r}_i \times \boldsymbol{p}_i$$

由质点的角动量定理，得

$$\frac{\mathrm{d}\boldsymbol{L}_i}{\mathrm{d}t}=\boldsymbol{M}_i=\boldsymbol{r}_i\times(\boldsymbol{F}_i+\sum_{j\neq i}\boldsymbol{f}_{ij})$$

式中 $\sum_{j\neq i}\boldsymbol{f}_{ij}$ 为该质点所受系统内其他质点的内力。将上式对所有质点求和，得

$$\begin{aligned}\frac{\mathrm{d}\boldsymbol{L}}{\mathrm{d}t}&=\sum_i(\boldsymbol{r}_i\times\boldsymbol{F}_i)+\sum_i\Big(\boldsymbol{r}_i\times\sum_{j\neq i}\boldsymbol{f}_{ij}\Big)\\&=\boldsymbol{M}+\boldsymbol{M}_{\mathrm{in}}\end{aligned}$$

式中：$\boldsymbol{L}=\sum_i\boldsymbol{L}_i$，表示质点系的角动量；$\boldsymbol{M}=\sum_i(\boldsymbol{r}_i\times\boldsymbol{F}_i)$，表示质点系所受外力矩的矢量和；$\boldsymbol{M}_{\mathrm{in}}=\sum_i(\boldsymbol{r}_i\times\sum_{j\neq i}\boldsymbol{f}_{ij})$，表示质点系所受内力矩的矢量和。

内力成对出现，如图 2-22 所示，内力 $\boldsymbol{f}_{ij}$ 与反作用力 $\boldsymbol{f}_{ji}$ 的力矩之和为

$$\begin{aligned}\boldsymbol{M}_{ij}&=\boldsymbol{r}_i\times\boldsymbol{f}_{ij}+\boldsymbol{r}_j\times\boldsymbol{f}_{ji}=(\boldsymbol{r}_i-\boldsymbol{r}_j)\times\boldsymbol{f}_{ij}\\&=\boldsymbol{r}_{ij}\times\boldsymbol{f}_{ij}=0\end{aligned}$$

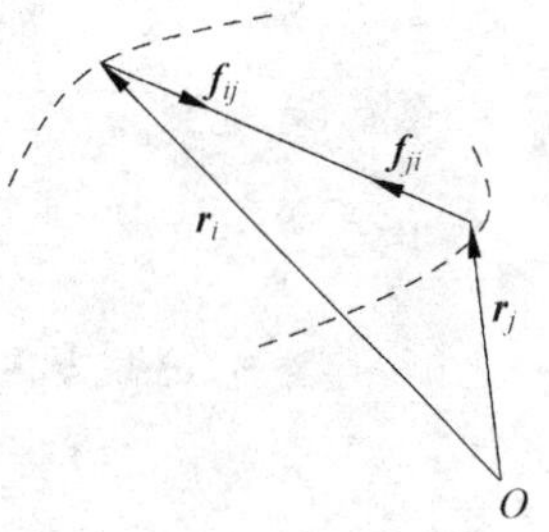

图　2-22

所以

$$\frac{\mathrm{d}\boldsymbol{L}}{\mathrm{d}t}=\boldsymbol{M}\tag{2-42}$$

此式表明一个质点系所受合外力矩等于该质点系的角动量对时间的变化率，这就是质点系的角动量定理。

由式(2-42)可知，若 $\boldsymbol{M}=0$，则有

$$\frac{\mathrm{d}\boldsymbol{L}}{\mathrm{d}t}=0$$

即

$$\boldsymbol{L}=\boldsymbol{L}_0=\text{常矢量}$$

这就是说，当质点系对某一固定点的合外力矩为零时，质点系对该固定点的角动量矢量保持不变。这结论称为质点系的角动量守恒定律。

2-5　质心运动定理

2-5-1　质心、质心运动定理

生活中有这样的经验：乒乓球拍斜抛出去后，它在空中边翻转边前进，运动较复杂。但仔细观察会发现，球拍上有一点 C 在空中的轨迹近似为一条抛物线，这个 C 点就是球拍的质量中心，简称质心。

设一质点系由 N 个质点组成，质量分别为 m_1、m_2、…、m_i、…、m_N，各质点到某一坐标原点的位矢分别为 $\boldsymbol{r}_1$、$\boldsymbol{r}_2$、…、$\boldsymbol{r}_i$、…、$\boldsymbol{r}_N$，质心的位矢则为

$$\boldsymbol{r}_c=\frac{\sum_{i=1}^{N}m_i\boldsymbol{r}_i}{\sum_{i=1}^{N}m_i}=\frac{\sum_{i=1}^{N}m_i\boldsymbol{r}_i}{M}\tag{2-43}$$

式中 M 为质点系的总质量。质量连续分布的物体可当作质点系，求其质心时只需将上式中

的求和改为积分，即

$$\boldsymbol{r}_c=\frac{\int \boldsymbol{r}\mathrm{d}m}{\int \mathrm{d}m}=\frac{\int \boldsymbol{r}\mathrm{d}m}{M} \tag{2-44}$$

注意，质心和重心是两个不同的概念。只有当物体所处重力场为均匀场时，物体的重心和质心位置才重合。

将式(2-43)两边对时间 t 求导，得质心运动的速度为

$$\boldsymbol{v}_c=\frac{\mathrm{d}r_c}{\mathrm{d}t}=\frac{\sum_{i=1}^{N} m_i \frac{\mathrm{d}\boldsymbol{r}_i}{\mathrm{d}\boldsymbol{t}}}{M}=\frac{\sum_{i=1}^{N} m_i \boldsymbol{v}_i}{M}$$

将上式改写为

$$M\boldsymbol{v}_c=\sum_{i=1}^{N} m_i \boldsymbol{v}_i$$

由此式可知质点系的总动量为

$$\boldsymbol{p}=M\boldsymbol{v}_c=\sum_{i=1}^{N} m_i \boldsymbol{v}_i \tag{2-45}$$

将上式两边对时间 t 求导，得

$$\frac{\mathrm{d}\boldsymbol{p}}{\mathrm{d}t}=M\boldsymbol{a}_c$$

由质点系动量定理的微分形式得

$$\boldsymbol{F}=\frac{\mathrm{d}\boldsymbol{p}}{\mathrm{d}t}$$

因此得到

$$\boldsymbol{F}=M\boldsymbol{a}_c \tag{2-46}$$

这就是质心运动定理。它的形式与牛顿第二运动定律形式完全相同，它表明质点系质心的运动如同一个质点的运动，该质点的质量等于整个质点系的质量且集中在质心位置，此质点所受的力是质点系所受的所有外力之和。

由式(2-45)可知，当质点系的动量守恒时，质心速度不变。因为质心具有这种特性，所以在处理某些问题(如碰撞)时，常采用质心平动参考系。所谓质心平动参考系就是坐标原点选在质点系(或物体)的质心上，并以质心速度相对惯性系平动的参考系。在此参考系中，$\boldsymbol{v}_c=0$，由式(2-45)知质点系总动量 $\boldsymbol{p}=0$，因此质心平动参考系又称零动量参考系。

例 12 设一弹丸从地面斜抛出去，它飞行在最高点处爆炸成质量相等的两块碎片 A 和 B(如图 2-23 所示)，碎片 A 竖直下落，碎片 B 水平抛出，它们同时落地，试问碎片 B 落在何处(不计空气阻力)？

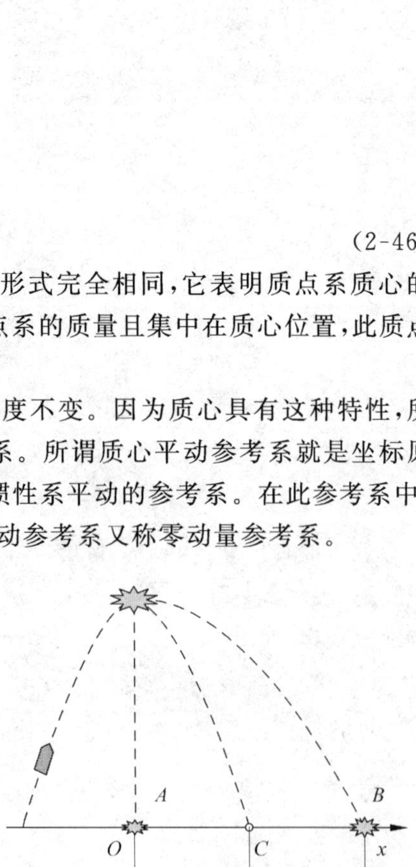

图 2-23

解 爆炸前和爆炸后弹丸质心的运动轨迹在同一抛物线上。设碎片 A 和 B 的质量均为 m，碎片 A 的落地点为坐标原点 O(即碎片 A 落地时距原点的距离 $x_1=0$)，碎片 B 落地时距原点的距离为 x_2，两碎片落地时它们的质心距原点 O 的距离为 x_c，则

$$x_c = \frac{mx_1 + mx_2}{m + m}$$

得

$$x_2 = 2x_c$$

例 13 质量分别为 m_1 和 m_2，速度分别为 $\boldsymbol{v}_{10}$ 和 $\boldsymbol{v}_{20}$ 的两质点相碰，碰撞后速度分别为 $\boldsymbol{v}_1$ 和 $\boldsymbol{v}_2$，试讨论在质心参考系中进行观察时，两质点如何运动？

解 相对于质心参考系，质心的加速度总是等于零，质点系的总动量也是等于零的，即

$$\text{碰撞前}\quad m_1\boldsymbol{v}'_{10} + m_2\boldsymbol{v}'_{20} = 0 \tag{1}$$

$$\text{碰撞后}\quad m_1\boldsymbol{v}'_1 + m_2\boldsymbol{v}'_2 = 0 \tag{2}$$

式中 $\boldsymbol{v}'_{10}$、$\boldsymbol{v}'_{20}$ 和 $\boldsymbol{v}'_1$、$\boldsymbol{v}'_2$ 分别为两质点碰撞前后相对于质心的速度，由式(1)和式(2)得

$$\boldsymbol{v}'_{10} = -\frac{m_2}{m_1}\boldsymbol{v}'_{20}$$

$$\boldsymbol{v}'_1 = -\frac{m_2}{m_1}\boldsymbol{v}'_2$$

这就是说，在质心参考系中，两质点碰撞前后的速度方向都相反。

2-5-2　两体相互作用的讨论

在实际问题中，常常会遇到两个物体在相互作用下运动，如 α 粒子散射、氢原子中电子绕核运动、地球绕太阳运动(忽略其他星体的影响)等。它们的运动有共同的特点，即相互作用的两个物体可看作质点，且两质点组成的系统可看作孤立系统，这样两个质点的运动问题称为两体问题。这类问题具有一定的实际意义，在经典力学中，这类问题可以严格求解。

如图 2-24 所示，一惯性系的坐标原点为 O 点，其中有两个质量分别为 m_1 和 m_2 的质点，它们相对 O 点的位矢分别为 $\boldsymbol{r}_1$ 和 $\boldsymbol{r}_2$，m_2 指向 m_1 的位矢 $\boldsymbol{r}$。

$$\boldsymbol{r} = \boldsymbol{r}_1 - \boldsymbol{r}_2 \tag{2-47}$$

两质点的相互作用可表示为

$$\boldsymbol{F}_1 = -\boldsymbol{F}_2 = F(r)\boldsymbol{e}_r$$

式中 $\boldsymbol{e}_r$ 为 $\boldsymbol{r}$ 的单位矢量，$\boldsymbol{F}_1$、$\boldsymbol{F}_2$ 分别为 m_2 对 m_1 的作用力和 m_1 对 m_2 的反作用力。由牛顿第二运动定律可得

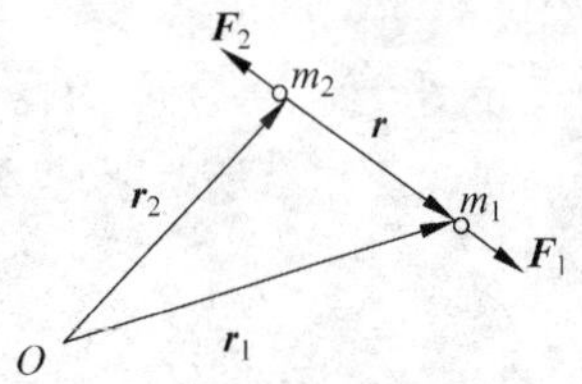

图　2-24

$$\begin{cases} m_1\dfrac{\mathrm{d}^2\boldsymbol{r}_1}{\mathrm{d}t^2} = F(r)\boldsymbol{e}_r \\ m_2\dfrac{\mathrm{d}^2\boldsymbol{r}_2}{\mathrm{d}t^2} = -F(r)\boldsymbol{e}_r \end{cases} \tag{2-48}$$

即

$$\begin{cases} \dfrac{\mathrm{d}^2\boldsymbol{r}_1}{\mathrm{d}t^2} = \dfrac{1}{m_1}F(r)\boldsymbol{e}_r \\ \dfrac{\mathrm{d}^2\boldsymbol{r}_2}{\mathrm{d}t^2} = -\dfrac{1}{m_2}F(r)\boldsymbol{e}_r \end{cases} \tag{2-49}$$

将以上两式相减，得

$$\frac{\mathrm{d}^2\boldsymbol{r}_1}{\mathrm{d}t^2} - \frac{\mathrm{d}^2\boldsymbol{r}_2}{\mathrm{d}t^2} = \left(\frac{1}{m_1} + \frac{1}{m_2}\right)F(r)\boldsymbol{e}_r \tag{2-50}$$

又由式(2-47)，式(2-50)可写成

$$\frac{\mathrm{d}^2 \boldsymbol{r}}{\mathrm{d}t^2} = \frac{m_1 + m_2}{m_1 m_2} F(r) \boldsymbol{e}_r \tag{2-51}$$

或

$$\frac{m_1 m_2}{m_1 + m_2} \frac{\mathrm{d}^2 \boldsymbol{r}}{\mathrm{d}t^2} = F(r) \boldsymbol{e}_r \tag{2-52}$$

令

$$\mu = \frac{m_1 m_2}{m_1 + m_2} \tag{2-53}$$

则有

$$\mu \frac{\mathrm{d}^2 \boldsymbol{r}}{\mathrm{d}\boldsymbol{t}^2} = F(r) \boldsymbol{e}_r \tag{2-54}$$

式中 μ 称为两个质点的约化质量，上式可理解为两质点的相对运动可归纳为质量为 μ 的单质点的运动。因此，两个质点在相互作用下的运动问题（即两体问题）可应用约化质量简化为单体运动问题。

为了更清楚地看出两个质点运动的图像，可以引用质心系。

如图 2-25 所示，用 $\boldsymbol{R}$ 表示两个质点的质心 C 的位矢，则

$$(m_1 + m_2) \boldsymbol{R} = m_1 \boldsymbol{r}_1 + m_2 \boldsymbol{r}_2 \tag{2-55}$$

由质心运动定理，得

$$(m_1 + m_2) \frac{\mathrm{d}^2 \boldsymbol{R}}{\mathrm{d}t^2} = 0 \tag{2-56}$$

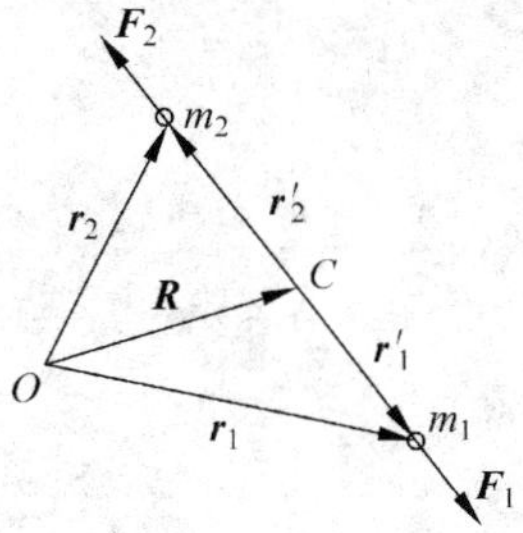

图 2-25

即

$$\frac{\mathrm{d}^2 \boldsymbol{R}}{\mathrm{d}t^2} = 0 \tag{2-57}$$

此式表明，质心的速度 $\boldsymbol{v}_c$ 为一恒矢量。

现在建立一质心坐标系，设两个质点在此质心系中的位矢分别为 $\boldsymbol{r}'_1$ 和 $\boldsymbol{r}'_2$，由图 2-25 可知

$$\begin{cases} \boldsymbol{r}'_1 = \boldsymbol{r}_1 - \boldsymbol{R} \\ \boldsymbol{r}'_2 = \boldsymbol{r}_2 - \boldsymbol{R} \end{cases} \tag{2-58}$$

且

$$\boldsymbol{r}'_1 - \boldsymbol{r}'_2 = \boldsymbol{r}_1 - \boldsymbol{r}_2 = \boldsymbol{r} \tag{2-59}$$

又由质心的定义得

$$m_1 \boldsymbol{r}'_1 + m_2 \boldsymbol{r}'_2 = 0 \tag{2-60}$$

由以上两式得

$$\begin{cases} \boldsymbol{r}'_1 = \dfrac{m_2}{m_1 + m_2} \boldsymbol{r} \\ \boldsymbol{r}'_2 = -\dfrac{m_1}{m_1 + m_2} \boldsymbol{r} \end{cases} \tag{2-61}$$

若已得出相对运动的解 $\boldsymbol{r}$，就可由式(2-61)、式(2-58)分别求得两个质点各自相对于质心系及原惯性系的运动规律。

注意，虽然两体问题可以简化为单体问题，但对于三体（或更多物体）问题，就要复杂多

了,这里不作讨论。

2-6　非惯性系中的动力学方程

2-6-1　非惯性系

前面所讲述的理论都只适用于惯性系,但在实际生活中,经常会遇到非惯性系,所谓非惯性系就是对惯性系作加速运动的参考系。在非惯性系中如何处理力学问题呢?下面讨论两种特殊的非惯性系。

2-6-2　非惯性系中的牛顿第二运动定律方程

1. 平动非惯性系

当参考系的坐标原点相对惯性系作加速运动,而坐标轴没有转动时,就称为平动非惯性系。设想有一质点 m,相对某一惯性系 S 的加速度为 $\boldsymbol{a}$,相对于某一平动非惯性系 S' 的速度为 $\boldsymbol{a}'$,S' 相对 S 的加速度为 $\boldsymbol{a}_0$,由运动的相对性知

$$\boldsymbol{a} = \boldsymbol{a}' + \boldsymbol{a}_0$$

在 S 系中有 $\boldsymbol{F}=m\boldsymbol{a}$。按牛顿力学理论,质量 m 和相互作用力 $\boldsymbol{F}$ 与参考系无关,所以有

$$\boldsymbol{F} = m\boldsymbol{a}' + m\boldsymbol{a}_0$$

或者写成

$$\boldsymbol{F} - m\boldsymbol{a}_0 = m\boldsymbol{a}'$$

此式表明在 S' 系中牛顿第二运动定律不成立,但是,如果将上式中的 $-m\boldsymbol{a}_0$ 假想为质点在 S' 系中受到的一种力,上式在形式上就符合牛顿第二运动定律的表达形式。这个假想的力叫惯性力。用 $\boldsymbol{F}_i$ 表示,则有

$$\boldsymbol{F}_i = - m\boldsymbol{a}_0 \tag{2-62}$$

由运动的相对性可得惯性力的普遍公式为

$$\boldsymbol{F}_i = - m(\boldsymbol{a} - \boldsymbol{a}') \tag{2-63}$$

在非惯性系中,力和加速度的关系为

$$\boldsymbol{F} + \boldsymbol{F}_i = m\boldsymbol{a}' \tag{2-64}$$

式中 $\boldsymbol{F}$ 是实际存在的相互作用力。$\boldsymbol{F}_i$ 是假想的惯性力,也称虚拟力,它不是真实力,没有施力物体,可以把它理解为物体的惯性在非惯性系中的表现。式中 $\boldsymbol{a}'$ 是物体相对非惯性系的加速度。

2. 转动非惯性系

下面讨论转动非惯性系,此类参考系相对惯性系只有坐标轴的转动,没有平移加速度。如图 2-26 所示,一转台绕垂直于地面的轴以匀角速度 ω 转动,有一质量为 m 的铅块静止在转台上,铅块到圆心的距离为 r,则铅块相对地面的加速度为

$$\boldsymbol{a} = r\omega^2 \boldsymbol{e}_{\mathrm{n}}$$

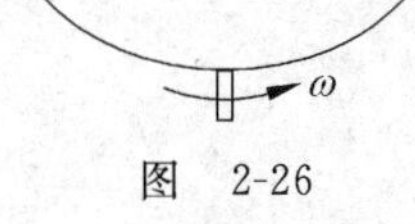

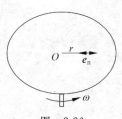

图　2-26

铅块相对转台的加速度为 $\boldsymbol{a}'=0$,所以铅块受到的惯性力为

$$\boldsymbol{F}_i = -m(\boldsymbol{a} - \boldsymbol{a}') = -mr\omega^2\boldsymbol{e}_n \tag{2-65}$$

上式中的惯性力又称为惯性离心力，从非惯性系转台上看就是这个力与静摩擦力达到平衡才保持静止的。

如果铅块相对转台以一定的速度 $\boldsymbol{v}$ 运动，除了受惯性离心力外还将受到另一惯性力，即科里奥利力 $\boldsymbol{F}_C$，可以证明

$$\boldsymbol{F}_C = -2m\boldsymbol{\omega} \times \boldsymbol{v}$$

$\boldsymbol{\omega}$ 为转台的角速度矢量，其方向由右手螺旋法则确定。

如果参考系相对惯性系即有平动又有转动，则惯性力的情况比较复杂。惯性力的计算公式如下（证明从略）：

$$\boldsymbol{F}_i = -m(\boldsymbol{a} - \boldsymbol{a}') = -m\left[\boldsymbol{a}'_0 + \frac{\mathrm{d}\boldsymbol{\omega}}{\mathrm{d}t} \times r + \boldsymbol{\omega} \times (\boldsymbol{\omega} \times r) + 2\boldsymbol{\omega} \times \boldsymbol{v}\right]$$

式中 $\boldsymbol{a}'_0$ 是非惯性系相对惯性系的平动加速度，r 是质点相对非惯性系坐标原点的位矢，$\boldsymbol{v}$ 是质点相对非惯性系的速度，$\boldsymbol{\omega}$ 为非惯性系的角速度矢量。

在日常生活中，我们经常遇到惯性力问题。比如乘坐汽车拐弯时，我们体验到的被甩向弯道外侧的“力”就是惯性离心力；再比如从赤道上空下落的物体总是向东偏，这是地面上的物体受到科里奥利力的结果。

2-6-3 其他动力学方程

其他动力学方程是指动量定理、动量守恒定律、动能定理、功能原理及机械能守恒定律等给出的方程。在惯性系中，这些动力学方程都可由牛顿第二运动定律导出，因此，只要在非惯性系中引入惯性力，就可导出适用于一般非惯性系的所有动力学方程。

惯性力虽然是虚拟力，但在产生加速度上、做功上和真实力一样。当惯性力是保守力时，可引入惯性力势能概念。机械能可包括惯性力势能。在非惯性系中，机械能守恒的条件就是系统的真实外力和非保守内力、非保守惯性力做功之和为零。

例 14 试以三角形木块为参考系，用非惯性系方法求解 2-1-2 小节例 1。

解 在此非惯性系中，物体 m 除了受重力和斜面正压力 N 的作用外，还受有惯性力 $\boldsymbol{F}_i$

$$\boldsymbol{F}_i = -m\boldsymbol{a}_2$$

式中 $\boldsymbol{a}_2$ 是木块相对于地面的加速度，建立如图 2-27 所示的坐标系，得物体 m 相对于斜面的运动情况为

x' 方向：

$$mg\sin\alpha + F_i\cos\alpha = mg\sin\alpha + ma_2\cos\alpha = ma_{12} \tag{1}$$

y' 方向：

$$N - mg\cos\alpha + ma_2\sin\alpha = 0 \tag{2}$$

以地面为参考系，木块沿水平方向的运动方程仍为

$$N'\sin\alpha = Ma_2 \tag{3}$$

$$N' = N \tag{4}$$

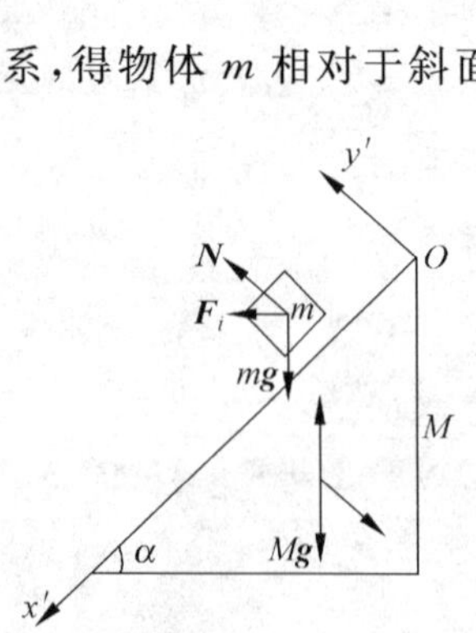

图 2-27

由式(1)—(4)联立求解，得

$$
\begin{cases}
a_2 = \dfrac{m\sin\alpha\cos\alpha}{M+m\sin^2\alpha}g \\
a_{12} = \dfrac{(M+m)\sin\alpha}{M+m\sin^2\alpha}g \\
N = \dfrac{Mm\cos\alpha}{M+m\sin^2\alpha}g
\end{cases}
$$

你是喜欢这种求解方法，还是喜欢 2-1-2 小节例 1 中的求解方法？

例 15　质量为 m 的小环套在半径为 R 的光滑大圆环上，后者绕竖直轴以匀角速度 ω 转动，试求在不同转速下小环能静止在大环上的位置(即图 2-28 中连到小环的半径与竖直直径之间的夹角 θ 的大小)。

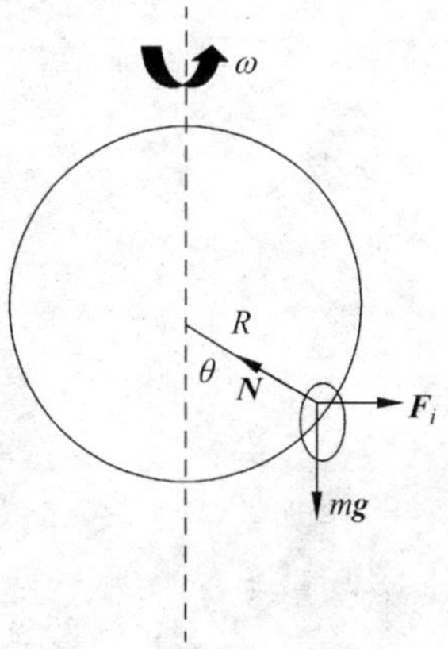

图　2-28

解　以转动大环为参考系，小环受的力有：重力 $\boldsymbol{mg}$、支持力 $\boldsymbol{N}$ 和惯性力 $\boldsymbol{F}_i$，它们的方向如图 2-28 所示，惯性力的大小为

$$F_i = m\omega^2 R\sin\theta \tag{1}$$

小环静止在大环上的平衡条件为

$$N\cos\theta = mg \tag{2}$$

$$N\sin\theta = F_i \tag{3}$$

由式(1)—(3)联立求解，得

$$\sin\theta(\omega^2 R\cos\theta - g) = 0$$

即

$$\sin\theta = 0 \quad 和 \quad \cos\theta = \frac{g}{\omega^2 R}$$

得

$$\theta = 0,\ \pi \quad 和 \quad \theta = \arccos\frac{g}{\omega^2 R}$$

你能否分析一下这些平衡位置的稳定性？

习　题

2-1　质量为 m_1 和 m_2 的两木箱放在光滑水平面上，用一可看作轻弹簧的钢索拴牢，其长为 l_0，劲度系数为 k，以水平恒力 F 向右拉质量为 m_2 的木箱，求稳定时质量为 m_2 的木箱的加速度。

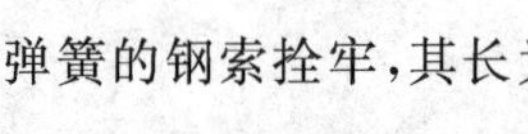

习题 2-1 图

2-2　质量为 m' 的长木板以速度 v' 在光滑平面上作直线运动，现将质量为 m 的木块轻轻平稳地放在长木板上，板与木块之间的滑动摩擦因数为 μ，求木块在长木板上滑行多远才能与板取得共同速度？

2-3　在一只半径为 R 的半球形碗内，有一粒质量为 m 的小钢球，当小球以角速度 ω 在水平面内沿碗内壁作匀速圆周运动时，它距碗底有多高？

2-4　一根质量为 m 的晒衣绳两端固定在两墙的同一水平面上，绳两端与水平面成夹角 α，求：(1)绳两端的张力；(2)绳最低点的张力。

2-5　一杂技演员在圆筒形建筑物内表演飞车走壁，设演员和摩托车的总质量为 m，圆筒的

半径为 R，演员骑摩托车在直壁上以速率 v 作匀速螺旋运动，每绕一周上升距离为 h，求壁对演员和摩托车的作用力。

2-6 一质量为 5 kg 的质点在力 F 的作用下沿 x 轴作直线运动，已知 $F=60t+20$，式中 F 的单位为 N，t 的单位为 s，在 $t=0$ 时，质点位于 $x=2.0\ \mathrm{m}$ 处，其速度为 $v_0=6.0\ \mathrm{m\cdot s^{-1}}$。求质点在任意时刻的速度和位置。

2-7 一物体自地球表面以速率 v_0 竖直上抛，假定空气对物体阻力的值为 $F=kmv^2$，其中 m 为物体的质量，k 为常量，试求：(1)该物体能上升的高度；(2)物体返回地面时的速度。(设重力加速度为常量)

2-8 光滑的水平桌面上放置一固定的圆环带，半径为 R，一物体贴着环带内侧运动，摩擦系数为 μ，在 $t=0$ 时，物体的速率为 v_0，求任意时刻物体的速率和运动路程。

2-9 质量为 m 的摩托车，在恒定的牵引力 F 的作用下工作，它所受的阻力与其速率的平方成正比，它能达到的最大速率为 v_m，试计算从静止加速到 $v_m/2$ 所需的时间以及所走过的路程。

2-10 直升机的每片旋翼长为 L，若按宽度一定、厚度均匀的薄片计算，求旋翼以转速 ω 旋转时其根部受到的拉力。

2-11 质量为 m 的物体，由水平面上点 O 以初速度 $\boldsymbol{v}_0$ 抛出，$\boldsymbol{v}_0$ 与水平面成仰角 α，若不计空气阻力，求：(1)物体从发射点 O 到最高点的过程中，重力的冲量；(2)物体从发射点到落回至同一水平面的过程中，重力的冲量。

2-12 一个质量为 $m=0.2\ \mathrm{kg}$ 的垒球沿水平面以 $v_1=40\ \mathrm{m\cdot s^{-1}}$ 的速率投来，经棒打击后，沿仰角 $\alpha=45°$ 的方向向反方向飞出，速率变为 $v_2=60\ \mathrm{m\cdot s^{-1}}$。求棒给球的冲量。如果球与棒接触的时间为 0.02 s，求棒对球的平均冲力的大小。

2-13 质量为 m 的小球，在力 $F=-kx$ 作用下运动，已知 $x=A\cos\omega t$，其中 A、k、ω 均为正常量。求在 $t=0$ 到 $t=\pi/2\omega$ 时间内小球动量的增量。

2-14 一静止的原子核放射性衰变产生出一个电子和一个中微子，已知电子的动量为 $1.2\times10^{-22}\ \mathrm{kg\cdot m\cdot s^{-1}}$，中微子的动量为 $6.4\times10^{-23}\ \mathrm{kg\cdot m\cdot s^{-1}}$，两动量方向相互垂直，求核反冲动量的大小和方向。

2-15 一子弹水平地射穿两个前后并排放在光滑水平桌面上的木块，木块质量分别为 m_1 和 m_2，测得子弹穿过两木块的时间分别为 Δt_1 和 Δt_2，已知子弹在木块中受到的阻力为恒力 F。求子弹穿过两木块后以多大速度运动。

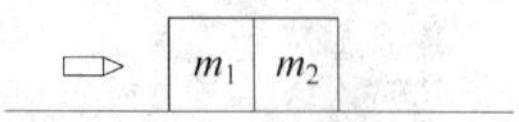

习题 2-15 图

2-16 质量为 m' 的人手里拿着一个质量为 m 的物体，此人用与水平面成 α 夹角的速度 v_0 向前跳去，当它到达最高点时，他将物体以相对于人为 u 的水平速率向后抛出。问：由于人抛出物体，他跳跃的距离增加了多少？

2-17 运载火箭的最后一级以 $v_0=7600\ \mathrm{m\cdot s^{-1}}$ 的速率飞行，这一级由一个质量为 $m_1=290.0\ \mathrm{kg}$ 的火箭壳和一个质量为 $m_2=150.0\ \mathrm{kg}$ 的仪器舱扣在一起。当扣松开后，二者间的压缩弹簧使二者分离。这时二者的相对速率为 $u=910.0\ \mathrm{m\cdot s^{-1}}$。设所有速度都在同一直线上，求两部分分开后各自的速度。

2-18 一空间探测器质量为 6090 kg，正相对于太阳以 $105\ \mathrm{m\cdot s^{-1}}$ 的速率向木星运动。当它的火箭发动机相对于它以 $250\ \mathrm{m\cdot s^{-1}}$ 的速率向后喷出 80.0 kg 废气后，它对太阳的速率变为多少?

2-19　设在地球表面附近,一初质量为 5.00×10^5 kg 的火箭,从其尾部喷出气体的速率为 $2.00\times10^3\ \mathrm{m\cdot s^{-1}}$。(1)试问每秒需喷出多少气体,才能使火箭最初向上的加速度大小为 $4.90\ \mathrm{m\cdot s^{-1}}$? (2)若火箭的质量比为 6.00,求该火箭的最后速率。

2-20　一质量均匀柔软的绳竖直地悬挂着,绳的下端刚好触到水平桌面上。如果把绳的上端放开,绳将落在桌面上。试证明:在绳下落的过程中,作用于桌面上的压力等于已落到桌面上绳的重量的 3 倍。

2-21　质量为 m 的质点在外力 F 的作用下沿 x 轴运动,已知 $t=0$ 时质点位于原点,且初始速度为零。设外力 F 随距离线性地减小,且 $x=0$ 时,$F=F_0$;当 $x=L$ 时,$F=0$。试求质点从 $x=0$ 到 $x=L$ 处的过程中 F 对质点所做功和质点在 $x=L$ 处的速率。

2-22　一物体在介质中按规律 $x=ct^3+t$ 作直线运动,c 为一常量,设介质对物体的阻力正比于速率的平方,比例系数为 k。试求物体由 $x=0$ 运动到 $x=L$ 时,阻力所做的功。

2-23　一质量为 m 的物体,在力 $\boldsymbol{F}=at^2\mathbf{i}+bt\mathbf{j}$ 的作用下,由静止开始运动。求在任意时刻 t 此力所做功的功率为多少? 式中 m 的单位为 kg,F 的单位为 N,t 的单位为 s。

2-24　如图所示,弹簧原长为 AB,劲度系数为 k,下端固定在 A 点,上端与一质量为 m 的木块相连,木块总靠在一半径为 R 的光滑表面上。今沿半圆的切向用力 F 拉木块使其极缓慢地移过 θ。求在这一过程中力 F 所做的功。

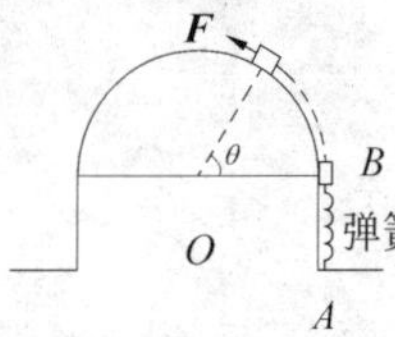

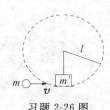

习题 2-24 图

2-25　如图所示,弹簧下端悬挂着质量分别为 $m_1=450$ kg,$m_2=280$ kg 的两个物体,开始时它们都处于静止状态。突然把 m_1 和 m_2 的连线剪断后,m_1 的最大速度是多少? 设弹簧的劲度系数 $k=8.8\ \mathrm{N\cdot m^{-1}}$。

2-26　一质量为 m 的弹丸,穿过如图所示的摆锤后,速率由 v 减小到 $v/2$,已知摆锤的质量为 m',摆线长度为 l,如果摆锤能在垂直平面内完成一个完全的圆周运动,弹丸的速度的最小值应为多少?

2-27　起重机用轻钢丝吊运质量为 m 的物体时正以速率匀速下降,此时起重机突然刹车,因物体有惯性运动使钢丝绳有微小伸长。设钢丝劲度系数为 k,求它伸长多少? 所受拉力多大?

2-28　如图所示,一质量为 m 的物体,从质量为 M 的圆弧形槽顶端由静止滑下,设圆弧形槽的半径为 R,张角为 $\pi/2$。所有摩擦都忽略,求:(1)在物体从 A 滑到 B 的过程中,物体对槽所做的功;(2)物体到达 B 时对槽的压力。

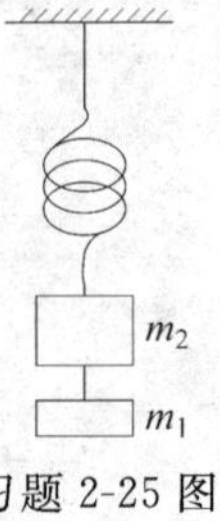

习题 2-25 图

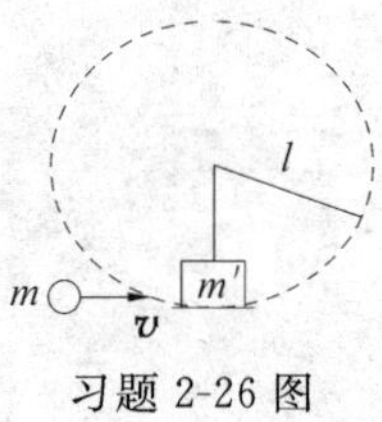

习题 2-26 图

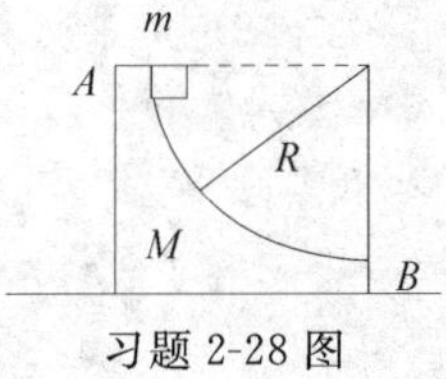

习题 2-28 图

2-29 证明：行星在轨道上运动的总能量为

$$E=-\frac{GMm}{r_1+r_2}$$

式中 M、m 分别为太阳和行星的质量，r_1、r_2 分别为太阳到行星轨道的近日点和远日点的距离。

2-30 如图所示，在光滑水平桌面有一轻质弹簧（其劲度系数为 k），一端固定，另一端系一质量为 m 的滑块。最初滑块静止时，弹簧呈自然长度 l_0，今有一质量为 m' 的子弹沿水平方向垂直于弹簧轴线以速度 $\boldsymbol{v}_0$ 射中滑块而不射出。求此后当弹簧长度为 l 时，滑块的速度 $\boldsymbol{v}$。

2-31 一系统由质量为 2.0 kg、3.0 kg 和 5.0 kg 的三个质点组成，它们在同一平面内运动，其中第一个质点的速度为 $8.0\ \mathrm{m\cdot s^{-1}}\boldsymbol{j}$，第二个质点的速度为 $6.0\ \mathrm{m\cdot s^{-1}}\boldsymbol{i}$，如果地面上的观察者测出系统的质心是静止的，那么第三个质点的速度是多少？

2-32 如图所示，电梯相对地面以加速度 $\boldsymbol{a}$ 竖直向上运动，电梯中有一滑轮固定在电梯顶部，滑轮两侧用轻绳悬挂着质量分别为 m_1 和 m_2 的物体 A 和 B。所有摩擦都忽略，已知 $m_1>m_2$，如以加速运动的电梯为参考系，求物体相对地面的加速度和绳的张力。

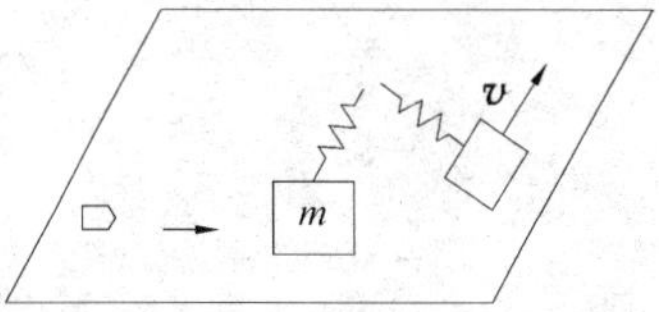

习题 2-30 图

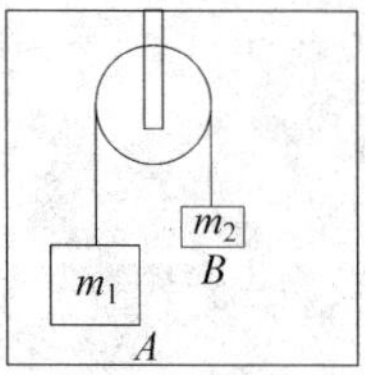

习题 2-32 图

第 3 章

连续体力学

引子：从被中香炉到陀螺仪的发展

古代的中国人，为了驱除室内的邪气、臭气及蚊虫等，流传着燃点香料的习惯。帝王、官僚、富豪们的生活更是奢侈，他们不但要在室内熏香，而且要浓熏绣被。为了保证熏被的安全，人们发明了被中香炉。被中香炉是中国古代盛香料熏被褥的球形小炉。汉晋古籍《西京杂记》中在记载能工巧匠丁缓重造被中香炉时说："为机环转运四周，而炉体常平，可置之被褥，故以为名。"

据考证，被中香炉出现的时间不晚于汉代，但因其用材讲究，结构复杂，所以数量并不多。汉时的被中香炉，至今尚未见实物出土。不过，唐人制作的这种香炉，近年已经发现了不止一件。图 1 是现存日本奈良正仓院的铜质被中香炉，图 2 是 1963 年在西安沙坡村出土的唐代银质熏球。多美的艺术珍品！它们的结构虽有点区别，但原理基本相同。比如银熏球，它是一个高约 5 厘米的球形炉子，它的外壳由两个半球合成，壳上镂刻着精美的花纹，花纹间留有空隙，以便散发香气。镂空球内装有相互垂直的大小两个环，大环装在球壳上，小环则套在大环上，并且两环可灵活转动。置有香料的半球形金碗又用轴装在内环上，并使金碗的轴与两个环的轴都保持垂直。如果把此香炉放在被子里，你会发现，不论香炉如何翻滚，香炉内的碗口总是呈水平状态，不用担心香料会倾覆。你知道其中的原理吗？

图 1　现存日本奈良正仓院的唐代被中香炉

图 2　唐代镂空银熏球

中国古代所造的被中香炉有银的、铜的以及镀金的，中环结构有二环的、三环的。但遗憾的是，在我国古代，此类结构和原理仅用于生活用具。例如，武则天如意年间(692年)，有人制造了一种烤火取暖器，叫“木火通”，“铁盏盛火，辗转不翻”；宋代时，有一种用于舞龙的“灯球”，内盛油脂，无论舞灯者如何飞舞灯火都不会溅出；还有一种女人佩挂的“香球”，不管佩挂者如何活动，内装的香料不会掉出。在欧洲，最先提出类似结构的是意大利科学家达·芬奇(1452—1519年)，比我们的祖先起码晚了1600年。但16世纪，意大利人希·卡丹诺制造出陀螺仪用于航海，从而使它产生了巨大的作用。现代的轮船、飞机和导弹不论怎样急速在海上或空中运动，都能辨认方向，就是因为安装了陀螺仪。令人惊讶的是，现代陀螺仪中万向支架的原理与被中香炉——世界上已知最早的常平支架一样！

陀螺仪在现代的宇航、航空、航海事业中，已经扮演了重要的角色，而且一直是各国重点发展的技术之一，发展迅速。陀螺仪的发展过程大致分为四个阶段：第一阶段是滚珠轴承支承陀螺马达和框架的陀螺；第二阶段是20世纪40年代末到50年代初发展起来的液浮和气浮陀螺；第三阶段是20世纪60年代以后发展起来的干式动力挠性支承的转子陀螺；目前陀螺的发展已进入第四个阶段，即静电陀螺、激光陀螺、光纤陀螺和振动陀螺。各种陀螺仪的工作原理有所不同，但它们有共性，那就是定轴性和进动性，关于这两个特性的介绍将在本章内给出。

3-1 刚体力学

前两章讨论了质点力学，然而在实际工程中遇到的物体都是连续体，也就是必须考虑物体的大小、形状的影响。连续体的理想模型有：刚体、理想弹性体、理想流体。

任何实际物体，在外力作用下，它的大小和形状都会发生或多或少的变化，如果忽略这些变化，即物体内任意两点间的距离看作保持不变，这种理想化的物体称为刚体。刚体可以看成是由许多质点组成的，每一个质点叫做刚体的一个质元。本节就是从此观点出发研究刚体的定轴转动。

3-1-1 刚体的运动

1. 刚体运动的分类

刚体在运动过程中，可能受到各种各样的约束。根据约束的不同情况，可将刚体的运动分为以下几类。

(1) 刚体的平动：这种运动是指刚体中所有点的运动轨迹完全相同的运动。显然，在描写刚体的平动时，可用刚体上任一点代表，通常用刚体质心的运动代表整个刚体的平动。

(2) 刚体的定轴转动：刚体运动时，刚体中所有的点都绕同一固定直线作圆周运动，这种运动叫刚体的定轴转动，这条直线叫转轴。如电动机转子的运动就是一种定轴转动。

(3) 刚体的定点转动：刚体运动时，刚体中所有的点都绕同一固定点转动，这种运动叫刚体的定点转动。这个定点可以在刚体上，也可以在刚体的延拓部分。可以证明，做定点转动的刚体，每一瞬时总是绕过固定点的某个转轴转动，不同瞬时转轴可以不同。

(4) 刚体的平面平行运动：刚体运动时，刚体中每一点都在各自的平面上运动，且这些平面都平行于某一固定平面，这种运动称为刚体的平面平行运动，此固定平面称为运动平面。车轮在直线轨道上的滚动就是一种平面平行运动。

(5) 刚体的一般运动：刚体的一般运动可以看成是平动和转动的合成运动，即可看成是刚体上(或其延拓部分)某一基点的平动和绕此基点的定点转动的合成运动。

虽然刚体可有多种运动形式，但最基本的就是平动和定轴转动。下面介绍描述刚体定轴转动的物理量。

2. 描述刚体定轴转动的物理量

刚体定轴转动的特征是：刚体上所有点都绕同一直线作圆周运动；在某一瞬时，所有的点具有相同的角速度、角加速度；在某一时间间隔内，与轴平行的直线上所有的点具有相同的位移、速度和加速度。因此，为描述刚体的定轴转动，只需在刚体内选一个垂直转轴的横截面，称此截面为参考平面。如图 3-1 所示，有一刚体绕 z 轴转动，假设所选参考平面与 z 轴交于 O 点，在此参考平面内以 O 点为原点取一坐标轴 Ox，刚体的方位就可由参考平面内任一点 P 的位矢 $\boldsymbol{r}$ 与 Ox 轴的夹角 θ 确定，角 θ 也叫角坐标。

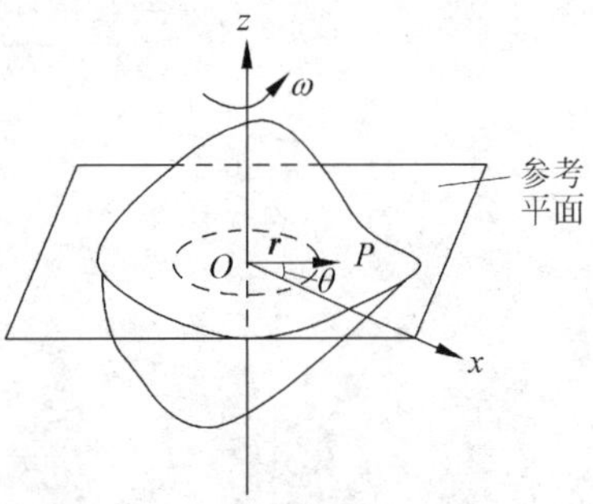

图　3-1

刚体绕 z 轴定轴转动时，有两种情形，即从上往下看时，不是顺时针就是逆时针转动。为了区分这两种情形，我们规定位矢 $\boldsymbol{r}$ 自 Ox 轴逆时针转动时，角坐标 θ 为正，位矢 $\boldsymbol{r}$ 自 Ox 轴顺时针转动时角坐标 θ 为负。也可采用右手螺旋法则规定角坐标的正、负，即当右手四指由极轴(或 x 轴)转向角坐标时，拇指若指向 z 轴的正向时，此时的角坐标为正；反之，拇指若指向 z 轴的反向时，角坐标为负。当刚体定轴转动时，角坐标 θ 随时间变化，即刚体定轴转动的运动学方程为

$$\theta = \theta(t)$$

设在 t 时刻，P 点的角坐标为 θ，在 $t+\mathrm{d}t$ 时刻，P 点的角坐标为 $\theta+\mathrm{d}\theta$，$\mathrm{d}\theta$ 称为刚体在 $\mathrm{d}t$ 时间内的角位移。描述质点圆周运动的角量及其与线量之间的关系已在 1-2 节中讨论过，如

$$\omega = \frac{\mathrm{d}\theta}{\mathrm{d}t}, \quad \alpha = \frac{\mathrm{d}\omega}{\mathrm{d}t} = \frac{\mathrm{d}^2\theta}{\mathrm{d}t^2}$$

$$v = R\omega, \quad a_{\mathrm{t}} = R\alpha, \quad a_{\mathrm{n}} = R\omega^2$$

在描述刚体定轴转动时，它们都适用。

按照上面关于角坐标 θ 正、负的规定，如果 $\mathrm{d}\theta > 0$，即角位移沿 z 轴正向，则 $\omega > 0$，即角速度沿 z 轴正向，这时刚体绕 z 轴作逆时针转动；反之，$\mathrm{d}\theta < 0$，即角位移沿 z 轴反向，则 $\omega < 0$，即角速度沿 z 轴反向，这时刚体绕 z 轴作顺时针转动。角加速度的方向也可由 α 的正、负来表示。注意：角坐标、角位移、角速度和角加速度都是用右手法则规定方向的矢量，它们与力、速度、动量等真矢量不同，称为赝矢量。

3-1-2　刚体定轴转动的力矩、角动量、转动惯量

1. 力矩

经验告诉我们，力不一定改变刚体绕定轴的转动状态，只有能产生沿转轴方向的力矩的力才能改变刚体绕转轴的转动状态。刚体是一种质点系，其内力矩之和为零。下面讨论刚体定轴转动所受的外力矩。

如图3-2所示，有一刚体绕 z 轴作定轴转动，O 点为参考平面与 z 轴的交点，O' 点为 z 轴上任一点，设参考平面内有一质元 m_i 受外力 $\boldsymbol{F}_i$ 作用，m_i 相对 O 点的位矢为 $\boldsymbol{r}_i$，相对 O' 点的位矢为 $\boldsymbol{r}'_i$，则 $\boldsymbol{F}_i$ 相对 O' 点的力矩为

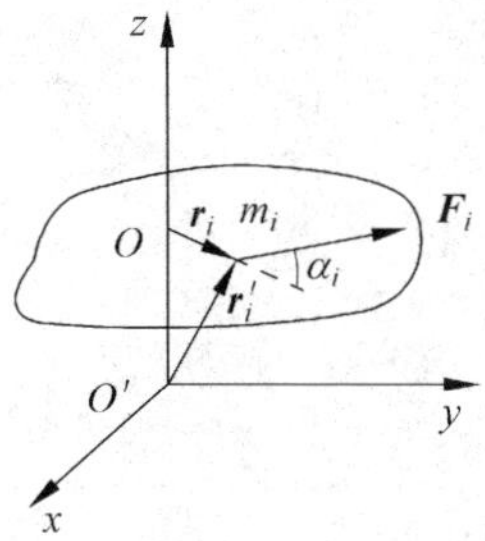

图 3-2

$$\boldsymbol{M}_i = \boldsymbol{r}'_i \times \boldsymbol{F}_i$$

若 $\boldsymbol{F}_i$ 垂直于参考平面，则 $\boldsymbol{F}_i$ 相对 O' 点的力矩垂直于 z 轴，它被轴承上的反力矩抵消，不会改变刚体绕 z 轴的转动状态。若 $\boldsymbol{F}_i$ 在参考平面内，则 $\boldsymbol{F}_i$ 相对 O' 点的力矩可写成

$$\boldsymbol{M}_i = \overrightarrow{O'O} \times \boldsymbol{F}_i + \boldsymbol{r}_i \times \boldsymbol{F}_i$$

式中 $\overrightarrow{O'O} \times \boldsymbol{F}_i$ 垂直于 z 轴，只有 $\boldsymbol{r}_i \times \boldsymbol{F}_i$ 与转轴平行，会改变刚体绕 z 轴的转动状态，其大小为

$$M_{iz} = r_i F_i \sin\alpha_i$$

此力矩也可看成是 $\boldsymbol{F}_i$ 相对 O 点的力矩，式中 α_i 是 $\boldsymbol{r}_i$ 与 $\boldsymbol{F}_i$ 之间的夹角。

若 $\boldsymbol{F}_i$ 既不在参考平面内，也不与参考平面垂直，可将 $\boldsymbol{F}_i$ 分解成两个分力：一个是在参考平面内的分力 $F_{i//}$，另一个是与参考平面垂直的分力 $F_{i\perp}$。因为 $F_{i\perp}$ 相对 O' 点的力矩不会改变刚体绕 z 轴的转动状态，所以 $F_{i\perp}$ 对转轴的力矩为零；而 $F_{i//}$ 相对 O 点的力矩会改变刚体绕 z 轴的转动状态，我们将 $\boldsymbol{F}_i$ 在参考平面内的分力相对 O 点的力矩称为 $\boldsymbol{F}_i$ 对转轴的力矩。其大小为

$$M_{iz} = r_i F_{i//} \sin\alpha_i \tag{3-1}$$

式中 α_i 是 $\boldsymbol{r}_i$ 与 $\boldsymbol{F}_{i//}$ 之间的夹角。

在定轴转动中，力对转轴的力矩只可能有两种指向，即沿 z 轴正向或反向，所以只需用正负号就能区别这两种指向。通常规定力矩的方向与角速度的方向一致时，取力矩为正，反之，力矩的方向与角速度的方向相反，取力矩为负。考虑到刚体受到的所有外力，得到作用于刚体转轴的合外力矩为

$$M = \sum_i M_{iz} = \sum_i r_i F_{i//} \sin\alpha_i \tag{3-2}$$

2. 刚体定轴转动的角动量

如图3-3所示，有一刚体以角速度 ω 绕 z 轴作定轴转动，O 点为参考平面与 z 轴的交点，O' 点为 z 轴上任一点，设参考平面内有一质元 m_i 的速度为 $\boldsymbol{v}_i$，m_i 相对 O 点的位矢为 $\boldsymbol{r}_i$，相对 O' 点的位矢为 $\boldsymbol{r}'_i$，则 m_i 相对 O' 点的角动量为

$$\boldsymbol{L}_i = m_i(\overrightarrow{O'O} + \boldsymbol{r}_i) \times \boldsymbol{v}_i = m_i \boldsymbol{r}'_i \times \boldsymbol{v}_i$$

$\boldsymbol{L}_i$ 对转轴的投影（也称为质元 m_i 对转轴的角动量）为

$$L_{iz} = m_i r_i^2 \omega \tag{3-3}$$

刚体内所有质元对转轴的角动量为

$$L = \sum_i L_{iz} = \left(\sum_i m_i r_i^2\right)\omega \tag{3-4}$$

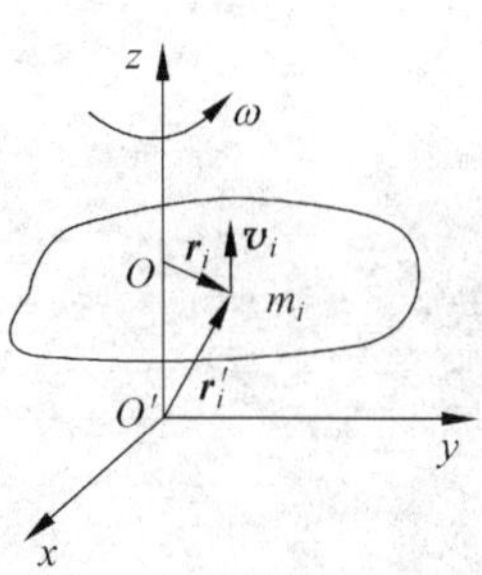

图 3-3

式中的 $\sum_i m_i r_i^2$ 称为刚体对转轴的转动惯量。转动惯量等于刚体中各质元的质量与各自到转轴距离的平方的乘积之和，与刚体的转动状况无关，用 J 表示转动惯量，即

$$J = \sum_i m_i r_i^2 \tag{3-5}$$

因此式(3-4)可写为

$$L = J\omega \tag{3-6}$$

它表明刚体定轴转动的角动量等于转动惯量乘以刚体的角速度。

3. 转动惯量

对于质量连续分布的刚体,转动惯量的定义式(3-5)可写成积分形式,即

$$J = \int_m r^2 \mathrm{d}m \tag{3-7}$$

式中 r 是质元 $\mathrm{d}m$ 到转轴的垂直距离。

从转动惯量的定义式(3-5)、式(3-7)可知,转动惯量与下列因素有关:(1)刚体的总质量;(2)转轴的位置;(3)刚体的几何形状。对于一定质量、一定形状且转轴位置一定的刚体,它的转动惯量是一恒量。表 3-1 列出了几种均匀刚体的转动惯量。

表 3-1 几种均匀刚体的转动惯量

刚体形状	转轴的位置	转动惯量
长度为 l、质量为 m 的细杆	垂直通过杆一端	$\frac{1}{3}ml^2$
长度为 l、质量为 m 的细杆	垂直通过杆中点	$\frac{1}{12}ml^2$
半径为 R、质量为 m 的薄圆环(或薄圆筒)	通过环心垂直于环面(或中心轴)	mR^2
半径为 R、质量为 m 的薄圆盘(或圆柱体)	通过盘心垂直于盘面(或中心轴)	$\frac{1}{2}mR^2$
半径为 R、质量为 m 的薄球壳	直径	$\frac{2}{3}mR^2$
半径为 R、质量为 m 的实心球	直径	$\frac{2}{5}mR^2$

在国际单位制中,转动惯量的单位是 $\mathrm{kg \cdot m^2}$,量纲是 $\mathrm{ML^2}$。

例 1 质量为 m,半径为 R 的均匀薄圆盘,求圆盘对过盘中心并与盘面垂直的轴的转动惯量。

解 运用转动惯量的定义式求转动惯量是一种基本方法,关键问题是如何选取质元 $\mathrm{d}m$。圆盘是轴对称的,所以可取以半径为 r、宽度为 $\mathrm{d}r$ 的圆环为质元(见图 3-4)。设圆盘的面密度为 σ,则 $\mathrm{d}m=\sigma 2\pi r\mathrm{d}r$,圆盘对过盘中心并与盘面垂直的轴的转动惯量为

$$J = \int_m r^2 \mathrm{d}m = \int_0^R 2\sigma\pi r^3 \mathrm{d}r = \frac{1}{2}mR^2$$

例 2 假设刚体是很薄的平板,且与 xy 平面重合,已知板对相互垂直的 x 轴和 y 轴的转动惯量分别为 J_x 和 J_y,求板对 z 轴的转动惯量 J_z。

解 如图 3-5 所示,在板内取一质元 m_i,其坐标为(x_i, y_i),到 z 轴的距离为 r_i,则

$$J_x = \sum_i m_i y_i^2$$

$$J_y = \sum_i m_i x_i^2$$

$$J_z = \sum_i m_i r_i^2 = \sum_i m_i (x_i^2 + y_i^2) = J_y + J_x$$

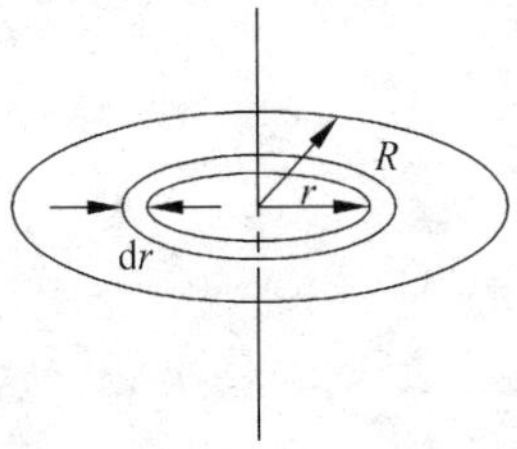

图 3-4

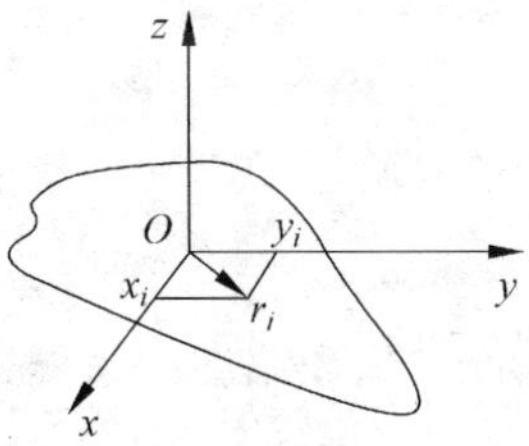

图 3-5

即 $J_z=J_x+J_y$

这个结果又叫垂直轴定理，该定理只适用于薄板。读者可利用此定理及上一例题的结论求圆盘对过直径的轴的转动惯量。

例 3 求长度为 l、质量为 m 的均匀细杆的转动惯量。

(1) 对通过杆中心与棒垂直的轴；

(2) 对通过杆一端与棒垂直的轴。

解 (1)设细杆的线密度为 λ，如图 3-6(a)所示，取一距离转轴 $O'O$ 为 r 处的质元 $\mathrm{d}m=\lambda\mathrm{d}r$，则由式(3-7)，得杆对通过杆中心与棒垂直的轴的转动惯量为

$$J_C=\int r^2\mathrm{d}m=2\int_0^{l/2}\lambda r^2\mathrm{d}r=\frac{1}{12}ml^2$$

(2) 同理，如图 3-6(b)所示，得杆对通过杆一端与棒垂直的轴的转动惯量为

$$J=\int r^2\mathrm{d}m=\int_0^{l}\lambda r^2\mathrm{d}r=\frac{1}{3}ml^2$$

此例题的结果明显地表示：(1)对于不同的转轴，同一刚体的转动惯量不同；(2)杆对通过杆一端与棒垂直的轴的转动惯量 J，与对通过杆中心与棒垂直的轴的转动惯量 J_C，两者具有下述关系：

$$J=\frac{1}{12}ml^2+m\left(\frac{l}{2}\right)^2=J_C+md^2$$

式中 d 为两轴之间的垂直距离。

上式可推广。如图 3-7 所示，设刚体对任何一个转轴 $O'O$ 的转动惯量为 J，对平行于 $O'O$ 且通过质心的 CD 轴的转动惯量为 J_C，以 m 表示刚体的质量，d 表示两平行轴之间的距离，则 J 和 J_C 之间存在下述关系：

$$J=J_C+md^2$$

此关系叫转动惯量的平行轴定理。

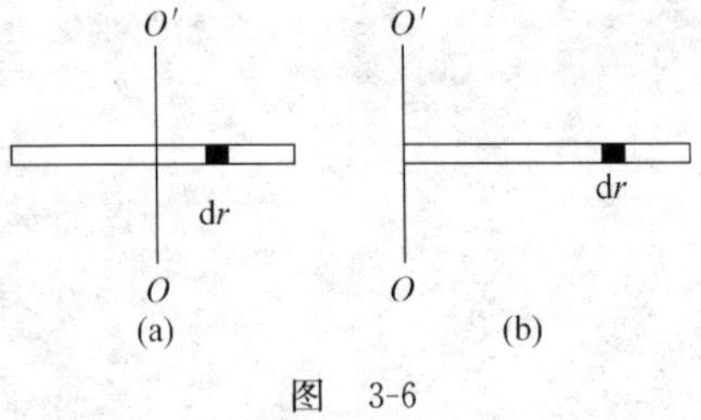

图 3-6

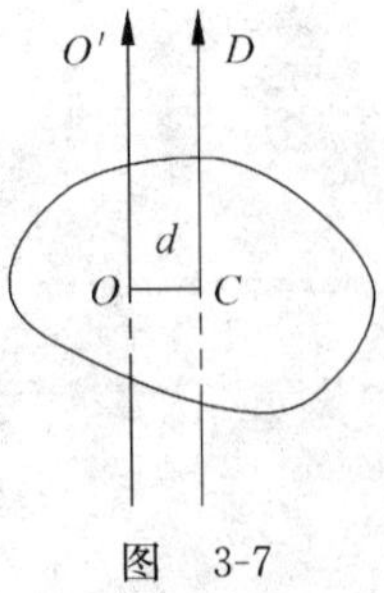

图 3-7

例 4　如图 3-8 所示，面密度为 σ、半径为 R 的薄圆盘上开了一个半径为 0.5R 的圆孔，圆孔与盘缘相切，求圆盘对 z 轴的转动惯量。

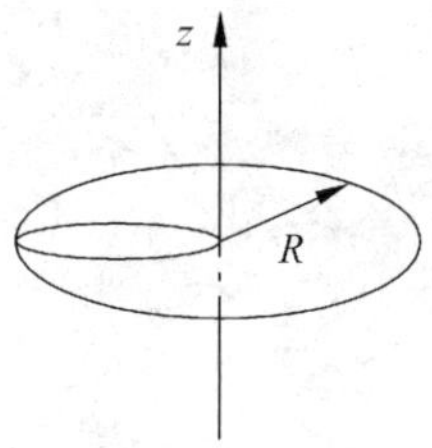

图　3-8

解　设想圆盘上本来没有圆孔，只是在填了密度为 $-\sigma$、半径为 0.5R 的负质量的小圆盘之后仿佛有圆孔，整个体系的转动惯量等于大圆盘的转动惯量 J_1 与负质量的小圆盘的转动惯量 J_2 之和。这种方法称为补偿法。

$$J_1 = \frac{1}{2}\sigma\pi R^2 R^2$$

$$J_2 = -\frac{1}{2}\sigma\pi(0.5R)^2(0.5R)^2 - \sigma\pi(0.5R)^2(0.5R)^2$$

$$J = J_1 + J_2 = \frac{13}{32}\sigma\pi R^4$$

3-1-3　刚体定轴转动定律、对定轴的角动量守恒定律、动能定理

1. 刚体定轴转动定律

刚体是一种质点系，它应遵守质点系的角动量定理，即

$$\boldsymbol{M} = \frac{\mathrm{d}\boldsymbol{L}}{\mathrm{d}t} \tag{3-8}$$

此方程沿 z 轴的分量式为

$$M_z = \frac{\mathrm{d}L_z}{\mathrm{d}t} \tag{3-9}$$

式中 M_z 就是作用于刚体转轴的合外力矩，用 M 表示，L_z 就是刚体绕定轴转动的角动量，即

$$L_z = J\omega$$

因此

$$M = \frac{\mathrm{d}(J\omega)}{\mathrm{d}t} \tag{3-10}$$

对于绕定轴转动的刚体，转动惯量 J 是一恒量，则

$$M = J\frac{\mathrm{d}\omega}{\mathrm{d}t} \tag{3-11}$$

即

$$M = J\alpha \tag{3-12}$$

此式叫刚体定轴转动定律。刚体定轴转动定律是研究刚体定轴转动的基本方程，它的形式与牛顿第二运动定律 $\boldsymbol{F}=m\boldsymbol{a}$ 相似，只是力换成力矩，质量换成转动惯量，线加速度换成角加速度，所以说，转动惯量表示刚体在转动过程中表现出的惯性。最后再提醒大家一下，式(3-12)中的 M、J、α 都是对同一转轴而言。

2. 对定轴的角动量守恒定律

由式(3-10)，得

$$M\mathrm{d}t = \mathrm{d}(J\omega) \tag{3-13}$$

对上式积分，得

$$\int_{t_0}^{t} M\mathrm{d}t = \int_{J_0\omega_0}^{J\omega}\mathrm{d}(J\omega) = J\omega - J_0\omega_0 \tag{3-14}$$

式中 J_0、ω_0 和 J、ω 分别表示 t_0 时刻和 t 时刻的转动惯量和角速度，$\int_{t_0}^{t} M\mathrm{d}t$ 称为力矩在 t_0 到 t 时间内的冲量矩，它反映了外力矩对刚体的时间累积作用，其效果是改变作定轴转动的刚体的角动量，式(3-13)和式(3-14)分别是刚体定轴转动情形下角动量定理的微分形式和积分形式。

若外力矩 $M=0$，则

$$\mathrm{d}(J\omega)=0$$

即

$$L=J\omega=\text{恒量}$$

这就是说，对于一个质点系，如果它受的对某一固定轴的合外力矩为零，则它对于这一固定轴的角动量保持不变，这个结论叫对定轴的角动量守恒定律。

这里的质点系可以不是刚体，比如转动物体是一种可变性固体，它可通过某种机制产生的内力改变它对转轴的转动惯量 J，则当 $J\omega$ 不变时导致 ω 变化。这一现象可用下述实验演示出来。如图 3-9 所示，让一个人坐在有竖直光滑轴的转椅上，两手臂伸平，各握一个较重的哑铃，人先在外力作用下转动起来，当他把两臂收回使哑铃贴在胸前，他的转速则明显地增大。请读者解释此现象。

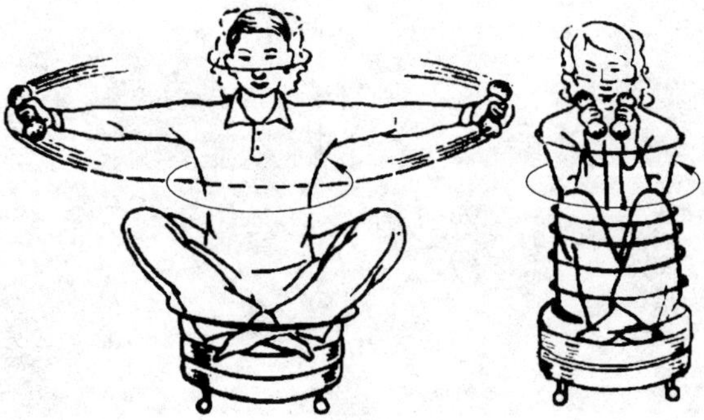

图 3-9

3. **定轴转动的动能定理**

(1) 刚体定轴转动的动能

当刚体以角速度 ω 作定轴转动时，刚体内各个质点绕转轴作圆周运动，设有一质元 m_i 的速度为 $\boldsymbol{v}_i$，m_i 到转轴的距离为 r_i，则此质元的动能为

$$E_{\mathrm{k}i}=\frac{1}{2}m_i v_i^2=\frac{1}{2}m_i r_i^2\omega^2$$

整个刚体的动能应为各个质点作圆周运动的动能之和，即

$$E_{\mathrm{k}}=\sum_i E_{\mathrm{k}i}=\sum_i \frac{1}{2}m_i r_i^2\omega^2=\frac{1}{2}J\omega^2 \tag{3-15}$$

这与质点的动能 $E_{\mathrm{k}}=\dfrac{1}{2}mv^2$，在形式上是相似的。

若刚体对过质心且与定轴平行的转轴的转动惯量为 J_C，质心距定轴的距离为 d，则由平行轴定理，得刚体定轴转动的动能为

$$E_k = \frac{1}{2}(J_C + md^2)\omega^2 = \frac{1}{2}J_C\omega^2 + \frac{1}{2}md^2\omega^2$$

即

$$E_k = \frac{1}{2}J_C\omega^2 + \frac{1}{2}mv_C^2 \tag{3-16}$$

式中$\frac{1}{2}J_C\omega^2$ 是刚体绕质心轴转动的动能，$\frac{1}{2}mv_C^2$ 是质心携带总质量绕定轴作圆周运动的动能。

(2) 力矩的功

刚体是一种特殊的质点系，所以内力不做功。下面讨论外力的功。

如图 3-10 所示，有一刚体以角速度 ω 绕 z 轴作定轴转动，O 点为参考平面与 z 轴的交点。设参考平面内有一质元 m_i 受外力 $\boldsymbol{F}_i$ 作用，如果 $\boldsymbol{F}_i$ 位于参考平面内，那么当刚体转过 $\mathrm{d}\theta$ 时，质元 m_i 的位移为 $\mathrm{d}\boldsymbol{r}_i$，根据功的定义，$\boldsymbol{F}_i$ 做的元功为

$$\begin{aligned}\mathrm{d}W_i &= \boldsymbol{F}_i \cdot \mathrm{d}\boldsymbol{r}_i = F_i\cos\alpha_i \mathrm{d}s_i \\ &= \boldsymbol{F}_i\cos\alpha_i r_i \mathrm{d}\theta \\ &= M_i \mathrm{d}\theta\end{aligned}$$

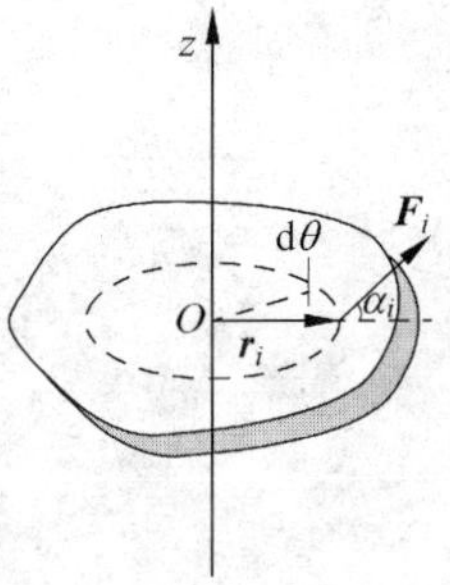

图　3-10

式中 M_i 是外力 $\boldsymbol{F}_i$ 对定轴的力矩。此式表明外力的功等于外力矩与角位移的乘积，称为力矩的功。

如果外力 $\boldsymbol{F}_i$ 垂直于参考平面，此力不做功。因此所有外力的功都可表示为力对转轴的力矩的功，即当刚体在外力作用下从 θ_0 转到 θ 时，所有外力做的总功为

$$W = \sum_i W_i = \int_{\theta_0}^{\theta} \sum_i M_i \mathrm{d}\theta = \int_{\theta_0}^{\theta} M\mathrm{d}\theta \tag{3-17}$$

式中 $M = \sum_i M_i \mathrm{d}\theta$ 为刚体受到的合外力矩。

(3) 刚体定轴转动的动能定理

定轴转动的刚体的转动惯量为一恒量，由式(3-10)，得

$$M = J\frac{\mathrm{d}\omega}{\mathrm{d}t} = J\frac{\mathrm{d}\omega}{\mathrm{d}\theta}\frac{\mathrm{d}\theta}{\mathrm{d}t} = J\omega\frac{\mathrm{d}\omega}{\mathrm{d}\theta}$$

两边同乘以 $\mathrm{d}\theta$，得

$$M\mathrm{d}\theta = J\omega\mathrm{d}\omega$$

积分，得

$$\int_{\theta_0}^{\theta} M\mathrm{d}\theta = \int_{\omega_0}^{\omega} J\omega\mathrm{d}\omega = \frac{1}{2}J\omega^2 - \frac{1}{2}J\omega_0^2 \tag{3-18}$$

这就是刚体定轴转动的动能定理。

例 5　如图 3-11(a)所示，一棒长为 l、质量为 m 的匀质细棒可绕水平轴 O 转动，开始时将棒静止于水平状态，然后由静止摆下，不计摩擦。

(1) 求棒摆到与竖直方向夹角为 θ 位置时的角加速度及角速度；

(2) 求棒摆到竖直位置时的角速度、质心加速度及此时 O 轴对棒的反力；

(3) 如果在 O 点的正下方有一块质量为 m' 的油灰，棒摆到竖直位置时油灰粘在棒的最

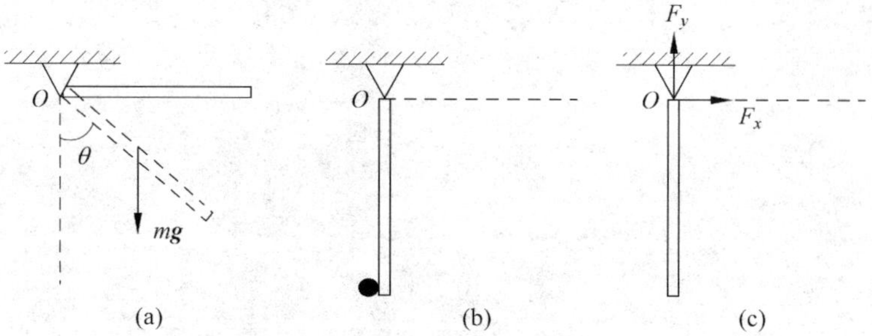

图　3-11

下端，如图 3-11(b)所示，求这时棒的角速度。

解　(1) 在下摆的过程中，对转轴 O，棒所受外力矩只有重力矩，因此可分别应用转动定律和机械能守恒定律求棒的角加速度和角速度。

由图 3-11(a)可知，重力矩为

$$M=\frac{l}{2}mg\sin\theta$$

代入定轴转动定律 $M=J\alpha$，得角加速度为

$$\alpha=\frac{M}{J}=\frac{\frac{1}{2}mgl\sin\theta}{\frac{1}{3}ml^2}=\frac{3g\sin\theta}{2l}$$

设细棒在水平位置时的重力势能为势能零点，则机械能为 $E=0$，设细棒摆到任意位置时的角速度为 ω，则

$$E=\frac{1}{2}J\omega^2-mg\ \frac{l}{2}\cos\theta=0$$

得

$$\omega=\sqrt{\frac{3g\cos\theta}{l}}$$

思考一下：有没有其他方法可求出角速度？

(2) 将 $\theta=0$ 代入上式，得棒摆到竖直位置时的角速度为

$$\omega=\sqrt{\frac{3g}{l}}$$

棒在竖直位置时的重力矩为零，因此棒在此位置时的角加速度

$$\alpha=0$$

由角量和线量的关系，可得质心加速度在切向和法向的分量分别为

$$a_{Ct}=\frac{l}{2}\alpha=0$$

$$a_{Cn}=\frac{l}{2}\omega^2$$

设 O 轴对棒的反力为 F_x、F_y，如图 3-11(c)所示，由质心运动定律，得

$$F_x=ma_{Ct}=0$$

$$F_y-mg=ma_{Cn}$$

因此

$$F_x = 0$$

$$F_y = \frac{5}{2}mg$$

(3) 油灰和细棒组成的系统在碰撞的过程中所受到的对轴 O 的外力矩为零，因此系统的角动量守恒。碰撞前系统的角动量为

$$L_0 = J\omega = \frac{1}{3}ml^2\sqrt{\frac{3g}{l}}$$

碰撞后系统的角动量为

$$L = (J + m'l^2)\omega' = L_0$$

得

$$\omega' = \frac{m}{m + 3m'}\sqrt{\frac{3g}{l}}$$

3-1-4　刚体平面平行运动

由刚体的平面平行运动的定义可知，在刚体内垂直于运动平面的任一直线上，各点的运动情况相同，因此，为了研究这一运动，只需任选一个平行于运动平面的横截面加以研究就够了。刚体的平面平行运动可分解为两部分：一是随质心的平动，二是绕过质心垂直于运动平面的转轴的定轴转动。下面首先以车轮在地面上滚动为例，简单说明刚体平面平行运动的运动学描述，然后讨论刚体平面平行运动动力学规律。

(1) 运动学描述 纯滚动

如图 3-12 所示，车轮在水平地面上沿直线轨道滚动，设车轮的半径为 R，转动角速度为 ω，质心的速度为 $\boldsymbol{v}_C$，加速度为 $\boldsymbol{a}_C$，则车轮横截面边缘上任一点的速度应由两个速度合成：一是随质心平动的速度，二是该点以角速度 ω 绕质心转动而具有的速度。车轮横截面与地面接触点即图中 P 点的速度大小为

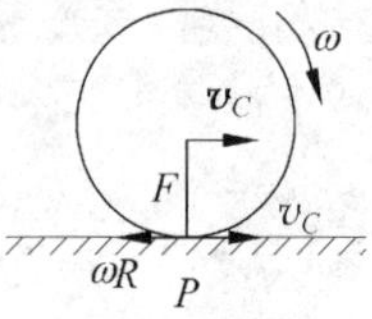

图　3-12

$$v_P = v_C - \omega R \tag{3-19}$$

若 $v_C > \omega R$，则 $v_P > 0$，接触点向前滑，车轮与地面之间的摩擦力向后，此时车轮作又滚又滑的运动。若 $v_C < \omega R$，则 $v_P < 0$，接触点向后滑，车轮与地面之间的摩擦力向前，此时车轮出现打滑现象。若

$$v_C = \omega R \tag{3-20}$$

则 $v_P = 0$，接触点无滑动，车轮与地面之间的摩擦力为零，车轮在地面上作纯滚动。车辆正常行驶时，车轮在地面上都是作纯滚动。式(3-20)是车轮在地面上纯滚动的条件，此时接触点 P 点的速度为零，此点称为刚体的速度瞬时中心，简称速度瞬心。

如果车轮在固定斜面上作纯滚动，这时车轮与斜面之间的静摩擦力是不是零呢？假设车轮向下作纯滚动，如图 3-13 所示，则质心速度必增加，这时若无摩擦力，角速度不变，接触点将向下滑，为保持纯滚动，摩擦力必向上；同理，车轮向上作纯滚动，摩擦力也是向上。

在任一瞬时，作平面平行运动的刚体(或其延拓部分)上总有一线速度为零的点，该点所在之处称为瞬时转动中心，简称瞬心，上述车轮纯滚动时与地面的接触点就是瞬心。通过转

动瞬心并与截面垂直的轴叫瞬时转轴。作平面平行运动的刚体在任一瞬时的运动可看成绕瞬时转轴的转动。可以证明，刚体绕瞬时转轴转动的角速度和角加速度与绕中心轴转动的角速度和角加速度相同。有时用瞬心概念解决有关刚体平面平行运动问题较方便。

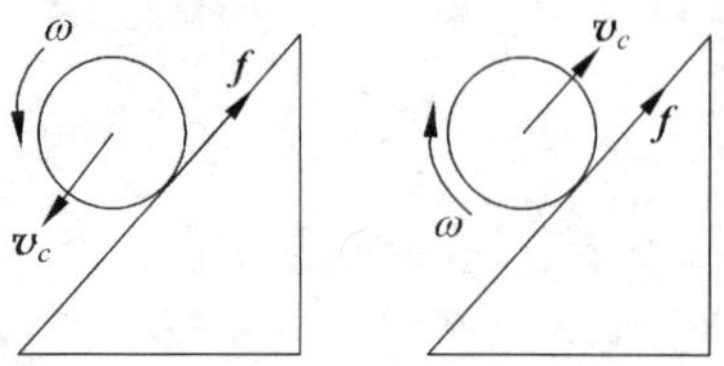

图 3-13

（2）动力学方程

质心的运动服从质心运动定律，即

$$\sum_i \boldsymbol{F}_i = m\boldsymbol{a}_C \tag{3-21}$$

式中 $\sum_i \boldsymbol{F}_i$ 是刚体所受的合外力，m 是刚体的质量，$\boldsymbol{a}_C$ 是质心的加速度。

刚体绕质心的转动遵守转动定律，即

$$M_C = J_C\alpha \tag{3-22}$$

式中 M_C 是外力对过质心的转轴的合外力矩，J_C 是刚体对过质心的转轴的转动惯量，α 是转动加速度。

另外，刚体平面平行运动的动能包括随质心平动的动能和绕质心转动的动能两部分，即

$$E_k = \frac{1}{2}mv_C^2 + \frac{1}{2}J_C\omega^2$$

在刚体不太大时，质量为 m 的刚体的重力势能为

$$E_p = mgh_C$$

式中 h_C 是刚体质心的高度。

例 6 一质量为 m、半径为 R 的圆柱体在一质量为 M 的木板上作纯滚动。

（1）如图 3-14(a)所示，木板固定在水平面上，圆柱体受水平外力 $\boldsymbol{F}$ 的作用，求圆柱体的质心加速度、角加速度和所受摩擦力；

（2）如图 3-14(b)所示，木板在水平恒力 $\boldsymbol{F}'$ 的作用下沿水平面运动，板与平面之间的摩擦系数为 μ，求板的加速度。

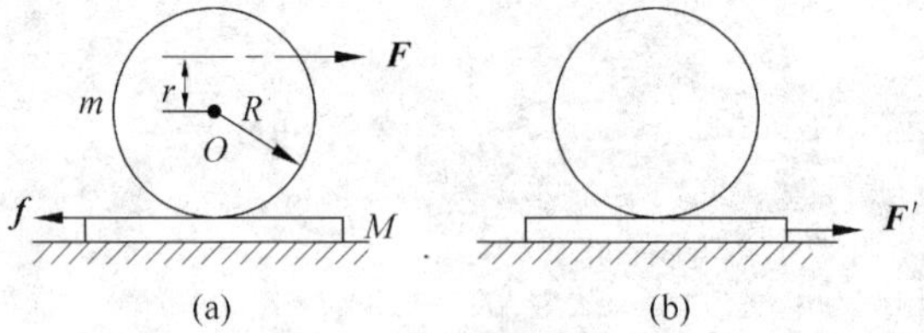

图 3-14

解 （1）如图 3-14(a)所示，设圆柱体质心加速度 a_C 向右，转动加速度 α 沿顺时针方向，接触点摩擦力 f 向左，由质心运动定理，得

$$F - f = ma_C$$

由圆柱体对质心转动定律，得

$$Fr + fR = J_C\alpha = \frac{1}{2}mR^2\alpha$$

由纯滚动条件，得

$$a_C = R\alpha$$

解得

$$\begin{cases} a_C = \dfrac{2F(R+r)}{3mR} \\ \alpha = \dfrac{2F(R+r)}{3mR^2} \\ f = \dfrac{R-2r}{3R}F \end{cases}$$

由此可见，摩擦力的方向与外力作用点的位置有关：若 $r<\dfrac{R}{2}$，则摩擦力的方向与假设方向相同；若 $r>\dfrac{R}{2}$，则摩擦力的方向与假设方向相反；若 $r=\dfrac{R}{2}$，则 $f=0$。

(2) 首先分析两物体的运动情况：平板向右作平动，圆柱体相对平板作纯滚动。然后隔离物体进行受力分析，如图 3-15 所示，平板受水平拉力、重力、平面对它的正压力、摩擦力以及圆柱体对它的正压力、摩擦力，圆柱体受重力、平板对它的正压力、摩擦力。最后列方程。

$$F' - f' - f'' = Ma$$
$$f' = u(m+M)g$$
$$f = ma_C$$
$$fR = J_C\alpha$$
$$f = f''$$

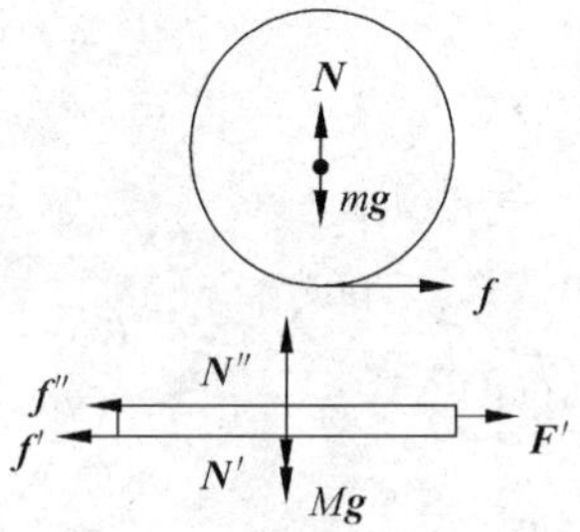

图　3-15

由纯滚动条件，得

$$a_C + \alpha R = a$$

解得平板加速度为

$$a = \frac{3[F' - (m+M)gu]}{3M+m}$$

3-1-5　刚体的进动

这里以回转仪为例简单讨论刚体的定点转动。回转仪也称陀螺，它是一种绕自身对称轴作高速转动的刚体。回转仪绕自身对称轴的转动叫自转。如图 3-16 所示，回转仪的自转轴在竖直方向上，当它高速自转时，它能立而不倒，这是因为回转仪不受外力矩作用，角动量守恒。如果自转轴稍有倾斜，回转仪将如何运动？

如果自转轴稍有倾斜，当回转仪不自转时，它将在重力矩作用下倾倒；当回转仪高速自转时，实验发现，其自转轴绕竖直方向沿着锥面转动，这种自转轴的附加转动称为进动。回转仪在外力矩作用下发生进动的现象称为回转效应。下面对这一现象作一粗略的分析。

如图 3-17 所示，对于高速自转的回转仪，它对支点 O 的角动量 $\boldsymbol{L}$ 可近似等于自转角动量，即

$$\boldsymbol{L} = J_C\boldsymbol{\omega}$$

回转仪所受的对支点 O 的外力矩为重力矩，即

$$\boldsymbol{M} = \boldsymbol{r}_C \times m\boldsymbol{g}$$

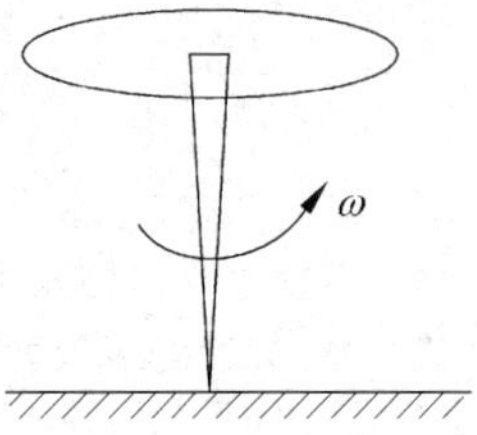

图 3-16

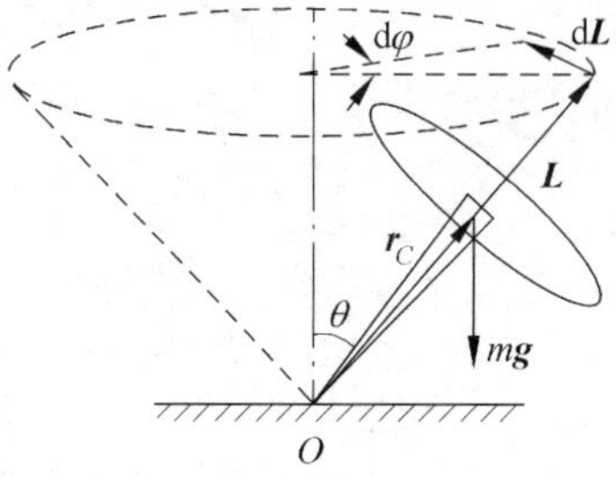

图 3-17

其方向垂直于自转轴。对支点应用角动量定理，即

$$\boldsymbol{M}=\frac{\mathrm{d}\boldsymbol{L}}{\mathrm{d}t}$$

得

$$\mathrm{d}\boldsymbol{L}=\boldsymbol{M}\mathrm{d}t$$

即 $\boldsymbol{M}\mathrm{d}t$ 引起的 $\mathrm{d}\boldsymbol{L}$ 与 $\boldsymbol{M}$ 同方向。由图 3-17 知，因为 $\boldsymbol{M}\perp\boldsymbol{L}$，所以 $\boldsymbol{M}$ 不改变 $\boldsymbol{L}$ 的大小，只改变 $\boldsymbol{L}$ 的方向，以致迫使回转仪的自转轴发生绕竖直轴的进动。

进动的快慢可用进动角速度表示，其方向由外力矩和自转角速度的方向共同决定，其大小为

$$\Omega=\frac{\mathrm{d}\varphi}{\mathrm{d}t} \tag{3-23}$$

由图 3-17 知

$$\mathrm{d}L=L\sin\theta\mathrm{d}\varphi=J_C\omega\sin\theta\Omega\mathrm{d}t$$

$$M\mathrm{d}t=mgr_C\sin\theta\mathrm{d}t$$

又

$$\mathrm{d}L=M\mathrm{d}t$$

因此

$$\Omega=\frac{mgr_C}{J_C\omega} \tag{3-24}$$

由此可见，回转仪的自转角速度 ω 越大，进动角速度 Ω 越小。

以上讨论的只是在自转角速度 ω 较大情况下的近似理论。当 ω 较小时，回转仪的自转轴与竖直轴的夹角还会有周期性变化，这一现象称为章动。关于章动的理论比较复杂，在此就不讨论了。

回转效应在工程技术上有广泛的应用。比如，飞行中的子弹受到空气阻力的作用，空气阻力的合力一般不通过子弹的质心。如图 3-18 所示，阻力对质心产生力矩，使弹头翻转，影响弹头的命中效果。为了避免这种现象，在枪膛内刻有来复线，使子弹射出后绕其几何对称轴高速自转。由于回转效应，在空气阻力矩的作用下，子弹沿通过质心、平行于阻力方向的轴发生进动，从而提高命中率。再如，航天、航海都用回转仪来导航，就是利用其自转轴方向的高度稳定性。

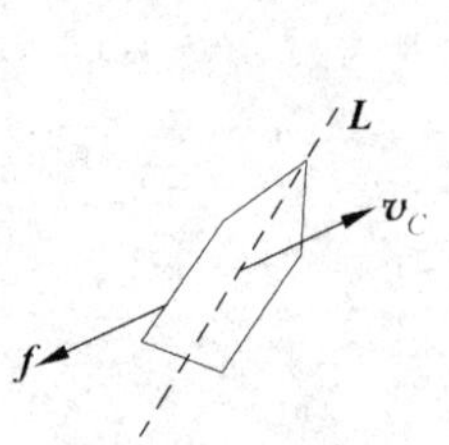

图 3-18

在微观物理中，也会遇到进动的问题。例如，原子中的电子运动

时具有一定的角动量，当存在外磁场时，电子受到磁力矩作用，使它产生绕磁场方向的进动，这叫拉莫尔(Larmor)进动，拉莫尔进动可用来解释物质的抗磁性。

例7 如图3-19(a)所示，回转仪的质量为m，半径为R，可视作离z轴为r的匀质圆盘，转子绕y轴转动的角速度为ω，不考虑章动现象，求系统的进动角速度。

解 转子受到对点O的力矩为重力矩，即

$$\boldsymbol{M}=\boldsymbol{r}\times m\boldsymbol{g}$$

其大小为$M=mgr$，方向沿x轴负向。

设t时刻，系统角动量即转子自转角动量$\boldsymbol{L}_0$的方向沿y轴负向，$t+\mathrm{d}t$时刻，系统的角动量为$\boldsymbol{L}$，其增量为$\mathrm{d}\boldsymbol{L}=\boldsymbol{L}-\boldsymbol{L}_0$，它们之间关系如图3-19(b)所示，此图是俯视图。

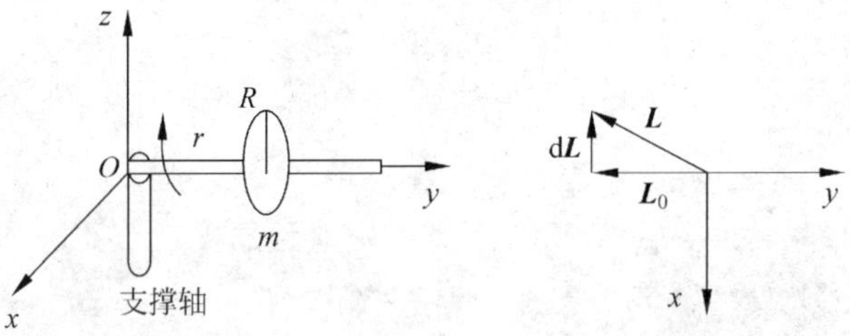

图 3-19

由图可知，

$$|\mathrm{d}\boldsymbol{L}|=L_0\mathrm{d}\theta$$

又由角动量定律，得

$$\mathrm{d}\boldsymbol{L}=\boldsymbol{M}\mathrm{d}t$$

即

$$|\mathrm{d}\boldsymbol{L}|=M\mathrm{d}t$$

因此进动角速度为

$$\Omega=\frac{\mathrm{d}\theta}{\mathrm{d}t}=\frac{M}{L_0}=\frac{mgr}{\frac{1}{2}mR^2\omega}$$

3-2 固体的弹性

任何实际物体，在外力作用下，如果不能忽略它的大小和形状的变化，物体就必须当作变形体处理。

变形体通常可分为弹性体和流体两大类。固体属弹性体，所有固体材料都兼有弹性和塑性这两种属性。固体在不太大的外力作用时发生形变，撤去外力后恢复其原有的大小和形状，这种性质称为固体的弹性。所谓塑性就是不可恢复的变形。本节只研究固体的弹性，它是学习波动学的基础，也是分析和解决许多工程和技术问题的基础。对于通常的金属材料等，在外力不超过某个限度时，可近似地看成完全弹性体。理想弹性体就是连续的、均匀的、各向同性的完全弹性体。本节介绍理想弹性体的形变。

3-2-1 应力和应变

弹性体的各种形变都与应力和应变这两个物理量有关。

1. 应力

如图 3-20(a)所示，设有一段横截面为矩形（面积为 S）的弹性体，其两端沿轴的方向受到大小相等、方向相反的拉力作用，因而发生形变。如图 3-20(b)所示，假设在杆内部任一处沿一横截面截断，此横截面上应存在物体因变形而产生的内力 $\boldsymbol{N}$，此力与拉力 $\boldsymbol{F}$ 大小相等、方向相反。当假想面不太靠近杆两端时，力 $\boldsymbol{N}$ 均匀地分布在此截面上，单位横截面上的内力定义为应力，用 $\boldsymbol{p}$ 表示应力，则 $\boldsymbol{p}=\boldsymbol{N}/S$。如果内力不是均匀地分布在截面上，那么应力定义为

$$\boldsymbol{p}=\lim_{\Delta S\to 0}\frac{\Delta \boldsymbol{N}}{\Delta S}=\frac{\mathrm{d}\boldsymbol{N}}{\mathrm{d}S} \tag{3-25}$$

式中 ΔS 为弹性体内过任一点的面元，$\Delta\boldsymbol{N}$ 为作用在 ΔS 上的内力。为了分析方便，将应力沿截面法向与切向分解。如图 3-21 所示，$\boldsymbol{e}_\mathrm{n}$、$\boldsymbol{e}_\tau$ 分别为面元 ΔS 处的外法线单位矢量和切向单位矢量，应力在面元处外法线方向的投影称为正应力，用 σ 表示，则

$$\sigma=\frac{\mathrm{d}N_\mathrm{n}}{\mathrm{d}S} \tag{3-26}$$

应力在面元处切向方向的投影称为切应力，用 τ 表示，则

$$\tau=\frac{\mathrm{d}N_\tau}{\mathrm{d}S} \tag{3-27}$$

在国际单位制中，应力的单位是 $\mathrm{N\cdot m^{-2}}$，称为帕斯卡，简称帕，符号是 Pa，量纲是 $\mathrm{L^{-1}MT^{-2}}$。

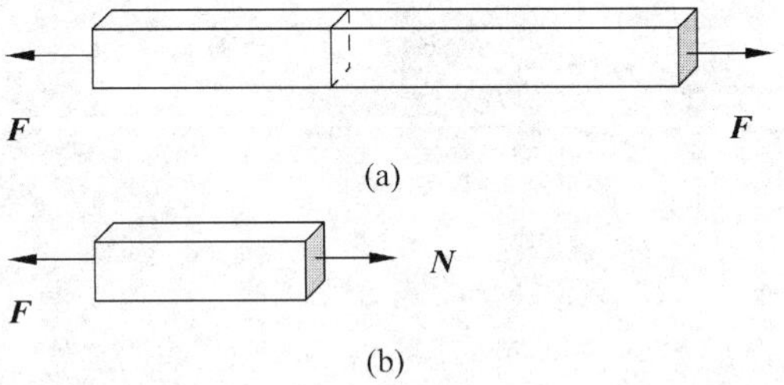

图 3-20

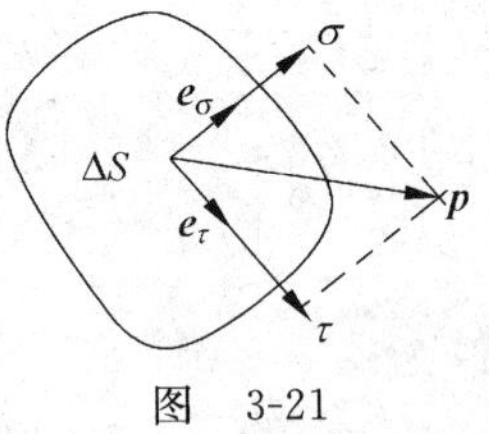

图 3-21

2. 应变

为了定量地描述弹性体受到外力发生形变的大小，必须引入相对形变，即应变的概念。

弹性体的一切形变可归结为正应变和切应变两种基本的类型。所谓正应变就是拉伸或压缩形变。例如图 3-20 所示的杆处于拉伸或压缩状态时，它的绝对伸长（或压缩）Δl 与原长 l_0 之比定义为相对伸长（或压缩），也叫正应变，用 ε 表示，则

$$\varepsilon=\frac{\Delta l}{l_0} \tag{3-28}$$

切应变是指在力偶作用下，两平行截面发生相对移动的形变。如图 3-22 所示，图中实线所示的长方体切变成虚线所示的形状，其相对形变可由 $\tan\varphi$ 表示，一般情况下，φ 很小，

则有

$$\varphi=\tan\varphi=\frac{\Delta r}{l_0} \tag{3-29}$$

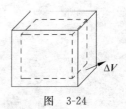

φ 称为剪切应变,简称切应变。

正应变和切应变都是纯数。

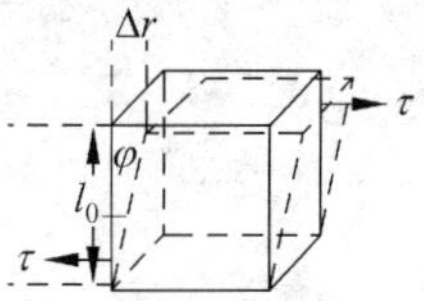

图 3-22

3-2-2 描写弹性体性质的物理量

1. 杨氏模量

如图 3-20 所示,当杆两端受到拉力或压力作用时,杆处于伸长或压缩状态,对于这种拉伸或压缩的形变,英国物理学家胡克于 1678 年从实验中总结出:在一定限度内,正应力与正应变成正比,即

$$\sigma=Y\varepsilon \tag{3-30}$$

这一实验规律称为正应变的胡克定律。式中比例系数 Y 称为杨氏模量。杨氏模量由材料的性质决定,反映了材料抵抗拉伸或压缩的能力,其单位与应力的单位相同。

2. 切变模量

如图 3-22 所示,弹性体在切应力作用下产生形变,实验表明:对于这种有剪切形变的弹性体,当切应力不太大时,切应力 τ 与切应变 φ 成正比,这就是切应变的胡克定律。数学表示式为

$$\tau=G\varphi \tag{3-31}$$

式中比例系数 G 称为切变模量。切变模量只与材料的性质有关,反映了材料对剪切形变的抵抗能力,其单位也与应力的单位相同。

3. 泊松比

如图 3-23 所示,当杆两端受到沿轴向的拉力(或压力)时,除产生该方向的正应变 $\varepsilon=\Delta l/l_0$ 外,还产生横向正应变,即在横向发生压缩(或膨胀)。横向相对伸长称为横向正应变,用 ε' 表示,ε' 与 ε 之比的绝对值称为泊松比,用 μ 表示,即

$$\mu=\left|\frac{\varepsilon'}{\varepsilon}\right| \tag{3-32}$$

μ 随材料的不同而不同,它是一个无量纲的正数。实验和理论证明,$\mu<0.5$。

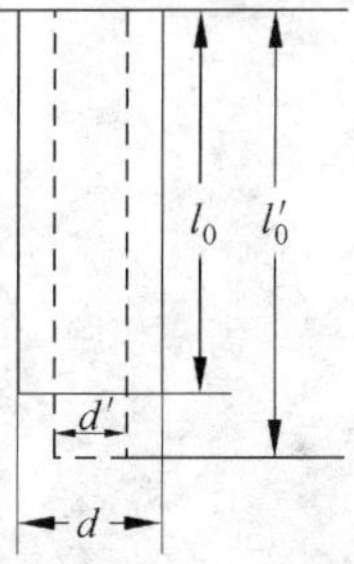

图 3-23

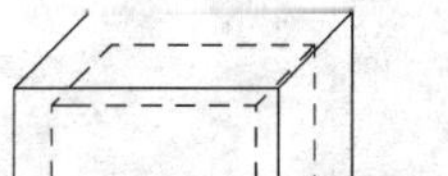

图 3-24

4. 体积模量

如图 3-24 所示,一块物质(可以是固体、液体或气体)周围受的压强 p 改变 Δp 时,其体

积 V 将发生变化 ΔV，则 $\Delta V/V$ 即体积的相对变化定义为体应变。实验表明，在弹性限度内，Δp 与体应变成正比，即

$$\Delta p = - K \frac{\Delta V}{V} \tag{3-33}$$

式中比例系数 K 为体积模量，负号表示压强增大（或减小）时体积缩小（或增大）。$K>0$，它的单位与杨氏模量的单位相同，K 只与材料本身有关。

由此可见，描写材料弹性体性质的参数有四个，即杨氏模量 Y、切变模量 G、泊松比 μ 和体积模量 K。不过，只需其中任两个就可确定一种均匀各向同性弹性体的性质，因为理论表明这四个参数之间存在下述关系：

$$\begin{cases} G = \dfrac{Y}{2(1+\mu)} \\ K = \dfrac{Y}{3(1-2\mu)} \end{cases} \tag{3-34}$$

例 8 一根质量为 m 的均匀铝棒被竖直地吊在天花板上，已知棒的原长为 l_0、直径为 d_0，试求在自重作用下铝棒的伸长量 Δl。

解 在自重作用下，棒中不同的横截面所受的应力不同，因此，棒发生的形变不均匀。图 3-25(a)表示未伸长的棒，以棒的上端点为原点，建立如图所示坐标。首先考虑棒上任一小段棒元 x 到 $x+\mathrm{d}x$ 的形变。在自重作用下，x 端拉长到 y，$x+\mathrm{d}x$ 端拉长到 $y+\mathrm{d}y$，如图 3-25(b)所示。那么，这一小段棒元的正应变为

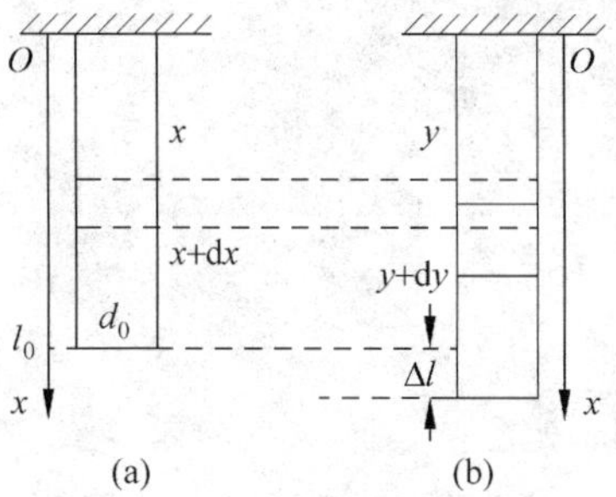

图 3-25

$$\varepsilon = \frac{\mathrm{d}y - \mathrm{d}x}{\mathrm{d}x}$$

这一小段棒元所受的应力等于 y 处横截面上所受的拉力 F 与横截面面积 S 之比，而 F 等于 y 处横截面下面那一段棒体的重力，即

$$F = \rho(l_0 - x)Sg$$

式中 ρ 是原均匀棒的密度，即 $\rho = m/l_0 S = 4m/\pi d_0^2 l_0$，由胡克定律，得

$$\rho(l_0 - x)g = Y\left(\frac{\mathrm{d}y}{\mathrm{d}x} - 1\right)$$

因此，有

$$\mathrm{d}y = \left[\frac{\rho g}{Y}(l_0 - x) + 1\right]\mathrm{d}x$$

对上式积分，得伸长后的棒长 l 为

$$l = \int_0^l \mathrm{d}y = \int_0^{l_0} \left[\frac{\rho g}{Y}(l_0 - x) + 1\right]\mathrm{d}x$$

则棒的伸长量为

$$\Delta l = l - l_0 = \frac{2mgl_0}{\pi d_0^2 Y}$$

3-3 流体力学简介

气体和液体都能流动，所以统称为流体。流体力学研究流体的平衡和运动规律及其工程应用。流体与固体的一个主要区别是流体不能在任何时间内维持一个切应力。如果流体受到切应力，那么，它将在此力作用下流动。不过，不同的流体流动的难易有所差别，这种使其屈服的难易程度称为黏滞性。比如管道内的流体，靠近管壁流速小，靠近管中心处流速较大。流体为什么具有黏滞性呢？因为流体流动时，流体内层与层之间有摩擦力出现，这种摩擦力叫内摩擦力，又名黏性力。

实际流体除具有黏滞性外，还具有可压缩性。不过，液体的压缩性很小，可以忽略。而气体的压缩性较大，对于流速远小于声速的气体而言，其压缩性也可忽略。

不可压缩的、无黏滞性的流体叫理想流体。本节简要介绍理想流体和黏滞流体的运动规律。

3-3-1 理想流体的流动

1. 流体的连续性方程

流体可看作是由无穷多连续质元组成的一种连续介质，但是，如果对每一质元都建立一个运动方程，则有无穷多个方程。显然，这种方法不能研究流体的宏观运动规律。因此，必须采用其他方法来研究流体的运动。下面介绍用流线来描述流体的运动。

流线是某一瞬时流体中的一系列有向曲线，曲线上每一点的切向与该点的流速方向一致，每一点的流线密度（垂直地通过单位截面积的流线条数）代表该点流速的大小。因为流体内任一点不能有两种不同的流速，所以流线不可能相交。

如图 3-26 所示，相邻的流线所围成的管子叫流管。因为流管由流线构成，所以流管内外流体不会交混。现在在流管任意两处作垂直于流管的假想截面 S_1 和 S_2，两处的流速分别为 v_1 和 v_2，密度分别为 ρ_1 和 ρ_2。假设理想流体流动时，流体内任一点的流速都不随时间变化（这种流动叫定常流动），根据质量守恒，可知在一定时间内进入 S_1 的质量必定等于由 S_2 离开的质量，则有

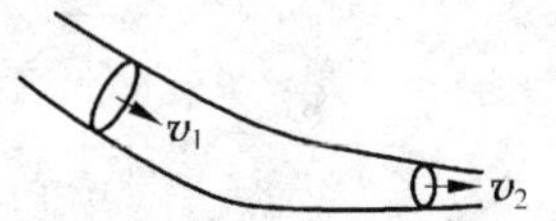

图 3-26

$$S_1 v_1 \rho_1 = S_2 v_2 \rho_2 \tag{3-35}$$

理想流体不可压缩，所以 $\rho_1 = \rho_2$，得

$$S_1 v_1 = S_2 v_2 \tag{3-36}$$

此式叫理想流体定常流动的连续性方程。面积与速度之积是单位时间内通过某面的流体的体积，称为流量。式(3-36)表明理想流体定常流动时，沿同一流管任意截面的流量相等。

2. 理想流体定常流动的伯努利方程

设理想流体在重力作用下作定常流动。图 3-27 中一细流管的 A、B 两处的截面积分别为 S_1 和 S_2，高度分别为 h_1 和 h_2，压强分别为 p_1 和 p_2，流速分别为 v_1 和 v_2，在 Δt 时间内，A 和 B 分别移到了 A' 和 B'。在此过程中，作用于 A、B 段流体上的压力做功情况如下：

(1) 对进入 A 的流体做功

$$W_1 = p_1 S_1 v_1 \Delta t$$

(2) 在 B 处流管内流体对外做功

$$W_2 = p_2 S_2 v_2 \Delta t$$

(3) 流管侧面所受压力处处与流速垂直，做功为零。因此，净功为

$$W_1 - W_2 = p_1 S_1 v_1 \Delta t - p_2 S_2 v_2 \Delta t$$

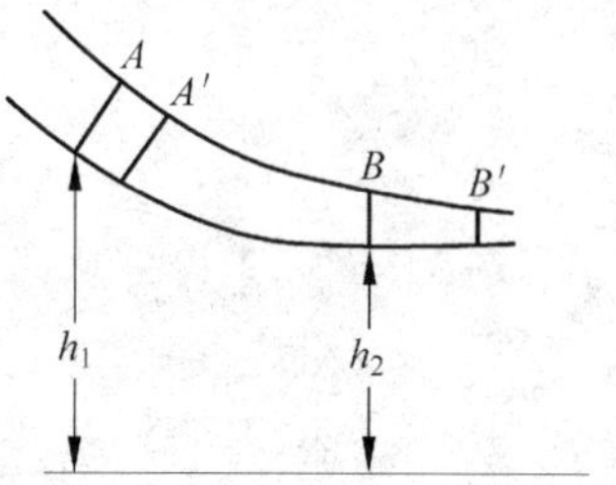

图 3-27

根据功能原理，此净功应等于 $A'B'$ 段与 AB 段流体能量之差 ΔE，即

$$\Delta E = p_1 S_1 v_1 \Delta t - p_2 S_2 v_2 \Delta t \tag{3-37}$$

AB 段的能量等于 AA' 段的能量与 $A'B$ 段的能量之和，即

$$E_{AB} = E_{AA'} + E_{A'B}$$

$A'B'$ 段的能量等于 $A'B$ 段的能量与 BB' 段的能量之和，即

$$E_{A'B'} = E_{A'B} + E_{BB'}$$

以上两式相减，得能量之差为

$$\Delta E = E_{A'B'} - E_{AB} = E_{BB'} - E_{AA'}$$

式中 AA' 段和 BB' 段的能量都等于动能和势能之和。若流体的密度为 ρ，则

$$E_{AA'} = \frac{1}{2}(\rho S_1 v_1 \mathrm{d}t) v_1^2 + (\rho S_1 v_1 \mathrm{d}t) g h_1$$

$$E_{BB'} = \frac{1}{2}(\rho S_2 v_2 \mathrm{d}t) v_2^2 + (\rho S_2 v_2 \mathrm{d}t) g h_2$$

以上两式相减并代入式(3-37)，整理，得

$$\frac{1}{2}\rho v_1^2 + \rho g h_1 + p_1 = \frac{1}{2}\rho v_2^2 + \rho g h_2 + p_2$$

因为 A、B 位置是任意选取的，所以，对同一细流管内任意截面都有

$$\frac{1}{2}\rho v^2 + \rho g h + p = C \tag{3-38}$$

此式叫理想流体定常流动的伯努利方程。它表明：对理想流体的任一流线，动能密度、势能密度与压强之和是守恒量。式中的常量是对特定的流线而言，对不同的流线一般是不同的常量。伯努利方程是流体能量守恒的一种描述，它在水利、航空、化工等领域有广泛的应用。

3. 伯努利方程的应用

(1) 容器底小孔流出的水流速度

如图 3-28 所示，一大容器的底部有一小孔，设容器内液面到小孔的高度为 h，小孔的大小远小于 h，液面和小孔处的大气压均为 p_0，选择小孔中心处为势能零点，取液面处流速为零，对图中那条流线写出伯努利方程

$$\rho g h + p_0 = \frac{1}{2}\rho v^2 + p_0$$

得小孔出口处的水流速度 v 为

$$v = \sqrt{2gh}$$

此结果表明，小孔出口处的水流速度与某物自由下落 h 的高度获得的速度相等。当然，实际

的小孔出口处的水流速度要小一些。

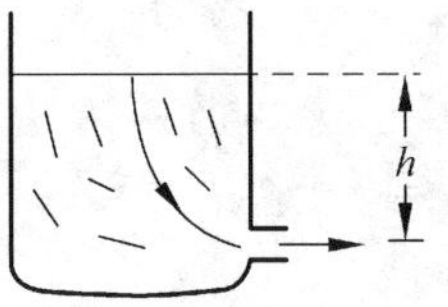

图　3-28

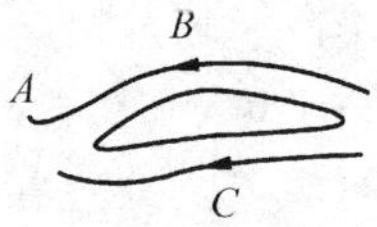

图　3-29

(2) 机翼的升力

机翼的升力是由于气流相对机翼流动造成的。图 3-29 所示的是机翼特有的横截面形状。空气相对于飞机流动时，气流经过机翼上、下两侧面流动的情况不一样，在相同的时间内上侧的气流通过的路程比下侧长些，因此，上侧的气流流速大于下侧的流速。现在紧贴机翼的上、下两侧各取一根很细的流管，图中 A 点在两流管的分界面上，B 点和 C 点分别位于两流管内，A、B、C 三点处的流速和压强分别为 v_1 和 p_1、v_2 和 p_2、v_3 和 p_3，忽略机翼的厚度，由伯努利方程，得

$$\frac{1}{2}\rho v_1^2 + p_1 = \frac{1}{2}\rho v_2^2 + p_2 = \frac{1}{2}\rho v_3^2 + p_3$$

可得

$$p_3 - p_2 = \frac{1}{2}\rho(v_2^2 - v_3^2)$$

因为 $v_2 > v_3$，所以 $p_3 > p_2$，从而使机翼获得了向上的升力。

3-3-2　黏滞流体的运动

前面讨论的是理想流体，与实际流体相差很远，实际流体的行为非常有趣，但也十分复杂。下面讨论黏滞流体的运动规律。

1. 牛顿黏滞定律

如图 3-30 所示，有两块面积足够大以致可忽略平板边界影响的固体板 A 和 B，在 A、B 之间夹有流体。若保持下板固定，拉上板使其以低速 $\boldsymbol{v}_0$ 向右作匀速直线运动，实验发现紧靠上板 A 的流体层速度与上板相同，其他各层流体的速度随与上板 A 的距离的增大而逐渐减少，紧靠下板 B 的流体层几乎不动。若以垂直于流动方向为 z 轴，在 z 轴上取相距为 Δz 的两个流层，设其流速分别为 $\boldsymbol{v}$ 和 $\boldsymbol{v}+\Delta\boldsymbol{v}$，则可用

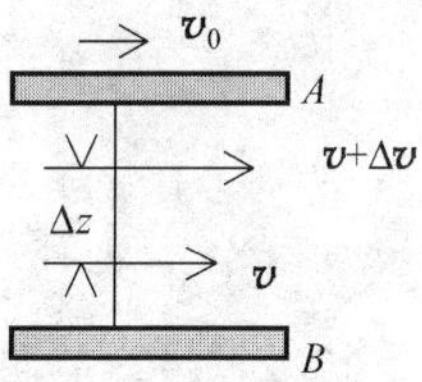

图　3-30

$$\frac{\mathrm{d}\boldsymbol{v}}{\mathrm{d}z} = \lim_{\Delta z \to 0}\frac{\Delta \boldsymbol{v}}{\Delta z} \tag{3-39}$$

描述流速随坐标 z 的变化关系，式(3-39)称为速度梯度。实验表明：沿流动方向的流体层间相互作用的内摩擦力 F 正比于受力面积 S 与速度梯度之积，即

$$\frac{F}{S} = \eta\frac{\mathrm{d}v}{\mathrm{d}z} \tag{3-40}$$

式中比例系数 η 称为黏滞系数，式(3-40)称为牛顿黏滞定律。黏滞系数 η 是流体黏性大小的量度，它与流体的性质及温度、压强等有关。对于液体而言，温度升高，η 则减小；但对于气体而言却相反。

在国际单位制中，黏滞系数的单位为 Pa·s，量纲为 $L^{-1}MT^{-1}$。

2. 黏滞系数的测定

水利工程中研究管道输运，工业上选择机器润滑油，医学上测定病变情况，化学上测定高分子物质的分子量等，都必须考虑黏滞系数 η 的大小。因此，测定黏滞系数有重要的实际意义。黏滞系数的测定方法有许多种，下面介绍其中的两种。

（1）泊肃叶公式

如图 3-31 所示，假设黏滞系数为 η、密度为 ρ 的流体作层流运动，流过一水平放置的长为 L、半径为 R 的圆管，泊肃叶(J. Posewille)于 1840 年发现：当圆管两端的压强分别为 p_1、p_2，且 $p_1>p_2$ 时，通过圆管截面积的流量 Q 为

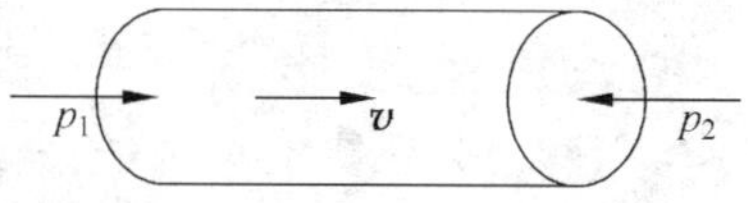

图 3-31

$$Q=\frac{\pi R^4(p_1-p_2)}{8\eta L} \tag{3-41}$$

此式叫泊肃叶公式。只要已知公式中的 R、p_1、p_2、L，就可求得 η。

（2）斯托克斯公式

实验证明，半径为 R 的小球在黏滞系数为 η 的液体中以速度 v 运动时，它所受到的黏性力为

$$f=6\pi\eta Rv \tag{3-42}$$

此式叫斯托克斯(Stokes)公式，该公式可用于测定黏滞系数 η，也可用来测定小球的半径。

3. 雷诺数

以上讨论的都是层流，更多的实际流体的运动都是湍流。湍流是有旋涡的，很复杂。

1883 年，英国科学家雷诺(Reynold)通过实验证明：对于圆管中的流体而言，当流速小于某一临界速度 v_c 时，流体作层流运动，当流速超过临界速度 v_c 时，就会出现湍流。临界速度 v_c 与流体的性质、圆管的大小等有关，实际应用中一般不以临界速度 v_c 作为判别层流与湍流的法则，而是定义一个雷诺数，即

$$Re=\frac{\rho vD}{\eta} \tag{3-43}$$

式中 ρ 是流体密度，v 是流体实际流速，D 是圆管直径，η 是黏滞系数。雷诺数是一无量纲数。从层流向湍流过渡的雷诺数叫临界雷诺数 Re_c。当 $Re<Re_c$ 时，为层流；当 $Re>Re_c$ 时，为湍流。

由式(3-43)可知实际雷诺数 Re 与临界雷诺数 Re_c 之间的关系为

$$\frac{Re}{v}=\frac{Re_c}{v_c} \tag{3-44}$$

此式表明，不同的流体有不同的 v_c，但有相同的 Re_c。因此，使用雷诺数作为判断层流与湍流的法则比较方便。但是，从层流到湍流的转变过程一般很复杂，中间有许多阶段，所以，对应的临界雷诺数一般不是一个明确的数，而是一个数值范围。

习　题

3-1　一汽车发动机曲轴的转速在 6 s 内由 200 r/min 均匀地增加到 2600 r/min。求在这段时间内曲轴转动的角加速度及其转过的角度。

3-2　求地球表面上纬度为 θ 的 P 点，相对于地心参考系的线速度与加速度。

3-3　如图所示，半径分别为 r_1 和 r_2 的两定轴转动轮以皮带连接，轮 1 从静止开始转动，角加速度为 α，设皮带与轮缘无相对滑动，计算当轮 2 达到角速度为 ω 时所需时间。

3-4　一个半圆薄板的质量为 m，半径为 R，当它绕着它的直径边转动时，它的转动惯量为多少？

3-5　求质量为 m、半径为 R 的匀质圆球的转动惯量，其转轴沿直径。

3-6　如图所示，质量 $m_1 = 20$ kg 的实心圆柱体 A，其半径为 $r = 20$ cm，可以绕其固定水平轴转动，阻力忽略不计。一条轻的柔绳绕在圆柱体上，其另一端系一个质量为 $m_2 = 8.0$ kg 的物体 B。求：(1)物体 B 由静止开始下降 1.0 s 后的距离；(2)绳的张力。

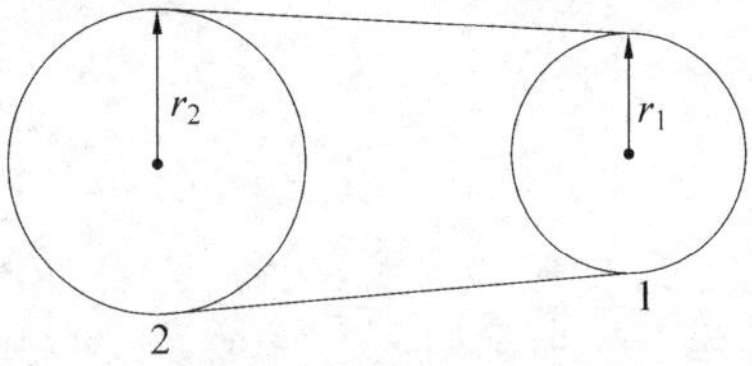

习题 3-3 图

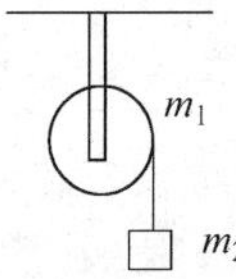

习题 3-6 图

3-7　如图所示装置，两个质量分别为 m_1 和 m_2 的物体分别系在两条轻绳上，两条绳又分别绕在半径为 r_1 和 r_2 的组合轮上，两轮的转动惯量分别为 J_1 和 J_2，设轮与轴承间、绳索与轮间的摩擦均不计，求两物体的加速度和绳的张力。

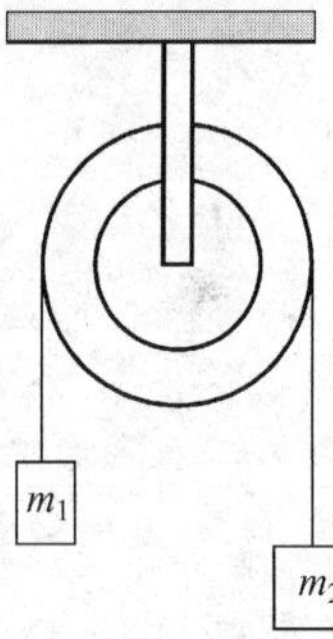

习题 3-7 图

3-8　一半径为 R、质量为 m 的匀质圆盘，以角速度 ω 绕其中心转动，现将它平放在一水平面上，盘与板表面之间的摩擦因数为 μ。(1)求圆盘所受的力矩。(2)问经多少时间后，圆盘转动才能停止？

3-9　一通风机的转动部分(如图所示)以初角速度 ω_0 绕其轴转动，空气的阻力矩与角速度成正比，比例系数 c 为一常数。转动部分对其轴的转动惯量为 J，问：经过多长时间后其转动角速度减少为原来的一半？

3-10　如图所示，两个均匀圆柱各自绕自身的轴 O_1 和 O_2 转动，两圆柱质量和半径分别为 m_1、m_2 和 r_1、r_2。开始时两圆柱以角速度 ω_1、ω_2 同向旋转，然后缓慢移动它们使之强制接触。求两圆柱在摩擦力作用下所达到的最终速度。

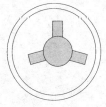

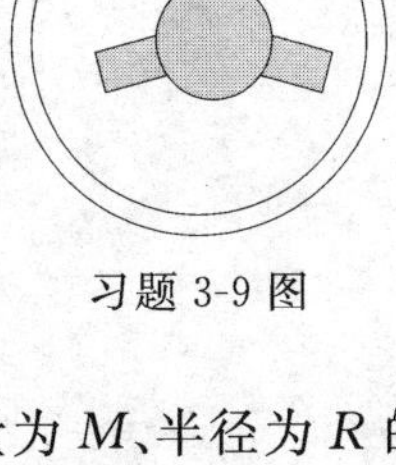
习题 3-9 图

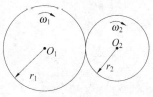

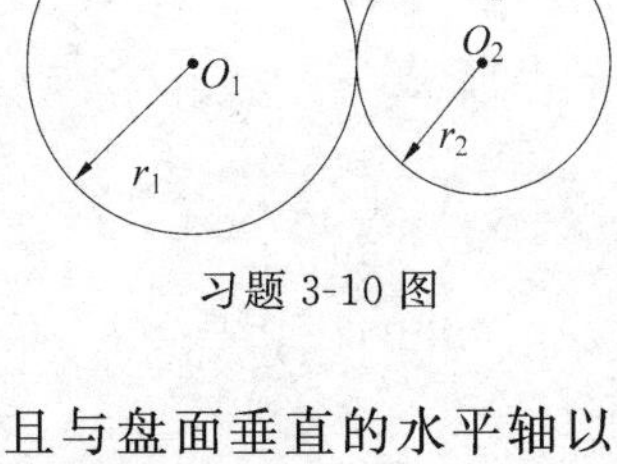

习题 3-10 图

3-11　一质量为 M、半径为 R 的匀质圆盘，通过其中心且与盘面垂直的水平轴以角速度 ω 转动，若在某一时刻，一质量为 m 的小碎块从盘边缘裂开，且恰好沿垂直方向上抛，问他可能达到的高度是多少？

3-12 质量为 m、半径为 R 的一转台绕其中心竖直固定轴转动，轴上阻力可不计。有一质量为 m' 的人站在台的边缘，人和台原来静止，如果人沿台的边缘走一周，试求人和台对地面各转过多少圈？

3-13 一转台绕其中心竖直固定轴以角速度 $\omega_0=2\pi\ \mathrm{s}^{-1}$ 转动，转台对转轴的转动惯量为 $J_0=2.0\times10^{-3}\ \mathrm{kg\cdot m^2}$，今有沙粒以 $Q=3t$（Q 的单位为 $\mathrm{g\cdot s^{-1}}$，t 的单位为 s）的流量竖直落至转台，并黏附于台面形成一圆环，若环的半径 $r=0.10\ \mathrm{m}$，求沙粒下落 $t=5\ \mathrm{s}$ 时，转台的角速度。

3-14 一转台绕其中心竖直固定轴转动，每转一周所需时间为 10 s，转台对转轴的转动惯量为 $J=1.2\times10^3\ \mathrm{kg\cdot m^2}$，一质量为 $M=80\ \mathrm{kg}$ 的人，开始时站在转台的中心，随后沿半径向外跑去，当人离转台中心 $r=2\ \mathrm{m}$ 时转台的角速度是多大？

3-15 质量为 M、长为 L 的刚体棒可绕通过棒上端的 O 轴在水平面内转动。今有一质量为 m 的子弹以水平速度 $\boldsymbol{v}_0$ 射入棒的悬点下距离为 d 处而不复出。(1)子弹刚停在棒中时棒的角速度多大？(2)子弹冲入棒的过程中(经历时间为 Δt)，棒上端轴受的水平和竖直分力各多大？(3)求棒的最大偏转角。

3-16 留声机的转盘绕通过盘心垂直盘面的轴以角速度 ω 作匀速转动，放上唱片后，唱片将在摩擦力作用下随转盘一起转动。设唱片的半径为 R、质量为 m，它与转盘间的摩擦系数为 μ。求在这段时间内，转盘的驱动力矩做了多少功？

3-17 如图 3-9 所示，坐在转椅上的人手握哑铃，两臂伸直时，人、哑铃和转椅系统对竖直轴的转动惯量为 $J_0=3\ \mathrm{kg\cdot m^2}$，在外力推动后，此系统以 $n_1=20\ \mathrm{r/min}$ 转动。当人的两臂收回，使系统的转动惯量为 $J=1.2\ \mathrm{kg\cdot m^2}$ 时，它的转速 n_2 是多少？设轴上摩擦不计，两臂收回过程中，系统的机械能守恒吗？为什么？

3-18 如图所示，质量为 m、半径为 r、高 $h=r$ 的密度均匀的圆柱体可绕轴线转动，在圆柱侧面开有与水平成 $\theta=45°$ 的螺旋槽，有一质量也为 m 的小球放在槽内，开始小球从圆柱顶端受重力作用滑下，圆柱体同时发生转动。设摩擦均不计，求当小球落到柱体底面时，小球相对柱体的速度和柱体的角速度。

3-19 一长为 l、质量为 m 的均匀细棒，在光滑的平面上绕质心作无滑动的转动，其角速度为 ω，若棒突然改绕其一端转动。求：(1)以端点为转轴的角速度；(2)在此过程中转动动能的改变。

3-20 一质量为 m、半径为 R，密度均匀的圆球，由静止从斜面的顶端沿斜面作纯滚动运动。斜面倾角为 θ，球从上端滚到底部球心高度差为 h，求圆球到达底部时的速度。

3-21 如图所示，一绕有细绳的大木轴放在水平面上，木轴质量为 m，外轮半径为 R，内柱半

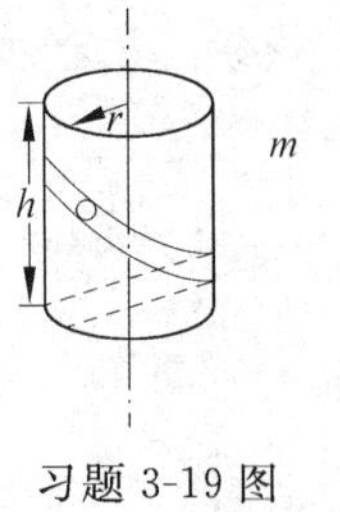

习题 3-19 图

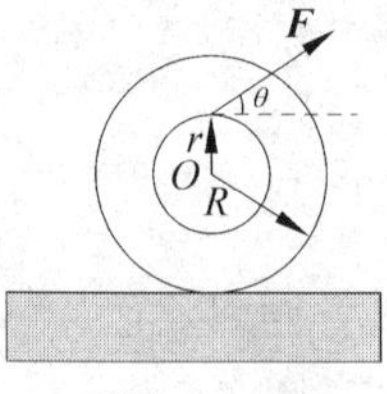

习题 3-21 图

径为 r，木轴对中心轴的转动惯量为 I。现用一恒定外力 F 拉细绳一端，设绳与水平面夹角 θ 保持不变，木轴滚动时与地面无相对滑动。求木轴滚动时的质心加速度和木轴绕中心轴 O 的角加速度。

3-22　自行车前轮的转动惯量为 $0.45\ \mathrm{kg \cdot m^2}$，轮半径为 0.36 m，在车前进的速率为 $6.0\ \mathrm{m \cdot s^{-1}}$ 时，骑车人向右一歪，相当于一个质量为 50 kg 的物体挂在轮轴上轮的右侧 0.04 m 处。此时前轮应绕竖直轴以多大角速度转动才能配合这一倾倒力矩。

3-23　如图所示，一长为 L、横截面积为 Δs 的均匀棒，在两端各施一压力 F_1 和 F_2，$F_1 > F_2$。试求过 A 点的斜截面上的应力。

3-24　在剪切钢板时，由于刀口不快，没有切断，该钢板发生了切变，钢板的横截面积为 $90\ \mathrm{cm^2}$。二刀口间的垂直距离为 0.5 cm。当剪切力为 7×10^5 N 时，求：(1)钢板中的切应力；(2)钢板的切应变；(3)与刀口相齐的两个切面所发生的相对位移。已知钢的切变模量 $G=8\times10^{10}$ Pa。

3-25　一个边长为 a 的正方形物块被竖直地浸入液体中，正方形物块的上边与液面齐平，液体的密度与深度成正比，比例系数为 k。求正方形物块所受的液体的总压力。

3-26　如图所示，容器内水的高度为 h_0，水自离自由表面 h 深的小孔流出。(1)求水流达到地面时的水平射程；(2)在多深的地方开一小孔可使水流具有最大的水平射程？

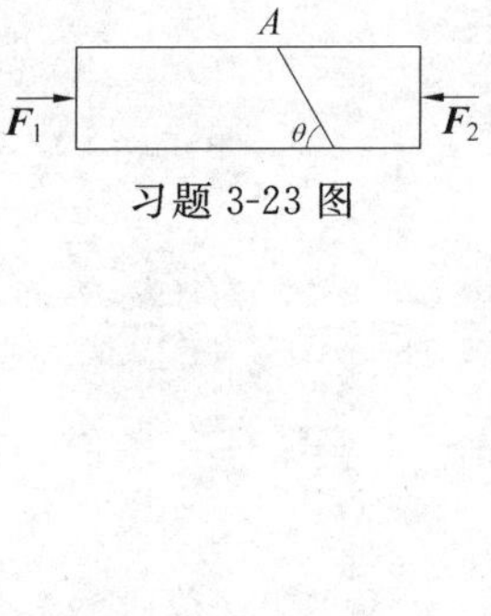

习题 3-23 图

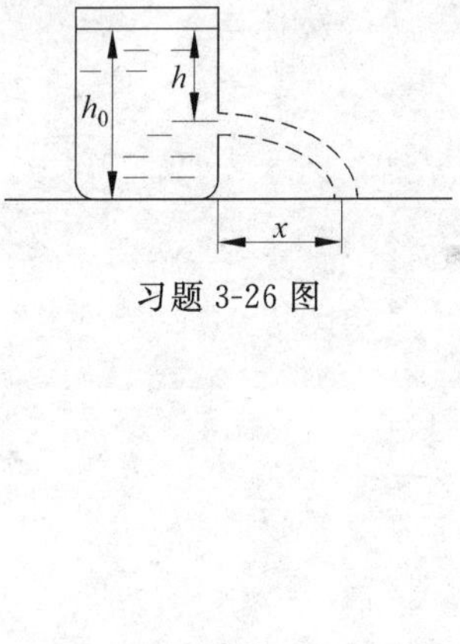

习题 3-26 图

第 4 章

相　对　论

引子：当物体运动接近光速时

——编译自《物理世界奇遇记》

讲台上白胡子教授高谈相对论，

座位上汤普金斯先生梦入奇城：

街旁看幻景：骑车的前胸贴后背，

——只因运动物体会缩身；

骑车向前奔：速度愈快，加速愈难，

——想超光速不可能。

长街变短，行人如纸，窗已成狭缝，

待两车并驱相望：彼此如常，往景似梦！

抬望眼："地上已过半小时"，钟楼高喧，

暗回首："车里只有几分钟"，手表低喃。

汤普金斯先生停车再一看，两者时间又一样。

心中疑未解，奇事又一桩：街头来个中年人，老太太却把"祖父"称，

——原来他常常去旅行，时间膨胀驻青春。

"难道相对论不对称？"

汤普金斯先生一惊梦已醒。

人去楼空灯寂灭，奇城已远空遗问。

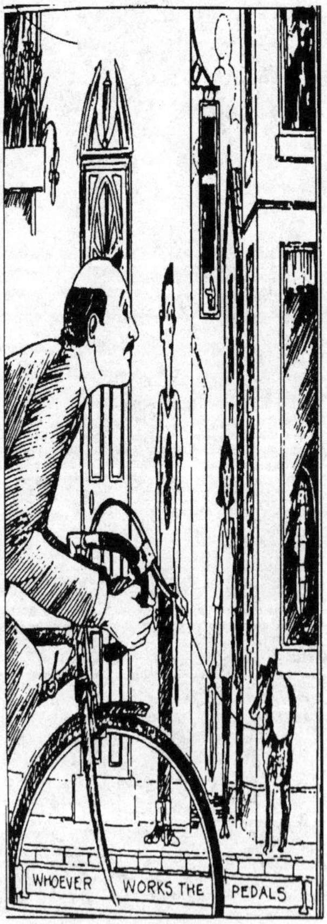

4-1 狭义相对论理论基础

4-1-1 狭义相对论基本假设

自然界中发生着各种各样的事件：新星的爆发，飞船的发射，婴儿的诞生，鲜花的凋落……为了确定这些事情发生在何处，何时，需要建立一个参考系 S——一个建立在参考物 O 上的坐标系 (x,y,z) 以及分布在整个坐标系各处较准过的同步时钟 (t)，如图 4-1 所示。有了参考系，一个具体的物理过程，譬如说一个质点的运动，就可以看成是一系列相继发生的物理**事件** (x,y,z,t) 的集合，或者表示为四维时空中的一条**世界线**，如图 4-2 所示。

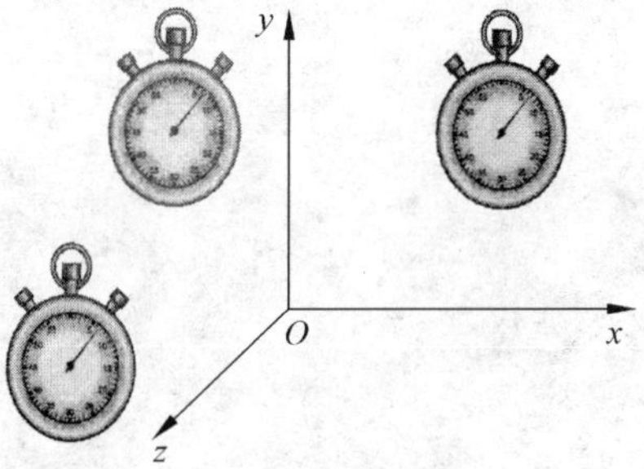

图 4-1　参考系

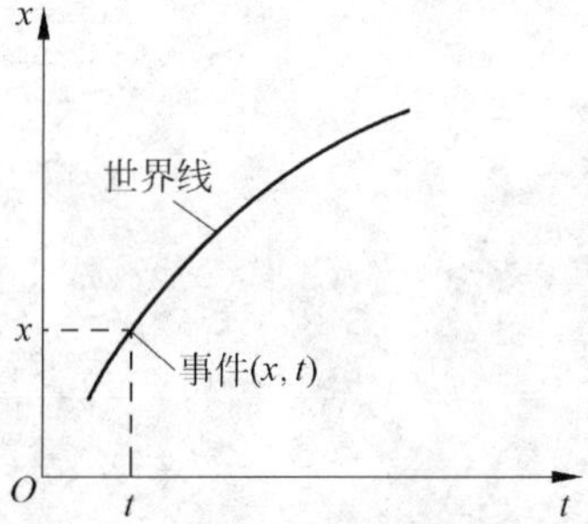

图 4-2　质点一维运动的世界线

在经典力学中，参考系按照惯性定律在其中是否成立分为两类：惯性系和非惯性系。在**惯性系**中，一个免受其他物体作用的自由粒子将静止或者作匀速直线运动，这个自由粒子也可作为惯性系。相对于惯性系加速运动的参考系则为**非惯性系**。相对论的核心问题就是这些参考系在描述自然规律时是不是等价的，是否存在一个特殊参考系以确立绝对时空，从而定出物质的绝对运动。爱因斯坦 1905 年创立的狭义相对论只说明所有的惯性系等价，而 1915 年确立的广义相对论则肯定所有的参考系，包括惯性系和非惯性系，都是等价的，从而摒弃了绝对时空和绝对运动的观念。

在古代，人们早就基于日常生活的观察体悟到运动是相对的。中国汉代成书的《尚书纬·考灵曜》中就有记述："地恒动不止，而人不知。譬如人在舟中，闭牖而坐，舟行而不觉也。"约 1600 多年以后，近代科学之父伽利略在《关于托勒密和哥白尼两大世界体系的对话》中更加详细生动地描述了匀速行驶大船中苍蝇、蝶、游鱼、水滴、人、烟等的运动现象，与静止大船中的现象没有丝毫变化，并指出："你也无法从其中任何一个现象来确定，船是在运动还是停着不动。"这也就是**伽利略相对性原理**或**力学相对性原理**的最初表述。

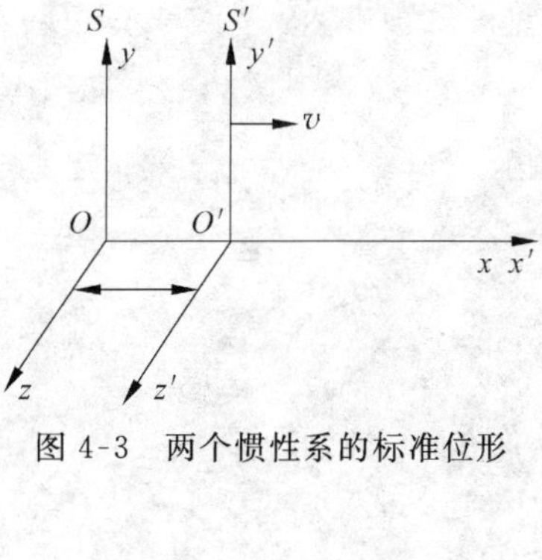

图 4-3　两个惯性系的标准位形

经典牛顿力学是符合伽利略相对性原理的。为简单明确起见，把惯性系 S 和 S' 安排成标准位形（图 4-3）：相应的坐标轴彼此平行，零时刻（$t=t'=0$）时原点 O 与 O' 符合，S' 相对于 S 在 x 或 x' 轴正方向以相

对速度 v 运动。在标准位形下，从 S 到 S' 的伽利略变换为

$$\begin{cases} x' = x - vt \\ y' = y \\ z' = z \\ t' = t \end{cases} \tag{4-1}$$

可以看到，伽利略变换不改变时间间隔，即

$$\Delta t' = \Delta t$$

注意到测量空间距离 Δx 时，必须是同时的，即 $\Delta t=0$，于是

$$\Delta x' = \Delta x - v\Delta t = \Delta x$$

这说明伽利略变换也不改变空间间隔，也就是说时间和空间是绝对的，而且也不相关。

但是速度是相对的，遵从经典力学的速度合成公式 $\boldsymbol{u}'=\boldsymbol{u}-\boldsymbol{v}$，写成分量式为

$$\begin{cases} u'_x = u_x - v \\ u'_y = u_y \\ u'_z = u_z \end{cases} \tag{4-2}$$

而加速度是绝对的，即 $\boldsymbol{a}'=\boldsymbol{a}$，写成分量式为

$$\begin{cases} a'_x = a_x \\ a'_y = a_y \\ a'_z = a_z \end{cases} \tag{4-3}$$

注意到力决定于物体之间相互作用的距离，有

$$\boldsymbol{F}' = \boldsymbol{F}$$

而质量是物体的固有性质

$$m' = m$$

因而牛顿第二运动定律在 S 和 S' 两个惯性系中具有相同的形式

$$\boldsymbol{F} = m\boldsymbol{a}, \quad \boldsymbol{F}' = m\boldsymbol{a}' \tag{4-4}$$

即牛顿定律在伽利略变换下是协变的，这被称为**伽利略协变性**。

由于牛顿定律具有伽利略协变性，因而不可能通过力学实验确定哪一个惯性系为绝对参考系。但牛顿在《自然哲学的数学原理》中却写道："绝对的，真实的，数学的时间本身，从其本性来说，不管外部的事物如何，总是均匀流逝……""绝对空间，就其本性而言，与外在任何事物无关，是永远相同的，不动的。"这种先验的绝对时空观，与牛顿自己"我不作假设"的宣言相悖，也首先遭到德国物理学家马赫的尖锐批评："牛顿没有时钟的时间，和没有米尺的空间是形而上学的。我们必须依赖自然和物质的相互运动去理解时间。"马赫对牛顿力学基础的深刻批评对于爱因斯坦的相对论发生了深远的影响。

然而，描述电磁场的麦克斯韦方程却不具有伽利略协变性。由麦克斯韦方程导出的真空中电磁波的波动方程为

$$\nabla^2\varphi - \frac{1}{c^2}\frac{\partial^2\varphi}{\partial t^2} = 0 \tag{4-5}$$

式中，$c=\dfrac{1}{\sqrt{\varepsilon_0\mu_0}}$是电磁波在真空中的传播速度，是个与参考系无关的普适常数，这显然有悖于经典的速度合成公式(4-2)，而且经过伽利略变换后，该方程变为不同的形式

$$\left[\nabla^2-\frac{1}{c^2}\frac{\partial^2}{\partial t^2}-\frac{2}{c^2}v\cdot\nabla\frac{\partial}{\partial t}-\frac{1}{c^2}(v\cdot\nabla)(v\cdot\nabla)\right]\varphi=0$$

可见，电磁规律不满足经典的伽利略相对性原理。那么，相对性原理是不是普遍适用的？还是经典的伽利略相对性有其局限性？这成了一个关键问题。

历史上，人们假想一种特殊物质“以太”为传播光或电磁波的介质，认为电磁规律只在“以太”参考系里成立，这样光速 c 就是相对于“以太”的速度。但是，实验否决了以太的存在。没有了“以太”，就意味着光不是一种“实在”的波动，这正符合现代量子力学的观念。同时，也说明绝对参考系是不存在的，光速是个普适速度。法国科学家庞加莱早在 1900 年就意识到这些“以太”是不存在的，并于 1904 年在一次演讲中明确提出“相对性原理”并惊人地预见到需要构造一种“全新的力学”。他是在爱因斯坦之前从哲学思想上最接近相对论的人，但颇具讽刺意味的是他至死也没有认真理解并真正接受相对论。

阿尔伯特·爱因斯坦(Albert Einstein，1879—1955)，1879 年出生于德国一家经营电器小作坊的家庭里，四、五岁时曾经着迷于罗盘磁针的指向，16 岁就思考过一个“追光”的理想实验。“如果我以速度 c(真空中的光速)追随一束光运动，那么我就应当看到，这样一束光就好像一个空间里振荡着、却停滞不前的磁场。可是，无论是依据经验，还是按照麦克斯韦理论，看来都不会有这样的事情。”爱因斯坦直觉地感到电磁规律也是相对的。他仔细思考了法拉第电磁感应现象：只要磁体和导体回路存在相对运动，回路中就会感应出电流。爱因斯坦由此相信，所谓动生或者感生只不过是选择参考系的差别。电磁规律应该遵循相对性原理，这意味着麦克斯韦方程的协变性和真空中光速的不变性场成立。电磁理论与经典力学之间的这种矛盾，让爱因斯坦一直很困惑。经过十年的思考探索，他意识到困难在于运动学上的一些基本概念的任意性上。最终，爱因斯坦在 1905 年发表的划时代论文《论动体的电动力学》中，提出了狭义相对论的两个基本假设。

① 相对性原理：在所有惯性参考系中，物理定律都有相同的形式。这说明没有绝对参考系，所有惯性系是等价的。物理定律对惯性系的变换是协变的，这成了寻找新的物理定律的重要指针。

② 光速不变原理：在所有惯性参考系中，光在真空中向各个方向传播的速率恒为普适常数 c，并与光源运动无关。这是把相对性原理应用于电磁理论的必然推论，而且表明光速作为一个普适常数是自然规律，对所有惯性系都一样，它的具体数值则由实验来确定。

在这两个基本假设的基础上，爱因斯坦导出洛仑兹变换，提出新的时空理论，改造了牛顿力学，揭开了质能关系，从而奠定了狭义相对论的理论基础，开创了一个新的时代。

4-1-2　狭义相对论实验基础(光速不变原理)

爱因斯坦根据相对性原理和光速不变原理两个基本假设建立了完整的狭义相对论，并做出了时钟延缓和质能相当等重大理论预言。狭义相对论的正确性一方面由于其理论预期得到实验验证并在实践中广泛应用而确证，另一方面其基本原理尤其是光速不变原理也是建立在一系列实验基础上并得到现代实验进一步的检验。人们容易从思想上或哲学上接受相对性原理，但是由于光速不变原理与日常生活中宏观低速运动的经验或经典力学相抵触，人们一下子难以转变观念，狭义相对论创立之后，过了很长时间才得到人们重视和认可。这里，我们主要讨论有关光速不变原理的一些有代表性的实验。

最早尝试测量光速的是伽利略。他在两个相距很远的山头之间实验，但光速太大，他的实验未能成功。最早的光速数据来自于天文观测，布拉德雷从光行差现象得到 $c=3.1\times10^8$ m/s。最早的地面上的实验测量利用了阿喇果的设计思想，斐索于 1849 年采用旋转齿轮法得到 $c=3.153\times10^8$ m/s，而傅科则采用旋转镜法证实水中光速比空气中要慢，并于 1862 年得到空气中光速 $c=2.98\times10^8$ m/s。光速作为基本常数，现代物理学家为其精确测量付出了艰辛的努力。由于技术的进步，方法的改进，特别是激光的应用，光速便成为最精确的基本常数之一。1986 年国际科技数据委员会规定光速精确值为 $c=299\ 792\ 458$ m/s，一般计算时可取 $c=3.00\times10^8$ m/s。

光速的测定对于光是粒子还是波动的本性问题起了重要的历史作用。牛顿微粒说和惠更斯波动说都可以解释光的折射现象，但对空气中的光速大小作出了相反的假设。傅科实验结果表明，水中光速慢，有利于波动说。当麦克斯韦从其电磁场基本方程导出电磁波方程后，发现电磁波的速度与光速一致，就从理论上认定光是电磁波。光速的精确测定为光速不变原理奠定了实验基础。

如果光是电磁波，那么这个波是在什么介质里面传播的呢？光速 c 是相对于哪个参考系的呢？受经典机械波传播需要介质的观念影响，19 世纪的物理学家假设一种特殊物质"以太"为传播光或电磁波的介质，并且自然地认为光速 c 就是相对于"以太"这个绝对参考系的速度。但是按照"以太"理论去解释有关光的一些实验时，必须赋予"以太"非同寻常而且相互矛盾的性质，最终迫使人们放弃了"以太"的观念。这里列举三个在历史上有代表性的实验。

1. 布拉德雷实验

1728 年，英国天文学家布拉德雷发现：用望远镜观测恒星时，望远镜的方向必须与光线的实际方向相差一个角度 $\alpha\approx20''$，如图 4-4(a)所示。

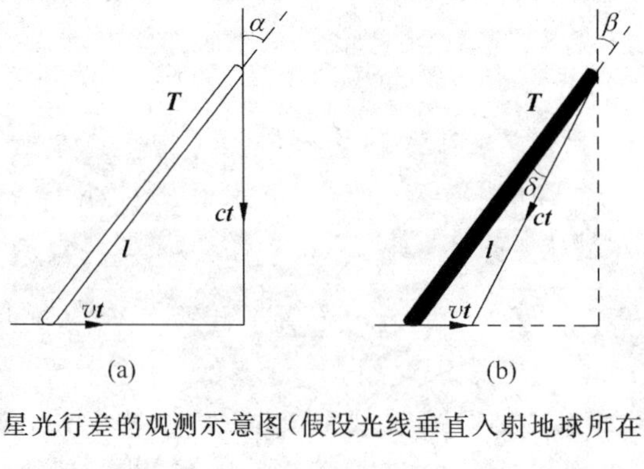

图 4-4　恒星光行差的观测示意图（假设光线垂直入射地球所在轨道平面）

当时，布拉德雷用光的微粒说及经典速度合成得到了光行差角为

$$\alpha=\arctan\frac{v}{c}\approx\frac{v}{c}\tag{4-6}$$

其中 c 为光速，v 为地球相对于恒星参考系的运行速度，约为 $v=30$ km/s，由此推算 $c\approx3.04\times10^8$ m/s，这是根据天文观测得到的最早光速数据。

按照布拉德雷的理论解释，如果用水灌满望远镜，如图 4-4(b)所示，那么观察到的光行

差角为 $\beta \approx n\delta \approx n \cdot \frac{v}{\frac{c}{n}} = n^2 \cdot \frac{v}{c}$(注意水中光速为 c/n，n 为水的折射率)。但在 1871 年，当爱里用水灌望远镜观测光行差观象时，却发现，望远镜灌水和未灌水两种情形下观测到的光行差角是一样的，也就是 $\beta \approx \alpha \approx \frac{v}{c}$。这表明，经典理论在解释光行差实验时是有困难的。

2. 斐索流水实验

1851 年，法国物理学家斐索用如图 4-5 所示的实验装置测量了流水中的光速。图中凹形玻璃管中通有水流，流速为 v。光从光源 S 出发，经过半透半反膜 G 分为两路：一路顺着水流方向沿环路 $GABCG$ 传播，一路逆着水流方向沿环路 $GCBAG$ 传播，两者最终在 T 处相干叠加，产生干涉条纹。

通过实验，斐索测到折射率为 n，流速为 v 的流水中光速为

$$u = \frac{c}{n} \pm \left(1 - \frac{1}{n^2}\right)v \tag{4-7}$$

显然，这与经典的速度合成公式 $u = \frac{c}{n} \pm v$ 是矛盾的。

3. 迈克耳孙-莫雷实验

1881 年，迈克耳孙用其发明的干涉仪，试图测量地球相对以太的运动速度，但得到了零结果。为了提高实验精度，1887 年迈克耳孙与莫雷合作做了一个更可靠的实验。实验原理如图 4-6 所示：由光源 S 发出的光，经半透半反镜 G 后分成 GA、GB 两束(设 $GA = GB = l$)，分别由反射镜 A、B 反射折回，再经 G 后在目镜 T 处相干叠加产生干涉条纹。为减小振动影响，整个装置固定在一个水银面上的重石板上，可以转动台面，观察条纹的变化，从而确定地球相对"以太"的速度。

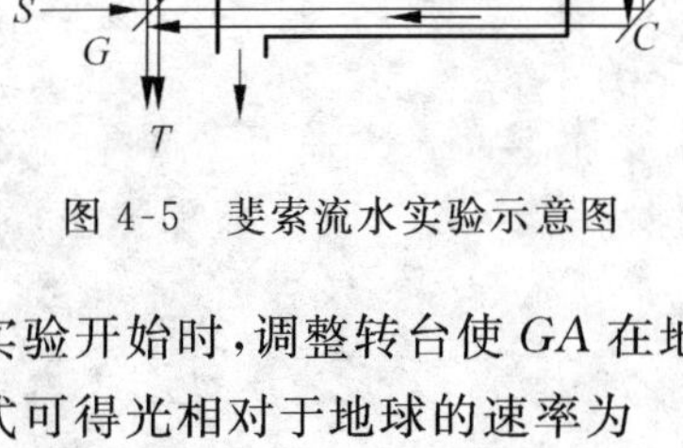

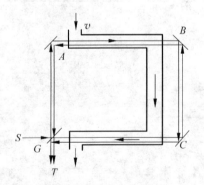

图 4-5　斐索流水实验示意图

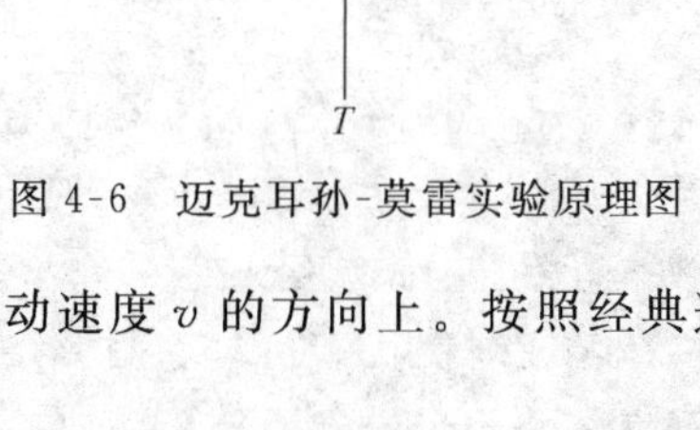

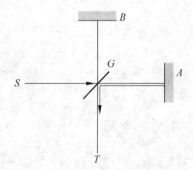

图 4-6　迈克耳孙-莫雷实验原理图

实验开始时，调整转台使 GA 在地球相对以太运动速度 v 的方向上。按照经典速度合成公式可得光相对于地球的速率为

$$u = \sqrt{c^2 - v^2 \sin^2\theta} - v\cos\theta$$

其中 θ 为 u 与 v 的夹角。因而在地球上观察到光的传播速率沿 v 方向为 $c - v$，逆着 v 方向为 $c + v$，而垂直于 v 方向则为 $\sqrt{c^2 - v^2}$。于是可知光束 GAG 的传播时间为

$$t_{GAG}=\frac{l}{c-v}+\frac{l}{c+v}\approx\frac{2l}{c}\left(1+\frac{v^2}{c^2}\right)$$

而光线 GBG 的传播时间为

$$t_{GBG}=\frac{2l}{\sqrt{c^2-v^2}}\approx\frac{2l}{c}\left(1+\frac{1}{2}\frac{v^2}{c^2}\right)$$

两种光的光程差为

$$\Delta=c\Delta t\approx l\cdot\frac{v^2}{c^2}$$

若把整个仪器旋转 90°，使两束光位置互换，光程差将为 $-\Delta$，则转动前后的光程差为 2Δ，可观察到的干涉条纹移动数目为

$$\Delta N=\frac{2\Delta}{\lambda}=\frac{2l}{\lambda}\cdot\frac{v^2}{c^2}\tag{4-8}$$

在迈克耳孙-莫雷实验中，利用多次反射有效臂长 $l\approx11$ m，光波波长 $\lambda\approx5$ mm，地球运转速度约为 $v\approx30$ km/s，可以预期

$$\Delta N\approx0.4$$

这大约是实验仪器可观察最小值的 40 倍。但实验再次得到了零结果。

当用“以太”理论去解释这些实验结果时必须分别假定：(1)“以太”完全不被地球曳引；(2)以太部分曳引；(3)以太完全曳引，这样以太成了具有相互矛盾性质的一种“怪物”，这显然不符合逻辑，说明“以太”实际是不存在的。否定了“以太”，就说明没有绝对参考系，光速与惯性观察者无关。那么光速与光源有关吗？

在“以太曳引”理论失败之后，又有人提出“发射假说”，认为光速相对于光源是一定的，这多少有些回到了“微粒说”。“发射假说”能够解释麦克耳孙-莫雷实验，也能说明光行差现象以及其他一些实验事实，但是在解释双星运动等天文现象时却遇到不可克服的矛盾，而且也被现代物理实验所否定，高速运动($v=0.999\,75c$)的 π 介子，放出的 γ 光子的速率仍为 $c=(2.9977\pm0.0004)\times10^8$ m/s。

从相对性原理说，观察者和光源的运动是相对的，真空中光速既与观察者的运动无关，当然也与光源的运动无关。历史上和现代的实验都证实狭义相对论基本假设包括光速不变原理是正确的，从而把狭义相对论牢固地建立在实验基础之上，狭义相对论基本假设也就成了狭义相对论的基本原理。

4-1-3 洛仑兹变换

早在 1887 年，佛格特提出了一个变换，与洛仑兹变换只差一个因子，而洛仑兹是在 1895 年和 1904 年先后提出一阶和二阶变换理论，拉摩则在 1898 年的《以太和物质》论文中就已经独立得到精确的洛仑兹变换方程。但是，只有爱因斯坦真正地把这个变换置于恰当的物理基础上，即在狭义相对论两个基本原理的基础上，导出了洛仑兹变换并给予正确的理解，从而使洛仑兹变换成了狭义相对论的数学表示的物理核心基础。

在讨论狭义相对论时，我们仅考虑处于标准位形的两个惯性系 S 和 S'。S 和 S' 的坐标原点 O 和 O' 在 $t=t'=0$ 时刻重合，y，z 轴和 y'，z' 轴相互平行，而 x 轴和 x' 轴彼此重合，S' 在 x 和 x' 轴方向上以速度 v 相对于 S 运动。在处理狭义相对论问题时，要恰当地选择 S 和 S' 系，并把它们安排成标准位形。在标准位形下，从 S 到 S' 的洛仑兹变换为

$$\begin{cases} x' = \gamma(x - vt) \\ y' = y \\ z' = z \\ t' = \gamma\left(t - \dfrac{v}{c^2}x\right) = \gamma\left(t - \beta \cdot \dfrac{x}{c}\right) \end{cases} \tag{4-9}$$

其中 v 为 S' 相对于 S 的速度，$\beta = \dfrac{v}{c}$，γ 为洛仑兹因子

$$\gamma = \frac{1}{\sqrt{1 - \dfrac{v^2}{c^2}}} = \frac{1}{\sqrt{1-\beta^2}} \tag{4-10}$$

由于 $v<c$，$\beta<1$，γ 永远大于或等于 1。洛仑兹变换具有以下性质或者说满足以下要求。

(1) 线性变换，也就是说 x'，y'，z'，t' 只与 x，y，z，t 的一次项有关。它反映了我们对时空的基本假设：在惯性系中，时间是均匀的，空间是均匀的和各向同性的，从而自由粒子的惯性运动就是静止或匀速直线运动。线性变换保证了在 S 系中作惯性运动的粒子在 S' 系中也作惯性运动，或者说惯性定律在所有惯性系都成立，这正符合相对性原理的要求。由于洛仑兹变换是线性的，容易得到差分形式或 Δ 形式的洛仑兹变换

$$\begin{cases} \Delta x' = \gamma(\Delta x - v\Delta t) \\ \Delta y' = \Delta y \\ \Delta z' = \Delta z \\ \Delta t' = \gamma(\Delta t - \beta\Delta x/c) \end{cases} \tag{4-11}$$

式中 Δ 表示两个事件 (x_1, y_1, z_1, t_1) 和 (x_2, y_2, z_2, t_2) 的变化量，例如 $\Delta x = x_2 - x_1$，$\Delta t = t_2 - t_1$。把 Δ 改为 d 则就是微分形式的洛仑兹变换。

$$\begin{cases} \mathrm{d}x' = \gamma(\mathrm{d}x - v\mathrm{d}t) \\ \mathrm{d}y' = \mathrm{d}y \\ \mathrm{d}z' = \mathrm{d}z \\ \mathrm{d}t' = \gamma(\mathrm{d}t - \beta\mathrm{d}x/c) \end{cases} \tag{4-12}$$

(2) 相对性原理要求这个变换对于 S 和 S' 两个参考系是**对称**的。把从 S 到 S' 的正变换看成是有关 x, y, z, t 的方程并解之，可得到**洛仑兹变换的逆变换**即从 S' 到 S 的变换，为

$$\begin{cases} x = \gamma(x' + vt') \\ y = y' \\ z = z' \\ t = \gamma(t' + \beta \cdot x'/c) \end{cases} \tag{4-13}$$

仔细观察洛仑兹正变换和逆变换，可以看出：只要把正变换中，有撇号的去掉撇号，没有撇号的加上撇号，同时把 v 反号(β 也反号)，就得到逆变换。这等于把 S 和 S' 互换，说明 S 和 S' 是对称的：在 x 轴方向上，S' 相对于 S 以 v 运动，S 相对于 S' 以 $-v$ 运动。由于 S 和 S' 对称，我们以后就可以直接采用上述改变符号的简单方式得到逆变换，而不用死记公式或重新推导。

(3) 这个变换应该保证光速不变性或**间隔不变性**。间隔是四维间隔的简称，记为 s 或 s'，被定义为

$$s^2 = x^2 + y^2 + z^2 - c^2t^2, \quad s'^2 = x'^2 + y'^2 + z'^2 - c^2t'^2$$

假设在零时刻($t=t'=0$)，有一点光源在原点O和O'处开始发光，光向各个方向以球面波形式传播，那么在参考系S和S'中始终有

$$s^2=x^2+y^2+z^2-c^2t^2=0,s'^2=x'^2+y'^2+z'^2-c^2t'^2=0$$

也就是说变换之后，s^2和s'^2顶多差一个常数A。根据对称性，有

$$s'^2=A(v)s^2=A(v)[A(-v)]s'^2=A^2s'^2$$

注意$v=0$时，s'是s，A只能为1，这意味着间隔是不变的，即

$$s^2=x^2+y^2+z^2-c^2t^2=x'^2+y'^2+z'^2-c^2t'^2=s'^2 \tag{4-14}$$

或

$$s^2=r^2-c^2t^2=r'^2-c^2t'^2=s'^2$$

容易从洛仑兹变换(4-9)证明式(4-14)，也就是说在洛仑兹变换下间隔是个不变量。

(4) 在低速近似下，也就是在速度v远小于光速c时，即$\beta=\dfrac{v}{c}\ll 1$或$\beta\approx 0,\gamma\approx 1$，洛仑兹变换(4-9)退化为伽利略变换(4-1)。这符合“对应原理”的要求：新理论应该能够在适当近似下，回归到已经被广泛验证的旧理论。也就是说相对论不是推翻了经典力学，而是明确了其适用范围。在宏观低速的情况下，经典力学足够准确和可靠。

在这四个性质或要求中，(1)、(2)、(3)三个条件是数学上推导出洛仑兹变换的充分必要条件。从这三个条件可以看出，相对性原理决定了洛仑兹变换的数学形式，而光速不变原理则确定了变换中的系数。了解这个推导过程有利于理解狭义相对论基本假设在相对论中的核心作用。

在标准位形下的洛仑兹变换，可以这样导出：

(1) 时空的均匀性要求变换是线性的。注意到O'在S'中有$x'=0$，而在S中观察O'，始终有$x-vt=0$，这说明它们只差一个系数，因而可以假设

$$x'=\gamma(v)(x-vt) \tag{1}$$

(2) 相对性原理要求，S和S'是对称的。交换S和S'，并注意S相对于S'的速度为$-v$，有

$$x=\gamma(-v)(x'+vt') \tag{2}$$

空间的各向同性，保证$\gamma(-v)=\gamma(v)=\gamma(v^2)=\gamma(v^2/c^2)$，并且$v=0$时$\gamma=1$。把式(1)代入式(2)，解出

$$t'=\gamma\left[t-\left(1-\frac{1}{\gamma^2}\right)\cdot\frac{x}{v}\right] \tag{3}$$

(3) 由于光速c是不变的，假设从零时刻($t=t'=0$)起，光从原点沿x轴或x'轴正方向传播，则有$x=ct,x'=ct'$。代入(1)(2)两式，可得

$$ct'=\gamma(c-v)t$$
$$ct=\gamma(c+v)t'$$

两式相乘后，可求得

$$\gamma=\frac{1}{\sqrt{1-\dfrac{v^2}{c^2}}}=\frac{1}{\sqrt{1-\beta^2}} \tag{4}$$

其中$\beta=\dfrac{v}{c}$。把式(4)代入式(1)和式(3)，就得到

$$x' = \gamma(x - vt)$$
$$t' = \gamma(t - \beta x/c)$$

注意到对称性要求 $y'=y, z'=z$。这样，就得到标准位形下的洛仑兹变换为

$$\begin{cases} x' = \gamma(x - vt) \\ y' = y \\ z' = z \\ t' = \gamma\left(t - \dfrac{v}{c^2}x\right) = \gamma\left(t - \beta \cdot \dfrac{x}{c}\right) \end{cases}$$

例 1　从间隔不变性的角度证明光速不变性。

证：假设自由粒子 P 从零时刻起从原点处开始运动，在 S 和 S' 中速度分别为 $\boldsymbol{u}$ 和 $\boldsymbol{u}'$，那么在对应的 t 和 t' 时刻有

$$r^2 = u^2 t^2,\ r'^2 = u'^2 t'^2$$

根据间隔不变性，有

$$s^2 = u^2 t^2 - c^2 t^2 = u'^2 - c^2 t'^2 = s'^2$$

即

$$(u^2 - c^2)t^2 = (u'^2 - c^2)t'^2$$

注意：$t^2 > 0$，可知 $u^2 - c^2$ 和 $u'^2 - c^2$ 同号。在 $u=c$ 情形下，有 $u'=c$，这就是光速不变性（如果 $u<c$，则必有 $u'<c$；如果 $u>c$，则必有 $u'>c$）。可见，间隔不变性保存了光速不变性。

例 2　刘翔起步跨栏时，一宇宙飞船正好在他的上方。飞船在刘翔跨栏的方向上匀速运动，相对地面速度 $v=0.6c$。刘翔用 11.8 秒完成了 110 米跨栏。试确定飞船上的宇航员观察到刘翔起步和到达终点时的位置和时刻。

解　取地面为 S 系，飞船为 S' 系，并安排成标准位形。S' 相对 S 速度为 $v=0.6c$，易得

$$\gamma = \frac{1}{\sqrt{1 - \dfrac{v^2}{c^2}}} = \frac{1}{\sqrt{1 - 0.36}} = 1.25$$

在地面参考系 S 里，“刘翔起步”作为一个事件发生在 $x=0, t=0$。由洛仑兹变换，可得宇航员在飞船参考系 S' 观测到该事件的位置和时刻为

$$x' = 0,\quad t' = 0$$

刘翔“到达终点”为另一个事件。在 S 系中，该事件为 $(x=110\ \text{m}, t=11.8\ \text{s})$ 在 S' 中则为 (x', t')。按照洛仑兹变换，有

$$x' = \gamma(x - vt) = 1.25(110\ \text{m} - 0.6c \times 11.8\ \text{s}) \approx -2.66 \times 10^8\ \text{m}$$
$$t' = \gamma(t - \beta x/c) = 1.25(11.8\ \text{s} - 0.6c \times 110\ \text{m}/c) \approx 14.75\ \text{s}$$

4-2　狭义相对论运动学

4-2-1　狭义相对论时空性质

建立在相对性原理和光速不变原理基础上的洛仑兹变换，保证了间隔 $s^2 = x^2 + y^2 + z^2 - c^2 t^2$ 的不变性。这意味着空间和时间在相对论里不再具有经典力学中的绝对性，只有间隔才是绝对的。诚如闵可夫斯基所言：“从今以后，空间和时间本身注定要消散成影子，只

有两者统一才能保持独立的存在。”

1. 长度收缩

长度收缩假说早在相对论创立之前就分别由斐兹和洛仑兹独立提出，用以解释迈克耳孙-莫雷实验的零结果，故被称为**斐兹-洛仑兹收缩**。洛仑兹认为这是一种原子分子力的动力学效应，而从洛仑兹变换来看，这纯粹是一种运动学效应。

让我们首先看看长度是如何测量的。在处于标准位形的两个参考系 S 和 S' 中，一把尺子放在运动方向也就是 x 轴方向上，如图 4-7 所示。

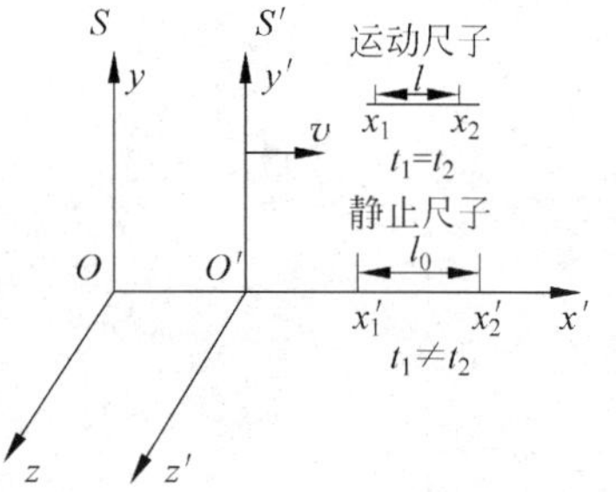

图 4-7

尺子在 S' 系中静止，其长度可由尺子两端的坐标 x_1' 和 x_2' 确定为 $\Delta x'=x_2'-x_1'$，这被称为尺子的固有长度 l_0：在相对尺子静止的惯性系里观测到的尺子长度。由于尺子是静止的，我们可以在 t_1' 时刻观察尺子左端点坐标 x_1'，记为事件 (x_1',t_1')，然后在另一个时刻 t_2' 观测尺子右端点坐标 x_2'，记为事件 (x_2',t_2')。也就是这两个事件不要求是同时的，即 $\Delta t'=t_2'-t_1'$ 不一定要等于零。

但是在 S 系观测尺子长度 l 时，尺子是运动的，我们必须在 $t_1=t_2$ 时刻，测量尺子左端坐标 x_1 和右端坐标 x_2，也就是说事件 (x_1,t_1) 和事件 (x_2,t_2) 是同时的，即 $t_1=t_2$，只有 $\Delta t=t_2-t_1=0$ 时，$\Delta x=x_2-x_1$ 才是动尺的长度 l。

如果 (x_1',t_1') 和 (x_2',t_2') 两个事件对应于在 S 中观察到的两个事件 (x_1,t_1) 和 (x_2,t_2)，那么按照洛仑兹变换，就有

$$\Delta x' = \gamma(\Delta x - v\Delta t)$$

在 $\Delta t=0$ 条件下，动尺长度 $l=\Delta x$，尺子原长为 $l_0=\Delta x'$，由此可得

$$l = \frac{1}{\gamma}l_0 \tag{4-15}$$

由于 $\gamma>1$，物体在运动方向上的长度缩短了 $1/\gamma$ 倍。但在洛仑兹变换下，$y'=y$，$z'=z$，故垂直于运动方向上的长度不变。

2. 同时性和因果性

在惯性系定义中，同时性是个关键问题。从前面关于动尺长度的讨论可知，同时性也是空间测量的基础。但是，同时性是相对的。

以前面观察动尺子端点坐标的事件为例，在 S 系中，$(x_1,t_1)(x_2,t_2)$ 是同时的，即 $\Delta t=t_2-t_1=0$，但按照洛仑兹变换，有

$$\Delta t' = \gamma(\Delta t - \beta\Delta x/c) = -\gamma\beta\Delta x/c$$

也就是说在 S' 系来观测这两个事件，$\Delta t'\neq 0$，即不同时。在一个参考系同时的事件，在另一个参考系则不同时，这就是**同时性的相对性**。爱因斯坦是在意识到同时性的相对性之后，才找到建立相对论的突破口的。同时性的相对性，也是理解一些相对论佯谬的关键。

让我们来看一个爱因斯坦假想的同时相对性的理想实验。如图 4-8 所示。一列满载炸药的火车以速度 v 驶进一个隧道。在地面参考系观测，火车的头和尾刚好在隧道里面。假如这时正好有两道闪电同时击中隧道两端，分别称为事件 (x_1,t_1)（火车头 H）和事件 (x_2,t_2)

(火车尾 T)，有 $t_1=t_2$，$x_1>x_2$。但火车正好在隧道里面，不会引发爆炸。

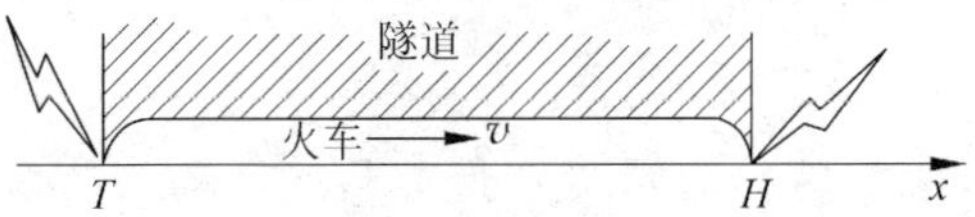

图　4-8

但在火车参考系来看，问题就显得严重了。假设隧道原长为 l_0^{tun}，按照长度收缩效应，火车原长须为 $l_0^{tra}=\gamma l_0^{tun}$，才能保证在地面参考系看来，火车正好在隧道里面。但在火车参考系看来，隧道也以速率 v 相对火车运动，隧道长度收缩为 $\dfrac{1}{\gamma}l_0^{tun}$，而火车原长为 $l_0^{tra}=\gamma l_0^{tun}$，比隧道要长，火车不可能完全进入隧道。这样火车要露出隧道一部分。这时有闪电袭击隧道两端，满载炸药的火车就要发生爆炸了。

那么到底有没有爆炸呢？不可能在一个参考系爆炸，而在另一个参考系不爆炸。问题在哪儿呢？问题就在于同时性的相对性。在地面系中同时的两个事件 1 和事件 2，在火车系看来，是不同时的，有

$$\Delta t' = \gamma(\Delta t-\beta\Delta x/c) = -\gamma\beta\Delta x/c > 0$$

注意其中 $\Delta x=x_2-x_1<0$。这意味着 $t_2'>t_1'$，也就是时刻 t_1' 闪电击中隧道前头时，另一道闪电还没到达隧道尾部。事实上，只在火车的尾刚进入隧道后，第二道闪电才击中隧道尾端。所以在两个参考系中，爆炸都不会发生。

如果同时性是相对的，那么两个有因果联系的事件会不会颠倒时序？按照洛仑兹变换，有

$$\Delta t' = \gamma(\Delta t-\beta\Delta x/c)$$

假如"因""果"两个事件以速度 $\boldsymbol{u}$ 相联系(实际可能是一个以速度 $\boldsymbol{u}$ 运动的粒子传递信号)则

$$\Delta x = u\Delta t$$

于是

$$\Delta t'=\gamma\left(1-\frac{uv}{c^2}\right)\cdot\Delta t$$

因果性要求 $\Delta t>0$ 时，$\Delta t'>0$，即要求

$$uv < c^2$$

这意味着

$$u\leqslant c \tag{4-16}$$

也就是说实物粒子或信号速度不能大于光速，这是因果性的要求。于是真空中的光速 c 就成为运动物体速度的上限，不可逾越。从前面一节的例 1 可知，如果一个粒子在某个参考系的速度不超过光速，那么在任意参考系的速度也不会超过光速。这说明光速作为极限速度是自然的基本规律。

3. 时间膨胀

在狭义相对论中，两个事件的时间间隔如同长度一样是相对的。假如在 S' 系中，两个事件 (x_1',t_1') 和 (x_2',t_2') 发生在同一个地点；即 $\Delta x'=0$，那么处在该地点的时钟所记录的两事件的时间间隔 $\Delta t'=t_2'-t_1'$，被称为固有时或原时 $\Delta\tau$：在同一地点发生的两个事件的时间间隔。而在 S 系里来看，这两件事发生的时间间隔 $\Delta t=t_2-t_1$，为

$$\Delta t = \gamma(\Delta t' + \beta\Delta x'/c) = \gamma\Delta t'$$

也就是

$$\Delta t = \gamma\Delta\tau \tag{4-17}$$

由此可见，从 S 系来看，运动的时钟变慢了。相对动钟运动的参考系中记录的时间间隔 Δt 是动钟参考系中记录的时间间隔 $\Delta\tau$ 的 γ 倍，这就是**时间膨胀**或**时间延缓**效应。

时间膨胀效应在高能物理领域里得到大量实验验证。例如当 $\pi^{\pm}$ 介子以速度 $v=0.913c$ 运动时，实验室测得其寿命 $\Delta t=6.37\times10^{-8}\text{s}$，由此可得其固有寿命 $\Delta\tau$ 为 $\Delta\tau=\Delta t/\gamma=2.60\times10^{-8}\text{s}$，与测量结果一致。

值得一提的还有**孪生子佯谬**。有一对孪生兄弟，一个留在地球上，一个离开地球以接近光速进行宇宙航行。从相对运动来看，两个兄弟都会认为对方比自己年轻，那么当他们在地球上重逢时，到底谁更年轻呢？这个问题曾经引发了很多思考。1971 年的原子钟实验表明，天上运动的钟比地面上的钟慢了约 10^{-7}s，这印证了中国古代神话中的说法："天上一日，地上七年。"但要注意，"天"和"地"两个参考系在这儿是不对称的，运动的钟要回到地球上，必须有加速度，是非惯性系，"地"则可看做惯性系，所以从理论上完全处理这个问题需要广义相对论。

从这些效应可以看出，空间和时间都是相对的，经典的时空观只在低速时才是近似正确的。在相对论里，绝对的是间隔 $s^2=x^2+y^2+z^2-c^2t^2$。把间隔写成更对称的形式为

$$s^2 = x^2 + y^2 + z^2 - c^2t^2 = x_1^2 + x_2^2 + x_3^2 + x_4^2 \tag{4-18}$$

其中 $x_1=x, x_2=y, x_3=z, x_4=ict$。这样，$(x_1, x_2, x_3, x_4)$ 组成一个四维时空，被称为闵可夫斯基空间。如图 4-9 所示，这个空间按间隔的特性可划分为三个区域：类光区（$s^2=0$）、类时区（$s^2<0$）和类空区（$s^2>0$）。图中类光区是一个圆锥面（$x^2+y^2-c^2t^2=0$），称为光锥面，其内是类时区，外面为类空区。能够与 O 点事件有因果联系的事件只能在类时区。例如质点以速度 v 从 O 点开始运动，则 $s^2=x^2+y^2+z^2-c^2t^2=-c^2\tau$，其中因为 τ 为固定于质点上的时钟的时间，也就是原时。由于间隔不变性，原时 τ 在所有惯性系中是相等的。

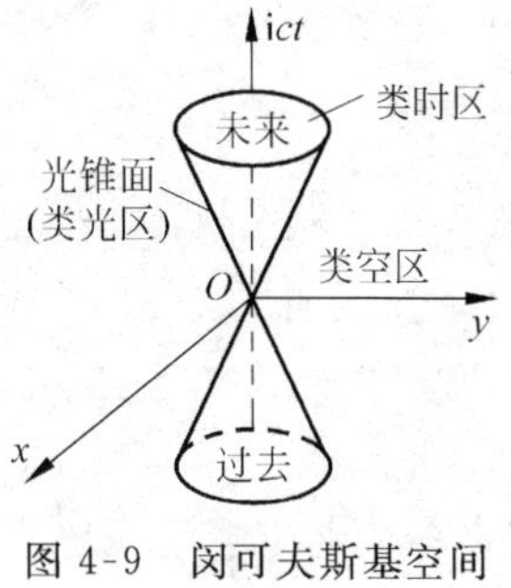

图 4-9　闵可夫斯基空间区域示意图

在三维欧几里德空间里保持空间距离 r（$r^2=x^2+y^2+z^2$）不变的坐标变换是个转动。类似地，在四维空间里，洛仑兹变换保证四维间隔的不变，也可看成四维空间里的一个转动，对应于一个转动矩阵 L：

$$L = \begin{bmatrix} \gamma & 0 & 0 & i\gamma\beta \\ 0 & 1 & 0 & 0 \\ 0 & 0 & 1 & 0 \\ -i\gamma\beta & 0 & 0 & \gamma \end{bmatrix} \tag{4-19}$$

把 (x, y, z, ict) 和 (x', y', z', ict') 看成四维矢量 $\boldsymbol{s}$ 和 $\boldsymbol{s}'$，洛仑兹变换 $s'=Ls$ 即为

$$\begin{pmatrix} x' \\ y' \\ z' \\ ict' \end{pmatrix} = \begin{bmatrix} \gamma & 0 & 0 & i\gamma\beta \\ 0 & 1 & 0 & 0 \\ 0 & 0 & 1 & 0 \\ -i\gamma\beta & 0 & 0 & \gamma \end{bmatrix} \begin{pmatrix} x \\ y \\ z \\ ict \end{pmatrix} \tag{4-20}$$

凡是符合这种洛仑兹变换的矢量称为四维矢量，其洛仑兹变换矩阵均为 L。要说明一个物理定律具有洛仑兹协变性，最简单明白的方式就是把定律中的物理量全部用四维不变量和四维矢量等来表示，进而把定律写成协变的形式。

例3 一根原长为 1.0 m 的米尺静止在以速度 $v=0.8c$ 相对于 S 系运动的 S' 系里，两参考系成标准位形。如果在 S' 系中，尺子与 $O'x'$ 轴的夹角为 $\theta'=60°$，试求在 S 系中观测到的尺子长度以及尺子与 Ox 轴的夹角 θ。

解 设 θ' 为尺子在 S' 中与 $O'x'$ 轴的夹角，则尺子在平行和垂直运动方向的长度分别为

$$l'_{/\!/} = l_0 \cos\theta'$$
$$l'_{\perp} = l_0 \sin\theta'$$

平行运动方向上长度收缩，有

$$l_{/\!/} = \frac{1}{\gamma} l'_{/\!/} = \frac{1}{\gamma} l_0 \cos\theta'$$

而在垂直运动方向上长度不变，有

$$l_{\perp} = l'_{\perp} = l_0 \sin\theta'$$

于是，在 S 系中观测到的尺子长度为

$$l = \sqrt{l_{/\!/}^2 + l_{\perp}^2} = l_0\sqrt{\frac{1}{\gamma^2}\cos^2\theta' + \sin^2\theta'} = l_0\sqrt{1-\left(1-\frac{1}{\gamma^2}\right)\cos^2\theta'}$$

而夹角 θ，则决定于

$$\tan\theta = \frac{l_{\perp}}{l_{/\!/}} = \gamma \tan\theta'$$

由 $v=0.8c$ 得 $\gamma=\dfrac{1}{\sqrt{1-\left(\dfrac{v}{c}\right)^2}}=\dfrac{5}{3}$。代入 $\gamma=\dfrac{5}{3}$ 和 $\theta'=60°$ 得

$$l = l_0\sqrt{1-\left(1-\frac{1}{\gamma^2}\right)\cos^2\theta'} = 1.0 \cdot \sqrt{1-\left(1-\frac{9}{25}\right)\cdot\frac{1}{4}} = 0.92\ \text{m}$$

$$\tan\theta = \gamma\tan\theta' = \frac{5}{3}\cdot\tan 60° = \frac{5}{3}\times\sqrt{3} = 2.887, \theta = 70.9°$$

例4 宇宙射线进入大气层时，与大气分子摩擦产生 μ 子。μ 子不稳定会发生衰变，其固有寿命 $\tau_0=2.2\ \mu\text{s}$。从地球上看，μ 子速度为 $v=0.999\,978c$，大气层厚度 L_0 为 100 km，试问 μ 子能通过大气层到达地面吗？在 μ 子看来大气层厚度是多少？

解 在地球参考系 S 看，μ 子的速率为 $v=0.999\,978c$，相应的洛仑兹因子 γ 为

$$\gamma = \frac{1}{\sqrt{1-(v/c)^2}} = \frac{1}{\sqrt{1-0.999\,978^2}} = 150.16$$

从而可得在 S 系里 μ 子的寿命为

$$\tau = \gamma\tau_0 = 150.16\times 2.2\ \mu\text{s} = 3.32\times10^{-4}\ \text{s}$$

在其寿命里 μ 子可运行的距离

$$L = v\tau = 0.999\,978c\times 3.32\times10^{-4}\ \text{s} = 99.6\ \text{km}\approx L_0$$

可见，μ 子能通过大气层到达地面。

在 μ 子所在 S' 系看，大气层相对 μ 子的速度也为 $v=0.999\,978c$。根据长度收缩效应可

知，μ 子看到的大气层厚度为

$$L=\frac{1}{\gamma}L_0=\frac{1}{150.76}\times 100\ \text{km}=660\ \text{m}$$

通过这段距离的时间为

$$t=\frac{L}{v}=\frac{660\ \text{m}}{0.999\,978c}\approx 2.2\ \mu\text{s}=\tau_0$$

因而 μ 子在其寿命里可以通过大气层。

4-2-2 相对论速度合成公式

经典的速度合成公式不符合光速不变原理，需要寻求新的相对论速度合成公式。由洛仑兹变换的微分形式

$$\begin{aligned}\mathrm{d}x'&=\gamma(\mathrm{d}x-v\mathrm{d}t)\\ \mathrm{d}t'&=\gamma(\mathrm{d}t-\beta\mathrm{d}x/c)\end{aligned}$$

可得

$$u'_x=\frac{\mathrm{d}x'}{\mathrm{d}t'}=\frac{\gamma\,(\mathrm{d}x-v\mathrm{d}t)}{\gamma\,(\mathrm{d}t-\beta\mathrm{d}x/c)}=\frac{\dfrac{\mathrm{d}x}{\mathrm{d}t}-v}{1-\beta\dfrac{\mathrm{d}x}{\mathrm{d}t}/c}=\frac{u_x-v}{1-\dfrac{u_xv}{c^2}}$$

类似地可以得到 u'_y 和 u'_z。这样，从洛仑兹变换就得到了速度变换公式

$$\begin{cases}u'_x=\dfrac{u_x-v}{1-\dfrac{u_xv}{c^2}}\\ u'_y=\dfrac{u_y}{\gamma\left(1-\dfrac{u_xv}{c^2}\right)}\\ u'_z=\dfrac{u_z}{\gamma\left(1-\dfrac{u_xv}{c^2}\right)}\end{cases}\tag{4-21}$$

根据对称性，容易得到其逆变换为

$$\begin{cases}u_x=\dfrac{u'_x+v}{1+\dfrac{u'_xv}{c^2}}\\ u_y=\dfrac{u'_y}{\gamma\left(1+\dfrac{u'_xv}{c^2}\right)}\\ u_z=\dfrac{u'_z}{\gamma\left(1+\dfrac{u'_xv}{c^2}\right)}\end{cases}\tag{4-22}$$

值得注意的是，与洛仑兹变换不同，相对论速度变换不是线性变换，习惯上称其为**相对论速度合成公式**或**相对论速度变换公式**。根据这个公式也可以证明 $u^2=c^2$ 时，$u'^2=c^2$，这就保证了光速不变性。在 $\beta=\dfrac{v}{c}\approx 0$ 时，相对论速度合成公式中分母都变为 1，相对论速度变换公式(4-21)就回到经典速度变换的公式(4-2)，这正是预料之中的事情。

为了以后方便，这里引入四维速度。前面介绍的四维矢量 $\boldsymbol{s}=(x,y,z,\mathrm{i}ct)$，相当于三维位置矢量，但是$\frac{\mathrm{d}s}{\mathrm{d}t}$却不是四维矢量，因为时间 t 不是四维不变量。注意到 $s^2=x^2+y^2+z^2-c^2t^2=-c^2\tau^2$ 中的原时 τ 直接联系于四维间隔，是个不变量，因而可定义**四维速度**为

$$U=\frac{\mathrm{d}s}{\mathrm{d}\tau}=\frac{\mathrm{d}(x,y,z,\mathrm{i}ct)}{\mathrm{d}\tau} \tag{4-23}$$

设三维速度为 $\boldsymbol{u}$，有 $x^2+y^2+z^2=u^2t^2$，于是 $s^2=(u^2-c^2)t^2=-c^2\tau^2$，从而可得

$$t=\gamma\tau,\quad \mathrm{d}\tau=\mathrm{d}t/\gamma(u) \tag{4-24}$$

其中 $\gamma=\frac{1}{\sqrt{1-\frac{u^2}{c^2}}}$是时间膨胀因子。于是四维速度 U 可以写为

$$U=\frac{\mathrm{d}s}{\mathrm{d}\tau}=\gamma\frac{\mathrm{d}s}{\mathrm{d}t}=(\gamma u_x,\gamma u_y,\gamma u_z,\mathrm{i}\gamma c) \tag{4-25}$$

作为四维矢量，它遵循洛仑兹变换

$$\begin{pmatrix}\gamma'(u')u'_x\\ \gamma'(u')u'_y\\ \gamma'(u')u'_z\\ \mathrm{i}\gamma'(u')c\end{pmatrix}=\begin{bmatrix}\gamma & 0 & 0 & \mathrm{i}\gamma\beta\\ 0 & 1 & 0 & 0\\ 0 & 0 & 1 & 0\\ -\mathrm{i}\gamma\beta & 0 & 0 & \gamma\end{bmatrix}\begin{pmatrix}\gamma(u)u_x\\ \gamma(u)u_y\\ \gamma(u)u_z\\ \mathrm{i}\gamma(u)c\end{pmatrix} \tag{4-26}$$

注意其中 $\gamma'(u')$和 $\gamma(u)$只与粒子在 S'和 S 系中的速度 $\boldsymbol{u}'$和 $\boldsymbol{u}$ 相关，而矩阵中的 γ 则取决于 S'和 S 的相对速度 v。可以验证，由式(4-26)可得式(4-21)。

例 5　在惯性系 S 中，一束光逆着 y 轴正方向传播，试求在 S'系中观察到的光速大小和方向。设 S'和 S 成标准位形，S'相对于 S 的速度为 v。

解　在 S 中，光速为

$$u_x=0,\quad u_y=-c,\quad u_z=0$$

根据相对论速度合成公式，可得光在 S'中的速度为

$$u'_x=\frac{u_x-v}{1-\frac{u_x\cdot v}{c^2}}=-v$$

$$u'_y=\frac{u_y}{\gamma\left(1-\frac{u_xv}{c^2}\right)}=-\frac{c}{\gamma}$$

$$u'_z=0$$

其大小为

$$u'=\sqrt{v^2+\frac{c^2}{\gamma^2}}=\sqrt{v^2+(1-\frac{v^2}{c^2})\cdot c^2}=c$$

与 x'轴的夹角 θ'由下式决定

$$\tan\theta'=\frac{u'_y}{u'_x}=\frac{-\frac{c}{\gamma}}{-v}=\frac{c}{\gamma v}$$

而与 y'轴的夹角 α 则决定于

$$\tan\alpha=\frac{v}{c/\gamma}=\gamma\cdot\frac{v}{c}$$

在 $v \ll c$ 时，$\gamma \approx 1$，$\alpha \approx \arctan \dfrac{v}{c} \approx \dfrac{v}{c}$，这正是布拉德雷观察恒星光行差现象时所得到的光行差角 $\alpha \approx \arctan \dfrac{v}{c}$。

例 6 地球上观测到飞船 A、B 分别以速率 $v_A = 0.8c$ 和 $v_B = 0.6c$，相对飞向地球。试求每个飞船观测到另一个飞船的速率。

解 取 x 轴和 x' 轴处在飞船 A、地球和飞船 B 所在的直线上。

$$A \rightarrow \text{地球} \leftarrow B \rightarrow x, x'$$

为求飞船 A 所观测到的飞船 B 的速率，取飞船 A 为 S' 系，取地球为 S 系，两者成标准位形，S' 相对于 S 的速率为 $v = 0.8c$。飞船 B 在地球系 S 里的速率为 $u_x = -0.6c$，根据速度合成公式可得飞船 B 在飞船 A 参考系 S' 里的速率为

$$u'_x = \frac{u_x - v}{1 - \dfrac{u_x v}{c^2}} = \frac{-0.6c - 0.8c}{1 - \dfrac{(-0.6c) \times (0.8c)}{c^2}} = -0.95c$$

为求飞船 B 所观测到的飞船 A 的速率，取飞船 B 为 S 系，地球为 S' 系，地球相对飞船 B 的速度为 $v = 0.6c$，在 S' 中，飞船 A 的速率为 $u'_x = 0.8c$，因而在 S 系里飞船 B 观测到的速率为

$$u_x = \frac{u'_x + v}{1 + \dfrac{u_x v}{c_2}} = \frac{0.8c + 0.6c}{1 + \dfrac{0.8c \cdot 0.6c}{c_2}} = 0.95c$$

可见，B 相对于 A 和 A 相对于 B 的速率相等，均为 $0.95c$，但方向相反，显然符合相对论。

4-2-3 运动物体的视觉形象

在相对论创立以后的近半个世纪里，人们普遍认为一个高速运动的球，由于长度收缩效应看起来是个扁球。在伽莫夫《物理世界奇遇记》里，更有形象的描述并配以卡通插图（参见引子）：当主人翁汤普金斯骑上自行车，接近城市速度极限（相当于光速）时，长街看起来变短了，窗户收缩成狭缝，行人则薄如纸张。

1959 年，特勒尔首先指出，这些其实应该是测量形象。**测量形象**是参考系中观测出来的，称为“世界图”（world map）；而**视觉形象**则是来自物体不同位置而在同一时刻到达眼睛的光信号所形成的视觉效果。由于光的传播需要时间，视觉形象与测量形象是不一样的，又被称为“世界画”（world picture）。尽管一个高速运动的球的“观测形象”是扁的，而看起来的“视觉形象”则是圆的。

1960 年，韦斯可夫详细讨论了一个高速运动的立方体的视觉形象。如果立方体离观察者很远，所有的光线看成平行光，则立方体形状保持不变，而只是转动了一个角度 $\theta = \arcsin(u/c)$，u 为运动速度。这被称为**特勒尔转动**。实际的物体结构复杂，也不能把所有光线看成平行光，则其形状不仅发生转动还会发生畸变。

这儿有必要说明，在讨论相对论时，常常有“从某某系看”或“在某系看”之类的习惯性说法，大多数情况下只是指“测量形象”。例如，“在静止系里看，动钟变慢了”，指的就是“测量形象”。如果真用眼睛去看动钟所得的“视觉形象”则未必就是时间膨胀：如果动钟向你而

来，由于光的传播时间越来越短，总体来看动钟反而变快；如果动钟离你而去，则动钟的“视觉形象”比“观测形象”更慢了。

其实，运动物体的视觉形象还有一个重要因素需要考虑：由于时间膨胀效应，光具有与机械波不同的多普勒效应。光的频率会随光源速度而改变，因而高速运动物体的颜色也会变化。如图 4-10 所示，假设光源相对于观察者的速度为 v，其运动方向与光源到观察者的方向成 θ 角，则观察者接受到的光的频率为

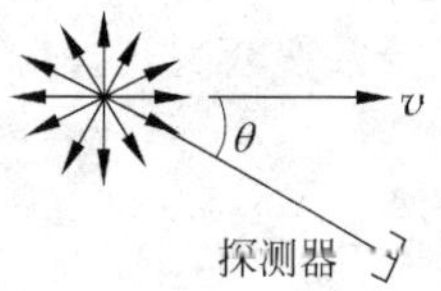

图　4-10

$$\nu=\frac{\nu_0}{\gamma\left(1-\frac{v}{c}\cos\theta\right)}=\nu_0\frac{\sqrt{1-\frac{v^2}{c^2}}}{1-\frac{v}{c}\cos\theta} \tag{4-27}$$

其中 ν_0 是静止光源发射的光的频率。

与机械波不同，光具有横向多普勒效应。在 $\theta=90^\circ$时，$\nu=\nu_0/\gamma$，这实际上就是时间膨胀效应。在其他方向，除了时间膨胀效应，还要考虑光的传播时间。在横向时，光发生红移；而在纵向时，光源接近时发生蓝移，光源远去时发生红移。正是观察到远处星系发出光的红移，天文学家才确认，我们的宇宙正在膨胀。

4-3　狭义相对论动力学

牛顿力学在宏观低速的情况下足够精确有效，至今仍在天体力学和航天技术中发挥着重要的作用。但从理论上说，它只具有经典的伽利略协变性，而在洛仑兹变换之下不能对所有惯性系保持相同形式。为了满足相对性原理，需要发展新的动力学形式——相对论动力学。这种新力学也应满足对应原理：在低速近似下应该回到牛顿力学。这样，一些基本的动力学概念加动量和能量需要重新定义，但基本的动量和能量守恒定律得以继续成立并得到统一。

4-3-1　相对论性动量　动力学方程

在经典力学里，一个质点的动量 $\boldsymbol{p}$ 被定义为 $\boldsymbol{p}=m\boldsymbol{v}$。它刻划了质点的一个力学状态，这个状态包含了系统的内禀性质 m 和外在参量 $\boldsymbol{v}$。牛顿第一定律表明，无外力作用的自由粒子将保持其固有状态，或动量不变。牛顿第二运动定律 $\boldsymbol{F}=\mathrm{d}\boldsymbol{p}/\mathrm{d}t$ 既是力的定义，又是一个物理定律，表明力是系统状态改变的原因。牛顿第三定律实际上是动量守恒的结果。可见动量是一个核心的动力学物理量，但是经典的动量定义 $\boldsymbol{p}=m\boldsymbol{v}$ 不能保证动量守恒定律在相对论变换之下对所有惯性系都成立。举一个例子，在 S 系中 x 轴上两个全同粒子 A，B 相向而行，发生碰撞后合为粒子 C。令 $m_A=m_B=m$，$u_a=v$，$u_b=-v$，按照动量守恒，有 $u_c=0$。假设惯性系 S'相对于 S 的速度为 v，按照相对论速度变换公式，可得

$$u'_A=0,\quad u'_B=-\frac{2v}{1+\frac{v^2}{c^2}},\quad u'_C=-v$$

这样，在 S'系里看，碰撞前后的动量分别为

$$p'_i = m_A u'_A + m_B u'_B = -m \cdot \frac{2v}{1+\frac{v^2}{c^2}} = -\frac{2mv}{1+\frac{v^2}{c^2}}$$

$$p'_f = m_c u'_c = 2m \cdot (-v) = -2mv$$

比较以上两式可见，在 S 系两粒子碰撞满足动量守恒定律，但在 S' 系里动量却不守恒了。

为了保证动量守恒原理对各个惯性系都适用，动量必须重新定义。这个新定义，按照对应原理，在 $v \ll c$ 时应该回到经典的 mv。基于量纲分析，可以期待相对论性动量形式为 $\boldsymbol{p}=f(v)m\boldsymbol{v}$，其中 $f(v)$ 为无量纲数，在 $v \ll c$ 时，$f(v)=1$。$f(v)$ 应该与 v 的方向无关，因而是 v^2 的函数，即 $f(v^2)$；同时 $f(v)$ 是无量纲数，$\beta=\frac{v}{c}$ 也是一个无量纲数，故 $f(v)$ 应是 $\frac{v^2}{c^2}$ 的函数或者是 $\gamma=\frac{1}{\sqrt{1-\frac{v^2}{c^2}}}$ 的函数，记为 $f(\gamma)$。对等质量粒子碰撞过程的详细分析，可以得到 $f(\gamma)=\gamma$。于是，相对论性动量被定义为

$$\boldsymbol{p} = \gamma m \boldsymbol{v}, \quad \left(\gamma = \frac{1}{\sqrt{1-\frac{v^2}{c^2}}}\right) \tag{4-28}$$

这个新定义保证动量守恒定律，在相对论中仍然成立。

在相对论中，力仍被定义为

$$\boldsymbol{F} = \frac{\mathrm{d}\boldsymbol{p}}{\mathrm{d}t} \tag{4-29}$$

但由于 $\boldsymbol{p}$ 的重新定义，这个方程包含了新的物理内容，是相对论力学的动力学方程。在 $v \ll c$ 时，$\gamma \to 1$，$\boldsymbol{p}=\gamma m\boldsymbol{v} \to \boldsymbol{p}=m\boldsymbol{v}$，这个方程就回到牛顿力学，这正是我们期待的。由方程(4-28)和(4-29)可得

$$\boldsymbol{F} = \frac{\mathrm{d}(\gamma m \boldsymbol{v})}{\mathrm{d}t} = \frac{\mathrm{d}\gamma}{\mathrm{d}t} m \boldsymbol{v} + \gamma m \frac{\mathrm{d}\boldsymbol{v}}{\mathrm{d}t}$$

注意到 $\gamma=\frac{1}{\sqrt{1-\frac{v^2}{c^2}}}$，可得 $\frac{\mathrm{d}\gamma}{\mathrm{d}t}$ 为

$$\frac{\mathrm{d}\gamma}{\mathrm{d}t} = \frac{\gamma^3}{c^2} \cdot \boldsymbol{v} \frac{\mathrm{d}\boldsymbol{v}}{\mathrm{d}t} = \frac{\gamma^3}{c^2} \boldsymbol{v} \cdot \boldsymbol{a}$$

于是

$$\boldsymbol{F} = \frac{\gamma^3}{c^2} m(\boldsymbol{v} \cdot \boldsymbol{a}) \boldsymbol{v} + \gamma m \boldsymbol{a}$$

把该式中的矢量分解为切向分量和法向分量，有

$$\boldsymbol{F} = \boldsymbol{F}_t + \boldsymbol{F}_n, \quad \boldsymbol{v} = v\boldsymbol{e}_t, \quad \boldsymbol{a} = a_t\boldsymbol{e}_t + a_n\boldsymbol{e}_n$$

经过适当的代数运算，相对论动力学方程可以表示为

$$\boldsymbol{F} = \gamma^3 m a_t \boldsymbol{e}_t + \gamma m a_n \boldsymbol{e}_n \tag{4-30}$$

写成分量式，为

$$F_t = \gamma^3 m a_t$$

$$F_n = \gamma m a_n \tag{4-31}$$

从相对论动力学方程(4-30)可见,一般而言 $\boldsymbol{F} \neq m\boldsymbol{a}$,与牛顿力学不同。在切向和法向上,与经典力学相差不同的因子: γ^3 和 γ。历史上,曾经定义 $\gamma^3 m$,γm 分别为纵向质量和横向质量,现在也有很多书定义 γm 为动质量,但它包含了动力学因子和运动学因子,不能算是基本物理量。为了保持概念的简单性和明确性,我们采用近代物理的说法: 始终只有一个质量 m,它与电荷的电量一样,是物体内禀属性,与参考系无关。

例 7　电子以速度 $\boldsymbol{v}$ 进入一个磁感应强度为 $\boldsymbol{B}$ 的均匀磁场区域。在 $\boldsymbol{v}$ 与 $\boldsymbol{B}$ 相互垂直的情况下,电子将绕半径为 R 的圆周运动。试求电子回旋半径 R 和洛仑兹因子 γ。

解　电子在磁场中所受磁场力 $\boldsymbol{F} = \boldsymbol{v} \times \boldsymbol{B}$ 始终垂直于速度 $\boldsymbol{v}$,为法向力。因为 $\boldsymbol{v}$ 与 $\boldsymbol{B}$ 垂直,磁场力大小为

$$F = evB$$

根据相对论动力学方程 $F_n = \gamma m a_n$,有

$$evB = \gamma m a_n = \gamma m \frac{v^2}{R}$$

由此得到电子回旋半径为

$$R = \gamma \frac{mv}{eB}$$

可见,相对论得到的半径是经典力学结果的 γ 倍。这个 γ 可以表示为

$$\gamma = \frac{eBR}{mv}$$

在 1909 年,布谢勒根据这个实验测得不同速度 v 时的 γ,结果与理论值 $\gamma = \dfrac{1}{\sqrt{1-\beta^2}}$ 符合得很好,如图 4-11 所示。在 v 较大时,γ 会变得很大,在现代回旋加速器中,必须考虑相对论效应。

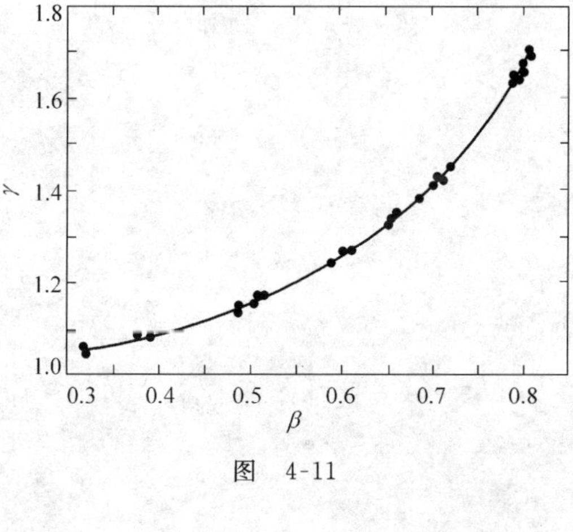

图　4-11

4-3-2　相对论性能量　质能关系

在相对论中,外力所做的功仍然被定义为

$$\mathrm{d}W = \boldsymbol{F} \cdot \mathrm{d}\boldsymbol{r} \tag{4-32}$$

注意到式(4-30)中对功有贡献的只是切向部分，因而可在一维情形下进行计算，有

$$\mathrm{d}W=\frac{\mathrm{d}\boldsymbol{p}}{\mathrm{d}t}\cdot \mathrm{d}r=\mathrm{d}\boldsymbol{p}\cdot\frac{\mathrm{d}\boldsymbol{r}}{\mathrm{d}t}=v\mathrm{d}p$$

一个质点在力的作用下从静止开始到获得速度$\boldsymbol{v}$，其动能增量为

$$\boldsymbol{E}_\mathrm{k}-0=\int \mathrm{d}W=\int_0^v v\mathrm{d}p=pv-\int_0^v p\mathrm{d}v=pv-\int_0^v \gamma mv\mathrm{d}v$$

积分并化简后，可得质点的**相对论性动能**为

$$E_\mathrm{k}=(\gamma-1)mc^2=\gamma mc^2-mc^2 \tag{4-33}$$

在远低于光速，即$\beta=\frac{v}{c}\ll 1$时，

$$\gamma=\frac{1}{\sqrt{1-\frac{v^2}{c^2}}}=\left(1-\frac{v^2}{c^2}\right)^{-1/2}\approx 1+\frac{1}{2}\frac{v^2}{c^2}+\cdots$$

因此有

$$E_\mathrm{k}\approx\frac{1}{2}\cdot\frac{v^2}{c^2}\cdot mc^2=\frac{1}{2}mv^2$$

可见，经典力学的动能表达式是相对论性动能的低速近似。

但是，相对论动能表达式中出现了一个常数项mc^2，这是牛顿力学中所没有的，爱因斯坦对此作出了深刻的解释。他认为mc^2是质点的**静止能量**，记为

$$E_0=mc^2 \tag{4-34}$$

这就是著名的质能关系式。γmc^2则被解释为系统的总的**相对论性能量**，记为

$$E=\gamma mc^2 \tag{4-35}$$

这样总能量E和静止能量E_0之差即为外为对系统所做的功，也就是质点动能，即

$$E_\mathrm{k}=E-E_0 \tag{4-36}$$

爱因斯坦的质能关系式$E_0=mc^2$揭示了粒子质量与能量之间的关系，为人类开拓了新的能源——核能，也为人类带来了恐怖威胁——原子弹和氢弹。实验证明，一个原子核的质量m小于组成它的所有核子(质子和中子)的质量之和$\sum m_i$，其差值称为**质量亏损**

$$\Delta m=\sum m_i-m \tag{4-37}$$

与此相对应的能量Δmc^2称为原子核的**结合能**E_B，为

$$E_B=\Delta mc^2=\left(\sum m_i-m\right)c^2 \tag{4-38}$$

平均每个核子的结合能为$\varepsilon=\frac{E_B}{A}$，被称为平均结合能，图4-12中给出了$\varepsilon-A$曲线。由图4-12可见，轻核和较重原子核的结合能都比较小，而中等原子序数的原子核结合能比较大。这样，当重核发生核裂变或轻核发生核聚变时，就会释放出核能来。这里，简单地讨论一下这两种典型的核反应过程。

1. 重核裂变

典型的重核裂变是铀原子核在热中子轰击下的裂变，其反应方程式为

$${}^{235}_{92}\mathrm{U}+{}^{1}_{0}\mathrm{n}\rightarrow{}^{139}_{54}\mathrm{Xe}+{}^{95}_{38}\mathrm{Sr}+2{}^{1}_{0}\mathrm{n}+200\ \mathrm{MeV}$$

这个反应的特点是反应中产生新的中子，这些中子又会去轰击其他铀核，产生新的裂

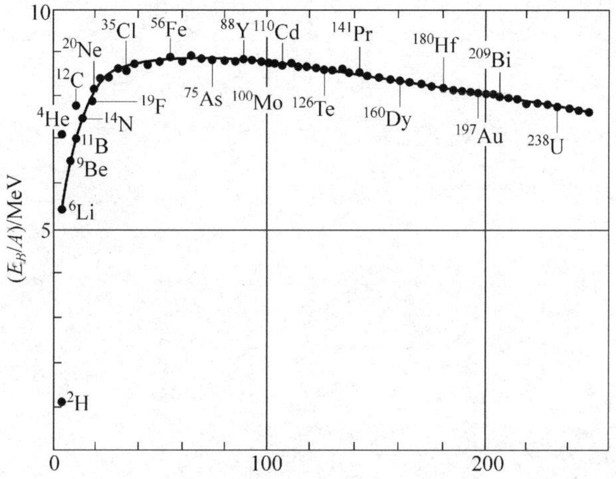

图　4-12

变，这样就形成了**链式反应**。在条件适当时，就会产生爆炸，这就是原子弹的基本原理。

在这个反应中，一个铀核放出的能量约为 200 MeV；一克铀放出的能量约为 8.5×10^{10} J，可以使 2.6×10^{2} m^3 的处于室温的水变沸腾。现在利用核能发电是人类利用清洁能源的一个重要方面。

2. 轻核聚变

轻核聚变是指由较轻的原子核聚合成较大的核，在这个过程中伴有能量的释放。例如，两个氘核（$^{2}_{1}H$）可以聚变成氦核（$^{3}_{2}He$），也可以聚变或氚核（$^{3}_{1}H$），其反应式如下

$$^{2}_{1}H+^{2}_{1}H\rightarrow^{3}_{2}He+^{1}_{0}n+3.27\text{ MeV}$$

$$^{2}_{1}H+^{2}_{1}H\rightarrow^{3}_{1}H+^{1}_{1}p+4.04\text{ MeV}$$

在太阳里还会进一步反应生成$^{4}_{2}He$。看起来聚变释放的能量较小，但其核比较轻。同等质量的核原料，聚变比裂变放出的能量要大得多。但是，要实现核聚变，必须加热到 10^8K 的高温，使轻核具有足够的动能去克服轻核之间的库仑作用，这样才能让轻核靠得比较近而发生聚变反应。这个条件是比较苛刻的，人类现在还在努力探索受控核聚变的方法，以获得新的能源。

例 8　有两个核聚变反应

(a) $^{2}_{1}H+^{3}_{1}H\rightarrow^{4}_{2}He+^{1}_{0}n$

(b) $^{3}_{2}He+^{2}_{1}H\rightarrow^{4}_{2}He+^{1}_{1}p+18.34$ MeV

如果已知$^{2}_{1}H$，$^{3}_{1}H$，$^{4}_{2}He$，$^{1}_{0}n$ 和 $^{1}_{1}p$ 的静能分别为 1875.628 MeV，2808.944 MeV，3727.409 MeV，939.573 MeV 和 938.280 MeV，试求(1)反应(a)中释放的能量 (2) 反应(b)中 $^{3}_{2}He$ 的静能量和静止质量。

解　(1)反应(a)前后的静能量之差即为反应中释放的能量

$$\begin{aligned}Q&=[E_0(^{2}_{1}H)+E_0(^{3}_{1}H)]-[E_0(^{4}_{2}He)+E_0(^{1}_{0}n)]\\&=[(1875.628+2808.944)-(3727.409+939.573)]\text{MeV}\\&=17.59\text{ MeV}\end{aligned}$$

(2) 类似反应(1)，有

$$Q = [E_0({}^3_2\mathrm{He}) + E_0({}^2_1\mathrm{H})] - [E_0({}^4_2\mathrm{He}) + E_0({}^1_1\mathrm{p})]$$

从而${}^3_2\mathrm{He}$的静能量为

$$\begin{aligned} E_0({}^3_2\mathrm{He}) &= Q + [E_0({}^4_2\mathrm{He}) + E_0({}^1_1\mathrm{p})] - E_0({}^2_1\mathrm{H}) \\ &= (18.34 + 3727.409 + 938.280 - 1875.628)\ \mathrm{MeV} \\ &= 2808.401\ \mathrm{MeV} \end{aligned}$$

其静止质量 m 为

$$m = E_0/c^2 = \frac{2808.401 \times 10^6 \times 1.602 \times 10^{-19}}{(3 \times 10^8)^2}\mathrm{kg} = 4.999 \times 10^{-27}\mathrm{kg}$$

如果采用常用单位，静止质量 m 为

$$m = E_0/c^2 = 2808.401\ \mathrm{MeV}/c^2$$

4-3-3 四维动量-能量 四维力

1. 相对论性动量和能量的关系

相对论性动量 $\boldsymbol{p}=\gamma m\boldsymbol{v}$ 和能量 $E=\gamma mc^2$ 实际上就是质量 m 和速度 $\boldsymbol{v}$ 的函数。反过来，由动量 $\boldsymbol{p}$ 和能量 E 可以确定质点的质量 m 和速度 $\boldsymbol{v}$。

观察 $\boldsymbol{p}$ 和 E 的定义式，容易看出，把 $\boldsymbol{p}$ 除以 E 后即可得到速度 v 为

$$v = \frac{pc}{E}c$$

从而

$$\beta = \frac{v}{c} = \frac{pc}{E} \tag{4-39}$$

由能量 E 定义式 $E=\gamma mc^2=\gamma E_0$ 的平方，容易得到

$$E_0^2 = \frac{1}{\gamma^2}E^2 = (1-\beta^2)E^2 = E^2 - (\beta E)^2$$

从 $\beta=\dfrac{pc}{E}$ 可得 $\beta E = pc$，代入上式，移项后可得

$$E^2 = (pc)^2 + E_0^2 \tag{4-40}$$

式(4-39)和式(4-40)是有关动量 p 和能量 E 的两个重要关系式。式(4-39)说明了动量 $\boldsymbol{p}$、能量 E 和速度 v 的关系，而式(4-40)说明了动量 $\boldsymbol{p}$、能量 E 和质量 m(或静能 $E_0=mc^2$)的关系。图 4-13 形象地表示了它们之间的关系。

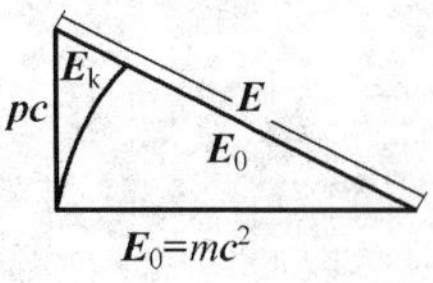

图 4-13

在 $v \ll c$ 时，质点动能 $E_k \ll E_0$。从式(4-39)可得

$$v = \frac{pc^2}{E} \approx \frac{pc^2}{E_0} = \frac{pc^2}{mc^2} = \frac{p}{m}$$

而由式(4-40)则可得

$$(pc)^2 + E_0^2 = (E_0 + E_k)^2 \approx E_0^2 + 2E_kE_0$$

$$E_k = \frac{(pc)^2}{2E_0} = \frac{p^2}{2m}$$

与预期的一样，所得两个关系即是经典牛顿力学的形式。

对于以光速运动的粒子，如光子，$\gamma=\infty$。从动量和能量的定义式看，它们要得到有限

的 $\boldsymbol{p}$ 和 E，则要求 $m=0$，这样 $\infty \cdot 0$ 才可能为有限值。而由关系式(4-39)容易得到，在 $v=c$ 时，$\beta=1$，即对于光子，有

$$E = pc \tag{4-41}$$

代入关系式(4-40)，则有 $E_0=0$，即

$$m = 0 \tag{4-42}$$

可见关系式(4-39)和式(4-40)的重要性，可以看作相对论性动量和能量更一般的定义。

按照量子论，光子能量为

$$E = h\nu \tag{4-43}$$

其中 h 为普朗克常数，ν 为光子频率。则由 $E=pc$，可知光子动量为

$$p = \frac{h\nu}{c} = \frac{h}{c/\nu} = \frac{h}{\lambda} \tag{4-44}$$

定义圆频率 $\omega=2\pi\nu$，角波数 $k=\dfrac{2\pi}{\lambda}$，则可得光子的能量和动量为

$$E = h\nu = \hbar\omega,\quad \boldsymbol{p} = \frac{h}{\lambda}\boldsymbol{e}_k = \hbar\boldsymbol{k} \tag{4-45}$$

其中 $\hbar=\dfrac{h}{2\pi}$ 为约化普朗克常数。

2. 四维动量-能量

根据相对性原理，关系式在所有惯性中都成立。由于质量 m 或静止能 $E_0=mc^2$ 不随参考系变化，这意味着 $(pc)^2-E^2$ 也是不变量。这说明

$$p^2 - \frac{E^2}{c^2} = \boldsymbol{p}\cdot\boldsymbol{p} + \left(\mathrm{i}\,\frac{E}{c}\right)^2 = p_x^2 + p_y^2 + p_z^2 + \left(\mathrm{i}\,\frac{E}{c}\right)^2$$

是个四维不变量，与四维间隔 $x^2+y^2+z^2+(\mathrm{i}ct)^2$ 具有完全类同的结构。类比于四维位置矢量，可以定义一个**四维动量-能量**，简称**四维动量**为

$$\boldsymbol{P} = \left(p_x, p_y, p_z, \mathrm{i}\,\frac{E}{c}\right) = \left(\boldsymbol{p}, \mathrm{i}\,\frac{E}{c}\right) \tag{4-46}$$

由前面定义的四维速度 $\boldsymbol{U}=\dfrac{\mathrm{d}s}{\mathrm{d}\tau}$，可把四维动量表示为

$$\boldsymbol{P} = \left(\boldsymbol{p}, \mathrm{i}\,\frac{E}{c}\right) = (\gamma m v, \mathrm{i}\gamma m c) = m\,\frac{\mathrm{d}s}{\mathrm{d}\tau} = m\boldsymbol{U} \tag{4-47}$$

此式也可作为相对论性动量和能量的定义式。比较即得 $\boldsymbol{p}=\gamma m v$，$\dfrac{E}{c}=\gamma mc$ 或 $E=\gamma mc^2$，这正是前面给出的相对论性动量和能量的定义。

四维动量作为一个四维矢量，自然遵循洛仑兹变换

$$\begin{pmatrix} p'_x \\ p'_y \\ p'_z \\ \mathrm{i}\,\dfrac{E'}{c} \end{pmatrix} = \begin{bmatrix} \gamma & 0 & 0 & \mathrm{i}\gamma\beta \\ 0 & 1 & 0 & 0 \\ 0 & 0 & 1 & 0 \\ -\mathrm{i}\gamma\beta & 0 & 0 & \gamma \end{bmatrix} \begin{pmatrix} p_x \\ p_y \\ p_z \\ \mathrm{i}\,\dfrac{E}{c} \end{pmatrix} \tag{4-48}$$

由此即得

$$\begin{cases} p'_x = \gamma\left(p_x - \beta\dfrac{E}{c}\right) \\ p'_y = p_y \\ p'_z = p_z \\ E' = \gamma(E - \beta p_x c) \end{cases} \tag{4-49}$$

对于光子，$\boldsymbol{p}=\hbar\boldsymbol{k}$，$E=\hbar\omega$，其四维动量为

$$\left(\boldsymbol{p}, \mathrm{i}\frac{E}{c}\right) = \hbar\left(\boldsymbol{k}, \mathrm{i}\frac{\omega}{c}\right)$$

这意味着$\left(\boldsymbol{k}, \mathrm{i}\dfrac{\omega}{c}\right)$也是一个四维矢量。四维矢量$\left(\boldsymbol{k}, \mathrm{i}\dfrac{\omega}{c}\right)$与四维位矢$(\boldsymbol{r}, \mathrm{i}ct)$的标积即是光子或电磁波的相位，为

$$\varphi = \boldsymbol{k}\cdot r - \omega t \tag{4-50}$$

可见电磁波的相位在洛仑兹变换下是个不变量。但是，光或电磁波的频率ν却会改变。对光子而言，由(4-49)式最后一式，有

$$\begin{aligned} h\nu' &= \gamma\left(h\nu - \frac{v}{c}\cdot p_x\cdot c\right) \\ &= \gamma\left(h\nu - \frac{v}{c}\cdot p\cos\theta\cdot c\right) \\ &= \gamma h\nu\left(1 - \frac{v}{c}\cos\theta\right) \end{aligned}$$

由上式即得

$$\nu = \frac{\nu'}{\gamma\left(1 - \dfrac{v}{c}\cos\theta\right)} = \frac{\nu_0\sqrt{1 - \dfrac{v^2}{c^2}}}{1 - \dfrac{v}{c}\cos\theta} \tag{4-51}$$

这就是光的**多普勒效应**。式中$\nu_0=\nu'$为静止光源发出的光的频率，$\boldsymbol{v}$为光源速度，θ为光源运动方向与光的传播方向的夹角。

3. 四维力

由四维动量$\left(\boldsymbol{p}, \mathrm{i}\dfrac{E}{c}\right)$可以定义**四维力**为

$$\frac{\mathrm{d}\boldsymbol{P}}{\mathrm{d}\tau} = \frac{\mathrm{d}}{\mathrm{d}\tau}\left(\boldsymbol{p}, \mathrm{i}\frac{E}{c}\right) = \gamma\frac{\mathrm{d}}{\mathrm{d}t}\left(p, \mathrm{i}\frac{E}{c}\right) \tag{4-52}$$

注意到

$$\frac{\mathrm{d}\boldsymbol{p}}{\mathrm{d}t} = \boldsymbol{F}, \quad \frac{\mathrm{d}E}{\mathrm{d}t} = \frac{\mathrm{d}E_\mathrm{k}}{\mathrm{d}t} = \frac{\boldsymbol{F}\cdot\mathrm{d}\boldsymbol{r}}{\mathrm{d}t} = \boldsymbol{F}\cdot\boldsymbol{v}$$

四维力即为

$$\frac{\mathrm{d}\boldsymbol{P}}{\mathrm{d}\tau} = \left(\gamma\boldsymbol{F}, \mathrm{i}\gamma\frac{\boldsymbol{F}\cdot v}{c}\right) \tag{4-53}$$

作为四维矢量，四维力也遵循洛仑兹变换，由此可得力的变换式为

$$\begin{cases} F'_x = \dfrac{F_x - \beta \boldsymbol{F} \cdot v/c}{1 - \beta v_x/c} \\ F'_y = \dfrac{F_y}{\gamma(1 - \beta v_x/c)} \\ F'_z = \dfrac{F_z}{\gamma(1 - \beta v_x/c)} \end{cases} \tag{4-54}$$

注意上式中的 v 为质点速度，而 β 和 γ 仅与参考系的相对速度有关。

经典的牛顿万有引力不遵循上面的变换公式，这表明牛顿万有引力与狭义相对论是不相容的。但电磁场的麦克斯韦理论是符合相对论的，洛仑兹力

$$\boldsymbol{F} = e(\boldsymbol{E} + v \times \boldsymbol{B}) \tag{4-55}$$

则遵循相对论的变换。由此，经由略为复杂的代数运算，可以得到电磁场的变换为

$$\begin{cases} E'_x = E_x \\ E'_y = \gamma(E_y - vB_z) \\ E'_z = z(E_z + vB_z) \end{cases} \quad \begin{cases} B'_x = B_x \\ B'_y = \gamma\left(B_y + \dfrac{v}{c^2}E_z\right) \\ B'_z = \gamma\left(B_z - \dfrac{v}{c^2}E_y\right) \end{cases} \tag{4-56}$$

式中 v 为惯性系的相对速度。这说明电场和磁场本身是相对的，电磁场是统一的。

例 9　已知电子的静止能量为 $E_0 = 0.511\ \text{MeV}$，动能 $E_k = 4.0\ \text{MeV}$。求电子的静止质量，速度和动量。

解　由静止能量 $E_0 = mc^2$，可知电子的质量为

$$m_e = E_0/c^2 = 0.511\ \text{MeV}/c^2$$

电子的总能量为

$$E = E_0 + E_\text{k} = 0.511\ \text{MeV} + 4.0\ \text{MeV} = 4.511\ \text{MeV}$$

根据动量-能量关系式可得

$$pc = \sqrt{E^2 - E_0^2} = \sqrt{4.511^2 - 0.511^2}\,\text{MeV} = 4.482\ \text{MeV}$$

电子的动量即为 $p = 4.482\ \text{MeV}/c$。

根据 $\beta = \dfrac{pc}{E}$，即得电子的速度为

$$v = \beta c = \frac{pc}{E}c = \frac{4.482}{4.511}c = 0.9936c$$

请注意，在以上解答中，我们采用了现代物理中的常用单位，而没有采用国际单位制，这样可为计算带来方便。

例 10　一个动能为 325 MeV 的 K 介子（质量为 $498\ \text{MeV}/c^2$），在飞行中衰变为两个 π 介子：π^+ 顺着 K 介子的运动方向，π^- 逆着 K 介子的运动方向。已知 π 介子的质量为 $140\ \text{MeV}/c^2$，试求每个介子的动量。

解　在衰变过程中，动量和能量守恒，从而

$$p_{\pi^+}c + p_{\pi^-}c = p_\text{K}c$$
$$E_{\pi^+} + E_{\pi^-} = E_\text{K}$$

对于 K 介子，有

$$E_\text{K}^2 = (p_\text{K}c)^2 + E_{0,\text{K}}^2$$

对于 $\pi^{\pm}$ 介子，有

$$E_{\pi^{\pm}}^2 = (p_{\pi^{\pm}}c)^2 + E_{0,\pi^{\pm}}^2$$

联立以上方程，可解得

$$p_{\pi^{\pm}}c = \frac{1}{2}\left[(p_{\mathrm{K}}c \pm \sqrt{1-4(E_{0,\pi}/E_{0,\mathrm{K}})})E_{\mathrm{K}}\right]$$

已知 K 介子静能 $E_{0,\mathrm{K}}=498\ \mathrm{MeV}$，动能为 $E_{\mathrm{k},\mathrm{K}}=325\ \mathrm{MeV}$。因而

$$E_{\mathrm{K}} = E_{0,\mathrm{K}} + E_{\mathrm{k},\mathrm{K}} = 823\ \mathrm{MeV}$$

从而

$$p_{\mathrm{K}}c = \sqrt{E_{\mathrm{K}}^2 - E_{0,\mathrm{K}}^2} = \sqrt{823^2 - 498^2}\,\mathrm{MeV} = 655.23\ \mathrm{MeV}$$

把 $p_{\mathrm{K}}c$，E_{K}，$E_{0,\mathrm{K}}$ 和 $E_{0,\pi}$ 代入 $p_{\pi^{\pm}}c$ 的表达式，可得

$$p_{\pi^+} = 667.9\ \mathrm{MeV}/c$$

$$p_{\pi^-} = -12.68\ \mathrm{MeV}/c$$

式中动量的正负表示 π 介子的运动方向。

4-4 广义相对论简介

在狭义相对论创立以后，爱因斯坦还面临两个遗留的困难问题：一是惯性系和非惯性系不等价，二是牛顿引力论与狭义相对论不相容。爱因斯坦经过将近十年的探索，把这两个问题联系在一起，在 1915 年完整地提出了广义相对论。广义相对论实质上是时空和引力的理论，数学上比较艰深，这里仅简单介绍广义相对论的基本原理和实验检验。

4-4-1 广义相对论的基本原理

1. 广义相对性原理

狭义相对论否定了牛顿力学的"绝对时空"，又赋予了惯性系以"绝对优越"的地位：物理定律只在惯性系中具有相同的形式，而且是最简单最优美的形式。但是，到哪儿去找惯性系呢？地球在绕太阳转，太阳又在绕银河系转，而整个银河系也在运动……事实上，自然界中的一切都在相互联系中运动，没有一个真正的惯性系。那么，为什么自然规律必须在惯性系中才显现其最本质（最简单，最优美）的形式呢？爱因斯坦对此提出了质疑："我在经典力学中（或在狭义相对论中）找不到什么实在的东西能够用来说明为什么"，最终他只能得出结论："所有参考物体，不论它的运动状态如何，对于描述自然现象（表述普遍的自然定律）都是等效的。"这就是**广义相对性原理**：一切参考系（惯性系，非惯性系）都是平权的。物理规律在一切参考系中的数学形式相同。

广义相对性原理是狭义相对性原理的推广，这看起来是很自然的，容易为人们所接受。但是非惯性系和惯性系有本质的不同：惯性系在物理上是等价的，在每一个惯性系中，时间是统一的，空间是平直的；但是非惯性系在物理上是不等价的，一个均匀加速的非惯性系和一个均匀转动的非惯性系不可能在物理上是等价的，在非惯性系中时空是弯曲的，而且没有统一的时间。举个简单的例子，在惯性系中，光在真空中是沿直线传播的，这正是时空平直性的体现，但是在一个加速运动的非惯性系中看，光线的路径则是弯曲的，如图 4-14 所示。

在广义相对论中，光速仍为 c，其所走的路线仍是最短路线（短程线），这说明在非惯性

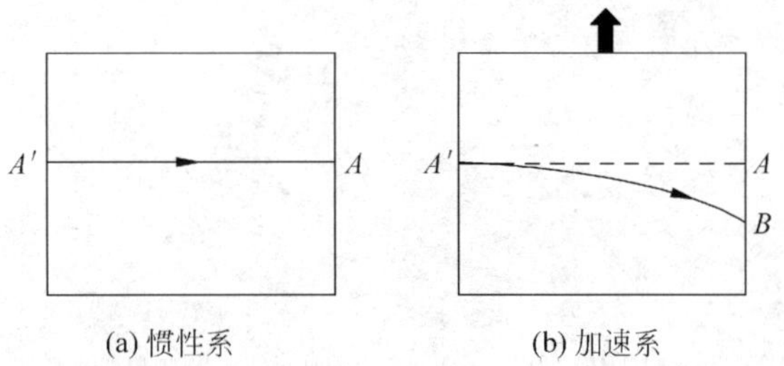

图 4-14　惯性系和非惯性系中的光线轨道

系中，时空是弯曲的。因此，广义相对性原理不是说所有参考系在物理上是等价的，而是指在描述自然规律时是平等的。

2. 广义相对论等效原理

在牛顿力学中，质量的定义有两个：一个是惯性质量 $m_{惯}$，反映在牛顿第二运动定律 $\boldsymbol{F}=m_{惯}\boldsymbol{a}$ 之中；一个是引力质量 $m_{引}$，反映在万有引力定律 $F=G\frac{M_{引}\,m_{引}}{r^2}$ 之中。考虑两个物体 A 和 B 在地球引力下自由下落，分别有

$$m_{惯,A}a_A = m_{引,A}\frac{GM}{R^2}$$

$$m_{惯,B}a_B = m_{引,B}\frac{GM}{R^2}$$

从伽利略时代就知道自由落体的加速度相同，与物体成分无关，即 $a_A=a_B$ 这个实验事实，说明

$$\frac{m_{惯,A}}{m_{引,A}} = \frac{m_{惯,B}}{m_{引,B}} = 常数$$

在适当的单位制下，这个常数可取为 1，从而得到任何物体的引力质量和惯性质量是相等的，即

$$m_{惯} = m_{引} \tag{4-57}$$

牛顿首先通过单摆实验检验了这个结论。若用参数

$$\eta(A,B) = 2\frac{m_{引,A}/m_{惯,A} - m_{引,B}/m_{惯,B}}{m_{引,A}/m_{惯,A} + m_{引,B}/m_{惯,B}} \tag{4-58}$$

来表示这两个质量的差异，牛顿实验结果为 $\eta\leqslant 3\times10^{-6}$。后来，厄缶通过扭秤实验直接比较了两个物体的惯性质量和引力质量，最终达到了 $\eta<2\times10^{-9}$ 的精度。在改进这个实验的基础上，1972 年布拉金斯基的实验结果已达到 $\eta\leqslant 9\times10^{-13}$。

基于引力质量与惯性质量相等这样一个为人熟知的事实，爱因斯坦吸收了马赫原理中关于惯性力在本质上是一种引力的思想，提出了**等效原理**：真实引力场在局域上和一个非惯性系等效。让我们来考察爱因斯坦升降机中的一个理想实验（如图 4-15 所示）。起初，密闭升降机停在地球上，由于地球引力场的作用，一切自由下落物体具有向下的加速度 $\boldsymbol{g}$；后来，假想一个精灵把升降机偷偷提升到没有引力的自由空间（图 4-15(a)），使之具有向上的加速度 $\boldsymbol{a}=-\boldsymbol{g}$，这时在密闭升降机里，自由物体相对于升降机仍具有一个向下的加速度 $\boldsymbol{g}$。由于升降机是密闭的，里面的观察者不能区分这两种情况，对他而言，引力场 $\boldsymbol{g}$ 和加速度 $\boldsymbol{a}$

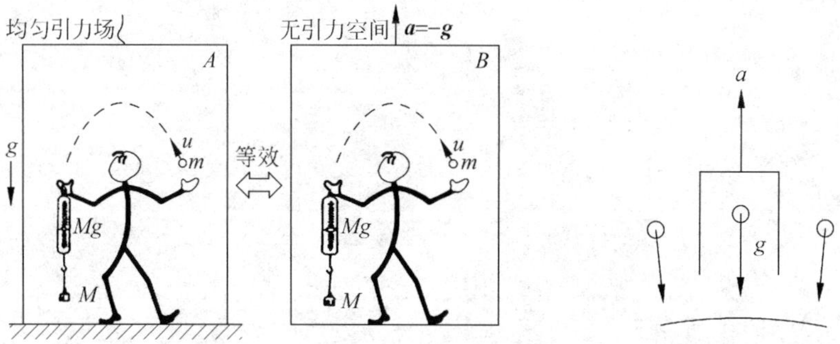

(a) 局域情况　　(b) 非局域情况

图 4-15　引力场和非惯性的等效性

是一样的效果。但是这只是局域的，如果他能往升降机外面看，如图 4-15(b)所示，地球引力场 $\boldsymbol{g}$ 是从地心指向空间各个方向的，而升降机的加速度 $\boldsymbol{a}$ 只朝着一个方向。从爱因斯坦升降机理想实验可知：在引力场中的任一个局域的惯性系，在其中狭义相对论所确定的物理规律全部有效。这被称为"强等效原理"。它说明对于一切物理过程，引力场在局域上与加速非惯性系等效；如果仅限于力学现象，说"引力质量和惯性质量相等"或"引力和惯性力等效"，则被称为"弱等效原理"。

从等效原理爱因斯坦洞察到前人没有领会到的引力本质。既然引力质量和惯性质量严格相等，那么一切物体只要初始条件相同，在引力场中的运动轨道就是一样的，这意味着引力场可能是一个时空几何场，从而把物质引力、时空弯曲和物质运动联系在一起：物质告诉时空如何弯曲，时空告诉物质如何运动。最终爱因斯坦在他的老同学数学家格罗斯曼的帮助下建立了爱因斯坦场方程，完成了广义相对论的理论创造。

4-4-2　广义相对论的实验检验

广义相对论是一个深邃优美的理论，它的诞生基本上来源于爱因斯坦的理论思考，而不是由于实验的推动。作为一个好的理论，爱因斯坦不仅用它解释了牛顿引力理论不能解决的水星近日点的进动现象，而且预言了光线的引力偏折、引力红移、引力波等新的物理现象，并相继得到实验的检验和支持，从而说明广义相对论的正确性。

1. 水星近日点的旋进

1859 年法国天文学家勒维里埃发现最靠近太阳的水星轨迹并不是牛顿引力理论预期的封闭椭圆，而是每转一圈它的长轴也略有转动，被称为行星近日点的旋进，如图 4-16 所示。考虑到其他行星的影响之后，1882 年美国天文学家纽科姆按照牛顿引力理论进行的仔细计算仍不能解释还有 43″/百年的多余旋进值。

1915 年，爱因斯坦把行星绕日运动看成是在太阳引力场中的运动，按照广义相对论计算的理论值与观测值相符，从而一举解决了牛顿引力理论未解决的问题。这个结果成了广义相对论的第一个实验证据。

2. 光线的引力偏折

按照等效原理，引力场和非惯性系在局域上是等效的。在引力场中就如在非惯性系中，光线会发生弯曲偏折。按照广义相对论，爱因斯坦预言，经过太阳边缘的星光，由于太阳的引力场，会偏转 $\alpha=1.75''$，如图4-17所示。这个预言在1919年为爱丁顿领头的观测队利用日食机会进行的观测所证实，轰动了全世界，使相对论为物理学界以及一般大众所关注。

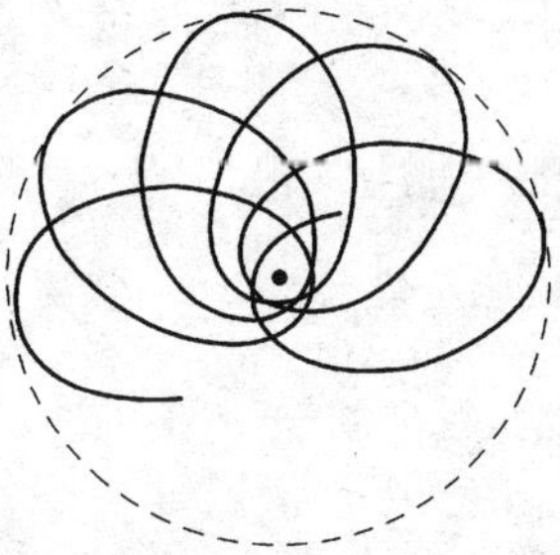

图　4-16

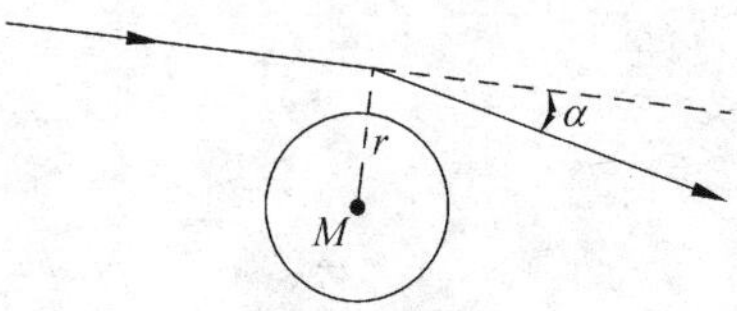

图　4-17

在引力场中光线的偏折说明引力场可以构成引力透镜，从而使光线会聚成像。这种引力透镜成像现象也已为现代天文观测所证实。光线的偏折也可以看成是一种折射，相当于光变慢了，因而光信号经过太阳附近到达地球时，时间会有所延迟，这种现象在1971年也已由雷达回波延迟实验证实。

3. 引力红移

广义相对论预言，当光逆着引力场运动时，其频率会变小，波长变长，这被称为引力红移。当光顺着引力场运动时，其频率会变大，波长变短，发生引力蓝移。如图4-18(a)所示，地面上高 z 处的光源发出的频率为 ν_0 的光线在地球引力场 $\boldsymbol{g}$ 中向下运动，由地面上的探测器测得其频率为 ν。按照等效原理，引力场 $\boldsymbol{g}$ 可以等效为探测器以加速度 $\boldsymbol{g}$ 向上运动，如图4-18(b)所示。当光子到达探测器时，探测器的速度 v 为

$$v=gt=g\cdot\frac{z}{c}=\frac{\varphi}{c}$$

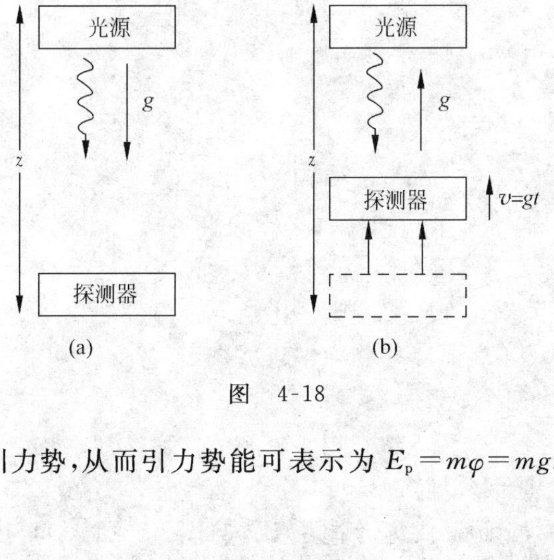

图　4-18

其中 $\varphi=gz$ 可看成是引力势，从而引力势能可表示为 $E_p=m\varphi=mgz$。由光的多普勒效应可得到

$$\nu = \nu_0 \cdot \sqrt{\frac{1+\frac{v}{c}}{1-\frac{v}{c}}} \approx \nu_0 \left(1+\frac{v}{c}\right) = \nu_0 \left(1+\frac{\varphi}{c^2}\right)$$

从而

$$\frac{\Delta\nu}{\nu_0} = \frac{\nu - \nu_0}{\nu_0} = \frac{\varphi}{c^2} \tag{4-59}$$

1959 年，美国的庞德和雷布卡首先利用穆斯堡尔效应检验了引力红移效应。他们把 ^{57}Co 放射源放到高 22.6 m 的哈佛塔顶，探测器放在塔底，实验测得 $\frac{\Delta\nu}{\nu_0}=(2.57\pm0.26)\times 10^{-15}$，与理论值 2.46×10^{-15} 比较，在 1%精度内证实了爱因斯坦的预言。现在可以利用原子钟进行更精确的测量。引力红移现象在现代天文观测中也得到了广泛的验证。

4. 引力波

早在 1918 年，爱因斯坦就预言了引力波的存在。像电磁场存在电磁波那样，引力场也存在引力波。与电磁波一样，引力波是横波，在真空中以光速 c 传播，但是引力作用比电磁作用弱得多，而且没有像偶极辐射那样较强的辐射机制(质量没有负质量)，因而引力波是很弱的。另外，引力波与物质的相互作用极弱，穿透性极强，这更增加了探测的困难。到现在也没有公认的直接实验证据表明引力波的存在。

1974 年，美国天文学家赫尔斯和泰勒发现了第一颗脉冲双星 PSR1913＋16，通过历时四年的连续监测，发现其周期变化率为 $\frac{dT}{dt}=-(3.2\pm0.6)\times10^{-14}$。他们认为这是由于引力波辐射阻尼导致的结果，经过理论计算在 20%的精度内与观测相符合。这是第一个证实引力波存在的间接的定量证据。进一步的观测数据表明，理论值和观测值约在千分之五以内相互符合，这是迄今为止所得到的最可靠的实验证据。为此，他们获得了 1993 年诺贝尔物理学奖。

现在广义相对论已经建立在坚实的实验基础上，并且在很多领域得到了重要应用。中子星的形成和结构、黑洞物理和探测、引力波的产生和探测、大爆炸宇宙论等都离不开广义相对论。目前，面临的最困难的问题是如何把引力理论和量子理论相结合，从而建立大统一的最终理论，这还需要深入的探索研究。

习 题

4-1 在惯性系 S 中，两事件发生在同一地点，时间间隔为 $\Delta t=2$ s；在惯性系 S' 中，这两个事件的时间间隔为 $\Delta t'=3$ s，试求 S' 系中这两个事件的空间距离。

4-2 一个长为 $2l$ 的火车正以速度 v 沿 x 轴正方向行进，火车中间有一位观测者同时向火车头部和尾部发出两个光脉冲信号。

(1) 以火车为参考系 S'，原点取在火车正中，试确定光脉冲信号到达火车头和火车尾这两个事件的时间和地点。

(2) 由洛仑兹变换，求地面观测者看，所测这两个事件的时间和地点。

(3) 根据(1)和(2)，说明同时性的相对性。

4-3　两个飞船 S 和 S' 沿相同方向飞行，相对速度为 $0.6c$，前面飞船 S' 上有一光脉冲从船尾传到船头，在该船上测得头尾距离为 $\Delta x'=30$ m，求在 S' 和 S 中观测到这两个事件的时间间隔和空间距离。

4-4　在 S 系中，两个事件的空间间隔 $\Delta x=600$ m，$\Delta y=\Delta z=0$。时间间隔 $\Delta t=1\ \mu$s。S' 系与 S 系呈标准位形，在其中测得这两个事件的空间间隔仍为 $\Delta x'=600$ m，求(1)S' 相对于 S 的速度 v，(2)在 S' 中这两个事件的时间间隔 $\Delta t'$。

4-5　试由洛仑兹变换证明四维间隔不变性。

4-6　在直线加速器中，电子被加速到 $(1-2.45\times10^{-9})c$，并以此速度在加速器内飞行了 100 m，试问电子看到的这段加速器管长为多少？

4-7　一个面积为 4 cm^2 正方形物体以速度 $v=0.85c$ 沿其对角线方向相对观测者运动，试问该观测者观测得到的形状是什么？面积是多少？观测者眼睛看到的和测量到的是一样的图形吗？

4-8　地面上一短跑选手用 7.8 s 跑完 100 m。问在相对地面速度为 $v=0.6c$，与运动员同方向的飞船上观测，该选手跑了多远？用了多少时间？

4-9　在太阳上观测，地球由于其轨道运动导致的直径最大收缩量的数量级是多大？是不是每个方向的直径都收缩？

4-10　假设“欧洲之星”火车原长为 2 km，速度为 $v=300\ km\cdot h^{-1}$。假设地面观测者发现两个闪电已同时击中火车前后两端。问火车上的观测者测得这两个事件的时间间隔是多少？

4-11　离太阳系最近的半人马星座 α 距地球 4.3×10^{16} m。假如一飞船以速度 $v=0.999c$ 离开地球飞向该星座。若分别按照地球上和飞船上的时钟计时，飞船需要多少年才能抵达半人马星座？

4-12　半寿命为 1.81×0^{-8} s 的 π 介子组在实验室参考系中以 $0.8c$ 运动。(1)在实验室参考系中，π 介子的半寿命是多少？(2)如果开始有 32 000 个介子，它们飞行 36 m 后还剩多少？

4-13　在 $t=t'=0$ 时，宇宙飞船以 $v=0.8c$ 的速度离开地球。在 t_1' 时刻，宇航员向地球发出一个无线电脉冲信号，经地球反射后在 $t_2'=t_1'+60$ s 时，宇航员收到返回信号。试分别求出飞船上和地球上的观测到这两个事件的时间间距和空间距离。

4-14　在地面参考系 S 中观察到，一个速度 v 沿 x 轴正方向运动的粒子，在 y 轴正方向上发射出一个光子。试求在相对粒子静止的参考系 S' 中观测到光子的速度大小和方向。

4-15　两个飞船分别以 $0.8c$ 和 $0.6c$ 的速度离开地球。试求出下列两种情况下一个飞船测到的另一个飞船的运动速度。(1)两飞船速度方向相反；(2)两飞船速度方向垂直。

4-16　从地面上观察到两个飞船正以相同的速度 $v=0.9c$ 相互接近，它们将会在 $\Delta t=10$ s 后相撞。试问在飞船上的宇航员看来，他们还有多少时间可以调整航向以避免碰撞？

4-17　根据相对论速度变换公式证明：如果在某一个惯性系中，粒子速度 u 小于光速，那么在任意惯性系中，其速度也小于光速。

4-18　光从哪个角度射向观测者时，多普勒红移和蓝移刚好抵消？

4-19　一个物理教授在法庭上声称，他闯红灯($\lambda=650$ nm)是因为他的车速太快，引起信号灯光蓝移为绿光($\lambda=550$ nm)，问他的车速有多大？

4-20 在地球上接收到的来自一遥远星系的氢光谱紫线($\lambda_0=122$ nm)红移到 $\lambda=366$ nm。试问该星系离我们而去还是向我们而来？速度是多少？

4-21 已知电子的静能为 0.511 MeV，试计算电子在其速率分别为(1)300 m/s；(2)$10^{-3}c$；(3)$0.1c$；(4)$0.5c$；(5)$0.99c$ 时的动量和动能。比较经典理论和相对论结果之间的差异。

4-22 质量为 938 MeV/c^2 的质子经加速后具有动能 500 MeV。求它的动量和速度。

4-23 在北京正负电子对撞机中，电子可以被加速到动能 $E_k=2.8$ GeV，问这种电子的动量是多大？速度与光速相差多少？

4-24 在电子对湮灭过程中，质量均为 9.1×10^{-31} kg 一个电子和一个正电子碰撞湮灭后产生一个光子。试求光子能量。

4-25 氢弹爆炸时发生核聚变后应：${}_1^2\mathrm{H}+{}_1^3\mathrm{H}\rightarrow{}_2^4\mathrm{He}+{}_0^1\mathrm{n}$，氘的质量为 2.0136 u，氚的质量为 3.01 600 u，氦的质量为4.0026 u，中子的质量为 1.0086u，其中 1u $=1.660\times10^{-27}$ kg，试求在以上反应释放的能量。

4-26 核^{215}At 发生 α 衰变：$^{215}\mathrm{At}\rightarrow{}^{211}\mathrm{Bi}+{}^4\mathrm{He}$，这三个原子的质量分别为 At：$3.570\,19\times10^{-25}$ kg，^{211}Bi：$3.503\,58\times10^{-25}$ kg，^{4}He：$0.066\,47\times10^{-25}$ kg，求衰变过程中释放出的动能为多少？（分别以 J 和 MeV 为单位）

4-27 一质量为 m 的粒子静止在 $x=0$ 处。假如从 $t=0$ 时刻起，有一恒力 F 沿 x 轴正方向作用于粒子，求粒子在任意时刻 t 的速度 v、加速度 $\boldsymbol{a}$ 和位置 x，并验证：(1)$F=\gamma^3ma$；(2)$W=Fx=(\gamma-1)mc^2$。

4-28 一个电子在回旋加速器中被加速到 $0.7c$ 后垂直入射到 $B=0.15$ T 的均匀磁场中作圆周运动。分别按照经典理论和相对论求回旋频率和回旋半径。设计加速器时要考虑相对论效应吗？

4-29 一个质量为 m，速度为 v 的粒子与另一个质量为 $2m$ 的静止粒子发生对心碰撞，形成一个新粒子。试求新粒子的质量和速度。

4-30 反质子 p^- 与质子 p 的电荷相反，质量相同。一个高速运动的质子与一个静止质子相碰，可产生反质子，其反应为

$$p+p\rightarrow p+p+p+p^-$$

如果反应后的四个粒子像一个粒子一样一起运动，那么入射质子具有阀值动能即最小动能就可以使反应发生。试求反应的阀值动能。

4-31 在实验室参考系 S 中，质量为 $m_K=498$ MeV/c^2，动能为 325 MeV 的 K^0 介子衰变为质量为 $m_\pi=140$ MeV/c^2 的两个 π 介子，$K^0\rightarrow\pi^++\pi^-$。

假设两个 π 介子与原来 K^0 介子的运动方向一个相同一个相反。(1)试在 K^0 介子静止的参考系 S' 中求两个 π 介子的动能和能量。(2)通过四维动量的洛仑兹变换，求实验室参考系 S 中的 π 介子的动能和能量。

第 5 章

振动和波

引子：从 Tocama 大桥的坍塌看防震减震技术

1940 年 11 月 7 日，刚刚建成通车四个月的美国塔科马(Tocama)海峡大桥在风中坍塌。塔科马大桥耗资 640 万美元，它是主跨 853 米，全长 1716 米，悬索桥桥面宽 11.9 米，加劲桁梁高 2.74 米的悬索大桥，享有世界单跨桥之王的称号。然而从 1940 年 7 月 1 日大桥通车的那天起，桥在结构上就明显存在问题，当风速达到每小时 5～7 公里时，桥面就有 1.2 米高的起伏。11 月 7 日凌晨 7 点，顺峡谷刮来的风带着人耳不能听到的振荡，激起了大桥本身的谐振。在持续 3 个小时的大波动中，整座大桥上下起伏达 1 米多。10 点时风速增加到每小时 64 公里，大桥开始歪扭、翻腾，振动变得更加强烈，桥基被拖得歪来歪去，左右摆动达 45°，幅度之大令人难以置信。数千吨重的钢铁大桥像一条缎带一样以 8.5 米的振幅左右来回起伏飘荡。桥面振动形成了高达数米的长长波浪，在沉重的结构上缓慢爬行，从侧面看就像是一条正在发怒的巨蟒。

图 1

图 2

11 点 10 分，正在桥上观测的一位教授保证说："大桥绝对安全。"可话音刚落，大桥就开始断裂。就在一瞬间，桥上承受着大桥重量的钢索猝然而断。大桥的主体从天而降，一头栽进了华盛顿普吉特海峡。桥上的各种构件像巨人手中的玩具一样飞旋而去。当时正在桥中央的一名记者赶忙钻出汽车，拼命抓住桥边的栏杆，用手和膝盖爬行着脱了险。整座大桥坍塌了，车里的小狗和汽车一起从桥上掉落，成为这次事故的牺牲者。

大桥坍塌后，华盛顿州州长在演说中称："大桥的结构没有问题，我们还要照以前那样建造一个完全一样的桥！”工程师冯·卡门马上给州长拍发了一份电报：“如果你要照以前那样修建一个完全一样的桥，那它就会完全照以前那样，倒塌在完全一样的地方。”此话很有道理！因为经研究，大桥是毁于共振。

流动的空气在绕过障碍物时会迫使其产生振动。任何物体产生振动后，由于其本身的构成、大小、形状等物理特性，原先以多种频率开始的振动，渐渐会固定在某一频率上振动，这个频率叫做该物体的“固有频率”，因为它与该物体的物理特性有关。当人们从外界再给这个物体加上一个振动(称为策动)时，如果策动力的频率与该物体的固有频率正好相同，物体振动的振幅达到最大，这种现象叫做“共振”。物体产生共振时，由于它能从外界的策动源处取得最多的能量，往往会产生一些意想不到的后果。

其实引起共振的并不一定是风。1831 年在英国，一队士兵在指挥官的口令下，迈着威武雄壮、整齐划一的步伐，通过法国昂热市的布劳顿吊桥，快走到桥中间时，桥梁突然发生强烈的颤动并且最终断裂坍塌，造成许多官兵和市民落入水中丧生。后经调查，造成这次惨剧的罪魁祸首，正是共振！因为大队士兵齐步走时，产生的一种频率正好与大桥的固有频率一致，使桥的振动加强，当它的振幅达到最大限度直至超过桥梁的抗压力时，桥就断裂了。

塔科马悲剧使后来的悬索桥设计出现了新的形式。美国工程师采取的解决办法是抗震方式，采用高达 10～12 米的加劲桁架，并在桁架的顶部和底部设置风撑，这样产生的强大抗弯刚度和抗扭刚度可抵抗产生振动的风力影响。

德国桥梁结构工程专家莱昂哈特教授提出的是减震方式。他认为首先要避免产生风力，而不是单单抵抗风力。这种设想可以通过选用良好设计的桥面来实现。根据这个思路，仅仅用一根缆索悬吊桥面，就可以进一步防止振动产生危险，单索悬索桥就是在这个思路指引下产生的。

10 年以后，美国开始重新修建塔科马桥。在原有的桥墩上，采用抗震式悬索桥形式。新桥主跨不变，钢塔架高 140.82 米，桥面宽增至 18 米，加劲桁梁高增至 10 米，于 1950 年 10 月 14 日建成通车，直至今日。

物体在平衡位置附近作往返的周期性运动，称为机械振动。机械振动广泛存在于自然界和人类生产、科学研究之中。凡有摇摆、晃荡、打击、发声等的地方都有机械振动存在。除机械振动之外，还有其他形式的振动，如电磁振动，即电磁波中的电场与磁场的交替变化。广义地说：一切物理量在某一量值附近随时间作周期性的变化，皆称振动。

波是振动在空间的分布。它与振动的最大区别就在于：振动是描述一个空间位置处的物体量的变化；而波动是描述一组相关空间位置处的物体量的变化。它们是密切关联又相互区别的两种运动形式。若研究的是机械振动在弹性介质中的空间分布，就称为机械波，如水波、声波、地震波等。

虽然振动、波动的形式多种多样，但各种振动、波动的基本形式、变化规律和研究方法是一致的。所以，本章主要着眼于对机械振动和波的研究，所有结论对其他形式的振动和波都基本有效。

5-1　简谐振动

5-1-1　谐振振动　旋转矢量法

一般来说，机械振动系统是很复杂的，如飞机机翼在复杂大气环流中的振动等。但对这类问题，必须抓住它的本质特征，从复杂的现象中找出经常起作用的基本过程。简谐振动是所有振动中最简单，又最基本的一类振动。而且可以证明，一切复杂振动，都可以分解为若干个简谐振动。

如果一质点沿一维直线在平衡位置往复运动，其位移变量 $x(t)$ 满足下列微分方程：

$$\frac{d^2x}{dt^2}+\omega^2 x=0 \tag{5-1}$$

则其对平衡位置的位移可表示为正弦或余弦(本书采用余弦形式)：

$$x=A\cos(\omega t+\varphi_0) \tag{5-2}$$

这种振动称为简谐振动。式(5-2)中的 A,ω,φ_0 分别为振幅、圆频率和初相位。其中 A,φ_0 可由初始条件决定，ω 由振动系统参数决定。

下面以“弹簧振子”为例说明简谐振动中力、能量和运动特征，从而了解所有简谐运动的基本规律。

如图 5-1(a)所示，一个小球穿在一根光滑的水平杆上，而且和一个轻弹簧相连接。弹簧保持原长时，小球(作质点看)在 O 点，所受合力为零，所以 O 点就是系统的平衡位置。如果把小球拉到 B 点，然后任其运动，它将在弹力作用下在 B、C 二位置间作往复运动，如图 5-1(b)、(c)所示。由小球和轻弹簧构成的这个振动系统，称为弹簧振子。因为这一振动系统的质量集中于一质点，因此有时称为振动质点。

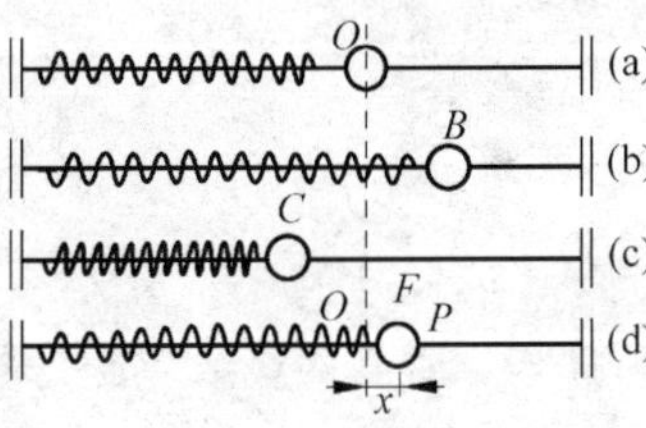

图　5-1

弹簧振子是一个理想模型，它把振动系统的惯性集中在一个小球(质点)上，把系统的弹性集中在轻弹簧上；这样就使问题大为简化。加之，杆在水平位置上，重力、正压力对运动都没有影响，杆又光滑，摩擦力可以被忽略，这样一来，振动系统的振动便被简化为小球在弹力作用下的直线运动了。

1. 简谐振动方程和振动状态

在不计摩擦和各种阻力的情况下，弹簧振子处于图 5-1(d)所示位置时，弹簧弹力与运动状态的变化之间满足

$$F=-kx=m\frac{d^2x}{dt^2}$$

取 $\omega^2=k/m$，则上式变为

$$\frac{d^2x}{dt^2}=-\omega^2 x$$

此式恰为式(5-1)(本节开头时的定义式)，从而得知圆频率 $\omega=k/m$ 是一个只与振动系统固有参量(质量、倔强系数)有关的量。式(5-2)即为上式的解。

由式(5-2)可得振动速度和加速度。

$$v = \frac{dx}{dt} = -\omega A\sin(\omega t + \varphi_0) \tag{5-3}$$

$$a = \frac{d^2x}{dt^2} = -\omega^2 A\cos(\omega t + \varphi_0) \tag{5-4}$$

显然，当已知 A,ω 的情况下，由 $\omega t+\varphi$ 的值可确定 x、v 和 a。

2. 简谐振动的振幅和相位

式(5-2)中的 A 是表征振动体振动的最大范围的物理量，称振幅；$\omega t+\varphi_0$ 是表征振动体状态的物理量，称相位。当 $t=0$ 时物体相对平衡位置的位移 $\boldsymbol{x}_0$ 和速度 $\boldsymbol{v}_0$ 已知时，可由式(5-2)和式(5-3)确定振幅 A 和初相 φ_0。即

$$x_0 = A\cos\varphi_0$$

$$v_0 = -\omega A\sin\varphi_0$$

易得

$$A = \sqrt{x_0^2 + \frac{v_0^2}{\omega^2}} \tag{5-5}$$

$$\tan\varphi_0 = \frac{-v_0}{\omega x_0} \tag{5-6}$$

由此可知，振幅 A 和初相 φ_0 是由初始条件决定的。其中的 φ_0 有如下约定：

$x_0>0$,$v_0<0$，φ_0 为第一象限值；

$x_0<0$,$v_0<0$，φ_0 为第二象限值；

$x_0<0$,$v_0>0$，φ_0 为第三象限值；

$x_0>0$,$v_0>0$，φ_0 为第四象限值。

该约定在“旋转矢量法”中可见其意义。

相位的概念很重要，也较难理解，在此稍加解释一下。从式(5-2)～式(5-4)可见，简谐振动状态是时间的函数，而且具有周期性特征。由式(5-2)不难得出，周期 T 与圆频率 ω 的关系为 $\omega=\frac{2\pi}{T}$。有了时间 t 作为变量，为什么还要引入相位的概念呢？这是因为：首先时间 t 一般不一定反映周期性，而相位 $\omega t+\varphi_0=\frac{2\pi}{T}t+\varphi_0$ 中包含有 ω 或 T，在正弦或余弦函数中，就能直接反映出周期性，用它描述振动最能反映基本特征；其次，在振动的合成中，是相位 $\omega t+\varphi_0$ 直接相加减，而不是时间 t 相加减，这是引进相位的最重要理由。

3. 简谐振动的能量

对弹簧振子而言，振动物体的动能 E_k 和弹簧的弹性势能 E_p，不难算出：

$$E_k = \frac{1}{2}mv^2 = \frac{1}{2}m\omega^2A^2\sin^2(\omega t + \varphi_0) \tag{5-7}$$

$$E_p = \frac{1}{2}kx^2 = \frac{1}{2}kA^2\cos^2(\omega t + \varphi_0) \tag{5-8}$$

振子的总能量 $E=E_k+E_p=\frac{1}{2}m\omega^2A^2\sin^2(\omega t+\varphi_0)+\frac{1}{2}kA^2\cos^2(\omega t+\varphi_0)$

考虑到 $\omega^2=k/m$，则得

$$E = \frac{1}{2}m\omega^2A^2 = \frac{1}{2}kA^2 \tag{5-9}$$

由此可见，弹簧振子的能量包括动能和势能，而动能和势能均随时间作周期性变化，动能大时势能就小，动能小时势能就大，从而保持系统的机械能不变。如图 5-2 所示。考虑到弹簧振子是作为孤立系统来研究的，又不计摩擦和阻尼，所以振子的机械能守恒应该是在预料之中的。不过应指出，对于其他的振动系统，其势能不一定是弹性势能(例如单摆)，在某些情况下甚至没有明确的势能概念。但只要物体作振动，就一定存在回复力，这回复力做的负功与物体的振动动能之和总应保持为常量。

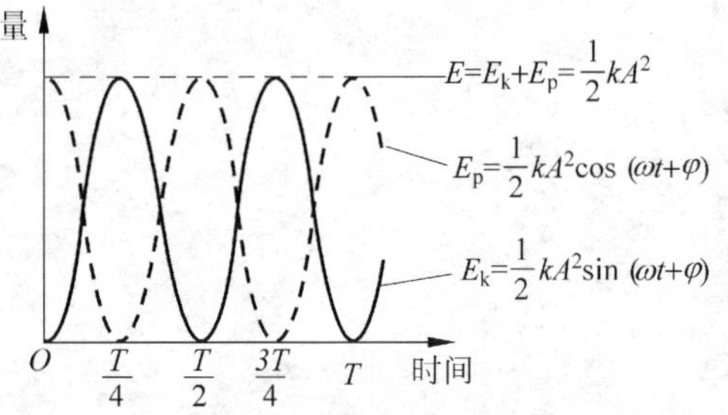

图 5-2

4. 旋转矢量

用所谓旋转矢量的方法可以形象地、方便地和简化地描述简谐运动及其合成与参数的求解过程。

令振幅矢量 **A** 绕始端以匀角速度 ω 沿逆时针旋转，$t=0$ 时，**A** 与 x 轴正向的夹角为 φ，t 时刻其夹角为 $\omega t+\varphi$，参见图 5-3(a)。矢量 **A** 的末端 P 以 O 为圆心，以 A 为半径按逆时针作匀速率圆周运动，这个圆称为参考圆，P 点称为参考点。

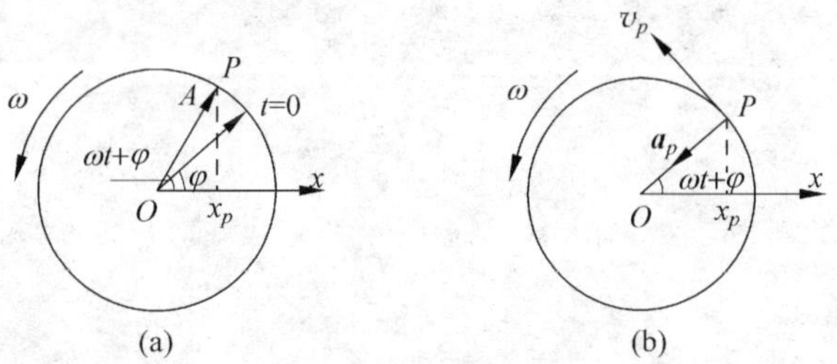

图 5-3

我们关心的是参考点 P 在 x 轴上投影点的运动，显然，其运动方程为

$$x_p = A\cos(\omega t+\varphi)$$

这表明：参考点 P 在 x 轴上投影点的运动为简谐振动。

由图 5-3(b)可得参考点 P 的速度 v_p 和加速度 $\boldsymbol{a}_p$ 在 x 轴上的投影分别为

$$v_{px} = -v_p\sin(\omega t+\varphi) = -A\omega\sin(\omega t+\varphi)$$

$$a_{px} = -a_p\cos(\omega t+\varphi) = -A\omega^2\cos(\omega t+\varphi)$$

这正是谐振动速度和加速度的表示式。

利用旋转矢量图有如下便利：首先，可将简谐振动这个变速直线运动变换为一个矢量的匀角速转动，从而能依照简单具体的图像去想象复杂抽象的运动。其次，利用振幅矢量的旋转可以很方便地画出 x-t，v-t，a-t 等图线。例如，设已知某简谐振动式为 $x=A\cos\left(\omega t-\frac{\pi}{4}\right)$，则可根据 $\boldsymbol{A}$，$\boldsymbol{v}_{\max}$ 和 $\boldsymbol{a}_{\max}$ 旋转时的矢端位置画出其 x-t、v-t、a-t 曲线，如图 5-4 所示，在描述振动的物理量中，要数相位较抽象，但相位的概念又是很重要的。利用了振幅矢量图，相位就被简单表示成 $\boldsymbol{A}$ 对 x 轴的角度。$\boldsymbol{A}$ 的方向不同，就代表相位不同。因此，在振幅矢量图上要比较两个简谐振动的相位差就很方便。例如，对于沿 x 轴振动的两个同频率的简谐振动

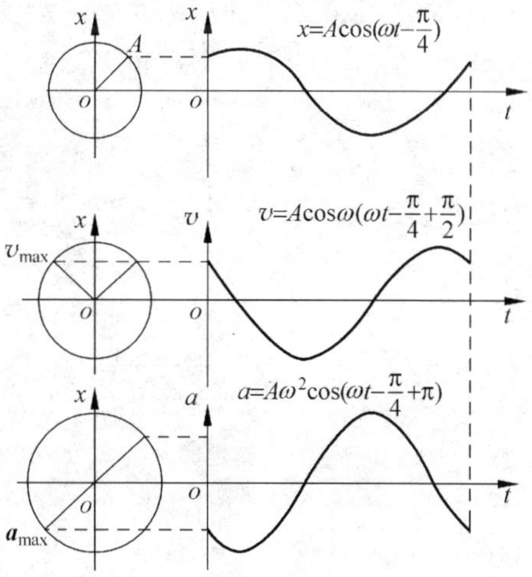

图 5-4

$$x_1 = A_1\cos(\omega t+\varphi_1)$$
$$x_2 = A_2\cos(\omega t+\varphi_2)$$

两者的相位差（即初相差）可能有下列四种情况：

(1) $\varphi_2-\varphi_1=0$，称同相；

(2) $\varphi_2-\varphi_1=\pm\pi$，称反相；

(3) $\pi>\varphi_2-\varphi_1>0$，称振动 2 超前，振动 1 落后；

(4) $\pi>\varphi_1-\varphi_2>0$，称振动 1 超前，振动 2 落后。

例 1 质点沿 x 轴作振幅为 A，周期为 T 的简谐振动，求：

(1) 何处速率为最大速率的一半？

(2) 势能和动能相等的位置在哪儿？

(3) 从 $x=+A/2$ 到 $x=-A/2$，最短历时为周期的多少倍？

解 设此简谐振动的表达式为

$$x = A\cos(\omega t+\varphi) \tag{1}$$

(1) 因为

$$v=\frac{\mathrm{d}x}{\mathrm{d}t}=-A\omega\sin(\omega t+\varphi)$$

令
$$|v|=\frac{1}{2}v_{\max}=\frac{1}{2}A\omega$$

则有
$$\sin(\omega t+\varphi)=\frac{1}{2}$$

即
$$(\omega t+\varphi)_1=\frac{\pi}{6},(\omega t+\varphi)_2=\frac{7\pi}{6}$$

将以上两相位代入(1)式，得

$$x=\pm\frac{\sqrt{3}}{2}A$$

(2) 因为

$$E=E_{\mathrm{k}}+E_{\mathrm{p}}=\frac{1}{2}kA^2$$

又根据题设条件知 $E_{\mathrm{k}}=E_{\mathrm{p}}$，所以

$$E_p = \frac{1}{2}kx^2 = \frac{1}{4}kA^2$$

$$x = \pm\frac{\sqrt{2}}{2}A$$

(3) 当 $x=A/2$ 时，有

$$\frac{A}{2} = A\cos(\omega t+\varphi),\quad \cos(\omega t+\varphi) = \frac{1}{2}$$

所以 $(\omega t_1+\varphi)=\frac{\pi}{3}$，$(\omega t_2+\varphi)=-\frac{\pi}{3}$（舍去）。

同理，当 $x=-A/2$ 时，有

$$\cos(\omega t+\varphi) = -\frac{1}{2}$$

则 $(\omega t_3+\varphi)=\frac{2\pi}{3}$，$(\omega t_4+\varphi)=\frac{4\pi}{3}$（舍去）。

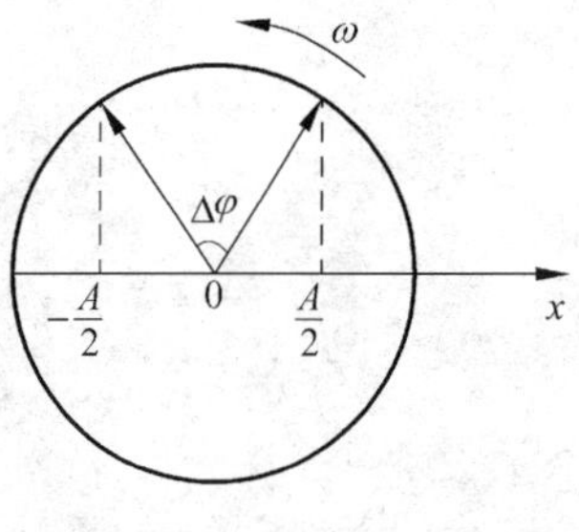

图　5-5

因求从 $A/2$ 到 $-A/2$ 经历的最短时间，故将 $-\frac{\pi}{3}$ 和 $\frac{4\pi}{3}$ 这两个相位舍去，所以

$$\Delta t = t_3 - t_1 = \left(\frac{2\pi}{3}-\frac{\pi}{3}\right)/\omega = \frac{\pi}{3}/\frac{2\pi}{T} = \frac{T}{6}$$

从参考圆的角度看，在这 Δt 时间内，参考点转过了 $\Delta\varphi=\frac{\pi}{3}$（见图 5-5）。因参考点以匀角速 ω 作圆周运动，则有

$$\Delta\varphi = \omega\Delta t$$

$$\Delta t = \Delta\varphi/\omega = \frac{\pi}{3}/\omega = \frac{T}{6}$$

5. 复杂振动中的简谐近似

上面用弹簧振子为例分析了简谐振动的规律。但实际上发生的振动大多是较复杂的，一方面是回复力可能不是弹力，而是重力、浮力等其他性质的力；另一方面是回复力可能是非线性力，只是在一定条件下才能近似当作线性回复力，下面以复摆为例作说明。

考察一个质量为 m，可绕水平轴 O 转动的刚体。当刚体在重力作用下处于稳定平衡位置时，刚体的质心 C 应位于转轴 O 的正下方，这时通过 O 的竖直线可代表刚体平衡时的角位置，并规定其角度为零。如果使刚体转到某一角度然后放手，它就会在重力矩作用下来回摆动起来，这样的装置称为复摆。

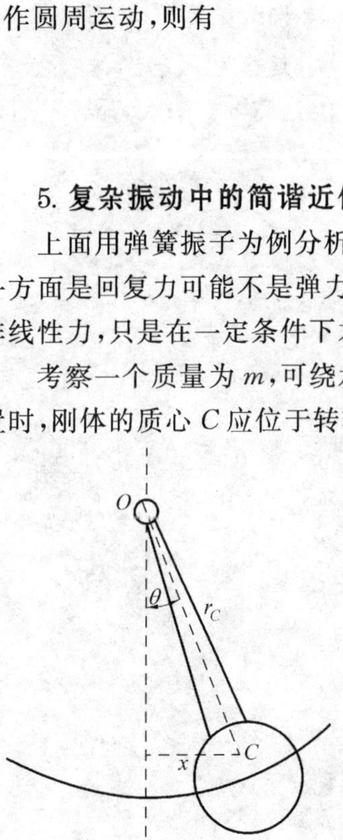

图　5-6

如图 5-6 所示，设刚体的质心 C 距轴 O 为 r_C，若某时刻 t，OC 与竖直方向成夹角 θ，则 θ 就是刚体相对于平衡位置的角位移。若规定向右的角位移为正，向左的角位移为负，而刚体转动角速度由 $\frac{d\theta}{dt}$ 表示，角加速度由 $\frac{d^2\theta}{dt^2}$ 表示。它们的值为正，表示角速度和角加速度的方向垂直纸面向外；值为负，则表示方向垂直于纸面向里。同时，刚体受到的重力矩为

$-mgr_C\sin\theta$，在不计轴 O 受到摩擦的情况下，由刚体的定轴转动定理，可得运动方程：

$$-mgr_C\sin\theta = J\frac{\mathrm{d}^2\theta}{\mathrm{d}t^2}$$

式中负号是考虑到重力矩的方向恰与由$\frac{\mathrm{d}^2\theta}{\mathrm{d}t^2}$所得出的角加速度的方向相反，$J$ 代表刚体对 O 轴的转动惯量。

令 $\omega^2 = mgr_C/J$，可使方程变为

$$\frac{\mathrm{d}^2\theta}{\mathrm{d}t^2} + \omega^2\sin\theta = 0$$

上式就是复摆的运动方程。显然，这个方程与简谐振动方程不同。因此，复摆的振动一般不是简谐振动。考虑到

$$\sin\theta = \theta - \frac{\theta^3}{3!} + \frac{\theta^5}{5!} - \cdots,$$

在复摆摆动角度很小的情况下，如果略去 θ^3 以上各高次项，近似取 $\sin\theta\approx\theta$ 时，方程就变成

$$\frac{\mathrm{d}^2\theta}{\mathrm{d}t^2} + \omega^2\theta = 0 \tag{5-10}$$

而其解

$$\theta = \theta_0\cos(\omega t + \varphi) \tag{5-11}$$

相应的角频率

$$\omega = \sqrt{mgr_C/J} \tag{5-12}$$

由此可见，复摆在作微角摆动的情况下，摆的运动与弹簧振子的振动有形式相同的运动方程。当然，在式(5-10)和式(5-11)中的物理量是角位移，而不是弹簧振子中的线位移。但从运动规律来看，作微角摆动的复摆与弹簧振子在运动特征上是完全相似的，都属于简谐振动。

5-1-2 简谐振动的合成

1. 同频率、同方向简谐振动的合成

设一质点同时参与了两个同方向、同频率的简谐振动，即

$$x_1 = A_1\cos(\omega t + \varphi_{10}),\quad x_2 = A_2\cos(\omega t + \varphi_{20})。$$

利用三角函数公式，可得该质点的合振动为

$$\begin{aligned} x = x_1 + x_2 &= A_1\cos(\omega t + \varphi_{10}) + A_2\cos(\omega t + \varphi_{20}) \\ &= A\cos\varphi_0\cos\omega t - A\sin\varphi_0\sin\omega t \end{aligned}$$

即

$$x = A\cos(\omega t + \varphi_0)$$
$$A = \sqrt{A_1^2 + A_2^2 + 2A_1A_2\cos(\varphi_{20} - \varphi_{10})}$$

其中

$$\tan\varphi_0 = \frac{A_1\sin\varphi_{10} + A_2\sin\varphi_{20}}{A_1\cos\varphi_{10} + A_2\cos\varphi_{20}}$$

即一维同频率简谐振动合成后仍为一简谐振动，其频率与分振动频率相同。

应用旋转矢量法也可很方便地求出上述合振动。如图 5-7 所示，用 $\mathbf{A}_1$ 和 $\mathbf{A}_2$ 代表上述

两简谐振动的振幅矢量，由于 $\mathbf{A}_1$ 和 $\mathbf{A}_2$ 以相同的角速度 ω 作逆时针转动，它们之间的夹角 $\varphi_2-\varphi_1$ 保持恒定，而按矢量加法求出的合矢量 $\mathbf{A}=\mathbf{A}_1+\mathbf{A}_2$ 也同样以角速度旋转。则 OA_1AA_2 构成的平行四边形是不变形的（刚性）。显然 $\mathbf{A}$ 在 x 轴上的投影为

$$x = x_1 + x_2$$

因此，$\mathbf{A}$ 就是对应合振动的旋转振幅矢量，并且

$$x = x_1 + x_2 = A\cos(\omega t + \varphi)$$

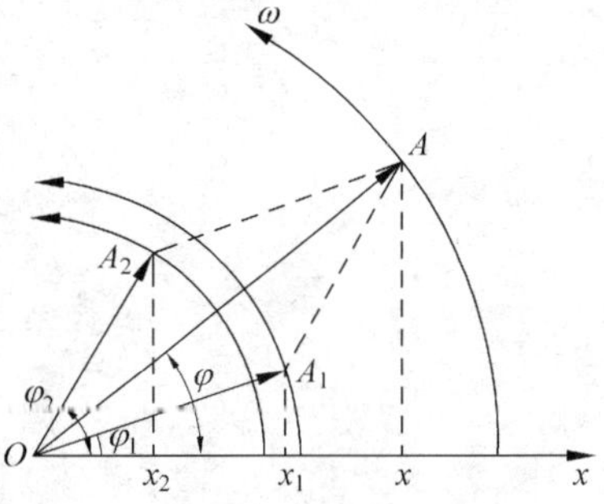

图　5-7

由矢量图不难得到

$$A = \sqrt{A_1^2 + A_1^2 + 2A_1A_2\cos(\varphi_2 - \varphi_1)}$$

$$\tan\varphi = \frac{A_1\sin\varphi_1 + A_2\sin\varphi_2}{A_1\cos\varphi_1 + A_2\cos\varphi_2}$$

在 $\mathbf{A}_1$ 和 $\mathbf{A}_2$ 一定时，合振动的振幅 $\mathbf{A}$ 取决于分振动的相位差 $(\varphi_2-\varphi_1)$，特别的：

（1）当 $\varphi_2-\varphi_1=\pm 2n\pi, n=0,1,2\cdots$ 时有

$$A = \sqrt{A_1^2 + A_1^2 + 2A_1A_2} = A_1 + A_2$$

即两分振动同向时，合振幅等于分振幅之和；

（2）当 $\varphi_2-\varphi_1=\pm(2n+1)\pi, n=0,1,2\cdots$ 时有

$$A = \sqrt{A_1^2 + A_1^2 - 2A_1A_2} = |A_1 - A_2|$$

即两分振动反向时，合振幅等于分振幅之差。

2. 不同频率、同方向的简谐振动合成

当两个振动频率不等时，图 5-7 所示的平行四边形会变形（非刚性），合振动不是简谐振动，比较复杂，为了便于讨论，设两分振动等振幅、同初相位，即

$$x_1 = A\cos(\omega_1 t + \varphi)$$

$$x_2 = A\cos(\omega_2 t + \varphi)$$

设 $\omega_2 > \omega_1$，则应用和差化积公式，得合振动方程为

$$\begin{aligned} x &= x_1 + x_2 \\ &= \left(2A\cos\frac{\omega_2-\omega_1}{2}t\right)\cdot\left[\cos\left(\frac{\omega_2+\omega_1}{2}t+\varphi\right)\right] \end{aligned} \tag{5-13}$$

可见，合振动可写成两余弦函数的乘积，它们的圆频率不相等。

下面我们讨论两分振动频率较大而相差很小，即 $\omega_2-\omega_1 \ll \omega_2+\omega_1$ 时的情况，在这样的条件下，$\cos\left(\frac{\omega_2-\omega_1}{2}t\right)$ 随时间的变化比 $\cos\left(\frac{\omega_2+\omega_1}{2}t\right)$ 要缓慢得多。因此，我们把 $2A\cos\left(\frac{\omega_2-\omega_1}{2}t\right)$ 看成是振动的振幅，不过振幅的大小不是常量，而是按调制因子（modulating factor）

$$\left|\cos\left(\frac{\omega_2-\omega_1}{2}t\right)\right| \tag{5-14}$$

而变化。因而出现了合振幅强弱的周期性变化，这种现象称为拍，如图 5-8 所示。

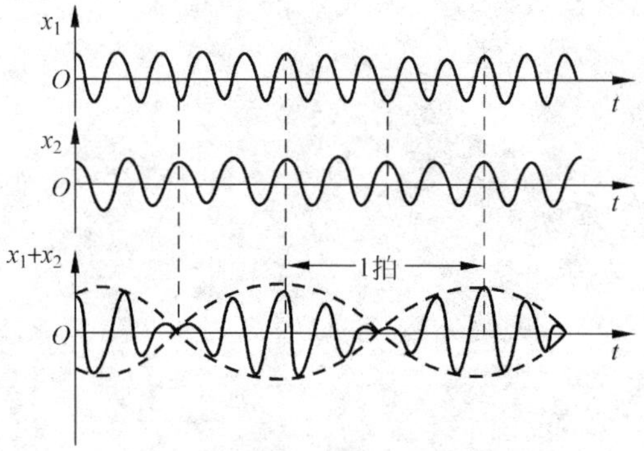

图 5-8

合振幅每变化一个周期为1拍，单位时间内，拍出现的次数称为拍频。由于余弦函数的绝对值是以 π 为周期的，因此拍的周期 T 满足下式

$$\frac{\omega_2-\omega_1}{2}T=\pi,\quad T=\frac{2\pi}{\omega_2-\omega_1}$$

则拍频为

$$\nu=\frac{1}{T}=\frac{\omega_2-\omega_1}{2\pi}=\nu_2-\nu_1 \tag{5-15}$$

拍现象也可以从谐振动的旋转矢量合成图示法得到说明。设 $\boldsymbol{A}_2$ 比 $\boldsymbol{A}_1$ 转得快，单位时间内 $\boldsymbol{A}_2$ 比 $\boldsymbol{A}_1$ 多转 $\nu_2-\nu_1$ 圈，即在单位时间内，两个矢量恰好“相重”(在相同方向)和“相背”(在相反方向)的次数都是 $\nu_2-\nu_1$ 次，也就是合振动将加强或减弱 $\nu_2-\nu_1$ 次，这样就形成了合振幅时而加强时而减弱的拍现象，拍频等于 $\nu_2-\nu_1$。

拍振动有很多实际应用，例如管乐器中的双簧管就是利用两个簧片振动频率的微小差别产生出颤动的拍音，超外差收音机中的振荡电路、汽车速度监视器等也都利用了拍的原理。

3. 同频率、相互垂直的简谐振动合成

设两个相互垂直的简谐振动分别沿 x 轴和 y 轴方向，记为

$$x=A_1\cos(\omega t+\varphi_1)$$
$$y=A_2\cos(\omega t+\varphi_2)$$

由以上两式消去 t，得合振动的轨迹方程为

$$\frac{x^2}{A_1^2}+\frac{y^2}{A_2^2}-\frac{2xy}{A_1A_2}\cos(\varphi_2-\varphi_1)=\sin^2(\varphi_2-\varphi_1) \tag{5-16}$$

这表明：其合振动的轨迹为一椭圆，而椭圆的形状取决于分振动的相位差 $(\varphi_2-\varphi_1)$，参见图 5-9。下面简要讨论几种特殊情况。

(1) $\varphi_2-\varphi_1=0$ 时，式(5-16)化为

$$\frac{x}{A_1}-\frac{y}{A_2}=0$$

合振动轨迹为一条在一、三两象限中的直线段，斜率为 A_2/A_1，如图 5-9(a)。

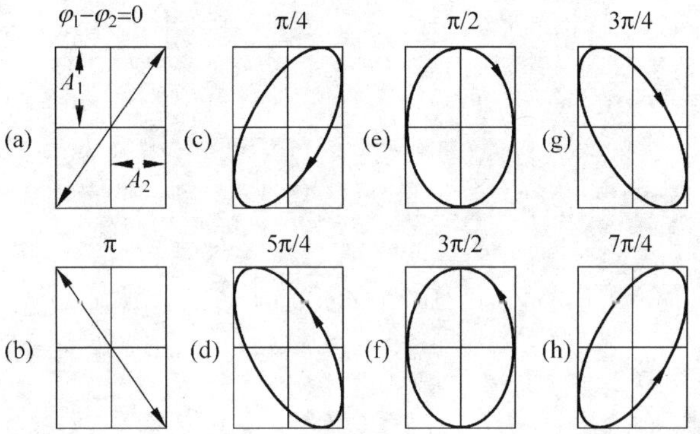

图　5-9

(2) $\varphi_2-\varphi_1=\pi$ 时，由(5-16)式，得

$$\frac{x}{A_1}+\frac{y}{A_2}=0$$

合振动轨迹为一条在二、四象限中的直线段，斜率为 $-A_2/A_1$，如图 5-9(b)。

(3) $\varphi_2-\varphi_1=\frac{\pi}{2}$ 时，或 $\varphi_2-\varphi_1=-\frac{\pi}{2}$ 时，式(5-16)变为

$$\frac{x^2}{A_1^2}+\frac{y^2}{A_2^2}=1$$

这表明合振动的轨迹是以坐标轴为主轴的正椭圆，但绕行方向相反。

当 $\varphi_2-\varphi_1=\frac{\pi}{2}$ 时，因

$$x=A_1\cos(\omega t+\varphi_1)$$
$$y=A_2\cos\left(\omega t+\varphi_1+\frac{\pi}{2}\right)=-A_2\sin(\omega t+\varphi_1)$$

所以，合振动的轨迹是按顺时针转向描绘出的正椭圆，如图 5-9(e)所示。

当 $\varphi_2-\varphi_1=-\frac{\pi}{2}$ 时，因

$$x=A_1\cos(\omega t+\varphi_1)$$
$$y=A_2\cos\left(\omega t+\varphi_1-\frac{\pi}{2}\right)=A_2\sin(\omega t+\varphi_1)$$

所以，其正椭圆是逆时针转向的，见图 5-9(f)。

在(3)的讨论中，如果 $A_1=A_2$ 时，合振动的轨迹为一圆。

(4) $\varphi_2-\varphi_1$ 为其他值时，式(5-16)是主轴不在坐标轴上的椭圆方程，如图 5-9(c)、(d)等所示。

单相感应电动机中，把单相“劈”为两相，从而有互相垂直的两个同频率同幅度的谐变磁场，周相差为 90°，则合成磁场作圆振动，就是说合成磁场是旋转磁场，这个旋转磁场带动转子跟随着它旋转，这大致上就是单相感应电动机的原理。

4. 不同频率、相互垂直的简谐振动合成

假如两个简谐振动的振动方向相互垂直、频率不同，则仅当两个角频率之比为有理数，

即 $\dfrac{\omega_1}{\omega_2} = \dfrac{q}{p}$（$p$ 和 q 为互不可约的整数）时，合振动的运动轨迹才是闭合的，形成周期运动。相应合振动的具体轨迹图形称为李萨如（J. Lissajous）图，它不仅依赖于频率之比，而且还和初相位有关。图 5-10 是几个李萨如图的例子，沿 x 方向与沿 y 方向的简谐振动的角频率之比为 $\omega_1 : \omega_2 = 3 : 2$，而初相位分别为 φ_{10} 和 φ_{20}。从图中可以看到，当物体在 x 方向进行了三次来回运动的同时，在 y 方向上往返了两次。如果一个振动的频率已知，则可以根据图形求出另一个振动的频率，这是常用的比较方便的测定频率的方法。

$\varphi_{10}=\pi/2$	$\varphi_{10}=0$	$\varphi_{10}=0$
$\varphi_{20}=0$	$\varphi_{20}=\pi/2$	$\varphi_{20}=0$

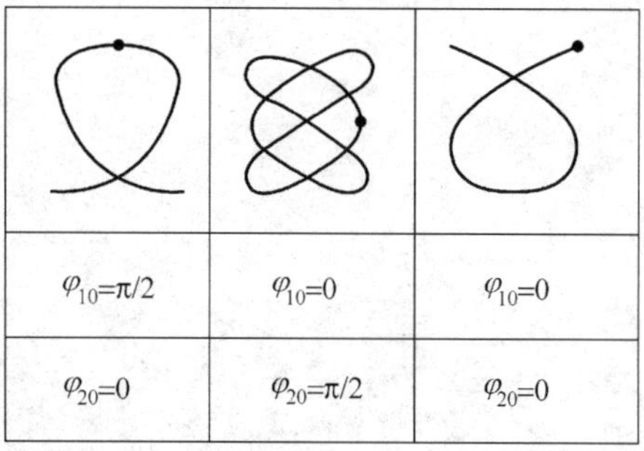

图 5-10

此外，已知频率比，亦可由李萨如图确定相位关系。

5-1-3 复杂振动的处理理论——傅里叶变换

一般说来，振动不一定是简谐振动，而是比较复杂的振动。如图 5-11 中的三根曲线都是频率为 264 Hz 但为不同乐器发出的 C 调"do"音。图 5-11(a) 是音叉的振动，它是简谐振动；而图 5-11(b)、(c) 分别是提琴和某人发出的振动，它们是非简谐振动。

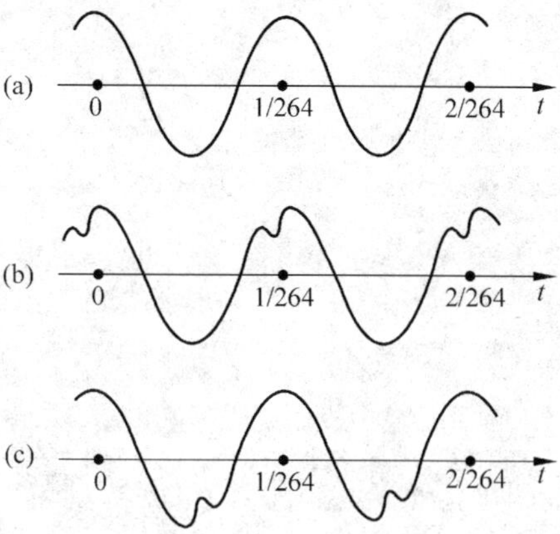

图 5-11

那么，对于非简谐振动这样的复杂振动应该如何研究呢？先举一个例子：大家熟悉天空中的彩虹，这是太阳光照射到小水滴发生折射所造成的。彩色光并不是小水滴制造出来的，它们本来就存在于太阳光之中，太阳光正是由这些彩色光组成的。这就是说，太阳光这种复杂的电磁振动是可以分解为各种单色光的，而单色光就是谐振动。太阳光分解而成的彩带叫做太阳光的光谱。

复杂振动的处理类似上述光学例子。傅里叶级数理论认为：任何一个复杂振动可以分解为一系列谐振动的叠加，这些谐振动的频率等于该复杂振动的频率或其整倍数，因而叫做该复杂振动的基频振动或倍频振动。这种分解叫做谐波分析。这样说来，由于复杂振动经过谐波分析之后总可以归结为谐振动，谐振动的研究就为复杂振动的研究提供了基础。

为了表明复杂振动所包含的谐振动成分，人们常把谐波分析的结果表为图 5-12 的形

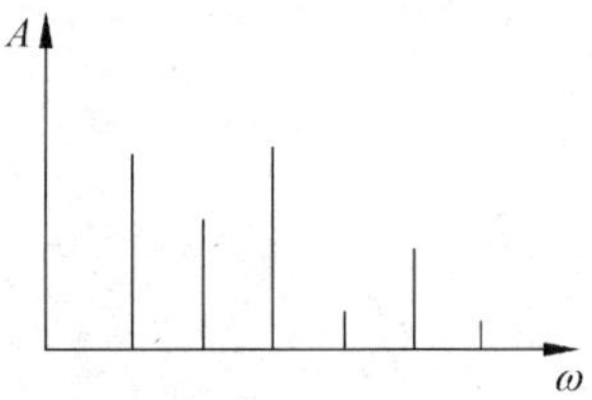

图 5-12

式。横轴表示频率，在相应于各个谐振动成分的频率处的直线的长短则表示该谐振动成分的振幅大小。这样的图形叫做频谱。光谱就是频谱的一种。

根据傅里叶级数理论，任一周期性函数 $f(t)$，其圆频率为 ω_0，则 $f(t)$可表示为

$$f(t) = A_0 + \sum_{k=1}^{\infty} (A_k \cos k\omega_0 t + B_k \sin k\omega_0 t) \quad (5\text{-}17)$$

其中 k 为非零的正整数。

由数学的三角函数的正交性关系，不难得到

$$A_0 = \frac{1}{T}\int_{-T/2}^{T/2} f(t)\,\mathrm{d}t$$

$$A_k = \frac{2}{T}\int_{-T/2}^{T/2} f(t)\cos k\omega_0 t\,\mathrm{d}t$$

$$B_k = \frac{2}{T}\int_{-T/2}^{T/2} f(t)\sin k\omega_0 t\,\mathrm{d}t$$

T 为周期性函数 $f(t)$的周期。这些系数就是 $f(t)$中所含谐频的振幅。

谐波分析不仅是数学运算，而且也是实际的物理过程。例如耳的柯蒂氏器官，各个谐振动成分分别激励相应的纤维，使之共振从而把信息传入大脑。这样，听觉器官可说是声振动的频谱分析器，“听”可说是声振动的谐波分析。至于在电子学中，电磁振荡的谐波分析，有选择的与某个谐振动成分共振，等等，更是不可或缺的手段。

对于非周期性振动亦可表示为各种谐振动叠加，只是叠加由求和变为积分。更详细的分析可以参阅其他书籍。

5-2　阻尼、受迫振动

振动的物体在运动中，总是或多或少地受到包括空气阻力和摩擦力在内的各种阻力作用，从而使振动物体的机械能转化为其他形式的能量，比如热能。从而使振动物体的机械能减小，振幅逐渐减小，最终使振动停止，这种振动称为阻尼振动。为了使受阻尼而振动的物体维持运动，则必须对振动物体施加具有周期性特征的外力，以维持振动所需的能量，这种在外界驱动力作用下的振动，称为受迫振动。研究阻尼和受迫振动的规律具有现实意义。利用阻尼可以使仪器仪表的指针迅速停下；利用受迫振动规律产生共振选频以及防震减灾等。

5-2-1　阻尼振动

在流体（空气、液体等）中，物体振动速度不大时，阻力大小时常与速率成正比，若以 F 表示阻力的大小，并考虑阻力与速度方向相反，可将阻力写成下列代数式：

$$F = -\gamma v = -\gamma \frac{\mathrm{d}x}{\mathrm{d}t}$$

式中 γ 是与阻力有关的比例系数，其值决定于运动物体的形状、大小和周围介质的性质，一般可通过实验测定得到。

考察弹簧振子在上述阻力作用下发生振动的情形。振子的动力学方程为

$$m\frac{\mathrm{d}^2x}{\mathrm{d}t^2}=-kx-\gamma\frac{\mathrm{d}x}{\mathrm{d}t} \tag{5-18}$$

令 $\omega_0^2=\dfrac{k}{m}$，$2\delta=\dfrac{\gamma}{m}$，代入上式得

$$\frac{\mathrm{d}^2x}{\mathrm{d}t^2}+2\delta\frac{\mathrm{d}x}{\mathrm{d}t}+\omega_0^2x=0 \tag{5-19}$$

式中 ω_0 是对应无阻尼时系统振动的固有角频率，δ 称为阻尼系数。

考虑到振幅逐渐减小，且在阻力作用下振动变慢，圆频率不再是 ω_0，取

$$x=A\mathrm{e}^{-\lambda t}\cos(\omega t+\varphi)$$

作为试探解代入式(5-19)得

$$A\mathrm{e}^{-\lambda t}\left[(\omega_0^2-2\delta\lambda-\omega^2+\lambda^2)\cos(\omega t+\varphi)+2\omega(\lambda-\delta)\sin(\omega t+\varphi)\right]=0$$

上式对任意时刻都成立，则有

$$\begin{cases}\omega_0^2-2\delta\lambda-\omega^2+\lambda^2=0\\ \lambda-\delta=0\end{cases}$$

即 $\lambda=\delta$，$\omega=\sqrt{\omega_0^2-\delta^2}$。所以，当 $\delta<\omega_0$ 时(阻力较小)，式(5-19)的解为

$$x=A\mathrm{e}^{-\delta t}\cos(\omega t+\varphi) \tag{5-20}$$

式中 $\omega=\sqrt{\omega_0^2-\delta^2}$，称“准圆频率”，由振动系统与阻尼特征决定；$A$、$\varphi$ 由初始条件决定。

如所预计，式(5-20)代表的是一种减幅振动，其振幅按指数率随时间减小。严格地说，这已不是周期运动，通常称为准周期运动，而将相邻的两个振动位移极大值的时间间隔称为周期，其大小为

$$T=\frac{2\pi}{\omega}=\frac{2\pi}{\sqrt{\omega_0^2-\delta^2}} \tag{5-21}$$

同无阻尼振子的固有周期 $\dfrac{2\pi}{\omega_0}$ 相比，阻尼振子的周期要长一些。图 5-13 示出了阻尼振动位移随时间的变化(对应 $\varphi=0$ 的情形)，称为阻尼振动曲线。

为量度阻尼振动振幅衰减的快慢，通常采用对数减缩 Λ，其定义是

$$\begin{aligned}\Lambda&=\ln\frac{A\mathrm{e}^{-\delta t}}{A\mathrm{e}^{-\delta(t+T)}}\\&=\ln\mathrm{e}^{\delta T}\\&=\delta T\end{aligned} \tag{5-22}$$

如在实验上测出 Λ 和 T，就能计算出阻尼系数 δ。

对于阻力很大，使 $\delta>\omega_0$ 的情况，偏离平衡的物体只能逐渐回到平衡位置，不可能振动起来，这种情形称为过阻尼。显然，这完全是一种非周期运动，当然，对于这种情形，式(5-20)已不再是满足方程(5-19)的解了，这时振子的位移随时间变化的曲线如图 5-14 所示。

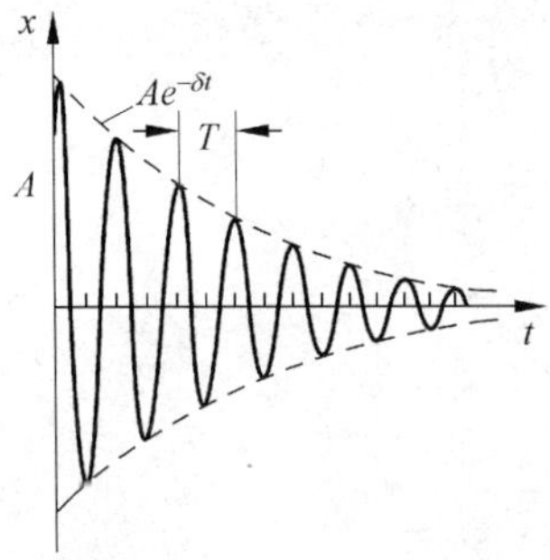

图　5-13

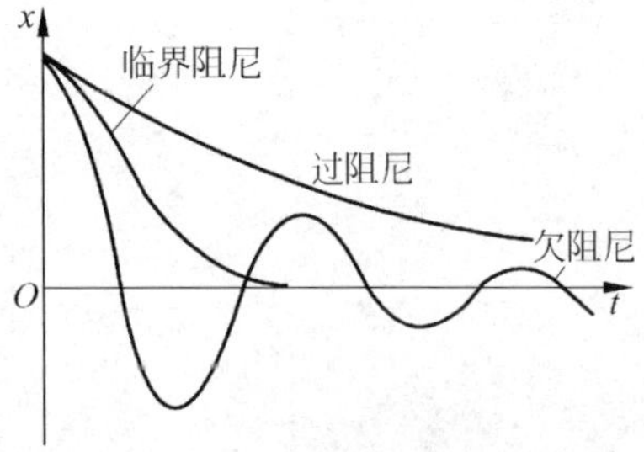

图　5-14

当阻力由小增大，使振子刚好从准周期振动转变为非周期运动的临界状态时，这时阻尼又称为临界阻尼。理论证明，与欠阻尼和过阻尼比较，在临界阻尼下振子回到平衡位置而静止下来所需的时间最短。由计算得，在临界阻尼下 $\delta=\omega_0$，$\gamma=2m\omega_0$，方程(5-19)的解也不再是式(5-20)了。

5-2-2　受迫振动和共振

1. 受迫振动

由于实际问题中周期性驱动情况较多，比如交流电路中的强迫力——电动势，就是周期性的，而且根据傅里叶理论，任意形式驱动力函数都可以以周期性(正弦、余弦)的驱动力函数展开，所以，我们研究周期性驱动力具有普遍意义。

设驱动力有如下形式：

$$F = F_0\cos\omega t \tag{5-23}$$

式中 F_0 为驱动力的幅值，ω 为驱动力的圆频率。

振子在线性回复力、线性阻尼力及驱动力的共同作用下，其振动方程为

$$m\frac{\mathrm{d}^2x}{\mathrm{d}t^2} = -kx - \gamma\frac{\mathrm{d}x}{\mathrm{d}t} + F_0\cos\omega t \tag{5-24}$$

令 $\frac{k}{m}=\omega_0^2$，$\frac{\gamma}{m}=2\delta$，$\frac{F_0}{m}=f_0$，则有

$$\frac{\mathrm{d}^2x}{\mathrm{d}t^2} + 2\delta\frac{\mathrm{d}x}{\mathrm{d}t} + \omega_0^2x = f_0\cos\omega t \tag{5-25}$$

在阻力较小的情况下，上式的解为

$$x = A_0\mathrm{e}^{-\delta t}\cos(\omega' t + \varphi_0) + A\cos(\omega t + \varphi) \tag{5-26}$$

其中 ω' 即为阻尼振动中的 $\sqrt{\omega_0^2-\delta^2}$。

式(5-26)中第一项是上面研究的阻尼振动的解，第二项所表示的是一个振幅不变的“简谐振动”，它体现了周期性外力对振动的影响，可见，如果以上两项都起作用，系统的振动是十分复杂的。但有趣的是，第一项包含衰减因子 $\mathrm{e}^{-\delta t}$，经一段时间以后这一项不再起作用，所以，受迫振动达到稳定状态以后式(5-26)的解(称为**稳态解**)为

$$x = A\cos(\omega t + \varphi) \tag{5-27}$$

上式的数学结构形式与简谐振动的表达式完全一样，但二者存在不同之处：其一，稳态受迫振动的角频率是策动力的圆频率(ω)，而不是振子的固有圆频率(ω_0)；其二，式(5-27)

中的振幅 A 和初相位 α 不是取决于振子的初始条件，而是依赖于振子的性质、阻尼因子及驱动力的性质。

事实上，只要将式(5-27)代入方程(5-25)，就可计算出

$$A=\frac{f_0}{\sqrt{(\omega_0^2-\omega^2)+4\delta^2\omega^2}} \tag{5-28}$$

$$\tan\varphi=\frac{-2\delta\omega}{\omega_0^2-\omega^2}$$

在稳态时，振动物体的速度

$$v=\frac{\mathrm{d}x}{\mathrm{d}t}=v_{\max}\cos\left(\omega t+\varphi+\frac{\pi}{2}\right)$$

式中，

$$v_{\max}=\frac{f_0\omega}{\sqrt{(\omega_0^2-\omega^2)+4\delta^2\omega^2}} \tag{5-29}$$

2. 共振

(1) 位移共振

由式(5-28)可见，在 ω_0 和 f_0 确定的情况下，受迫振动稳定态时的位移振幅随策动力的频率 ω 变化，那么，满足什么条件位移振幅 A 取最大值呢？为此，我们先求式(5-28)中分母的极小值。令

$$\frac{\mathrm{d}}{\mathrm{d}\omega}\left[(\omega_0^2-\omega^2)^2+4\delta^2\omega^2\right]=0$$

得

$$\omega^2=\omega_0^2-2\delta^2$$

这表明，当策动力的频率 ω 满足

$$\omega_r=\sqrt{\omega_0^2-2\delta^2} \tag{5-30}$$

时，位移振幅 A 达最大值，这就是位移共振，ω_r 称为位移共振频率。

在位移振幅 A 的表示式(5-28)中，让 $\omega=\omega_r$ 并将(5-30)代入，可得位移共振时的振幅 $A_{\max}$ 与阻尼因子 δ 的关系为

$$A_{\max}=\frac{f_0}{2\delta\sqrt{\omega_0^2-\delta^2}} \tag{5-31}$$

可见，位移共振时，策动力的角频率 ω_r 略小于系统的固有角频率 ω_0，阻尼 δ 越小，ω_r 越接近 ω_0，共振振幅也越大，见图 5-15。

(2) 速度共振

除位移共振外，还有速度共振。将式(5-29)对 ω 求导数，并令 $\mathrm{d}v_{\max}/\mathrm{d}\omega=0$，可得速度共振频率为

$$\omega_r=\omega_0 \tag{5-32}$$

这说明，当策动力的频率与系统的固有频率相等时，速度幅值达到最大值；而且阻尼越小，速度幅值的极大值也越大，速度共振曲线越尖锐。见图 5-16。

为什么位移共振、速度共振不发生在同一条件？为什么发生共振时振幅或速度并不会达到无穷大，而是达到一个稳定值？有如下说明。

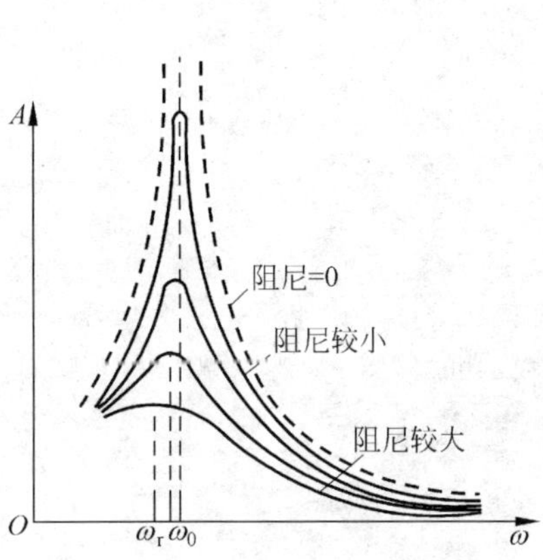

图　5-15

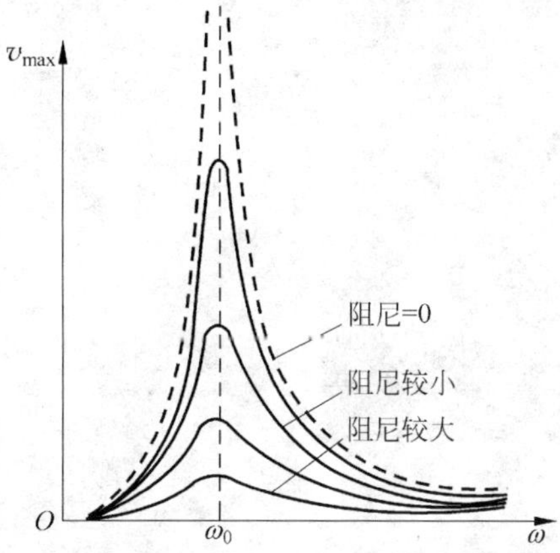

图　5-16

① 条件问题

对于无阻尼也无驱动力作用的自由振子，振子的总能量保持为常数。其动能与势能可以相互转换，当振子在平衡位置有大的动能时，到达回转点就能转换为大的势能。因此，速度幅值的最大也对应位移振幅的最大。那么，如何理解当速度发生共振时，而位移并没有达到共振呢？原因在于，对于作受迫振动的振子在平衡点有最大幅值的速度时，其运动时受到的阻力也达到最大。于是在平衡点上的最大动能并没有能全部转变为回转点上的势能，以致速度幅值的最大并不对应位移振幅的最大。这就是位移共振与速度共振并不发生在同一条件下的原因。显然，如果阻尼很小，两种共振的条件将趋于一致，这一点也可以从图 5-15 的位移共振曲线清楚地看出来。

② 振幅问题

对受迫振动而言，振动系统总是存在着能量损耗，而且振动越剧烈，损耗越严重。因此，振幅增大到一定程度时，外界传输给振动系统的能量全部都损耗掉，这时振幅就不再增大了。这就是共振时并不会振幅无限制增大的原因。

5-3　耦合振子

无阻尼的一维单个振子自由度为 1，其固有频率也只有一个。但是，往往振动系统的自由度不止一个，比如，在弹性一维双原子分子模型中，系统自由度为 2。此时，每一个振动的振动一般都会受到另一个振子的振动的影响，所以称耦合振子。通常耦合振子的振动非常复杂，但若条件特殊，其振动也相当简单。

以一维 2 自由度的耦合振子(由一根弹簧连接的两个弹簧振子)为例。如图 5-17 所示，用一根劲度系数为 k' 的轻质弹簧将两个劲度系数皆为 k 的弹簧振子连接在一起。当将两个振子向同一方向拉离平衡位置相同距离或向相反方向拉离同一距离，然后释放。由于两种情况中，两个振子所受的力完全对称，所以，这两种情况中每个振子的振动情况完全一样，即以相同的频率振动。显然，图 5-17(a)情况，两个振子都以 $\omega=\sqrt{\frac{k}{m}}$ 振动；图 5-17(b)由于每个振子都受 $kx+2k'x$ 作用，所以，它们都以 $\omega=\sqrt{\frac{k}{m}+\frac{2k'}{m}}$ 振动。这两种情况中，两振子之间无能量的传递，也可以说无相互影响。这是两种特殊的振动模式，称简正模。

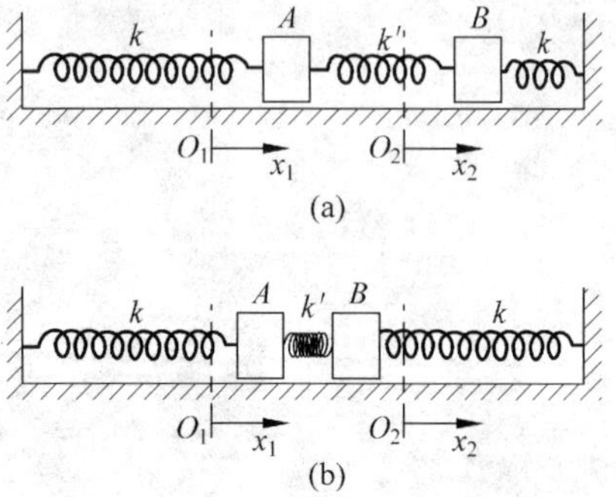

图 5-17

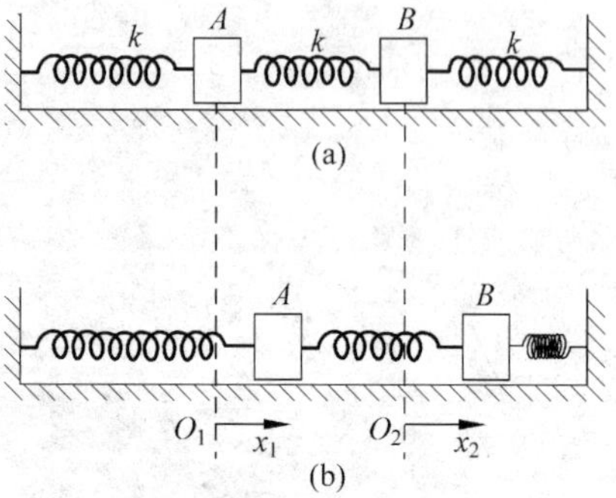

图 5-18

一般情况两个振子的振动要互相影响(耦合)，如图 5-18 所示。考虑在某一时刻 A 和 B 分别位于 x_1 和 x_2，则它们都将受到左右两边弹簧的作用力。由于此时中间那根连接两物体的弹簧的伸长量为 $x-x_2$，因此，A、B 两振子的运动方程分别为

$$k(x_2-x_1)-kx_1=m\frac{\mathrm{d}^2x_1}{\mathrm{d}t^2}$$

$$-kx_2-k(x_2-x_1)=m\frac{\mathrm{d}^2x_2}{\mathrm{d}t^2}$$

整理后得

$$\frac{\mathrm{d}^2x_1}{\mathrm{d}t^2}+\frac{2k}{m}x_1-\frac{k}{m}x_2=0$$

$$\frac{\mathrm{d}^2x_2}{\mathrm{d}t^2}+\frac{2k}{m}x_2-\frac{k}{m}x_1=0$$

由于这两个方程中均含有变量 x_1 和 x_2，反映出 A、B 两个振子的运动是相互耦合的，因此它们不能各自独立的求解。

为求解这一方程组，将上述两式相加得

$$\frac{\mathrm{d}^2}{\mathrm{d}t^2}(x_1+x_2)+\left(\frac{2k}{m}-\frac{k}{m}\right)(x_1+x_2)=0$$

将上述两式相减得

$$\frac{\mathrm{d}^2}{\mathrm{d}t^2}(x_1-x_2)+\left(\frac{2k}{m}+\frac{k}{m}\right)(x_1-x_2)=0$$

即

$$\frac{\mathrm{d}^2}{\mathrm{d}t^2}(x_1+x_2)+\omega_0^2(x_1+x_2)=0$$

$$\frac{\mathrm{d}^2}{\mathrm{d}t^2}(x_1-x_2)+\omega'^2(x_1-x_2)=0$$

式中 $\omega_0=\sqrt{\frac{k}{m}}$，$\omega'=\sqrt{\frac{3k}{m}}$，即为上面所讲到的两个简正模的角频率。如果令 $x_{n1}=x_1+x_2$，$x_{n2}=x_1-x_2$，便得到 x_{n1} 和 x_{n2} 的两个独立方程

$$\frac{\mathrm{d}^2x_{n1}}{\mathrm{d}t^2}+\omega_0^2x_{n1}=0$$

$$\frac{d^2 x_{n2}}{dt^2} + \omega'^2 x_{n2} = 0$$

它们的解分别为

$$x_{n1} = A\cos(\omega_0 t + \varphi_1)$$
$$x_{n2} = B\cos(\omega' t + \varphi_2)$$

现在得到了两个独立的振动，它们所描述的即为系统的简正模，这两个变量 x_{n1} 和 x_{n2} 称为简正坐标。对于所选择的坐标 x_1 和 x_2，方程的解可写为

$$x_1 = \frac{1}{2}(x_{n1} + x_{n2}) = \frac{1}{2}A\cos(\omega_0 t + \varphi_1) + \frac{1}{2}B\cos(\omega' t + \varphi_2)$$

$$x_2 = \frac{1}{2}(x_{n1} - x_{n2}) = \frac{1}{2}A\cos(\omega_0 t + \varphi_1) - \frac{1}{2}B\cos(\omega' t + \varphi_2)$$

式中 $A, B, \varphi_1, \varphi_2$ 可由初始条件决定。

首先利用初始条件 $t=0$ 时，$x_1 = x_2 = x_0$，$\frac{dx_1}{dt} = \frac{dx_2}{dt} = 0$ 或 $t=0$，$x_1 = x_0$，$x_2 = -x_0$，$\frac{dx_1}{dt} = \frac{dx_2}{dt} = 0$ 来确定这四个积分常数。当满足上述第一种初始条件时，可得到：$\varphi_1 = \varphi_2 = 0$，$A = 2x_0$，$B = 0$，此时两个物体的运动应满足

$$x_1 = x_0 \cos \omega_0 t$$
$$x_2 = x_0 \cos \omega_0 t$$

当满足上述第二种初始条件时，有 $\varphi_1 = \varphi_2 = 0$，$A = 0$，$B = 2x_0$，此时两个物体的运动应满足

$$x_1 = x_0 \cos \omega' t$$
$$x_2 = -x_0 \cos \omega' t$$

这便是 5-2 节讨论的两个物体均以 ω_0 或 ω' 作简谐振动的情况，把 ω_0 和 ω' 称为系统的简正角频率。

下面考虑一般的情况。设 $t=0$ 时，$x_1 = x_0$，$\frac{dx_1}{dt} = 0$，$x_2 = 0$，$\frac{dx_2}{dt} = 0$ 即开始时使物体 A 向右偏离平衡位置 x_0 距离而保持物体 B 在平衡位置，使它们同时由静止开始运动。由条件 $t=0$ 时 $\frac{dx_1}{dt} = 0$，$\frac{dx_2}{dt} = 0$ 可得 $\varphi_1 = \varphi_2 = 0$，而由初始位移的条件可得

$$x_1 = x_0 = \frac{1}{2}A + \frac{1}{2}B$$

$$x_2 = 0 = \frac{1}{2}A - \frac{1}{2}B$$

因此，$A = B = x_0$，从而得到在这一初始条件下两物体的运动应满足

$$x_1 = \frac{1}{2}x_0(\cos \omega_0 t + \cos \omega' t),$$

$$x_2 = \frac{1}{2}x_0(\cos \omega_0 t - \cos \omega' t)。$$

至此得到如下结论：具有两个自由度的耦合系统，存在两个简正模。在特殊条件下，组成系统的每个质点都将以相同的简正频率 ω_0 或 ω'（$\omega' > \omega_0$）作简谐振动。但在一般情况下，每个质点的运动将不再是谐振动，而是以 ω_0 和 ω' 为角频率的两个简谐振动的叠加。

可以证明，若振动系统的自由度为N，则有N个简正模和N个相应的简正频率。一般而言，对应于一定的初始条件，系统中每个振子将以一定的方式作N个简谐振动的组合振动。总之，简正模是一个多自由度线性系统中各自由度的运动的一些特殊的组合，是一些集体运动模式，它们彼此相互独立。如果初始运动状态符合某个简正模式，则系统将按此模式振动，其他模式将不激发；如果初始运动状态是任意的，则该系统的运动将是各简正模式按一定比例的叠加。简正模是当今凝聚态物理学中“元激发或准粒子”这一重要概念的萌芽。

5-4 机 械 波

机械振动在弹性介质中的传播所形成的波，称为机械波，比如声波、水面波和地震波等。波动并不限于机械波，无线电波、光波等也是一种波动，这类波是交变电磁场在空间的传播形成的，通称电磁波。机械波和电磁波在本质上是不相同的，但是它们都具有波动的共同特征，即都具有一定的传播速度，且都伴随着能量的传播，都能产生反射、折射、干涉和衍射等现象，而且具有相似的数学表示形式。

5-4-1 波动的产生与传播

在弹性介质中，当某质元在平衡位置附近振动时，由于质元之间有弹性力作用，因此它将带动邻近质元作相应的振动，而邻近质元的振动继而又带动其邻近质元的振动，依此类推。这种振动的传播过程就形成了机械波。机械波的产生需要两个必要条件：首先要有作机械振动的物体作振源，其次要有传播这种机械振动的介质，两者缺一不可。

根据介质中质元的振动方向和传播方向之间的关系，常将波分成横波和纵波。

横波是指振动方向和传播方向相互垂直的波。例如，用手抖动绳子的一端时，绳子上产生的波就是横波。对于机械波来说，固体中能传播横波。这是因为在固体中，当一层介质相对于另一层介质平移而发生切变时，固体有恢复原状的趋势，从而在相邻两层间产生切向恢复力，也正是由于这种切向力，才使得横波得以在固体中传播，而液体和气体由于没有这种切向弹性力，故而一般不能传播横波（水的表面波具有横波分量）。

纵波是指振动方向和传播方向相同的波，如声音在空气中的传播就是纵波。纵波也常称为疏密波，这主要是由于质元的振动方向与传播方向相同时，介质里出现了一个又一个的疏部和密部，形成了纵波。固体、液体和气体都能传播纵波。

图 5-19 是横波和纵波在几个不同时刻质元的位置分布图。

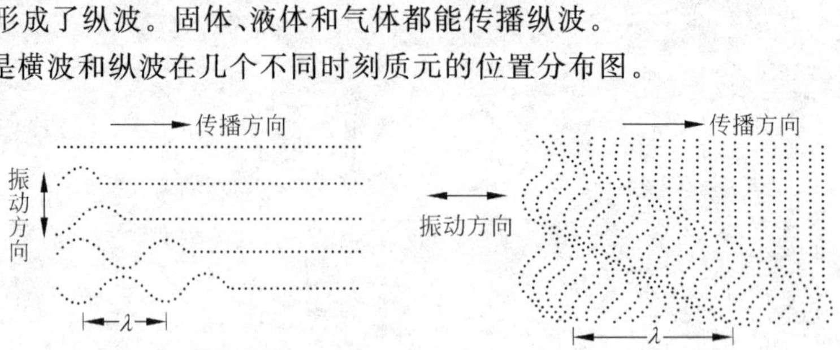

(a) 横波　　(b) 纵波

图 5-19

实际情况中，波动比较复杂，可能既有横波，又有纵波的成分，比如图 5-20 中的地震波和水面的深水波和浅水波。

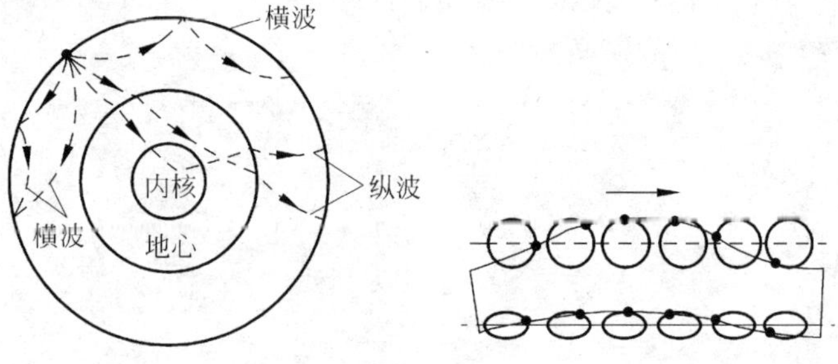

图 5-20

为了从几何学的角度形象地描述波动在空间的传播，引入波线和波面的概念。当波在三维连续介质中由波源发出向外传播时，通常用带有箭头的直线表示波的传播方向，称为波线。在某一时刻波的前方达到的各相位相同的点构成一连续的曲面称为波阵面，又称波前。在各向同性介质中，波的传播方向处处与波阵面垂直，亦即波线与波阵面垂直。

若波的波阵面为平面，称为平面波；为球面，则称为球面波；为圆柱面，则称为柱面波(见图 5-21)。一个尺寸很小(相对于所讨论的空间范围)的波源可当作点波源，在均匀各向同性介质中的点波源可以产生球面波；由点波源密集排成的直线构成线波源，线波源可以产生柱面波；很大的平面波源可以产生平面波。此外，当球面波或柱面波传播到极远处时，它的一部分也可当作平面波处理。

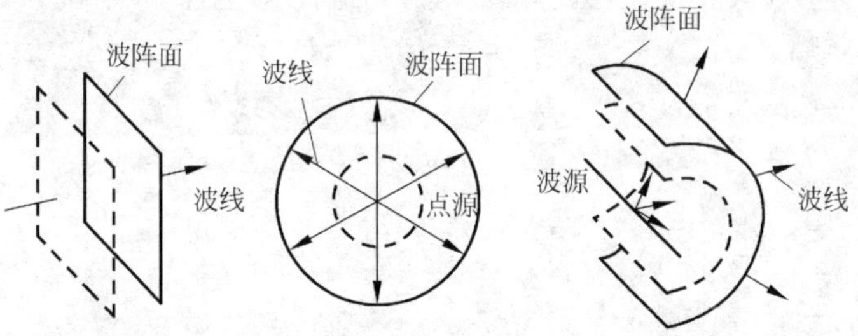

(a) 平面波 (b) 球面波 (c) 柱面波

图 5-21

单位时间内振动状态沿波线所传播的距离称为波速。对于简谐波来说，振动状态的传播实质上就是相位的传播，因此常称此速度为相速。由于在一个周期 T 内波传播的距离是波长 λ，所以波速为

$$u=\frac{\lambda}{T}=\nu\lambda \tag{5-33}$$

这里 $\nu=\frac{1}{T}=\frac{\omega}{2\pi}$ 是波的频率，它仅取决于振源的性质，不依赖于介质。波速的大小则与介质的性质相关。在各向同性的介质中，波沿各个方向传播的速度大小是相同的。下面是几种常见波的波速表达式。

① 绳或弦上的横波波速

$$u=\sqrt{\frac{F}{\rho}}$$

式中 F 为绳或弦上的张力，ρ 为绳或弦的密度。

② 细棒中的纵波波速

$$u=\sqrt{\frac{E}{\rho}}$$

式中 E 为棒的杨氏模量，ρ 为棒的密度。

③ 固体中的横波波速

$$u=\sqrt{\frac{G}{\rho}}$$

式中 G 为固体的切变模量，ρ 为固体密度。

④ 流体中的纵波波速

$$u=\sqrt{\frac{K}{\rho}}$$

式中 K 是流体的体积模量，ρ 是流体密度。

各种模量的含义和数值可查阅其他书籍和表格获得。

5-4-2 波动方程和能量传播

1. 波动方程

为了对波在空间的传播进行定量描述，我们需要给出波函数，用于刻划任意时刻、任意位置质元的振动状态。为简单起见，这里仅考虑一维简谐波的形式。如图 5-22 所示，简谐波沿 x 轴正方向传播，速度为 u，x 是不同质元平衡位置的坐标，用于标记各质元。y 表示质元离开平衡位置的位移。在 $x=0$ 的原点处，质元的振动状态为

$$y=A\cos(\omega t) \tag{5-34}$$

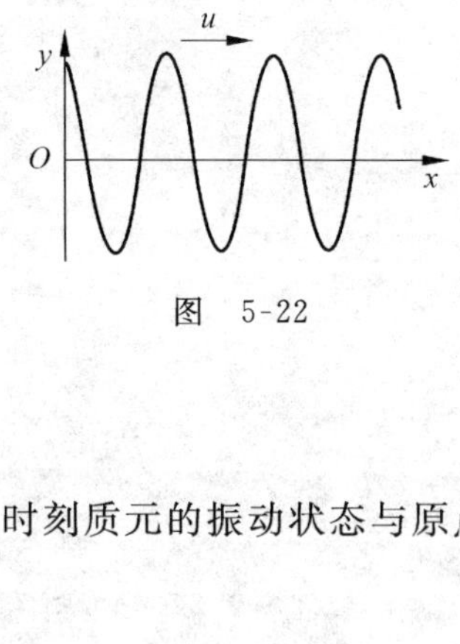

图 5-22

我们可以由原点的振动方程求得其他位置质元的振动方程。由于在原点处的振动状态传播到 x 处所需的时间为 $\frac{x}{u}$，或者说，x 处的振动状态要比原点的振动状态滞后 $\frac{x}{u}$，所以 x 处 t 时刻质元的振动状态与原点处质元在 $t-\frac{x}{u}$ 时刻的振动状态相同。即

$$y(x,t)=A\cos\left[\omega\left(t-\frac{x}{u}\right)\right] \tag{5-35(a)}$$

$$=A\cos\left[2\pi\left(\nu t-\frac{x}{\lambda}\right)\right] \tag{5-35(b)}$$

$$=A\cos\left(\omega t-\frac{2\pi x}{\lambda}\right) \tag{5-35(c)}$$

$$=A\cos(\omega t-kx) \tag{5-35(d)}$$

其中，$k=\frac{2\pi}{\lambda}$称为角波数。式(5-35)称为波函数，也叫波方程，它给出了一个波的全部信息。

以上各种表示都是等价的，常视具体问题选用不同的形式。

波动方程的物理意义由以下讨论可获知：

(1) 若 x 取定值(跟踪观察平衡位置坐标为 x 的质元的运动，如同对该质元用电影机拍摄)，则

$$y = A\cos\left(\omega t - \frac{2\pi}{\lambda}x\right) = A\cos(\omega t + \varphi')$$

其中 $\varphi' = -\frac{2\pi}{\lambda}x$ 为常量。可见二元函数的波方程 $y = y(x,t)$ 转化为一元函数的振动方程 $y = y(t)$。$\varphi' = -\frac{2\pi}{\lambda}x$ 为 x 处质元的初相位，负号表示它比原点处质元的振动相位落后。

若 x 取一系列值，可知一系列质元都作同振幅同频率的谐振动，但相位依次落后，x 值越大落后越甚。同时刻 t，x_1，x_2 两质元因距离之差造成的相位差为

$$\Delta\varphi' = \varphi_1' - \varphi_2' = \frac{2\pi}{\lambda}(x_2 - x_1)$$

(2) 若 t 取定值(在波的传播过程中拍一张"快照")，则

$$y = A\cos\left(\omega t - \frac{2\pi}{\lambda}x\right) = A\cos\left(\frac{2\pi}{\lambda}x + \varphi''\right)$$

其中 $\varphi'' = -\omega t$ 为常量。所以，二元函数的波方程 $y = y(x,t)$ 转化为一元函数 $y = y(x)$ 的波形图，即表示各质元的位移随其平衡位置坐标 x 的分布曲线。

(3) 当 x 和 t 都变化

波函数表达了所有质点位移随时间变化的整体情况。图 5-23 分别画出了 t 时刻和 $t + \Delta t$ 时刻的两个波形图，从而描绘出波动在 Δt 时间内传播了 Δx 距离的情形。换句话说，波在 t 时刻 x 处的相位，经过 Δt 时间已传至 $x + \Delta x$ 处了。于是按式(5-35(c))便有

$$\frac{2\pi}{\lambda}(ut - x) = \frac{2\pi}{\lambda}[u(t + \Delta t) - (x + \Delta x)]$$

式中 u 为波速，由此式可解得

$$\Delta x = u\Delta t$$

这就告诉我们，波的传播是相位的传播，也是振动形式的传播，或说是整个波形的传播，波速 u 就是相位或波形向前传播的速度。总之，当 t 和 x 都变化时，波函数就描述了波的传播过程，所以这种波也称为**行波**，或**前进波**。

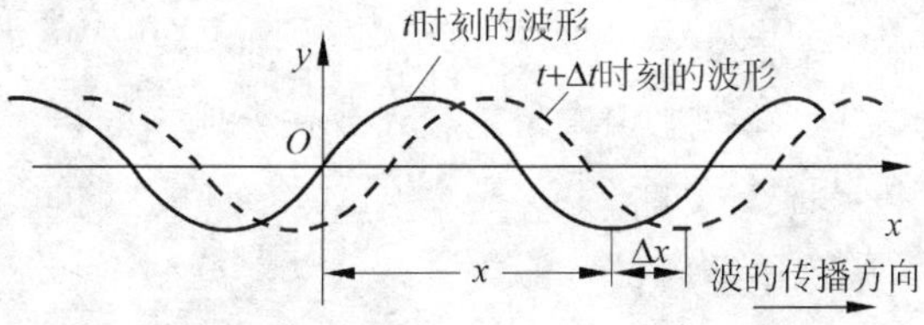

图　5-23

2. 能量传播

波在传播振动状态的同时还伴随着有能量传播的过程。在波的传播过程中，各质元在

其平衡位置附近振动，因此具有动能；同时，由于存在形变，因此也具有势能。对于密度为 ρ，体积为 $\mathrm{d}V$，处于 x 处的质元，其动能为

$$\mathrm{d}E_{\mathrm{k}}=\frac{1}{2}\rho\omega^2A^2\sin^2\left[\omega\left(t-\frac{x}{u}\right)\right]\mathrm{d}V \tag{5-36}$$

可以证明，在任何时刻，其势能和动能大小相等，即

$$\mathrm{d}E_{\mathrm{p}}=\mathrm{d}E_{\mathrm{k}}=\frac{1}{2}\rho\omega^2A^2\sin^2\left[\omega\left(t-\frac{x}{u}\right)\right]\mathrm{d}V \tag{5-37}$$

比较式(5-36)与式(5-37)，知**任一时刻的动能势能完全相等**，而且相位也相同，即同时达到极大，同时等于零。这和弹簧振子不同。一个原因是在弹簧的固定端虽有外力作用，但该外力并不做功，因此振动系统的机械能不与外界交换而守恒，运动中只有动能势能相互转化；而现在考虑的体积元，左右都和媒质的相邻部分接触，其间相互作用的弹力是做功的，通过做功，能量就向前传递，因此在这部分媒质中机械能就不守恒。另一个原因在于势能不同，对弹簧振子来说，势能取决于弹簧的伸长量或小球的位移，位移最大时，势能最大，动能为零；对波来说，势能取决于形变，知媒质质点的位移最大时，形变最小，因而动能为零时，势能也为零。

将式(5-36)与式(5-37)相加，得时刻 t 质元的总机械能(即波的能量为)

$$\mathrm{d}E=\mathrm{d}E_{\mathrm{p}}+\mathrm{d}E_{\mathrm{k}}=\rho\omega^2A^2\sin^2\left[\omega\left(t-\frac{x}{u}\right)\right]\mathrm{d}V \tag{5-38}$$

单位体积内的能量称之为能量密度，用 ω 表示，

$$\omega=\frac{\mathrm{d}E}{\mathrm{d}V}=\rho\omega^2A^2\sin^2\left[\omega\left(t-\frac{x}{u}\right)\right] \tag{5-39}$$

为了表征能量在介质中的流动情况，引入能流密度 I，即单位时间内流过垂直于波速方向的单位截面的能量。

$$I=\omega u=\rho\omega^2A^2u\sin^2\left[\omega\left(t-\frac{x}{u}\right)\right] \tag{5-40}$$

由此可见，能量密度和能流密度均随时间作周期性变化。在一个周期中，能流密度的平均值称作波的强度，即

$$\bar{I}=\frac{1}{T}\int_0^T I\mathrm{d}t=\frac{1}{2}\rho\omega^2A^2u \tag{5-41}$$

显然波的强度正比于介质的密度、波速、频率的平方及振幅的平方。

5-4-3 波的反射与相位跃变

在均匀介质中沿直线传播的波在遇到另外一种介质时，会发生反射(reflection)和折射(refraction)现象。分析表明，可以把介质密度 ρ 和波在介质中的传播速率 u 的乘积，定义为该介质的特性阻抗 $Z=\rho u$。现在我们考虑入射波线近似垂直于界面的情况。如果波是从特性阻抗较小的介质(波疏介质)反射回来，则在反射处反射波的振动相位与入射波的相同，称为全波反射，如图 5-24(a)所示；如果波是从特性阻抗较大的介质(波密介质)反射回来，则在反射处反射波的振动相位与入射波相反，即相位在反射处发生了突变，称为半波反射(half-wave reflection)，如图 5-24(b)所示。反射时相位改变，相当于损失了半个波后再反射，称为半波损失(half-wave loss)。

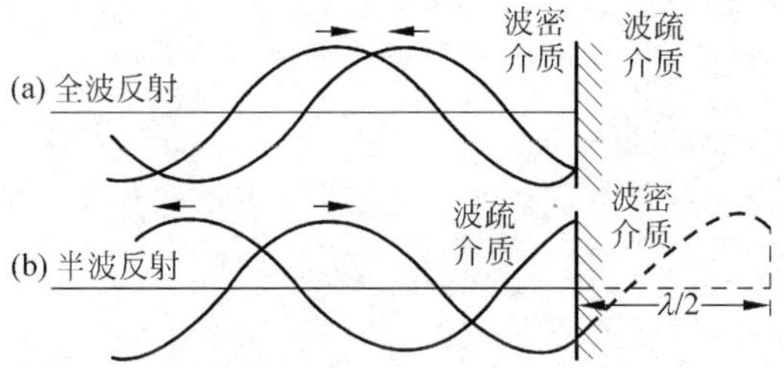

图　5-24

5-5　波的叠加

5-5-1　波的叠加原理

两个观察者通过同一扇窗户，可以同时各自看见远处不同光源（物体）射来的光而不相互干扰；由管弦乐队发出的不同乐器的声音，能被听众不受歪曲地听到；两列水波可以相互穿过、各自传播。大量类似的自然现象的观察，总结出如下波的叠加原理：

(1) 二列波若在一区域相遇后再分开，其传播情况（如频率、波长、传播方向等）与未相遇时相同，互不干扰，相互独立。

(2) 在相遇区域内，任一质点的振动为二列波所引起的合振动。图 5-25 是同一直线上沿相反方向传播的两列脉冲波的叠加示意图。

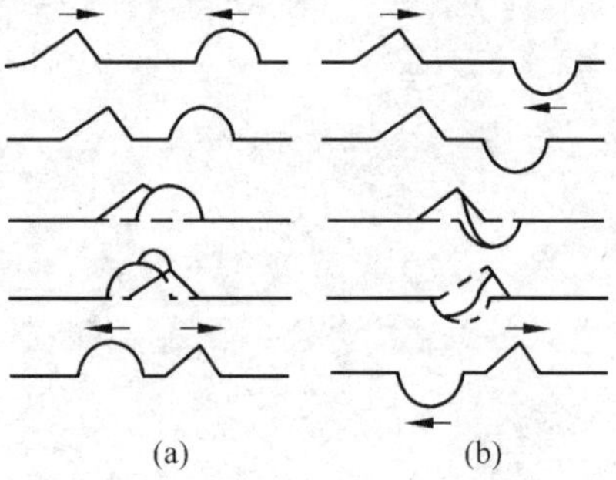

图　5-25

从理论上看，波的叠加原理与波动方程为线性微分方程是一致的。在我们日常遇到的波动现象中，线性波动方程和波的叠加原理都被证明是正确的。但是当人们的实验观察扩大到强波范围时，介质就表现出了非线性的特征，这时的波就不再遵从叠加原理，而线性波动方程也不再是正确的，研究此种情形的新理论称为非线性波理论。

5-5-2　波的干涉

一般来说，如果两列波振动方向不同，频率不同，则在它们的重叠区叠加的结果是相当复杂的，其合振动的振动方向和合振幅都时刻随时间 t 变化，而且还随两波相遇点在空间的位置而变化。那么，在两波的重叠区域，我们如何得到各点合振动的振幅不随时间变化的稳定结果呢？

在第 4 章我们讨论过，若同振动方向、同频率的两个振动为

$$y_1 = A_1\cos(\omega t + \varphi_1)$$

$$y_2 = A_2\cos(\omega t + \varphi_2)$$

则其合振动仍是一同振动方向，同频率的简谐振动，其振动方程为

$$y = y_1 + y_2 = A\cos(\omega t + \varphi)$$

其中合振动的振幅

$$A = \sqrt{A_1^2 + A_2^2 + 2A_1A_2\cos(\varphi_2 - \varphi_1)}$$

振幅 A 取决于两分振动的相位差：

① $\varphi_2-\varphi_1=2n\pi(n=0,\pm1,\pm2,\cdots)$时，$A=A_{max}=A_1+A_2$；

② $\varphi_2-\varphi_1=(2n+1)\pi$ 时，$A=A_{min}=|A_1-A_2|$；

③ $\varphi_2-\varphi_1$ 为其他取值时，$A_{min}<A<A_{max}$。

为了在波的重叠区得到稳定的叠加结果，重叠区内各点的合振幅应保持恒定。根据上面对振动合成的讨论，这要求重叠区内任一点 P，同时参与的由两波在该点激发的两个分振动的振动方向及频率应相同，且具有恒定的相位差。

由于重叠区内任一点 P 到两个波源的距离都恒定，则与 P 点到两波源的距离差（波程差）对应的相位差是恒定的，所以，两波的波源必须满足条件：两列波的波源必须频率相等，振动方向相同，同时相位差保持恒定。

满足上述条件的两列波的波源称为**相干波源**，在相干波源发出的两列波的重叠区域，有些地方合振动始终加强，另一些地方合振动始终减弱或完全抵消，这种振动强弱在波的重叠区域内稳定分布的现象称为**波的干涉**，能产生干涉现象的两列波叫**相干波**，它就是相干波源发出的两列波，上述条件为**相干条件**。

设两列相干波在空间 P 点相遇，P 点到两波源的距离分别为 r_1 和 r_2。φ_1 和 φ_2 为相干波源的振动初相位(见图 5-26)，则 P 点激起的分振动为

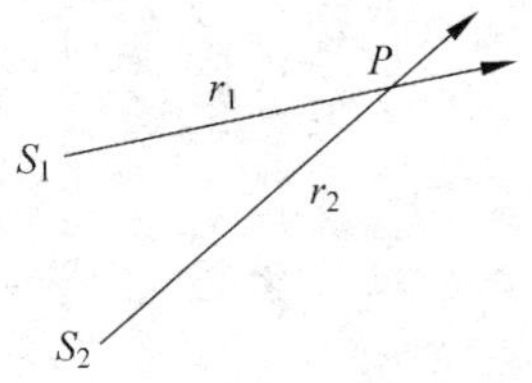

图 5-26

$$y_1 = A_1\cos\left(\omega t - \frac{2\pi}{\lambda}r_1 + \varphi_1\right)$$

$$y_2 = A_2\cos\left(\omega t - \frac{2\pi}{\lambda}r_2 + \varphi_2\right)$$

按波的叠加原理，两波在 P 点产生的合振动应是具有同一频率的简谐振动，即

$$y = y_1 + y_2 = A\cos(\omega t + \varphi)$$

合振幅 A 的平方

$$A^2 = A_1^2 + A_2^2 + 2A_1A_2\cos[\varphi_1 - \varphi_2 - k(r_1 - r_2)] \tag{5-42}$$

用 $\Delta\varphi$ 表示两波的相位差：

$$\Delta\varphi = [\varphi_1 - \varphi_2 - k(r_1 - r_2)]$$

则有

$$A^2 = A_1^2 + A_2^2 + 2A_1A_2\cos\Delta\varphi$$

因为简谐波的强度与振幅的平方成正比，所以得

$$I = I_1 + I_2 + 2\sqrt{I_1I_2}\cos\Delta\varphi \tag{5-43}$$

下面从式(5-42)和式(5-43)来分析某些空间点振动的情况。为方便计，设 $\varphi_1=\varphi_2$，使 $\Delta\varphi=k(r_2-r_1)=\frac{2\pi}{\lambda}(r_2-r_1)$。显然，若

$$r_2 - r_1 = \pm n\lambda, \quad n = 0,1,2,\cdots \tag{5-44}$$

应有

$$A = A_1 + A_2$$
$$I = I_1 + I_2 + 2\sqrt{I_1 I_2}$$

又若

$$r_2 - r_1 = \pm(2n+1)\frac{\lambda}{2},\quad n = 0,1,2,\cdots \tag{5-45}$$

应有

$$A = |A_1 - A_2|$$
$$I = I_1 + I_2 - 2\sqrt{I_1 I_2}$$

由此可见，当 P 点位置满足式(5-44)时，其振动的合振幅恰为振幅之和，而在该点的合成波强度大于分波强度之和，这些空间点称为两波相长点。当 P 点位置满足式(5-45)时，其振动的合振幅恰为分振幅之差，而在该点的合成波强度小于分波强度之和，这些空间点称为两波相消点。因此，从能量上看，当两相干波发生干涉时，在两波交叠的区域，合成波在空间各处的强度并不等于两个分波强度之和，而是作了重新分布。并且这种新的强度分布是时间上稳定的、空间上强弱相间具有周期性的一种分布。

图 5-27 是两个相干的球面简谐波的干涉情景。图中用实线表示波峰，用虚线代表波谷。峰与峰、谷与谷相交点就是相长点；峰与谷相交点就是相消点。这些相长点和相消点在空间形成各自的曲面簇，彼此相间排列着。当然，图上所画的仅是这些曲面簇与纸面的交线，通常称为干涉条纹或干涉图样。

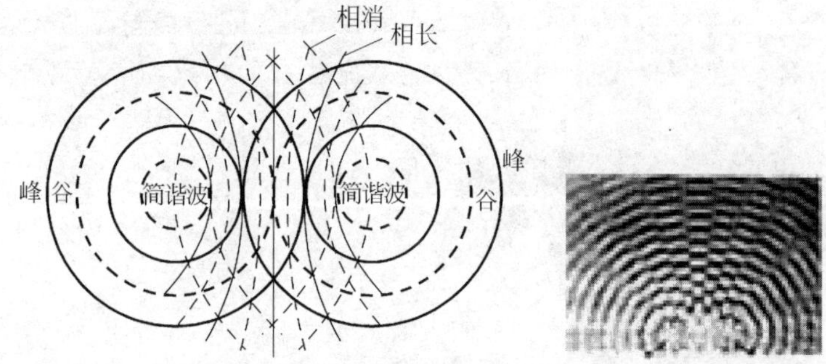

图　5-27

例 2　在无阻尼的各向同性均匀的介质中，有两个平面简谐波源作同振幅、同频率、同方向的振动。二波相对传播，波长为 8 m，波射线上 A，B 两点相距 20 m，如例图所示，一波在 A 处为波峰时，另一波在 B 处相位为 $-\frac{\pi}{2}$。求 AB 线上因干涉而静止的各点的位置。

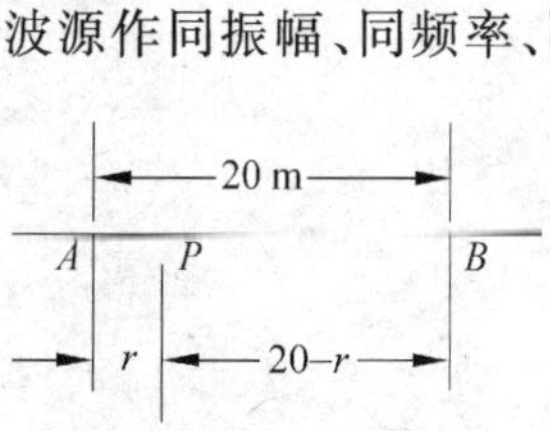

解　设点 P 是 AB 连线上因干涉而静止的位置，P 到 A，B 的距离分别为 r 和 $20-r$，参见例图，令两波引起 P 点的两个分振动的相位差

$$\Delta\varphi = \varphi_A - \varphi_B + \frac{2\pi}{\lambda}[(20-r)-r]$$
$$= \frac{\pi}{2} + \frac{2\pi}{\lambda}[(20-r)-r] = (2n+1)\pi$$

将 $\lambda = 8$ m 代入上式，得

$$r = 9 - 4n$$

令 $n=0,\pm1,\pm2$ 得因干涉而静止的位置与 A 点的距离（即 r 的值）分别为 1 m，5 m，9 m，13 m，17 m。

5-5-3 驻波

有了上述波干涉理论后，我们可以讨论一种特殊的干涉结果（现象）——驻波。

1. 驻波的形成和特点

驻波是两列振幅相等的相干波在同一直线上沿相反方向传播时所产生的一种特殊的干涉现象，特殊在于此波“驻而不行”、波节（静止不动的点）和波腹（合振幅最大的点）在空间有稳定的分布。

(1) 驻波的形成

假定有频率、振幅相等的两列右行波和左行波，波动方程分别为

$$y_1 = A\cos\left(\omega t - \frac{2\pi}{\lambda}x\right)$$

$$y_2 = A\cos\left(\omega t + \frac{2\pi}{\lambda}x\right)$$

其合成波为

$$y = y_1 + y_2 = 2A\cos\frac{2\pi}{\lambda}x\cos\omega t \tag{5-46}$$

由式(5-46)可见 x 与 t 分离，失去了波动（行波）的特质，只具有了振动的特点因此称式(5-46)为驻波方程。图 5-28 是二列行波叠加形成驻波的示意图。$t=0$ 时，向右传播的波（图中用虚线表示）与向左传播的波（图中用点画线表示），它们的波形互相重合；合成波如图中黑实线所示，这时除了波节外，各质元均达最大位移。

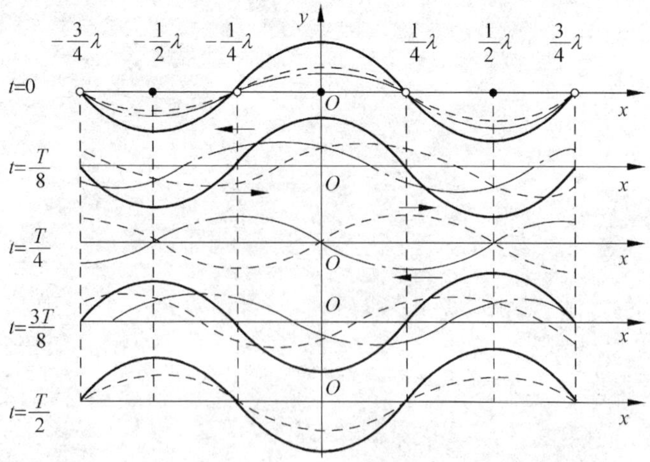

图 5-28

$t=T/8$ 时，右行波向右传播了 $\lambda/8$，左行波向左传播了 $\lambda/8$，合成波的波形和 $t=0$ 时相同。

$t=T/4$ 时，左行波向左传播了 $\lambda/4$，右行波向右传播了 $\lambda/4$，两波的相位处处相反，合成

的结果是位移为零，因此各质点均静止于各自的平衡位置(x 轴)。

……

$t=T/2$ 时，两波分别向右、向左传播了 $\lambda/2$，两波形又相互重合，除波节外，各点又均达最大位移，但位移的方向与在 $t=0$ 时相反，依次类推。

(2) 驻波的特点

① 波节　波腹

在式(5-46)中，令

$$\frac{2\pi}{\lambda}x=\pm n\pi,\quad n=0,1,2,\cdots \tag{5-47}$$

得

$$y=\pm 2A\cos\omega t$$

即空间满足式(5-47)的位置点上有最大振幅($2A$)的振动，这些点称为波腹。

在式(5-46)中，令

$$\frac{2\pi}{\lambda}x=\pm(2n+1)\frac{\pi}{2},\quad n=0,1,2,\cdots \tag{5-48}$$

得

$$y=0$$

即空间满足式(5-48)的位置点上无振动，这些点称为波节。

不满足式(5-47)和式(5-48)的空间位置点上的振动振幅介于 $0\sim 2A$ 之间。

两相邻波腹或波节的间距 Δx 由式(5-47)或式(5-48)得

$$\Delta x=\frac{\lambda}{2}$$

② 相位

由式(5-46)或图 5-28 分析和观察皆可知：在相邻两波节点之间的点的振动相位一致；在一个波节点两侧的点的振动相位相反。由此可知，驻波中相位并不与行波中一样传播。

③ 能量

从能量上分析，波节点动能为零，只有弹性势能；波腹点弹性势能为零，只有动能；其他各点则既有动能又有势能。当所有质元都振动到平衡位置上时，这时全部能量都成为动能；又当所有质元都振动到最大位移时，全部能量又都变为弹性势能，能量就这样在波节和波腹间交替地汇集。段与段之间在能量上是隔离的，每段上的能量保持恒定。

2. 弦线上的驻波

在一拉紧的、且两端固定的弦中激发一行波，则该波在两端来回反射将在弦中形成驻波。由于两固定点必须是波节点(发生半波反射)，故驻波波长 λ 与弦长 L 间必须满足

$$n\frac{\lambda}{2}=L,\quad \lambda=\frac{2L}{n},\quad n=1,2,3,\cdots$$

而驻波频率应取以下系列值：

$$\nu=\frac{u}{\lambda}=\frac{nu}{2L},\quad n=1,2,3,\cdots$$

式中 u 为弦中的波速。就是说，只有波长(或频率)满足上述条件的一系列波才能在弦上形成驻波，其他波长的驻波不可能在弦上出现。前面曾指出，驻波可看作系统的一种特殊振动，因此，上面列出的一系列驻波就是弦的一些可能的振动方式，通常将这些振动方式称为系统的简正模。图 5-29 示出了弦的一些振动简正模。最低的振动频率称为基频，其他频率

分别按其高低称为二次谐频、三次谐频等。在乐器中，其音调由系统的基频决定，而音色则由谐频的相对幅度决定。不同的乐器有不同的谐频分布，所以有不同的音色。

图 5-30 是几种乐器的谐频相对幅度的频谱图。

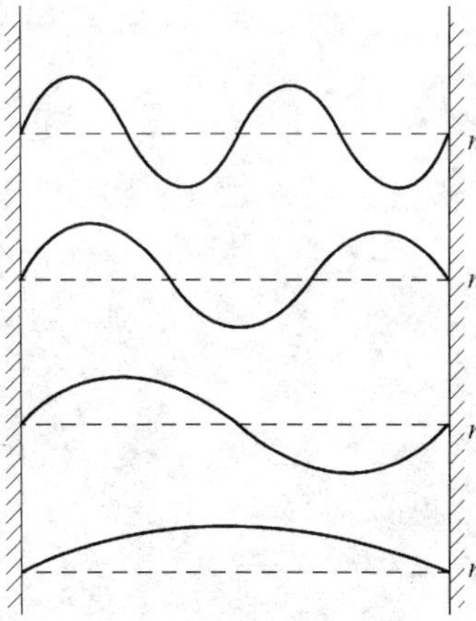

图　5-29

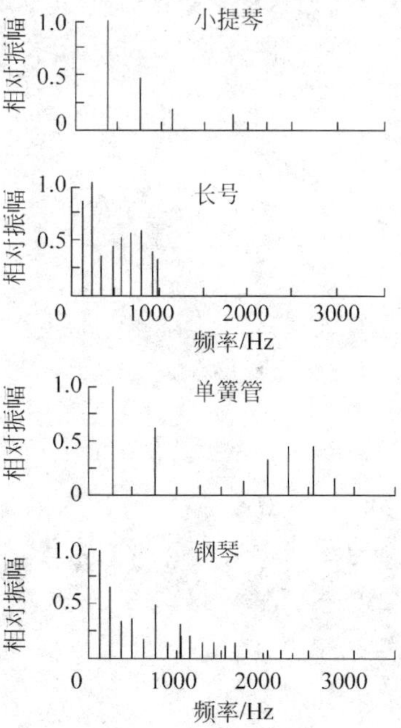

图　5-30

3. 多自由度系统的振动

以上讨论的弦线中的简正模式是一维情况。若系统为两自由度，比如二维的薄膜振动，我们可以将上述结论推广，看成是两类简正模的线性叠加。与此类似，多自由度（弦）驻波系统中的任一波振动，也可以看成是一系列（类）简正模的线性叠加。

不同的波扰动，所对应的每一种模式成分的大小和相位不同，其中某些模式也可能不出现。例如，对两端固定的弦，当距一端 l/n 的点受击而振动时，该点为波节的那些模式（对应于 n 次，$2n$ 次……谐频）就不出现。利用这一原理，在乐器演奏中可以适当选择击点位置，以避免某些谐频的出现，使演奏的音色更优美。

一个系统的简正模所对应的一系列频率值反映了系统的固有频率特性。如果外界驱使系统振动，当驱动力频率接近系统某一固有频率时，系统将被激发、产生振幅很大的驻波，这也是一种共振现象。本章“引言”中所述桥梁的共振，实质上就是属这种风力驻波共振。

例 3　将细弦线的一端 A 固定在电动音叉上，另一端跨过定滑轮后吊一重物，使弦线中存在张力，B 处有一尖劈，可以左右移动变更水平弦线 AB 间的距离。音叉振动时，弦线中产生横波向右传播，到达 B 点被反射，于是弦线中又有向左传播的反射波。这样，入射波与反射波在同一弦线上沿相反方向传播、叠加的结果，在弦线上产生驻波。适当调节重物的重量或左右移动尖劈，弦线上出现明显稳定的驻波，即弦与音叉共振，其波形如图 5-31 所示。设音叉的振动频率为 ν，$\overline{AB}=l$，以 A 为原点，向右为 x 轴正向，试描写：

(1) 入射波方程；

(2) 反射波方程；

(3) 弦上出现的驻波方程并讨论波腹和波节的位置；

(4) 任意时刻弦线 l 的总动能和总势能。

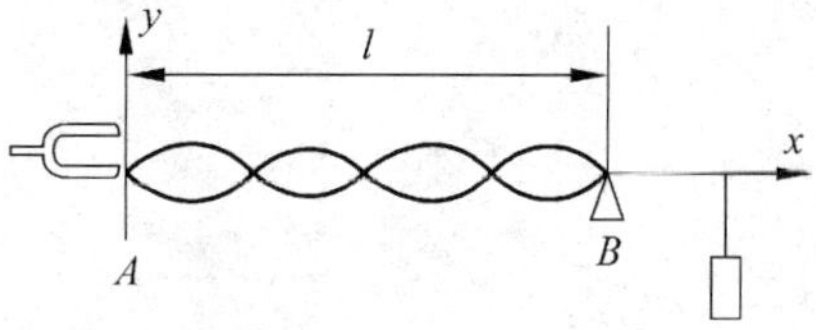

图　5-31

解　(1) 设入射波在 A 点的振动方程为

$$y_A^{(入)}(t)=A\cos 2\pi\nu t$$

由图可见，$\lambda=\frac{l}{2}$。将 t 换成 $\left(t-\frac{x}{\lambda\nu}\right)$，得入射波方程为

$$y_A^{(入)}(x,t)=A\cos\left(2\pi\nu t-\frac{2\pi x}{\lambda}\right)=A\cos\left(2\pi\nu t-\frac{4\pi x}{l}\right) \tag{1}$$

(2) 入射波传播了距离 l 到达 B 点，经反射后又传播了 l 到达 A 点。所以，令(1)式中的 $x=2l$，且考虑到 B 点为固定端反射，有半波损失，则得反射波在 A 点的振动方程为

$$\begin{aligned}y_A^{(反)}(t)&=A\cos\left(2\pi\nu t-\frac{4\pi l}{\lambda}+\pi\right)\\&=A\cos\left[2\pi\nu t-\frac{4\pi l}{\frac{l}{2}}+\pi\right]\\&=A\cos(2\pi\nu t+\pi)\end{aligned} \tag{2}$$

式中 $-\frac{4\pi l}{\lambda}$ 正是在 A 点反射波比入射波落后的相位。将(2)式中 t 换成 $\left(t+\frac{x}{\lambda\nu}\right)$，可得以 A 为原点沿 x 轴负向传播的反射波方程为

$$\begin{aligned}y_A^{(反)}(x,t)&=A\cos\left(2\pi\nu t+\frac{2\pi x}{\lambda}+\pi\right)\\&=A\cos\left(2\pi\nu t+\frac{4\pi}{l}x+\pi\right)\end{aligned} \tag{3}$$

(3) 将(1)，(3)两式相加，可得驻波方程

$$\begin{aligned}y_{驻}&=y^{(入)}+y^{(反)}\\&=2A\cos\left(\frac{4\pi}{l}x+\frac{\pi}{2}\right)\cos\left(2\pi\nu t+\frac{\pi}{2}\right)\\&=2A\sin\left(\frac{4\pi}{l}x\right)\sin(2\pi\nu t)\end{aligned} \tag{4}$$

下面根据(4)式讨论波腹和波节的位置。

波腹：由(4)式可见，$\left|\sin\frac{4\pi}{l}x\right|=1$ 时，出现波腹，此时 $\frac{4\pi}{l}x=(2n+1)\frac{\pi}{2}$，所以波腹的位置坐标

$$x_{腹}=(2n+1)\frac{l}{8},\quad n=0,1,2,3$$

即

$$x_{腹}=\frac{l}{8}\left(即\frac{\lambda}{4}\right),\frac{3}{8}l,\frac{5}{8}l,\frac{7}{8}l$$

波节：当 $\sin\frac{4\pi}{l}x=0$ 时为波节，此时 $\frac{4\pi}{l}x=n\pi$，所以波节的位置坐标

$$x_{节} = \frac{nl}{4}$$

即

$$x_{节} = 0, \frac{l}{4}\left(即\frac{\lambda}{2}\right), \frac{2l}{4}, \frac{3l}{4}, \frac{4l}{4}$$

显然，上述波腹和波节的位置与图中所示的实验结果相符合。

(4) 从 x 到 $x+\mathrm{d}x$，取长度为 $\mathrm{d}x$ 的一段微线元，其质量为 $\rho\mathrm{d}x$，速度$\left(\frac{\partial y}{\partial t}\right)$，所以其动能

$$\mathrm{d}E_{\mathrm{k}} = \frac{1}{2}(\rho\mathrm{d}x)\left(\frac{\partial y}{\partial t}\right)^2$$

由(4)式得

$$\frac{\partial y}{\partial t} = 2A(2\pi\nu)\cos(2\pi\nu t)\sin\left(\frac{4\pi}{l}x\right)$$

所以

$$\mathrm{d}E_{\mathrm{k}} = 8\rho\pi^2\nu^2A^2\cos^2(2\pi\nu t)\sin^2\left(\frac{4\pi}{l}x\right)\mathrm{d}x$$

则弦线 l 的总动能为

$$\begin{aligned} E_{\mathrm{k}} &= \int\mathrm{d}E_{\mathrm{k}} = 8\rho\pi^2\nu^2A^2\cos^2(2\pi\nu t)\int_0^l\sin^2\left(\frac{4\pi}{l}x\right)\mathrm{d}x \\ &= 4\rho A^2\pi^2\nu^2 l\cos^2(2\pi\nu t) \end{aligned}$$

最大动能

$$E_{\mathrm{kmax}} = 4A^2\pi^2\nu^2\rho l$$

当所有质元都处于平衡位置时，总动能最大，总势能 E_p 为零，所以

$$\begin{aligned} E_{总} &= E_{\mathrm{kmax}} = E_{\mathrm{k}} + E_{\mathrm{p}} \\ E_{\mathrm{p}} &= E_{\mathrm{kmax}} - E_{\mathrm{k}} = 4A^2\pi^2\nu^2\rho l\,[1-\cos^2(2\pi\nu t)] \end{aligned}$$

5-6 多普勒效应

日常生活中时常发现，当高速行驶的火车鸣笛而来时，人们听到的汽笛音调变高，即频率变大；当火车鸣笛离去时，人们听到的音调变低，即频率变小。这种由于波源(发声器)、观察者(接收器)运动，而出现的波源频率与观察者接收到的频率不等的现象称多普勒效应。

机械波和光波引起的多普勒效应的规律不同。冲击波更有其独特的特质。本节着重讨论机械波(声波)的多普勒效应。光波和冲击波略提其规律。

5-6-1 机械波的多普勒效应

区分三个不同频率是重要的：波源频率 ν，是波源在单位时间内振动的次数，或在单位时间内发出完整波的数目；观察者接收到的频率 ν'，是观察者在单位时间内接收到的振动次数或完整波数；而波的频率 ν_b，则是介质内近地点在单位时间内振动的次数，或单位时间内通过介质中某点的完整波数，并且 $\nu_b = u/\lambda_b$，其中 u 为介质中的波速，λ_b 为介质中的波长。这三个频率可能互不相同。

为简单起见，将介质选为参考系，即考虑波源、接收器相对于介质运动。若选其他参考系，介质运动，则只要考虑成在波源与观察者之间多了一个“接收、发射器”而已。

下面考虑波源和观察者沿着它们之间连线运动的三种情况。

1. 波源静止，接收器运动

当波源传出的波(波长为 λ)到达接收器时，接收器正以速度 v 面向波源或背离波源运动，所以接收器接受到的波速为 $u'=u\pm v$，如图 5-32 所示，于是接收器接受到的波的频率为

$$\nu'=\frac{u'}{\lambda}=\frac{u\pm v}{\lambda}=\frac{u\pm v}{u}\nu$$

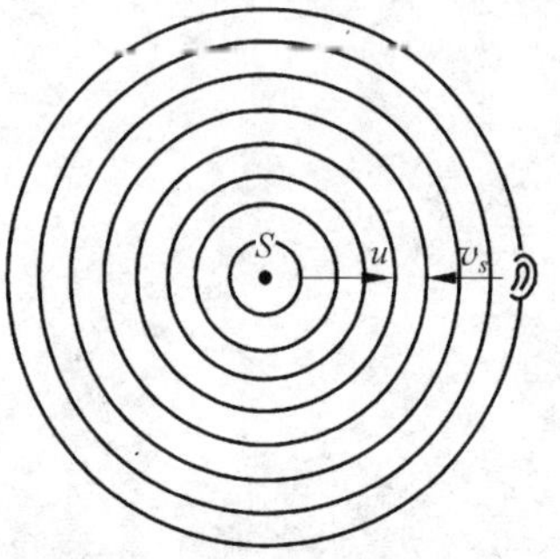

图　5-32

2. 接收器静止，波源运动

当波源向接收器运动时，波源发出的波长要变短，图 5-33 是波源在水中向右运动时所激起的水面波照片，它显示出沿波源运动方向，波长变短了。某瞬时 t 波源在 S 点发出的某一波形的“头部”，经过一周期到达距 S 为 uT 的 P 点，在此时间内波源从 S 点经过距离 v_sT 到达 S'点，即是说波源在$(t+T)$时刻在 S'点发出上述波形的“尾部”，见图 5-34。这说明 S'点和 P 点是同一条波射线上的两个相邻的相位相同的点。邻近的同相点之间的距离就是波长。显然，如果波源面向接收器运动，在波源和接收器间的波的波长为

$$\lambda'=uT-v_sT=\frac{u-v_s}{\nu}$$

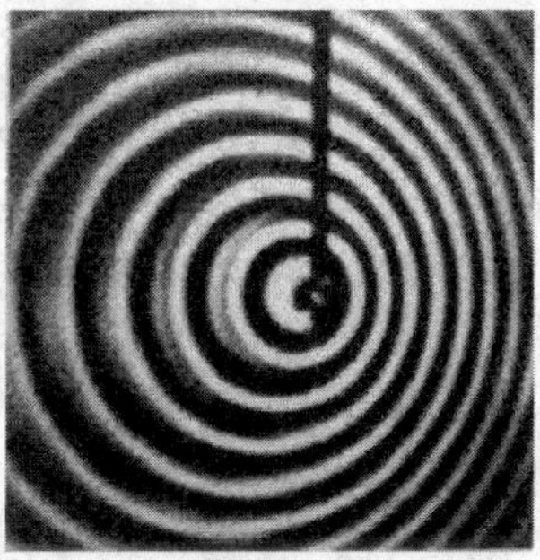
图　5-33

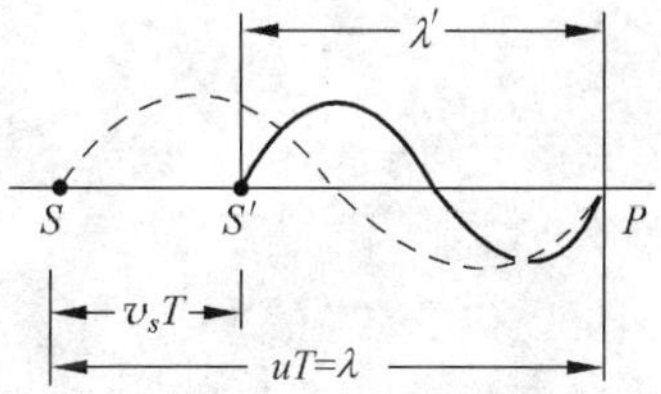

图　5-34

所以，接收器接收到的波的频率为

$$\nu'=\frac{u}{\lambda'}=\frac{u}{u-v_s}\nu$$

同理，当波源背离接收器运动时，有

$$\nu'=\frac{u}{\lambda'}=\frac{u}{u+v_s}\nu$$

3. 波源和接收器都运动

二者相向运动，有

$$\nu'=\nu\frac{u+v_d}{u-v_s}$$

两者背离运动时，有 (5-49)

$$\nu' = \nu \frac{u - v_d}{u + v_s}$$

若波源和接收器不沿二者的连线运动，则将各自的速度沿其连线的分量的绝对值视为相应的 v_s 和 v_d，同样可根据以上公式求解。

5-6-2 电磁波（光波）的多普勒效应

以光波为例，设某一发光原子的中心频率为 ν_0，当发光原子与接收器相对静止时，接收器测得的光波频率也为 ν_0，但当发光原子面向接收器以速率 v（速度的大小）运动时，接收器接收到的光波的频率为

$$\nu = \nu_0 \sqrt{\frac{1 + v/c}{1 - v/c}}$$

式中 c 为光速，$\nu_0 = (E_2 - E_1)/h$，E_1 和 E_2 为原子的两个跃迁能级，h 为普朗克常量。

当发光原子背离接收器以速率 v 运动时，有

$$\nu = \nu_0 \sqrt{\frac{1 - v/c}{1 + v/c}}$$

这时接受到的频率变小，因而波长变长，这种现象叫做“红移”。

电磁波和光的多普勒效应有着广泛的应用。例如天文学家将来自星球的光谱与地球上相同元素的光谱比较，发现星球光谱几乎都发生红移。由此可推断这些星球背离地球方向运动，即在“退行”，并能计算这些星球的退行速度。这一观察结果被视为“大爆炸”宇宙学理论的重要证据。电磁波的多普勒效应还用于汽车速度监测和跟踪人造地球卫星。从微波源发出的微波射向汽车或卫星，反射回来的微波已稍稍改变了频率，将接收到的微波信号同原频率的信号合成为拍，通过测出拍频，就能算出多普勒频移。

5-6-3 冲击波（激震波）

当波源运动的速度 v_s 超过波的速度 u 时，式(5-49)的计算结果($\nu' < 0$)将没有意义。这时波源将处于波前的前方。如图 5-35 所示。当波源在 A 位置时发出的波，在其后 t 时刻的波阵面为半径等于 ut 的球面，但此时刻波源已前进了 $v_s t$ 的距离到达 B 位置，在整个 t 时间内，波源发出的波的各波前的切面形成一个圆锥面，这锥形的顶角满足

$$\sin\alpha = \frac{ut}{v_s t} = \frac{u}{v_s}$$

随着时间的推移，各波前不断扩展，锥面也不断扩展，这种以点波源为顶点的圆锥形的波称为冲击波。$\frac{v_s}{u}$ 通常称为马赫数，α 称为马赫角。锥面就是受扰动的介质与未受扰动的介质的分界面，在两侧有着压强、密度和温度的突变。

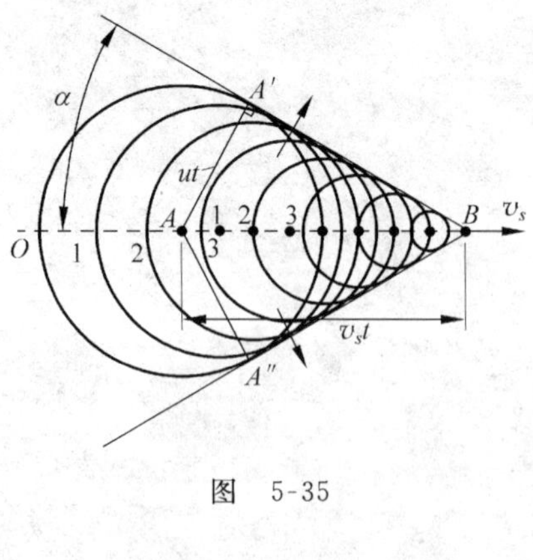

图 5-35

飞机、炮弹等以超音速飞行时，都会在空气中激起冲击波。过强的冲击波能使掠过地区的物体遭到损坏（如使玻璃窗震碎等），这种现象称为“声爆”。

当船只的航行速度超过水波的传播速度时，也会产生类似的冲击波。此时，随着船的前进，在水面上激起以船头为顶端的 V 形波，通常称为舷波。这是很容易观察到的现象。值得指出的是，有时在寂静的湖面上会看到舷艇顶端激起的波形并非 V 形状的曲线，这是由于舷艇非匀速运动而产生的。

当带电粒子在介质中高速运动时，其速度超过该介质中的光速（这光速小于真空中的光速 c），也会辐射锥形电磁波，这种现象称为切伦科夫辐射。利用切伦科夫辐射制成的测定高速粒子探测器称为切伦科夫计数器，已广泛应用于高能物理学。

激波作为一种技术已有许多应用。比如，可以利用爆炸形成的激波（冲击波）开矿；宇宙飞船重返大气层时，利用激波消除"热障"。

实际上，冲击波的形成已经属于非线性波一类。

5-7　非线性波简介

以上介绍的波动现象都是在线性波动方程下的线性结果，比如，波动满足叠加原理。实际上，波在介质中传播时有两个因素在严重影响着波动的行为：第一，严格的简谐波不存在，应以波包存在更实际。波包含有各种不同频率的简谐波成分，因而当它通过介质时，一般存在着色散现象。第二，介质对波"响应"除了弹性（线性）响应（恢复力与介质的形变成正比）之外，还存在非线性响应（恢复力与介质的形变不成正比关系），特别是波的强度很大时。这两个因素往往相互制约，使波动在介质中的传播发生与线性波很不相同的结果。

5-7-1　简谐波的相速和波包的群速（色散效应）

1. 相速

由（单色）简谐波波动方程

$$y = A\cos\left[\omega\left(t-\frac{x}{u}\right)\right]$$

其中 u 为波速。令相位移动的快慢为相速 v_s，则由上式中 $\omega\left(t-\dfrac{x}{u}\right)=c$（常数），可求得 $v_s=\dfrac{\mathrm{d}x}{\mathrm{d}t}=u=\lambda\nu=\dfrac{2\pi\nu}{2\pi/\lambda}=\dfrac{\omega}{k}$，即相速就是波速，也可以说成：波动是相位的传播。但是，简谐波是无限长波列，其振幅、频率等都是不随时间和空间变化的常量。因此简谐波不含信息。由于信号是表示从某一时刻开始到以后某一时刻结束的某种事件，所以含信号的波必须是一种空间上有限的波列，并且振幅或频率或者相位都是变化的（分称"调幅"、"调频"和"调相"型）。具有这种特征的波称为波包。

2. 群速

由傅里叶理论知，任一波包都可以表示为若干个不同频率的简谐波的合成。如图 5-36 所示的波列就是一个二列简谐波叠加形成的波包。设这二个简谐波频率相近、振幅相同。

$$y_1 = A\cos\,(\omega_1 t - k_1 x)$$
$$y_2 = A\cos\,(\omega_2 t - k_2 x)$$

叠加后

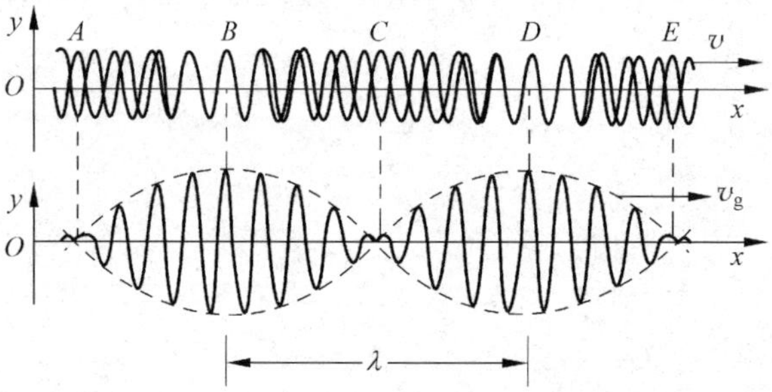

图 5-36

$$
\begin{aligned}
y &= y_1 + y_2 \\
&= 2A\cos\left[\frac{(\omega_2-\omega_1)t}{2} - \frac{(k_2-k_1)x}{2}\right]\cdot\cos\left[\frac{(\omega_2+\omega_1)t}{2} - \frac{(k_2+k_1)x}{2}\right] \quad (5\text{-}50) \\
&= A_m\cos(\omega t - kx)
\end{aligned}
$$

其中 $A_m = 2A\cos\left[\frac{(\omega_2-\omega_1)t}{2} - \frac{(k_2-k_1)x}{2}\right]$；$\omega = \frac{\omega_2+\omega_1}{2}$；$k = \frac{k_2+k_1}{2}$

因 $\omega_2 \approx \omega_1$，$k_2 \approx k_1$，所以 A_m 是一个缓变函数。上式表示的是一个振幅受到调制的波包。信息恰恰就含在了这个调制因子 A_m 里。该波包在空间的传播即为信息的传播。其传播速度称为群速 v_g。参照相速的获得。群速为

$$v_g = \frac{\omega_2-\omega_1}{k_2-k_1} \rightarrow v_g = \frac{\mathrm{d}\omega}{\mathrm{d}k}$$

这也是一般波包群速的普遍表达式。

3. 色散

由于波包是由各种频率的简谐波构成。若不同频率的简谐波在介质中的传播速度（相速）不等，则构成的波包在介质中将逐渐展平，能量逐渐弥散，波包峰值后移，称为色散。发生色散的介质称色散介质；反之，称非色散介质。绝大多数介质是色散介质。比如，水、玻璃、光纤及晶体等。

5-7-2 介质的非线性化对波的影响

介质对波的响应（恢复力），除了线性响应之外，还存在着非线性项。在波的扰动不强烈时，这种非线性项不特别突出，一旦波的强度达到足够大，非线性项就变得非常明显。此时，波动方程是非线性方程。介质的非线性将导致波速随位移改变，位移越大的点，传输速度越大。这种特性使得波形发生变化，波峰会比其前面的波谷运动得快，这将使前沿变得陡峭，波形将变窄。图 5-37 是平时在海滩上常看到的海浪现象。

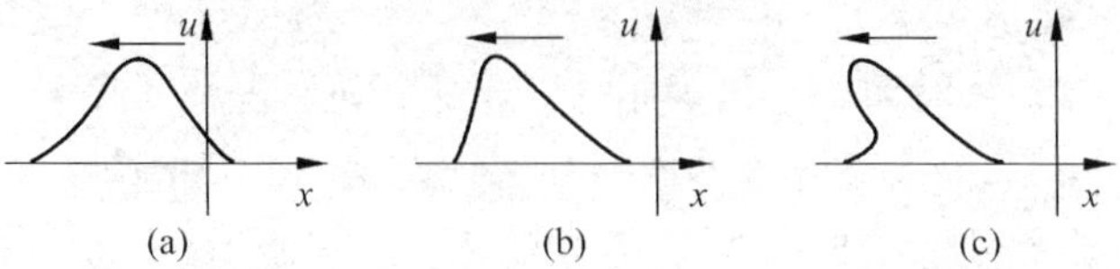

图 5-37

5-7-3　孤波

综上所述，色散和介质的非线性对波的影响作用相反。

当介质中两种效应都存在，且在一定条件下二者效应恰好抵消时，一种独特的波包——孤波形成了。孤波有如下特点：

(1) 孤波波包分布在有限空间范围。

(2) 孤波的波形在传输中保持不变(见图 5-38)。

(3) 二列孤波相遇(碰撞)分开后各自保持原有特性不变(见图 5-39)。

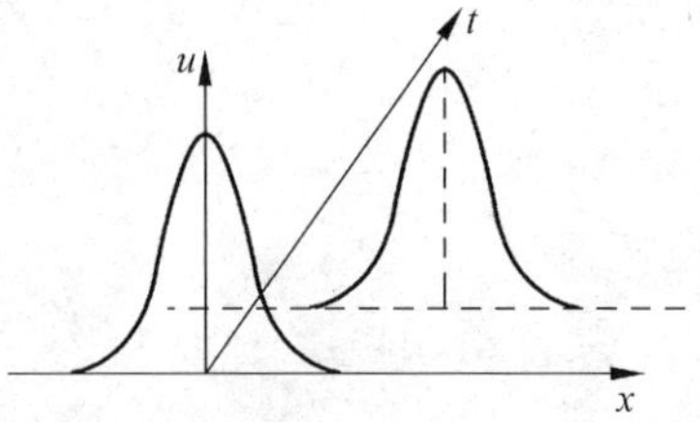

图　5-38

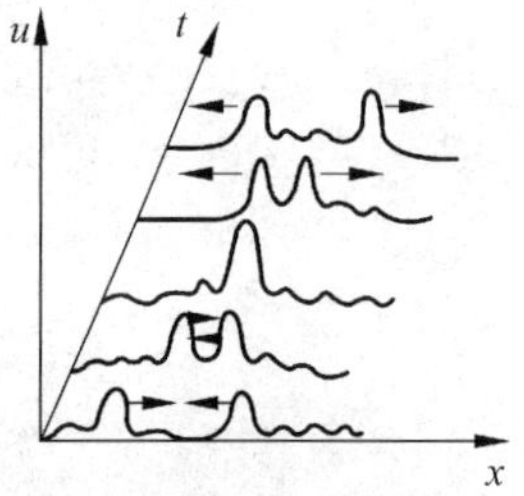

图　5-39

孤波是苏格兰工程师罗素(J. S. Russed)于 1834 年 8 月首次观察到的一个奇妙现象。由两匹马拉着的船在狭窄的河道中急速前进，当船突然停止时，河道内被船带动的水团并未停止，它在船头剧烈地搅动，激起一个平滑、轮廓分明、巨大的孤立水团，急速地离开船头滚滚向前，并几乎保持着初始速度和原始形状前进了一段距离。平时看到的水波，通常在行进过程中一半高于水面，另一半低于水面，而罗素看到的水波却始终位于水面之上，且形状和速度不变。罗素认为这是一个新的波形，是流体运动的一个稳定解，并将其称为孤立波。

由于孤波的许多特性，特别是碰撞特性与粒子相似，所以孤波又可称为孤子。到目前为止，已在许多领域发现孤子，并有了长足的应用。比如，在光纤通信中，光纤用作通信的传输线将带来两个方面的问题：一方面，光纤具有色散效应，使得通信的容量受到了很大的限制；另一方面，在传输过程中，光纤具有光损耗，使光讯号减弱，这又限制了光脉冲信号的传输距离，因此在线性通信中，需加入许多中转站，以便把减弱的信号增强。为了提高信息容量和传输距离，长谷川在 1973 年首先提出，利用介质的非线性作用和光纤的色散效应，可以形成光的孤立子(也称光孤子)，利用光孤子的特性，可实现光孤子的传输。这一理论于 1980 年得到了莫勒瑙尔等人的实验证实。由于光孤子能把一定的能量稳定地集中在有限的空间内向前传输，维持其强度的距离远大于一般的光波，且相互碰撞时互不影响，故若以光孤子作为信息载体，将可以大大增长传输距离，增强信息容量，且信号失真极小。

除此之外，还在激光在介质中的自聚焦、等离子体中的声波和电磁波、流体中的涡旋、晶体中的位错和神经系统中信号的传递等等现象中都发现孤子行为，皆可以用孤子理论来处理。感兴趣者可进一步查阅有关资料。

习　　题

5-1　一个运动质点的位移与时间的关系为

$$x = 0.1\cos\left(\frac{5}{2}\pi t + \frac{\pi}{3}\right)$$

其中 x 的单位是 m，t 的单位是 s。试求：(1)周期、角频率、频率、振幅和初相位；(2)$t=2$ s 时质点的位移、速度和加速度。

5-2　一水平弹簧振子，振幅 $A=2.0\times10^{-2}$ m，周期 $T=0.50$ s。当 $t=0$ 时，(1)振子过 $x=1.0\times10^{-2}$ m 处，向负方向运动；(2)振子过 $x=-1.0\times10^{-2}$ m 处，向正方向运动。分别写出以上两种情况下的振动表达式。

5-3　与轻弹簧的一端相连接的小球沿 x 轴作简谐振动，振幅为 A，位移与时间的关系可以用余弦函数表示。若在 $t=0$ 时，小球的运动状态分别为(1)$x=-A$；(2)过平衡位置，向 x 轴正方向运动；(3)过 $x=A/2$ 处，向 x 轴负方向运动；(4)过 $x=A/\sqrt{2}$处，向 x 轴正方向运动。试确定上述各状态的初相位。

5-4　长度为 l 的弹簧，上端被固定，下端挂一重物后长度变为 $l+s$，并仍在弹性限度之内。若将重物向上托起，使弹簧缩回到原来的长度，然后放手，重物将作上下运动。(1)证明重物的运动是简谐运动；(2)求此简谐运动的振幅、角频率和频率；(3)若从放手时开始计时，求此振动的位移与时间的关系(向下为正)。

5-5　质量为 $m_1=10.0$ g 的子弹，以 $v=1000$ m/s 的速度射入置于光滑平面上的木块并嵌入木块中，致使弹簧压缩而作简谐振动，若木块质量为 $m_2=4.99$ kg，弹簧的劲度系数为 8.00×10^3 N/m。求振动的振幅，并写出振动式。

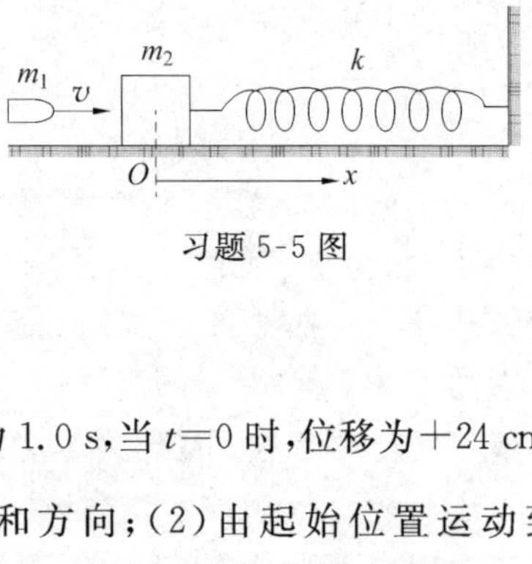

习题 5-5 图

5-6　一弹簧振子，弹簧劲度系数为 $k=25$ N/m，当振子以初动能 0.2 J 和初势能 0.6 J 振动时，试回答：(1)振幅是多大？(2)位移是多大时，势能和动能相等？(3)位移是振幅的一半时，势能是多大？

5-7　质量为 10 g 的物体作简谐振动，其振幅为 24 cm，周期为 1.0 s，当 $t=0$ 时，位移为 +24 cm，求：(1)$t=\frac{1}{8}$ s 时物体的位置以及所受力的大小和方向；(2)由起始位置运动到 $x=12$ cm 处所需要的最少时间；(3)在 $x=12$ cm 处物体的速度、动能、势能和总能量。

5-8　一个物体放在一块水平木板上，此板在水平方向上以频率 ν 作简谐振动。若物体与木板之间的静摩擦系数为 μ_0，试求使物体随木板一起振动的最大振幅。

5-9　圆环质量为 m，半径为 R，挂在墙上的钉子上。求它的微小摆动的周期。

5-10　在水平光滑桌面上用轻弹簧连接两个质量都是 0.05 kg的小球(如图)弹簧的劲度系数为 1×10^3 N/m。今沿弹簧轴线向相反方向拉开两球然后释放，求此后两球振动的频率。

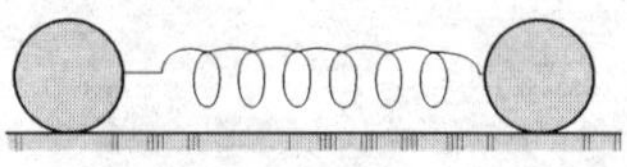
习题 5-10 图

5-11　一根长为 l，质量为 m 的均匀细杆可在绕通过其中点的水平轴自由转动，在杆的一端

和劲度系数为 k 的上端固定的竖直弹簧相连，平衡时杆在水平位置，试求杆作微振动的周期。

5-12　固定的半径为 $2l$ 的光滑圆环上，有一质量为 m 长为 $2l$ 的细棒通过棒两端的小环套在大圆环上。(1)分析此棒所受力矩；(2)求棒作小幅振动的频率。

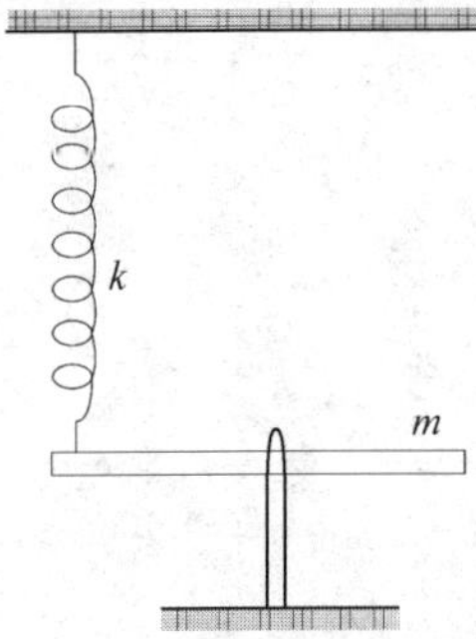

习题 5-11 图

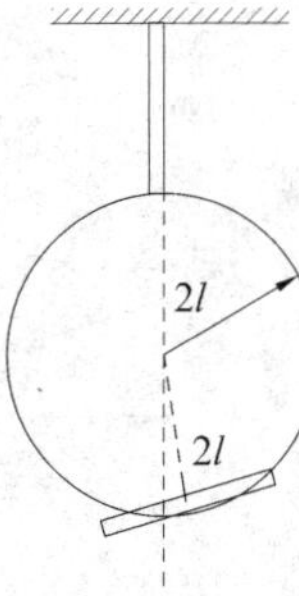

习题 5-12 图

5-13　如图所示，一块均匀的长木板质量为 m，对称地平放在相距 $l=20$ cm 的两个滚轴上。如图所示，两滚轴的转动方向相反，已知滚轴表面与木板间的摩擦系数为 $\mu=0.5$。今使木板沿水平方向移动一段距离后释放，证明此后木板将作简谐运动并求其周期。

5-14　如题 5-14 图所示，劲度系数为 k 的轻弹簧一端固定在墙上，另一端用一根跨越滑轮的轻绳与质量为 m_1 的物体连接，滑轮质量为 m_2，半径为 R，可视作均匀圆盘。今将物体由平衡位置往下移动一个距离，然后放手让物体自由运动。如绳和滑轮间不打滑，轴上摩擦可忽略。(1)试证物体作简谐振动，并求振动的周期；(2)求系统的总能量。

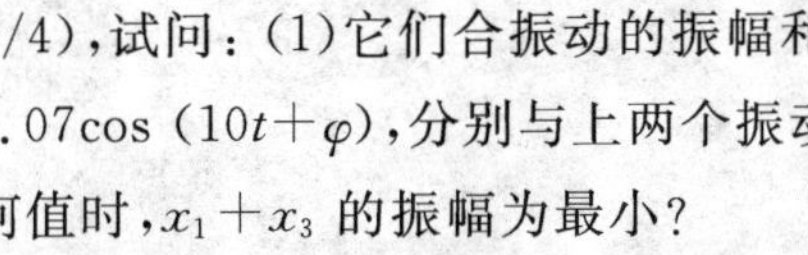

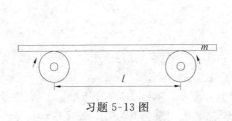

习题 5-13 图

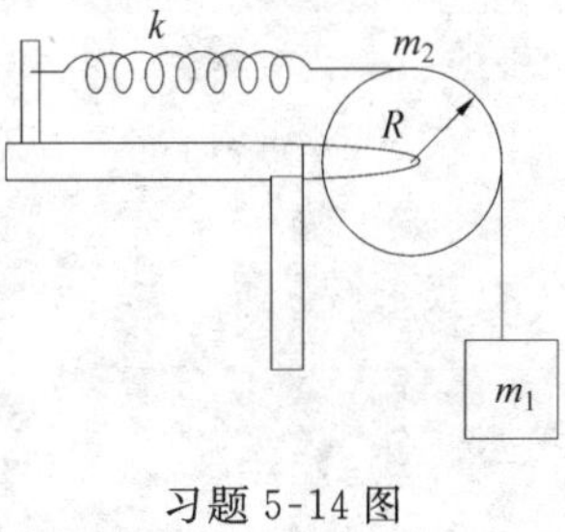

习题 5-14 图

5-15　有两个在同一直线上的简谐振动：$x_1=0.05\cos(10t+3\pi/4)$ 和 $x_2=0.06\cos(10t-\pi/4)$，试问：(1)它们合振动的振幅和初相位各为多大？(2)若另有一简谐振动 $x_3=0.07\cos(10t+\varphi)$，分别与上两个振动叠加，$\varphi$ 为何值时，x_1+x_3 的振幅为最大？φ 为何值时，x_1+x_3 的振幅为最小？

各式中，位移 x 的单位均为 m，t 的单位均为 s。

5-16　一质点同时参与相互垂直的两个简谐振动：

$$x=0.06\cos 20\pi t$$
$$y=0.04\cos(20\pi t+\pi/2)$$

试证明其轨迹为一正椭圆(即其长短轴分别沿两个坐标轴)并求其长半轴和短半轴

的长度以及绕行周期。此质点的绕行是右旋（即顺时针）还是左旋（即逆时针）的？

5-17 有两个相互垂直的简谐振动：$x=x_{\max}\cos\omega_x t$，$y=y_{\max}\cos(\omega_g t+\varphi_y)$。它们合成以后的周期运动如题 5-17 图所示，求它们的频率比以及初位相 φ_y。

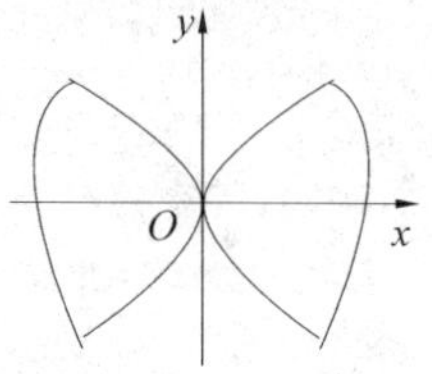

习题 5-17 图

5-18 一个质量为 5.00 kg 的物体悬挂在弹簧下端让它在竖直方向上自由振动。在无阻尼的情况下，其振动周期为 $T_1=\dfrac{\pi}{3}$ s；在阻尼振动的情况下，其振动周期为 $T_2=\dfrac{\pi}{2}$ s。求阻尼系数。

5-19 在某一参考系中，波源和观察者都是静止的，但传播波的介质相对于参考系是运动的。假设发生了多普勒效应，问接收到的波长和频率如何变化？

5-20 P 和 Q 是两个以相同相位、相同频率和相同振幅在振动并处于同一介质中的相干波源，其频率为 ν、波长为 λ，P 和 Q 相距 $3\lambda/2$。R 为 P、Q 连线延长线上的任意一点，试求：(1)自 P 发出的波在 R 点引起的振动与自 Q 发出的波在 R 点引起的振动的相位差；(2)R 点的合振动的振幅。

5-21 一长 $L=7$ m，线密度 $\rho_l=10^{-3}$ kg/m 的细柔绳，B 端固定，A 端与套在光滑杆上的小环相连，小环可沿光滑环上下自由滑动，设细绳中的张力 $F=0.1$ N。(1)波沿细柔绳的传播速度多大？(2)哪些波长的波才能形成稳定的驻波？(3)波长 $\lambda=4$ m 的波在绳上形成驻波时，分别找出其动能最大的位置和势能最大的位置。

5-22 如题 5-22 图所示，有两个扬声器相距 $d=2.3$ m，它们发射出波长为 λ 的同相位的乐音。一听众坐在其中一个扬声器的前方 $x_1=1.2$ m 处。在他听到的音乐中哪些波长的声强有极小值。

5-23 一长为 0.34 m 的提琴弦，已知基频为 440 Hz。求：(1)对应基频、二次谐频和三次谐频的波长；(2)弦上的波速；(3)传到听众耳边的上述频率声波的波长（已知空气中声速为 343 m/s）。

5-24 一横波沿绳传播，其波函数为 $y=2\times10^{-2}\sin 2\pi(200t-2.0x)$

(1)求此横波的波长、频率、波速和传播方向；(2)求绳上质元振动的最大速度并与波速比较。

5-25 已知波的波函数为 $y=A\cos\pi(4t+2x)$。(1)写出 $t=4.2$ s 时各波峰位置的坐标表示式，并计算此时离原点最近一个波峰的位置，该波峰何时通过原点？(2)画出 $t=4.2$ s 时的波形曲线。

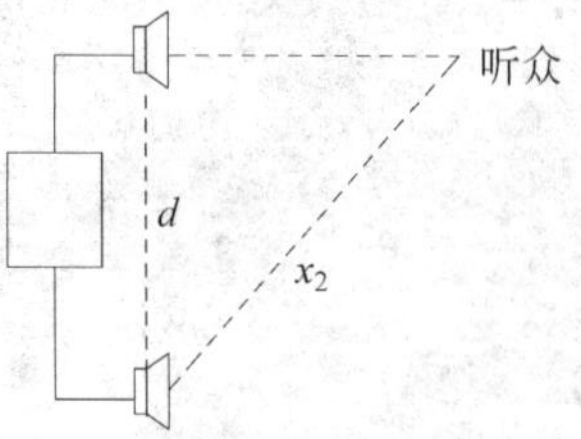

习题 5-22 图

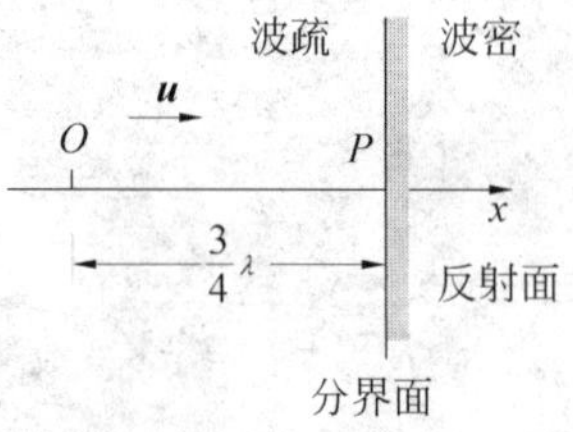

习题 5-26 图

5-26　一平面简谐波沿 x 正向传播，如图 5-26 所示，振幅为 A，频率为 ν，传播速度为 u。(1)$t=0$ 时，在原点 O 处的质元由平衡位置向 x 正方向运动，试写出此波的波函数；(2)若经分界面反射的波的振幅和入射波的振幅相等，试写出反射波的波函数，并求在 x 轴上因入射波和反射波叠加而静止的各点的位置。

5-27　一摩托车驾驶者撞人后驾车逃逸，一警车发现后开警车鸣笛追赶。两者均沿同一直路开行。摩托车速度为 80 km/h，警车速度率为 120 km/h 。如果警笛发声频率为 400 Hz，空气中声速为 330 m/s。摩托车驾驶者听到的警笛声的频率是多少？

第 6 章

静 电 场

引子：从 700 个修道士的震颤看静电的威力和作用

1745 年，荷兰莱顿大学的物理学教授马森布罗克做了一个试图使水带电的实验，结果令他震惊。他在一个玻璃瓶中倒进水，然后用软木塞塞住瓶口，一根铜丝从软木塞中通入瓶内的水中。马森布罗克摇动起电机使铜丝带电，他的助手拿着玻璃瓶，这位助手不小心将另一只手碰着了黄铜丝，被猛烈地电击而大叫起来。这是历史上首次发现玻璃瓶（亦称莱顿瓶）可以储存大量的电荷的事实，由此揭开人类人工储藏、聚集电荷，并展示静电威力和作用的历史。一时间，人们利用储有大量电荷的莱顿瓶进行实验、表演。有人用电杀死老鼠；有人用电点燃火药；最为著名的一次表演发生在巴黎修道院门前，法国物理学家诺莱特让 700 个修道士手拉手排成一行，全长达 900 英尺，规模十分壮观，队首的修道士拿住莱顿瓶，队尾的修道士握住莱顿瓶的引线，当莱顿瓶放电时，一瞬间 700 个修道士几乎同时被电击而跳起，此举令人深切感受到了静电的力量。无独有偶，二百多年后的今天，美国赤杉国家公园的观景台上，一位女士的头发因强烈带电的云系的靠近而竖直起来，当女士离开后五分钟，雷电轰击了观景台，造成一死七伤的惨剧。静电的威力和作用远非这些，据报道（统计），全球每年因静电引起的火灾近千起，甚至引起人体自燃的事件也时有报道。静电不总是有害，它还有造福人类的一面。比如，静电除尘：利用除尘器正、负两极之间的强电场使灰尘颗粒极化并使其在不均匀电场的作用下吸引至除尘器器壁上，能有效地阻止有害颗粒向空气中释放；静电加速：用静电起电机产生的静电加速电压对带电粒子，比如，电子、质子等加速，使之保持很高的能量，用于医学治疗、生物改良和核物理的研究；还有静电分选；静电复印；静电穿孔等。它为人类生活、生产、科学研究提供了许多有用的帮助。

对静电的性质、特点及相互作用的研究导致近代静电理论的诞生。

6-1 库仑定律 场

6-1-1 电荷 库仑定律

1. 电荷

自从富兰克林统一了天电和地电并定义正、负电之后，我们认识到自然界存在两类电荷：一种是用丝绸摩擦过的玻璃棒所带的电荷，称正电荷；另一种是用毛皮摩擦过的硬橡胶棒所带的电荷，称负电荷。进一步研究表明，物体带正电、负电是由构成物体的原子、分子等微观粒子中的电子迁移造成的，获得电子的物体带负电，失去电子的物体带正电。在一个与外界无电荷交换的系统之中电荷的总量不会因迁移、流动等变化而减少或增加，这一规律称电荷守恒定律，物体的带电量总是基本电量(电子电量 e)的整数倍。

$$Q = ne \tag{6-1}$$

式中 n 为正整数。$e=1.6022\times10^{-19}$ C(库[仑])。

2. 库仑定律

英国物理学家库仑利用扭秤(见图 6-1)，对可以看作点电荷的带电体之间的作用力做了定量的研究。研究表明：在真空中，两个静止的点电荷之间的作用为同号电荷相斥，异号电荷相吸；其大小正比于它们的电荷乘积，反比于它们之间的距离平方；其作用方向沿两点电荷的连线。用矢量式表达库仑定律为

$$\boldsymbol{F} = \frac{1}{4\pi\varepsilon_0}\frac{q_1q_2}{r^2}\boldsymbol{e}_r \tag{6-2}$$

式中，q_1、q_2 分别表示两个点电荷的电量代数值；$\boldsymbol{e}_r$ 为从 q_1 指向 q_2 的单位矢量，即式(6-2)表示了 q_2 受到 q_1 的作用力(见图 6-2)；ε_0 叫做真空电容率，在 SI 单位制中，其值为

$$\varepsilon_0 = 8.85\times10^{-12}\ \mathrm{C^2\cdot N^{-1}\cdot m^{-2}}$$

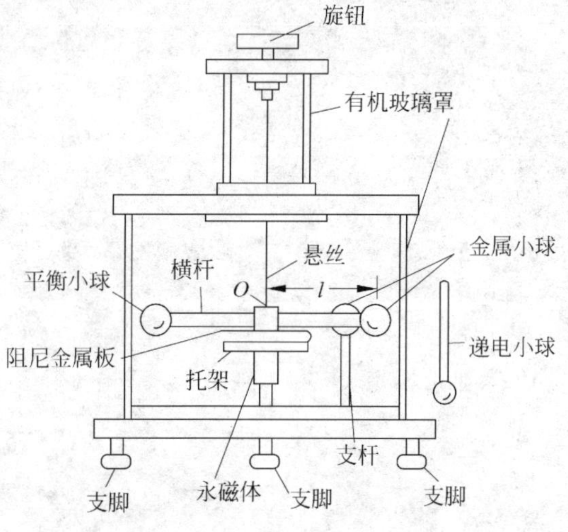

图 6-1

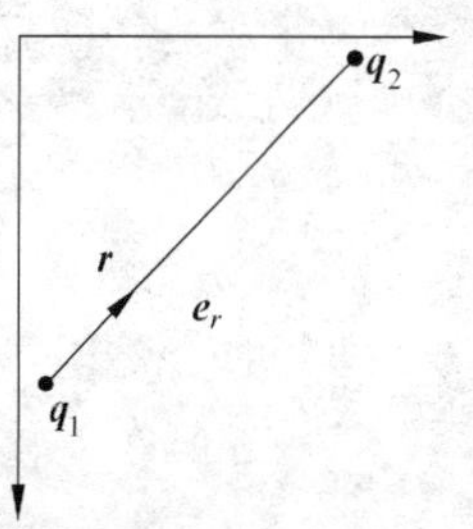

图 6-2

对式(6-2)有如下几点说明：

(1) 由上式可以看出，q_1、q_2 同号时，$\boldsymbol{F}$ 与 $\boldsymbol{e}_r$ 同向，表示 q_2 受到斥力作用；q_1、q_2 异号时，$\boldsymbol{F}$ 与 $\boldsymbol{e}_r$ 反向，表示 q_2 受到引力作用。静电荷之间的电作用力，称为库仑力。

(2) 静止点电荷间的库仑力满足牛顿三定律，且由高能电子散射实验和航天器的地球磁场实验研究所证实，在 $10^{-17}\sim10^{17}$ m 的范围内，库仑定律有效。

(3) 现代精密测量验证，库仑定律中的 r 的幂取 2 的误差不超过 10^{-9}。

6-1-2 电场强度

1. 场

电荷之间的库仑力是通过什么机制实现的？有两种观点。一种观点(早期)认为库仑力

是超距作用，不需要任何介质，也不需要时间，就能够由一个电荷作用到相隔一定距离的另一个电荷上。这种作用方式可表示为

电荷⟺电荷

这是一种电荷与电荷的直接作用，称为超距作用。另一种观点(19 世纪 30 年代，法拉第提出)认为电荷周围存在着电场，它对其他电荷产生作用力。这种作用方式可表示为

电荷⟺电场⟺电荷

电荷与电荷是通过电场间接作用的，这种观点称为近距作用。

近代物理学的发展告诉我们，近距作用的观点是正确的。并且，科学实验还告诉我们"场"的概念还普遍存在于磁相互作用之中，而且，可以脱离电荷(或磁体)存在。这种电场传递作用的力称"电场力"。

2. 电场强度

电场具有物质的各方面性质，其中最早被人们认识，也是最重要的性质是它对电荷施加电场力。利用电场的这一性质我们可以定量地描述电场。在电场中引入试验电荷 q_0，用它来探测空间是否存在电场，并通过它所受到力的大小和方向来确定电场强度。为了不影响原来电场的分布，试验电荷的带电量要充分小，几何线度也要充分小。把它静止地放置在电场中，测量它在各处所受到的电场力 $\boldsymbol{F}$。实验发现，试验电荷 q_0 位于电场中不同位置时，其受力的大小和方向均不同，但对于电场中的任一固定点而言，比值 $\boldsymbol{F}/q_0$ 是一个无论大小和方向如何都与试验电荷无关的矢量，它反映了电场本身的性质，称为电场强度，简称场强，用 $\boldsymbol{E}$ 表示，即

$$\boldsymbol{E}=\frac{\boldsymbol{F}}{q_0} \tag{6-3}$$

某处的电场强度是这样一个矢量，其大小等于单位电荷在该处所受到的电场力的大小，其方向与正试验电荷所受到的电场力的方向相同。电场强度的单位是 N/C。

根据库仑定律和电场强度的定义，可以得到点电荷 Q 在空间相距 r 点处所产生的电场强度为

$$\boldsymbol{E}=\frac{Q}{4\pi\varepsilon_0 r^2}\boldsymbol{e}_r \tag{6-4}$$

其中，$\boldsymbol{e}_r$ 代表由 Q 指向场点方向的单位矢量。式(6-4)表明，点电荷的场强是球对称的，即在以点电荷所在处为球心，以 r 为半径的球面上各点的场强大小相等，场强的方向处处沿着半径向外($Q>0$)或向内($Q<0$)，见图 6-3。

图 6-3

6-1-3 场的叠加原理

一般来说，空间可能存在若干个点电荷构成的系统。此时，空间某点的电场强度如何计算？

由力的叠加原理可知，一个试验电荷 q_0 在空间某点受到几个点电荷所组成的点电荷系的电场力为

$$\boldsymbol{F}=\sum_{i=1}^{n}\boldsymbol{F}_i=\frac{1}{4\pi\varepsilon_0}\sum_{i=1}^{n}\frac{q_0Q_i}{r_i^2}\boldsymbol{e}_i$$

式中，r_i 表示 Q_i 和 q_0 之间的距离，$\boldsymbol{e}_i$ 是从 Q_i 指向 q_0 方向的单位矢量。

按照电场强度的定义式(6-3)

$$\boldsymbol{E}=\frac{F}{q}=\sum_{i=1}^{n}\frac{\boldsymbol{F}_i}{q_0}=\frac{1}{4\pi\varepsilon_0}\sum_{i=1}\frac{Q_i}{r_i}\boldsymbol{e}_i=\sum\boldsymbol{E}_i \tag{6-5}$$

即在 n 个点电荷产生的电场中，某点的电场强度等于每个点电荷单独存在时在该点所产生的电场强度的矢量和。这一结论称为场强的叠加原理。

有关场强叠加原理有两个说明：

(1) 由上可知，场强叠加原理基于力的叠加原理。那么，场强与力哪一个更基本呢？我们认为，场强是场的内在特性，而力是场的表现形式，因而场强应该更基本，但由于力的叠加是早期认识的结果，因而选择由力的叠加推导场强的叠加原理。

(2) 力的叠加原理的成立是有条件的(也就是场强叠加原理的条件)，即相互作用的力不是非常大时，叠加原理才成立。比如，在电磁场的量子力学效应中，或在强电磁场问题中，叠加原理就不成立。

本书在未加特别说明的情况下，通常认定叠加原理成立。

对于电荷连续分布的带电体，通常把带电体的电荷看成是由许多电荷元组成，这些电荷元都可看成点电荷。设带电体中任一电荷元 $\mathrm{d}q$ 在 P 点产生的场强为 $\mathrm{d}\boldsymbol{E}$，则由式(6-4)可知

$$\mathrm{d}\boldsymbol{E}=\frac{\mathrm{d}q}{4\pi\varepsilon_0 r^2}\boldsymbol{e}_r$$

式中，r 为从电荷元 $\mathrm{d}q$ 到场点 P 的距离，$\boldsymbol{e}_r$ 是这一方向上的单位矢量。根据场强叠加原理，整个带电体在 P 点产生的场强为

$$\boldsymbol{E}=\int\frac{\mathrm{d}q}{4\pi\varepsilon_0 r^2}e_r \tag{6-6}$$

积分区域遍及整个带电体。式(6-6)是一个矢量积分，通常采用矢量分解的方法，即

$$\boldsymbol{E}=\int\mathrm{d}\boldsymbol{E}=\hat{\mathrm{i}}\int\mathrm{d}\boldsymbol{E}_x+\hat{\mathrm{j}}\int\mathrm{d}\boldsymbol{E}_y+\hat{\mathrm{k}}\int\mathrm{d}\boldsymbol{E}_z \tag{6-7}$$

对于一个带电体，电荷元 $\mathrm{d}q$ 等于 $\rho\mathrm{d}V$，其中 ρ 为电荷的体密度(单位体积中的电荷)，$\mathrm{d}V$ 为带电体中的体积元。对于一个带电面，$\mathrm{d}q$ 等于 $\sigma\mathrm{d}S$，σ 为电荷的面密度(单位面积上的电荷)，$\mathrm{d}S$ 为带电面上的面元。对于一个带电线，$\mathrm{d}q$ 等于 $\lambda\mathrm{d}L$，λ 为电荷的线密度(单位长度上的电荷)，$\mathrm{d}L$ 为带电线上的线元。

例 1　电偶极子是由两个大小相等、符号相反的点电荷 $+q$ 和 $-q$ 组成的点电荷系。从负电荷到正电荷的矢径 $\boldsymbol{l}$ 与电荷 q 的乘积 $q\boldsymbol{l}=\boldsymbol{p}$ 称为电偶极矩，简称电矩。计算电偶极子中垂面上电场强度的分布。

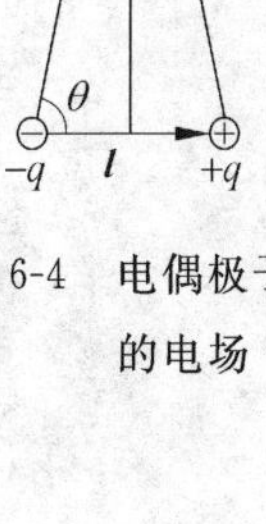

图 6-4　电偶极子的电场

如图 6-4 所示，在电偶极子中垂面上任取一点 P，点电荷 $+q$ 和 $-q$ 到 P 点的距离都是 $\sqrt{r^2+\left(\frac{l}{2}\right)^2}$，它们在 P 点产生的场强的方向不同，但大小相同，即

$$E_+=E_-=\frac{1}{4\pi\varepsilon_0}\cdot\frac{q}{r^2+(l/2)^2}$$

则 P 点的总场强的大小为

$$E = E_+ \cos\theta + E_- \cos\theta$$

而

$$\cos\theta = \frac{l/2}{\sqrt{r^2 + (l/2)^2}}$$

总场强的大小为

$$E = \frac{1}{4\pi\varepsilon_0} \cdot \frac{p}{\sqrt{[r^2 + (l/2)^2]^3}}$$

当 $r \gg l$ 时有

$$\boldsymbol{E} = -\frac{1}{4\pi\varepsilon_0} \cdot \frac{\boldsymbol{p}}{r^3} \tag{6-8}$$

场强 $\boldsymbol{E}$ 与电偶极矩的方向相反。

例 2 计算电荷线密度为 λ 的均匀带电直线在 P 点产生的场强。

图 6-5 中线长为 L，点 P 到线的垂直距离为 r，点 P 与线的两端所形成的角度为 θ_1 和 θ_2。

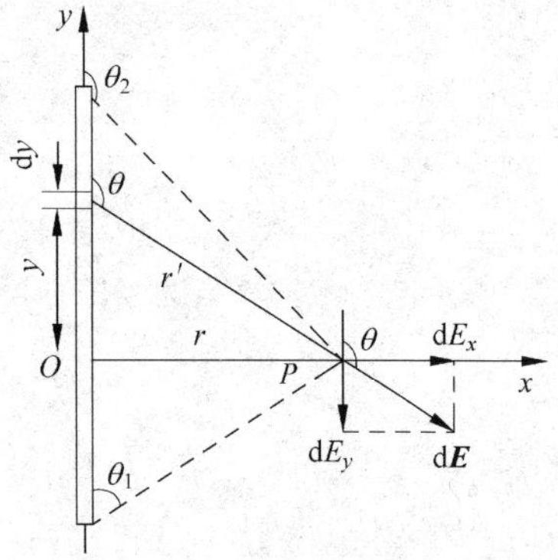

图 6-5

在带电直线上任取一线元 dy，其坐标为 y，电荷元 $dq = \lambda dy$，到 P 点的距离为 r'。它在 P 点产生的电场强度大小为

$$dE = \frac{dq}{4\pi\varepsilon_0 r'^2}$$

其分量为

$$dE_x = dE\sin\theta = \frac{\lambda dy}{4\pi\varepsilon_0 r'^2}\sin\theta$$

$$dE_y = dE\cos\theta = \frac{\lambda dy}{4\pi\varepsilon_0 r'^2}\cos\theta$$

这里 θ、y 和 r' 均为变量，把 y 和 r' 用 θ 表示，得

$$y = -r\cot\theta, \quad dy = r d\theta/\sin^2\theta, \quad r' = \frac{r}{\sin\theta}$$

因此有

$$E_x = \int_{\theta_1}^{\theta_2} \frac{\lambda\sin\theta d\theta}{4\pi\varepsilon_0 r} = \frac{\lambda}{4\pi\varepsilon_0 r}(\cos\theta_1 - \cos\theta_2)$$

$$E_y = \int_{\theta_1}^{\theta_2} \frac{\lambda\cos\theta d\theta}{4\pi\varepsilon_0 r} = \frac{\lambda}{4\pi\varepsilon_0 r}(\sin\theta_2 - \sin\theta_1)$$

把上述结果推广到无限长的带电直线上（$\theta_1 = 0, \theta_2 = \pi$），可得

$$E_x = \frac{\lambda}{4\pi\varepsilon_0 r}(\cos 0 - \cos\pi) = \frac{\lambda}{2\pi\varepsilon_0 r}$$

$$E_y = 0$$

写成

$$E = \frac{\lambda}{2\pi\varepsilon_0 r}$$

这表明，无限长均匀带电直线在直线外空间产生的电场具有轴对称性，即到轴线等距离处场强大小相等，方向均垂直于带电直线。

例 3　求均匀带电圆环轴线上的场强分布。

解　设圆环半径为 R，带电荷量为 Q。

建立如图 6-6 所示的坐标系，将圆环分成很多的微小线段，每一微小线段可视为点电荷。在圆环上任取一微小线段 $\mathrm{d}l$，其带电量为 $\mathrm{d}q=Q\mathrm{d}l/2\pi R$，它在 P 点产生的场强的大小为

$$\mathrm{d}E=\frac{\mathrm{d}q}{4\pi\varepsilon_0 r^2}=\frac{1}{4\pi\varepsilon_0}\cdot\frac{1}{R^2+x^2}\cdot\frac{Q}{2\pi R}\mathrm{d}l$$

方向如图 6-6 所示。

由对称性分析，$\mathrm{d}\boldsymbol{E}$ 垂直于轴线的分量必被对称位置的另一电荷元所产生的场强垂直分量所抵消。因此合场强 $\boldsymbol{E}$ 只有 x 分量，即

$$E=E_x=\int\mathrm{d}E_x=\int\mathrm{d}E\cos\theta$$

$$E=\int_0^{2\pi R}\frac{1}{4\pi\varepsilon_0}\frac{Qx}{2\pi R(x^2+R^2)^{3/2}}\mathrm{d}l=\frac{1}{4\pi\varepsilon_0}\frac{Qx}{(R^2+x^2)^{3/2}}$$

可以看出，当 $x=0$ 时，$E=0$，即带电圆环中心处场强为 0；当 $x\gg R$ 时，有

$$E=\frac{Q}{4\pi\varepsilon_0 x^2}$$

在这种情况下，可把带电圆环视为点电荷。

例 4　求带电圆盘轴线上一点的场强。

解　设半径为 R，面电荷密度为 σ，如图 6-7 所示，带电圆盘可分割成许多同心带电圆环。半径为 r，宽度为 $\mathrm{d}r$ 的圆环的带电量 $\mathrm{d}q=\sigma\mathrm{d}S=\sigma 2\pi r\mathrm{d}r$。引用例 3 的结果，带电圆环在 P 点产生的场强的大小为

$$\mathrm{d}E_x=\frac{x\mathrm{d}q}{4\pi\varepsilon_0(x^2+r^2)^{3/2}}=\frac{\sigma x2\pi r\mathrm{d}r}{4\pi\varepsilon_0(x^2+r^2)^{3/2}}$$

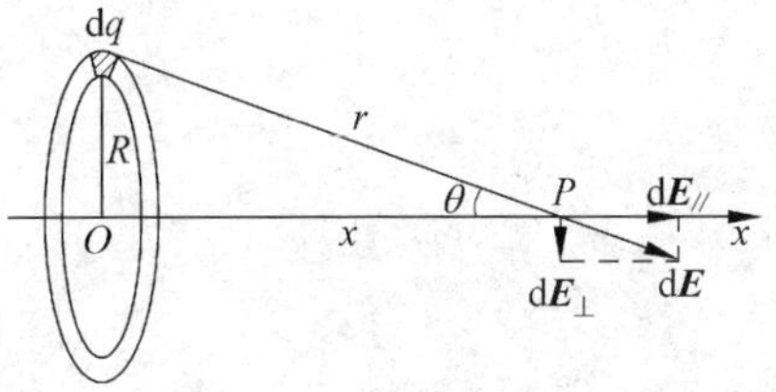

图　6-6

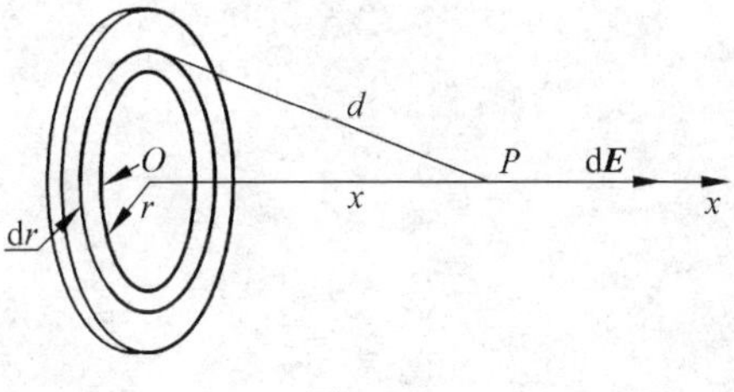

图　6-7

由于各圆环在 P 点产生的场强方向一致，所以有

$$E=\int\mathrm{d}E_x=\frac{\sigma x}{2\varepsilon_0}\int_0^R\frac{r\mathrm{d}r}{(x^2+r^2)^{3/2}}=\frac{\sigma}{2\varepsilon_0}\left[1-\frac{x}{(x^2+R^2)^{1/2}}\right]$$

当 $\sigma>0$ 时，圆盘右边轴线上的场强沿 x 轴正方向，左边沿 x 轴负方向；当 $\sigma<0$ 时，圆盘右边轴线上的场强沿 x 轴负方向，左边沿 x 轴正方向；当 $x\ll R$ 时，从 P 点看圆盘可以视为无限大平面，由上式可知，无限大带电平面产生的电场是匀强电场，场强大小为

$$E=\frac{\sigma}{2\varepsilon_0}$$

6-2　电场通量　高斯定理

6-2-1　法拉第电场线　电通量

1. 电场线

法拉第为了形象地描述静电场的分布，在电场中人为地画出一些曲线，并把这些曲线称为电场线。用电场线各点的切线方向表示该点的电场强度方向，用电场线的疏密程度反映该点电场强度的大小。

为了能用电场线定量表示电场强度的分布，我们还要作如下说明和规定：如图 6-8 所示，在电场中作一面元 d$\boldsymbol{S}$，d$\boldsymbol{S}$ 的法线 $\boldsymbol{e}_n$ 与该处 $\boldsymbol{E}$ 的夹角为 θ，d$\boldsymbol{S}$ 在垂直于 $\boldsymbol{E}$ 的面上的投影为 $\mathrm{d}S_\perp = \mathrm{d}S\cos\theta$，通过 $\mathrm{d}S_\perp$ 的电场线条数（也是通过 dS 的条数）用 dN 表示。我们把穿过 $\mathrm{d}S_\perp$ 面上单位面积的电场线条数叫做该面处的电场线数密度，并规定 $\mathrm{d}S_\perp$ 面上场强的大小等于 $\frac{\mathrm{d}N}{\mathrm{d}S_\perp}$，即

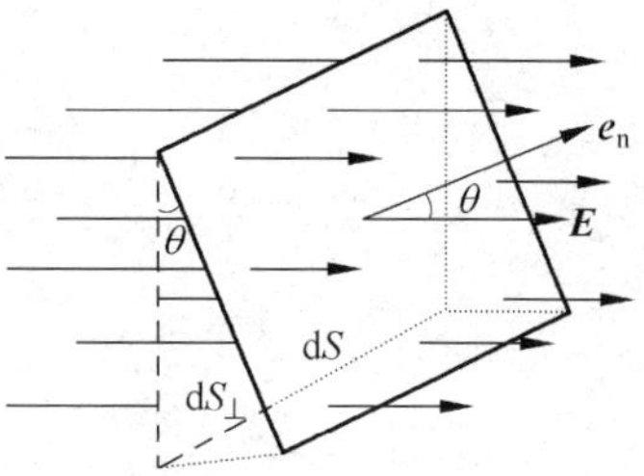

图　6-8

$$E = \frac{\mathrm{d}N}{\mathrm{d}S_\perp} = \frac{\mathrm{d}N}{\mathrm{d}S\cos\theta} \tag{6-9}$$

这样一来，电场中某点的电场强度的大小就等于该处的电场线数密度。

在图 6-9 中，画出了几种典型静电场的电场线分布。可以看出，静电场的电场线是从正电荷或无穷远发出，止于负电荷或无穷远；静电场的电场线不会形成闭合曲线；任意两条电场线不相交。

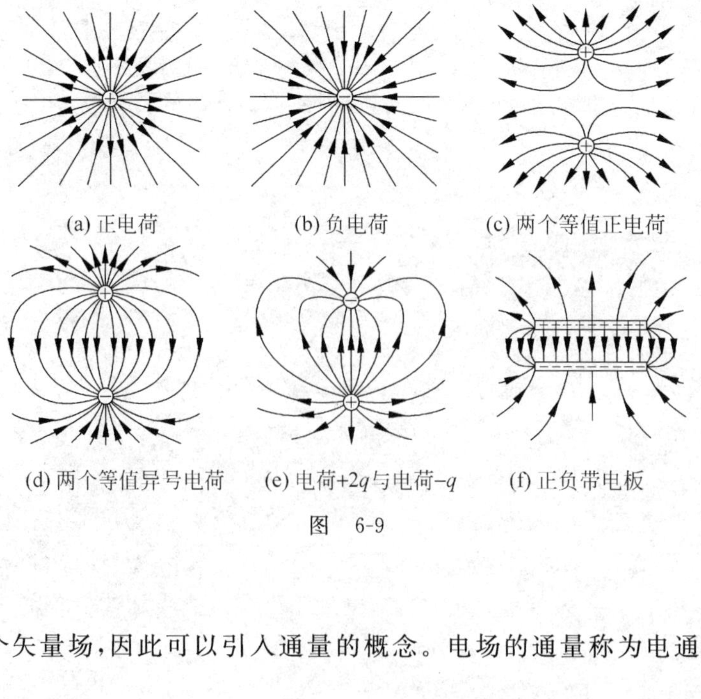
(a) 正电荷　(b) 负电荷　(c) 两个等值正电荷

(d) 两个等值异号电荷　(e) 电荷+2q与电荷$-q$　(f) 正负带电板

图　6-9

2. 电通量

电场是一个矢量场，因此可以引入通量的概念。电场的通量称为电通量，用 ϕ_e 表示。

如图 6-10 所示，在电场中任取一面元 dS，它的法线 $\boldsymbol{e}_n$ 与它所在处的 $\boldsymbol{E}$ 的夹角为 θ。我们引入矢量 d$\boldsymbol{S}$，其大小为面元的面积，其方向为面元的法线方向。通过面元 dS 的电通量 $d\phi_e$，定义为

$$d\phi_e = \boldsymbol{E} \cdot d\boldsymbol{S} = E\cos\theta dS$$

由式(6-9)可得

$$dN = EdS_{\perp} = E\cos\theta dS = d\phi_e$$

这说明，通过面元 dS 的电通量 $d\phi_e$ 等于穿过 dS 的电场线的条数 dN，这是对电通量的比较形象的表述。容易看出，通过任意曲面 S 的电通量为

$$\phi_e = \int_S \boldsymbol{E} \cdot d\boldsymbol{S} = \int_S E\cos\theta dS$$

应该注意，一个面元 dS 的法线方向有两种取法，不同取法计算出的电通量的符号相反。对于一个非封闭曲面(包括平面)，其上各面元的法线应在曲面的同一侧，而且要事先规定好是哪一侧。

如图 6-11 所示，在电场中任取一封闭曲面 S，由电通量的定义，封闭曲面的电通量应为

$$\phi_e = \oint_S \boldsymbol{E} \cdot d\boldsymbol{S} \tag{6-10}$$

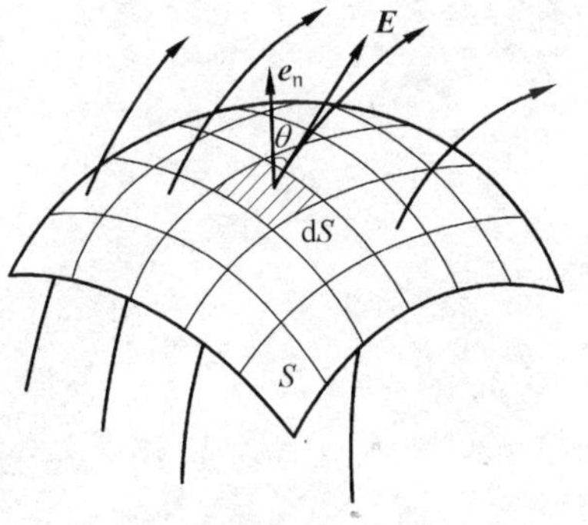

图　6-10

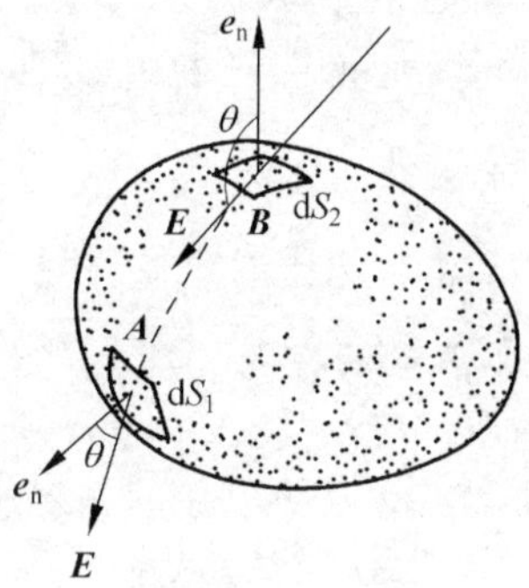

图　6-11

对于一个封闭曲面，我们总是把面元的外法线方向取为面元的方向。

6-2-2　静电场中的高斯定理

德国数学家和物理学家高斯对真空静电场中的式(6-10)进行了理论探讨，推导出封闭面的电通量与该封闭面所包围的电荷关系为：电荷的代数和除以 ε_0，即

$$\oint \boldsymbol{E} \cdot d\boldsymbol{S} = \frac{\sum_i q_i}{\varepsilon_0} \tag{6-11}$$

这一结论称做静电场的高斯定理，它表明静电场是一个有源场，电荷是电场的源。

高斯定理是库仑定律和场的叠加原理的必然结果。

1. 一个点电荷在封闭面内的情况

考虑点电荷 q 在一个任意封闭面 S 内，为了计算通过 S 面的电通量我们以 q 为球心作一半径为 r 的球面 S'，令 S' 包围封闭曲面 S(见图 6-12)。因点电荷电场的球对称性，则在球面 S' 上各点场强的大小都相同，当我们约定 q 为正电荷时，各点场强方向沿半径向外，通

过 S' 的电通量为

$$\phi_e = \oint_{S'} \boldsymbol{E} \cdot \mathrm{d}\boldsymbol{S}' = \oint_S \frac{q}{4\pi\varepsilon_0 r^2}\mathrm{d}S' = \frac{q}{4\pi\varepsilon_0 r^2}\oint_S \mathrm{d}S' = \frac{q}{4\pi\varepsilon_0 r^2}4\pi r^2 = \frac{q}{\varepsilon_0}$$

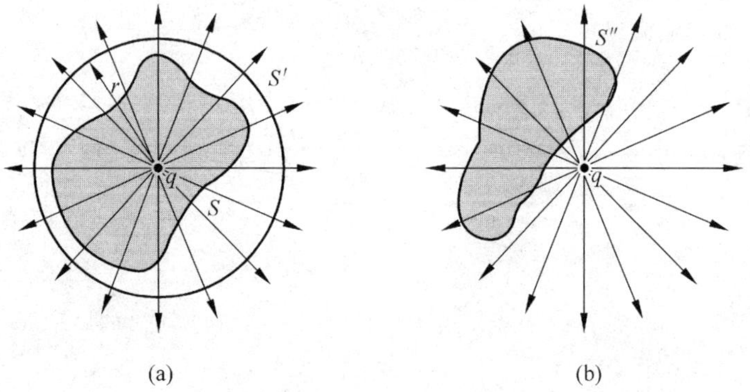

图 6-12

上式表明 ϕ_e 与 r 无关，由点电荷 q 发出的通过以 q 所在点为球心的任何球面的电通量都相同，即通过这些同心球面的电场线的条数相同。所以，在没有电荷的空间，静电场的电场线不会中断，即电场线是连续的。由电场线的连续性可知，通过 S' 的通量与通过 S 的通量相等，这说明任意封闭曲面 S 内的点电荷 q 对该封闭曲面电通量的贡献都为 q/ε_0，即

$$\oint_S \boldsymbol{E} \cdot \mathrm{d}\boldsymbol{S} = \frac{q}{\varepsilon_0}$$

2. 一个点电荷在封闭面外的情况

考虑一个点电荷 q 处于任意封闭面 S 外(见图 6-13)，由于电场线在无电荷的区域内连续，所以从一侧进入 S 面的电场线(条数)一定等于从另一侧穿出的电场线(条数)。因此通过封闭面 S 的电通量为零，即

$$\oint_S \boldsymbol{E} \cdot \mathrm{d}\boldsymbol{S} = 0$$

3. 任意电荷系对封闭面的电通量情况

若电荷系是由 n 个点电荷组成，其中 $q_1, q_2, \cdots, q_k$ 在闭合面内，$q_{k+1}, \cdots, q_n$ 在闭合面外(见图 6-14)。按场强叠加原理，点电荷系电场的场强

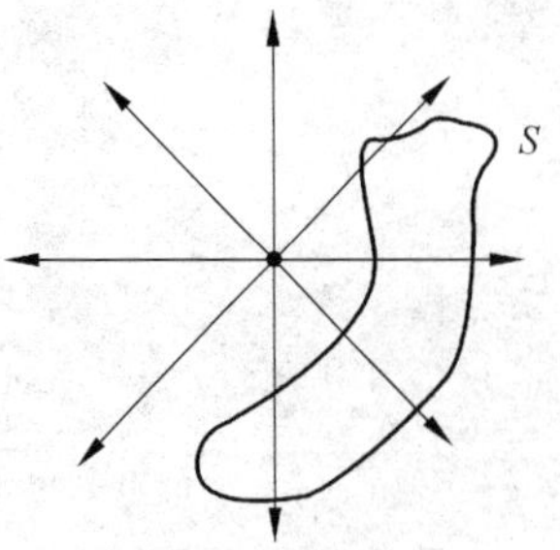

图 6-13

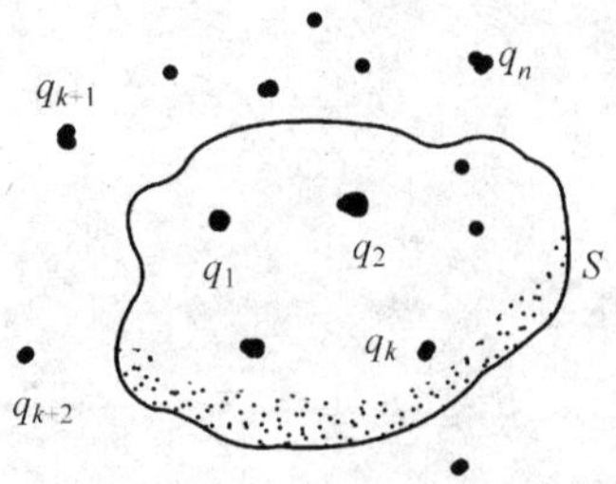

图 6-14

$$\boldsymbol{E} = \sum_{i=1}^{n} \boldsymbol{E}_i$$

通过闭合面 S 的 E 通量

$$\oint_S \boldsymbol{E} \cdot \mathrm{d}\boldsymbol{S} = \oint_S \sum_{i=1}^{n} \boldsymbol{E}_i \cdot \mathrm{d}\boldsymbol{S} = \sum_{i=1}^{k} \oint_S \boldsymbol{E}_i \cdot \mathrm{d}\boldsymbol{S} + \sum_{i=k+1}^{n} \oint_S \boldsymbol{E}_i \cdot \mathrm{d}\boldsymbol{S} = \sum_{i=1}^{k} q_i/\varepsilon_0$$

这正是式(6-10)的结果。

应该指出，高斯定理虽由库仑定律导出，而库仑定律只适用于静电场，但实验表明高斯定理除了在静电场中正确之外，还适用于包括随时间变化的各类电场。

6-2-3　高斯定理的应用

例 5　在边长为 a 的正方形中垂线 $a/2$ 处，有一个点电荷，电量为 q，求该电荷产生的电场通过正方形的电通量 ϕ_e(见图 6-15(a))。

解　利用高斯定理求电通量

首先必须构建封闭面；其次封闭面的其余各部分应该与待求面处于完全相等的地位。以边长皆为 a 的五个正方形与其构成一个以点电荷为中心的立方体，其表面构成封闭面——高斯面。

由对称性知，六个面的电通量皆相等为 ϕ_e，所以，对封闭面而言，总电通量为 $6\phi_e$，利用高斯定理可得

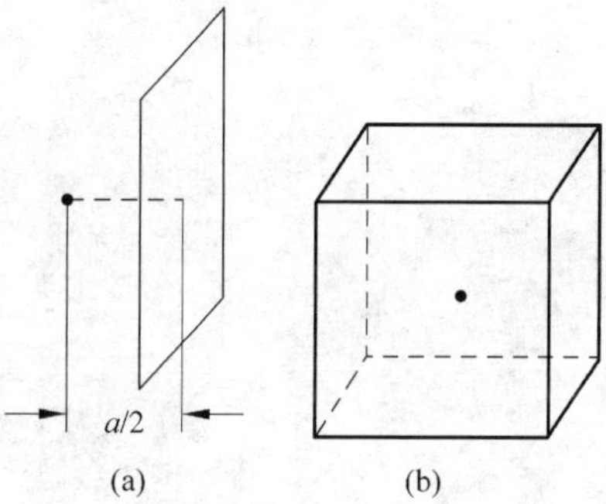

图　6-15

$$6\phi_e = \frac{q}{\varepsilon_0}$$

$$\phi_e = \frac{q}{6\varepsilon_0}$$

例 6　求均匀带电球壳的电场分布。

解　利用高斯定理(积分形式)求电场，则电场(或电荷)分布必须具有某种对称性。

设球面半径为 R，所带电量为 Q，由电荷分布球对称性可知，电场(电场线)也具有球对称性辐射状分布。以带电球面的中心为球心，任作一半径为 r 的球面 S。由电通量的定义，球面 S 的通量为

$$\phi_e = \oint_S \boldsymbol{E} \cdot \mathrm{d}\boldsymbol{S} = \oint_S E \mathrm{d}S = E \oint_S \mathrm{d}S = 4\pi r^2 E$$

当 $r>R$ 时，高斯面 S_1 包围的电荷为 Q，根据高斯定理可得

$$4\pi r^2 E_{\mathrm{p}} = \frac{Q}{\varepsilon_0}$$

$$E_{\mathrm{p}} = \frac{Q}{4\pi\varepsilon_0 r^2}$$

这时，带电球面相当于是一个电量全部集中在球心的点电荷。

当 $r<R$ 时，高斯面 S_2 所包围的电荷为 0，因此有

$$E_{\mathrm{p}'} 4\pi r^2 = 0$$

$$E_{\mathrm{p}'} = 0$$

即均匀带电球面内的电场为零。

图 6-16 给出了均匀带电球面内外场强的分布情况，图中 $r=R$ 处强度不连续，这是由于题中的带电球面是没有厚度的几何面。实际的带电体总是有一定厚度的，均匀带电球面正是描述某些实际带电体的一种理想模型。

例 7 求均匀带电球体的电场分布。

解 设球体半径为 R，所带电量为 Q，由电荷分布的球对称性，选择 $r>R$ 和 $r<R$ 两区域内，两个球形高斯面，仿照例 2 可得

$$E_{外}=\frac{Q}{4\pi\varepsilon_0 r^2}\quad (r>R)$$

$$E_{内}=\frac{1}{4\pi\varepsilon_0 r^2}\left(\frac{Q}{\frac{4}{3}\pi R^3}\cdot\frac{4}{3}\pi r^3\right)=\frac{Qr}{4\pi\varepsilon_0 R^3}\quad (r<R)$$

当 $r=R$ 时，$E_{外}=E_{内}=\dfrac{Q}{4\pi\varepsilon_0 R^2}$，电场连续。

图 6-17 给出了均匀带电球体内、外场强分布。

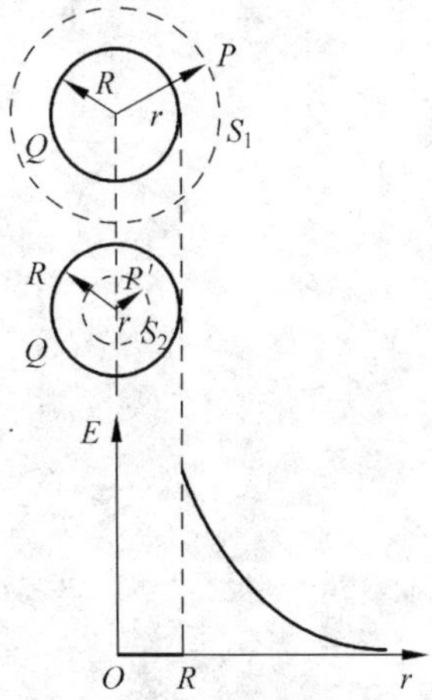

图 6-16

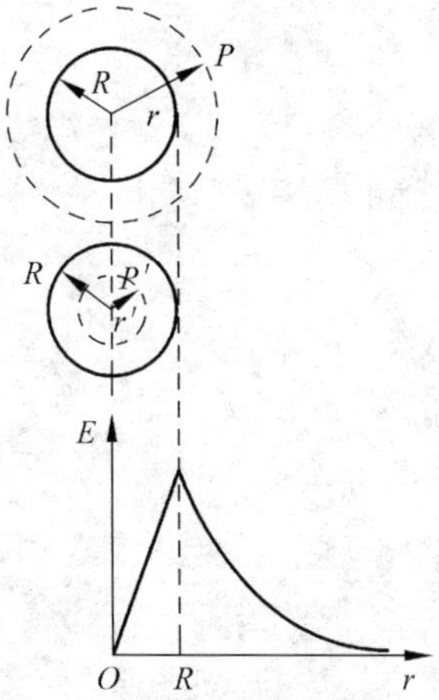

图 6-17

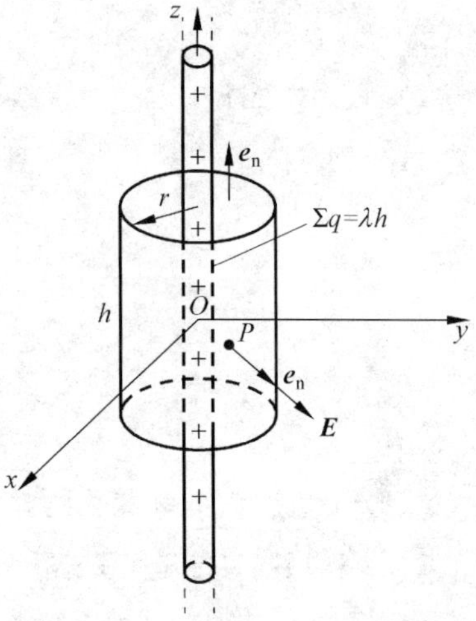

图 6-18

例 8 求无限长均匀带电直线的场强分布。

解 设带电直线电荷的线密度为 λ。因电荷分布具有轴对称性，则电场分布也具有轴对称性，即在以带电直线为轴的任意柱面上各点场强的大小相同，在 λ 为正时，场强方向沿半径向外。为求距轴线 r 远处的场强，如图 6-18 所示，构造一个以带电直线为轴的、半径为 r、高为 h 的柱形高斯面。通过整个高斯面的电通量可以分为通过柱的上、下底面和侧面的三个部分，即

$$\phi_e=\oint_S \boldsymbol{E}\cdot \mathrm{d}\boldsymbol{S}=\oint_{上}\boldsymbol{E}\cdot \mathrm{d}\boldsymbol{S}+\oint_{下}\boldsymbol{E}\cdot \mathrm{d}\boldsymbol{S}+\oint_{侧}\boldsymbol{E}\cdot \mathrm{d}\boldsymbol{S}$$

其中，由于柱的上、下底面的法线方向与场强方向垂直，所以这两部分的通量为零。而柱的侧面的面元法线方向与场强方向一致，因此侧面的通量为 $E2\pi rh$。高斯面包围的电量为 λh，根据高斯定理，有

$$E2\pi rh = \frac{\lambda h}{\varepsilon_0}$$

由此，无限长均匀带电直线场强的分布为

$$E = \frac{\lambda}{2\pi\varepsilon_0 r}$$

当 $r=0$ 时，上式变为无穷大。出现这一不合理的结果，是由于题中的带电直线是不存在的，它只是描述实际带电柱体的理想模型。读者可以自行研究一下，电荷均匀分布于柱形直棒中的电场分布情况。

读者还可利用高斯定理求出无限大均匀带电平面的电场分布为

$$E = \frac{\sigma}{2\varepsilon_0}$$

式中，σ 为平面的面电荷密度。

6-3　环路定理　电势

上一节，从电场线的面积分（通量）引出高斯定理，从而了解静电场是一种有源场。本节将由电场线的线积分（环量）引出环路定理，从而了解静电场的另一个特性——无旋性。

6-3-1　环路定理

1. 环流的引入及环路定理的证明

某一点电荷 q，在电场 $\boldsymbol{E}$ 中移动一段路程 $\boldsymbol{l}$，则电场力所做的功为

$$\int_l q\boldsymbol{E}\cdot \mathrm{d}\boldsymbol{l}$$

若电荷 q 为一单位正电荷，且在电场中沿闭合路径移动了一周，则电场力对单位电荷所做的功为

$$\oint \boldsymbol{E}\cdot \mathrm{d}\boldsymbol{l}$$

该积分称作是电场的环流（量）。下面将证明：电场力做功与路程无关，即静电场中的环流为零。

$$\oint \boldsymbol{E}\cdot \mathrm{d}\boldsymbol{l} = 0$$

这个结论仍然是库仑定律和叠加原理的必然结果。

（1）在点电荷产生的静电场中

如图 6-19 所示，点电荷 q 固定于 O 点，而另一试验电荷 q_0 在 q 的电场中沿某一路径从 a 点移至 b 点。我们只研究在此过程中电场力做的功。在 q_0 运动的路径上任取一元位移 $\mathrm{d}\boldsymbol{l}$，由功的定义，电场力对 q_0 做的元功为

$$\mathrm{d}W = \boldsymbol{F}\cdot \mathrm{d}\boldsymbol{l} = q_0\boldsymbol{E}\cdot \mathrm{d}\boldsymbol{l} = q_0 E\cos\theta \mathrm{d}l$$

式中 $\boldsymbol{E}$ 为 q_0 所在处的场强，θ 为 $\boldsymbol{E}$ 与 $\mathrm{d}\boldsymbol{l}$ 之间的夹角。从点电荷 q 所在处 O 点到 $\mathrm{d}\boldsymbol{l}$ 两端的距离分别为 r 和 r'，则由图可知 $\mathrm{d}l\cos\theta = r'-r=\mathrm{d}r$。于是

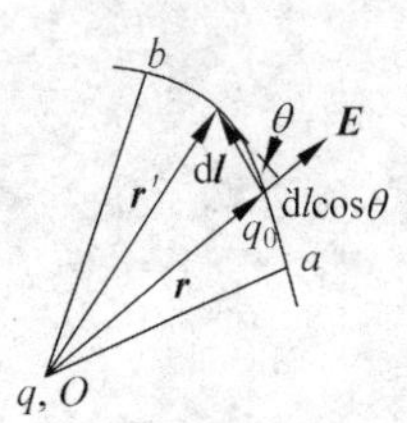

图　6-19

$$dW = q_0 E dr = \frac{1}{4\pi\varepsilon_0}\frac{qq_0}{r^2}dr$$

当电荷 q_0 由 a 点移至 b 点时，电场力所做的功为

$$W = q_0\int \boldsymbol{E}\cdot d\boldsymbol{l} = \frac{qq_0}{4\pi\varepsilon_0}\int_{r_a}^{r_b}\frac{dr}{r^2} = \frac{qq_0}{4\pi\varepsilon_0}\left(\frac{1}{r_a}-\frac{1}{r_b}\right) \tag{6-12}$$

式中，r_a 和 r_b 分别是电荷 q_0 移动的起点和终点相对电荷 q 的距离。式(6-12)表示，试验电荷 q_0 在点电荷 q 的电场中移动时，电场力所做的功只与其起点和终点的位置有关，而与经历的路径无关。

若试验电荷在电场中沿封闭路径移动一圈，即 $r_a=r_b$，则式(6-12)变为

$$\oint \boldsymbol{E}\cdot d\boldsymbol{l} = 0$$

(2) 在点电荷系产生的静电场中

将试验电荷 q_0 置入一个点电荷系($q_1, q_2, \cdots, q_n$)的电场中的情形。电荷系中的各电荷的位置是固定的，而电荷 q_0 在这个电场中沿某一路径从 a 点移至 b 点。由于总电场是各个点电荷单独产生的场强的矢量和，即

$$\boldsymbol{E} = \boldsymbol{E}_1 + \boldsymbol{E}_2 + \cdots + \boldsymbol{E}_n$$

所以，总电场力所做的功就是各个点电荷单独产生的电场对电荷 q_0 所做的功之和，即

$$\begin{aligned} W &= q_0\int_a^b \boldsymbol{E}\cdot d\boldsymbol{l} = q_0\int_a^b (\boldsymbol{E}_1 + \boldsymbol{E}_2 + \cdots + \boldsymbol{E}_n)\cdot d\boldsymbol{l} \\ &= q_0\int_a^b \boldsymbol{E}_1\cdot d\boldsymbol{l} + q_0\int_a^b \boldsymbol{E}_2\cdot d\boldsymbol{l} + \cdots + q_0\int_a^b \boldsymbol{E}_n\cdot d\boldsymbol{l} \end{aligned} \tag{6-13}$$

由于上式等号右边的每一项都与路径无关，所以总电场的电场力做功也与路径无关，只由 q_0 的始末位置决定。

同上所述，当试验电荷移动一圈，式(6-13)仍有

$$\oint \boldsymbol{E}\cdot d\boldsymbol{l} = \sum_{i=1}^{n}\oint \boldsymbol{E}_i\cdot d\boldsymbol{l} = 0$$

连续分布电荷产生的静电场中，由于连续分布的电荷系总可以看作大量电荷元(视为点电荷)组成，故仍有

$$\oint \boldsymbol{E}\cdot d\boldsymbol{l} = 0$$

静电场中的上述结果称为环路定理。

2. 环路定理的意义

环流为零实际上代表在闭合路径上移动单位正电荷时电场力所做的功为零，即表明静电场力是保守力，或静电场是保守场。保守场中的场线是无涡旋的，所以静电场属于无旋场。

点电荷对试验电荷作用的电场力是沿径向的，属于有心力。任意分布的源电荷可当作许多点电荷的叠加，故对试验电荷作用的电场力应是许多有心力的叠加，而具有球对称性的有心力场是保守场，这就是静电场是保守场的根本原因。在静电场中，电场线可以有各种各样弯曲的形状和复杂的分布，但却找不到一根电场线是闭合的。

6-3-2 电势差 电势

由静电场中的环路定理及其物理意义得知，静电场力属保守力系，保守力系中可以引入

一个只与空间位置有关的势，比如，重力势。在静电场中就可称为电势，因为做功对应能量变化，则定义

$$\Delta\varepsilon_{ab} = \varepsilon_b - \varepsilon_a = q\int_a^b \boldsymbol{E} \cdot \mathrm{d}\boldsymbol{l} \tag{6-14}$$

为电荷 q 在电场 a、b 两点处的电场能 ε_a、ε_b 之差（或称电势能增量的负值），由式(6-14)还可变形为

$$-\left(\frac{\varepsilon_b}{q} - \frac{\varepsilon_a}{q}\right) = \int_a^b \boldsymbol{E} \cdot \mathrm{d}\boldsymbol{l} \tag{6-15}$$

上式表明：单位电荷的电势能 $\left(\frac{\varepsilon}{q}\right)$ 之差与电荷无关，只与确定的场($\boldsymbol{E}$)在两场点间的线积分有关，且与具体路径无关。这说明 $\frac{\varepsilon}{q}$ 是一个位置的函数，因此，定义电势

$$V = \frac{\varepsilon}{q}$$

由式(6-15)可知，静电场中任意两点间的电势差（或称电势增量的负值）——电势差为

$$\Delta V_{ab} = V_a - V_b = -(V_b - V_a) = \int_a^b \boldsymbol{E} \cdot \mathrm{d}\boldsymbol{l} \tag{6-16}$$

它表示电场搬运单位正电荷从 a 点到 b 点，电场力所做的功。由此得出结论，电场力做正功（沿电场线方向），电势下降；电场力做负功（逆电场线方向），电势升高。

根据式(6-16)及电场的分布只可求出场中任意两点间的电势差，不能确定任一点的电势值，为了给出静电场中任意位置处的电势值，应该选定一个参考位置处的电势值。如 $V_b = V_0$（确定值），则

$$V_a = V_0 + \int_a^b \boldsymbol{E} \cdot \mathrm{d}\boldsymbol{l} \tag{6-17}$$

参考点的值最方便是选为零，即 $V_0 = 0$。零点的选取要视问题而定。若源电荷在有限区域内分布，一般选择在无限远处为零电势。这一规定会使正电荷源产生的电势为正；负电荷源产生的电势为负。电势的表达式为

$$V = \int_a^\infty \boldsymbol{E} \cdot \mathrm{d}\boldsymbol{l} \tag{6-18}$$

若源电荷在无限区域内分布，如无限大带电平面等问题中，就不能选择无穷远处为零电势，否则将出现无法确定某点电势的结果。

例 9 求点电荷电场中的电势。

设点电荷电量为 q，点 a 距点电荷 q 的距离为 r，由式(6-18)和式(6-4)，选无穷远处为电势零点并沿矢径路径积分，可得点 a 的电势为

$$V = \int_r^\infty \boldsymbol{E} \cdot \mathrm{d}\boldsymbol{l} = \frac{q}{4\pi\varepsilon_0 r} \tag{6-19}$$

上式表明，当 $q>0$ 时，电场中各点的电势皆为正，随 r 的增加而减少；当 $q<0$ 时，电场中各点的电势皆为负，无穷远处电势最高，为零。

6-3-3 电势的叠加原理

利用电势的定义和场强叠加原理很容易证明，点电荷系的电场中某点的电势，是各个点电

荷单独存在时的电场在该点的电势的代数和，这就是电势叠加原理。该原理可用公式表示为

$$V(a)=\int_a^{\infty}\boldsymbol{E}\cdot \mathrm{d}\boldsymbol{l}=\int_a^{\infty}(\boldsymbol{E}_1+\boldsymbol{E}_2+\cdots+\boldsymbol{E}_k)\cdot \mathrm{d}\boldsymbol{l}$$
$$=V_1(a)+V_2(a)+\cdots+V_k(a) \qquad (6\text{-}20)$$

其中 $V_1(a),V_2(a),\cdots,V_k(a)$ 分别为点电荷 $q_1,q_2,\cdots,q_k$ 单独存在时的场在点 a 处的电势。

在点电荷 q_i 所产生的电场中，场点 a 处的电势由式(6-18)可知

$$V_i(a)=\frac{1}{4\pi\varepsilon_0}\frac{q_i}{r_i}$$

式中，r_i 表示从点电荷 q_i 到场点 a 的距离。因此，对于点电荷组成的体系所产生的电场，式(6-19)可以写为

$$V(a)=\frac{1}{4\pi\varepsilon_0}\sum_{i=1}^{k}\frac{q_i}{r_i} \qquad (6\text{-}21)$$

当产生电场的带电体分别是连续分布的体电荷、面电荷或线电荷时，式(6-20)可以分别表示为

$$\text{体电荷为}\ V(a)=\frac{1}{4\pi\varepsilon_0}\iiint\frac{\rho\mathrm{d}\tau}{r}\quad\text{体积分} \qquad (6\text{-}22)$$

$$\text{面电荷为}\ V(a)=\frac{1}{4\pi\varepsilon_0}\iint\frac{\sigma\mathrm{d}S}{r}\quad\text{面积分} \qquad (6\text{-}23)$$

$$\text{线电荷为}\ V(a)=\frac{1}{4\pi\varepsilon_0}\int\frac{\lambda\mathrm{d}l}{r}\quad\text{线积分} \qquad (6\text{-}24)$$

例 10 求半径为 R，均匀带电为 q 的细圆环轴线上任一点的电势。

解 用两种方法来计算

(1) 由场强求电势

如图 6-20(a)所示，已知细圆环轴线上任一点 P 的场强大小

$$E=\frac{qx}{4\pi\varepsilon_0(R^2+x^2)^{3/2}}$$

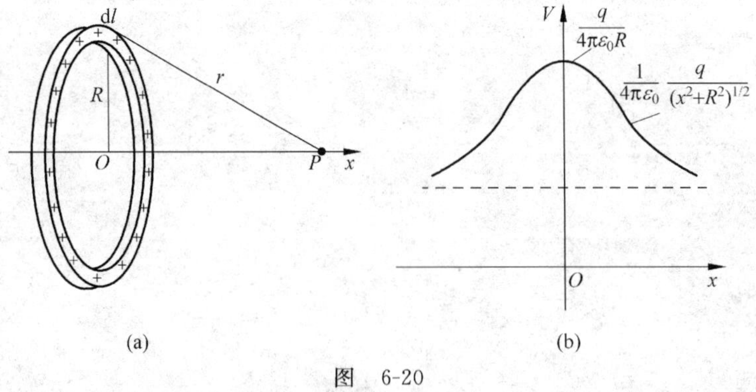

图 6-20

方向沿轴线。考虑到计算电势的场强线积分可选取任意路径，这里选沿 x 轴进行线积分，在将无限远定为零电势点的条件下，P 点电势为

$$V=\int_P^{\infty}\boldsymbol{E}\cdot\mathrm{d}\boldsymbol{l}=\int_x^{\infty}\frac{qx}{4\pi\varepsilon_0(R^2+x^2)^{3/2}}\mathrm{d}x=-\frac{q}{4\pi\varepsilon_0}(R^2+x^2)^{-\frac{1}{2}}\Big|_x^{\infty}$$
$$=\frac{q}{4\pi\varepsilon_0(R^2+x^2)^{1/2}}$$

(2) 由电势叠加法求电势

在圆环上取任意电荷元，$dq=\lambda dl$，$\lambda=\frac{q}{2\pi R}$，则圆环在 P 点的电势

$$V=\int_0^{2\pi R}\frac{\lambda dl}{4\pi\varepsilon_0 r}=\int_0^{2\pi R}\frac{\lambda dl}{4\pi\varepsilon_0(R^2+x^2)^{1/2}}=\frac{\lambda}{4\pi\varepsilon_0(R^2+x^2)^{1/2}}\int_0^{2\pi\varepsilon_0}dl$$
$$=\frac{q}{4\pi\varepsilon_0(R^2+x^2)^{1/2}}$$

图 6-20(b)给出了 x 轴上的电势随 x 坐标变化的曲线。

例 11　求半径为 R，总带电量为 q 的均匀带电球面内、外电势分布。

解　由于在球面外直到无限远处场强的分布都和电荷集中到球心处的一个点电荷的场强分布一样，因此，球面外任一点的电势与式(6-19)相同，即

$$V=\frac{q}{4\pi\varepsilon_0 r},\quad r\geqslant R$$

若 P 点在球面内($r<R$)，由于球面内、外场强的分布不同，积分要分两段，即

$$V=\int_r^{\infty}\boldsymbol{E}\cdot d\boldsymbol{r}=\int_r^{R}\boldsymbol{E}\cdot d\boldsymbol{r}+\int_R^{\infty}\boldsymbol{E}\cdot d\boldsymbol{r}$$

因为在球面内各点场强为零，而球面外场强为

$$\boldsymbol{E}=\frac{q}{4\pi\varepsilon_0 r^3}\boldsymbol{r}$$

所以上式结果为

$$V=\int_R^{\infty}\boldsymbol{E}\cdot d\boldsymbol{r}=\int_R^{\infty}\frac{q}{4\pi\varepsilon_0 r^2}dr=\frac{q}{4\pi\varepsilon_0 R},\quad r\leqslant R$$

这说明均匀带电球面内各点电势相等，都等于球面上各点的电势。电势随半径的变化曲线($V-r$ 曲线)如图 6-21 所示。

例 12　线电荷密度为 λ 的无限长均匀带电直线的电势分布。

解　因无限长带电直线的电荷分布扩展到无限远处，因此，以点电荷电势(无限远处电势为零)公式为基础的电势叠加法不适用。

可选某一距带电直线为 r_0 的 P_0 点(图 6-22)为电势零点，则距带电直线为 r 的 P 点的电势为

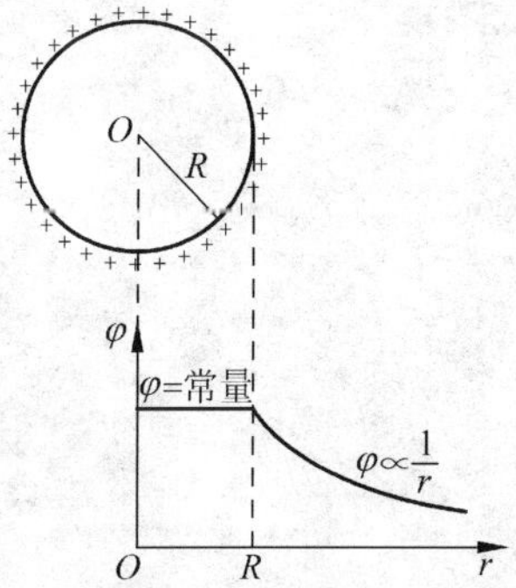

图 6-21　均匀带电球面的电势分布

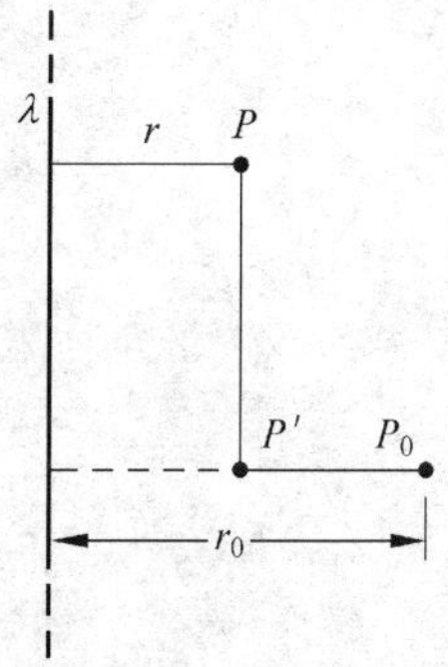

图 6-22　均匀带电直线的电势分布的计算

$$V=\int_{(P)}^{(P_0)}\boldsymbol{E}\cdot\mathrm{d}\boldsymbol{r}=\int_{(P)}^{(P')}\boldsymbol{E}\cdot\mathrm{d}\boldsymbol{r}+\int_{(P')}^{(P_0)}\boldsymbol{E}\cdot\mathrm{d}\boldsymbol{r}$$

式中，积分路径 PP' 段与带电直线平行，而 $P'P_0$ 段与带电直线垂直。由于 PP' 段与电场方向垂直，所以上式等号右侧第一项积分为零。于是

$$V=\int_{(P')}^{(P_0)}\boldsymbol{E}\cdot\mathrm{d}\boldsymbol{r}=\int_{r}^{r_0}\frac{\lambda}{2\pi\varepsilon_0 r}\mathrm{d}r=-\frac{\lambda}{2\pi\varepsilon_0}\ln r+\frac{\lambda}{2\pi\varepsilon_0}\ln r_0$$

这一结果可以一般地表示为

$$V=\frac{-\lambda}{2\pi\varepsilon_0}\ln r+C$$

式中，C 为与电势零点的位置有关的常数。

由此例可以看出，当电荷的分布扩展到无限远处时，电势零点不能选在无限远处。

6-3-4 电势与电场强度的关系

1. 等势面(线)

正如电场强度可以用电场线表示一样，电势也可用等势面来表示。电场中电势相等的点所连成的曲线或曲面，称等势线或等势面。它们满足方程

$$V(x,y,z)=C \tag{6-25}$$

约定等势面(线)间的电势差都相同(画等势面时都作如此约定)。显然等势面(线)有下列性质：

(1) 电荷在等势面上移动时，电场力不做功。

(2) 电场强度与等势面正交，故电场线垂直于等势面。因为按性质(1)，当电荷在等势面上位移为 $\mathrm{d}\boldsymbol{l}$ 时，电场力做功

$$\mathrm{d}A=q\boldsymbol{E}\cdot\mathrm{d}\boldsymbol{l}=0$$

在 $\mathrm{d}\boldsymbol{l}$ 和 $\boldsymbol{E}$ 均不等于零的情况下，唯有 $\boldsymbol{E}$ 垂直于等势面。

(3) 由式(6-18)可知，相邻等势面间距小处，场强大；间距大处场强小。

图 6-23 是一些电场中的等势面图。等势面(线)可以通过实验画出。

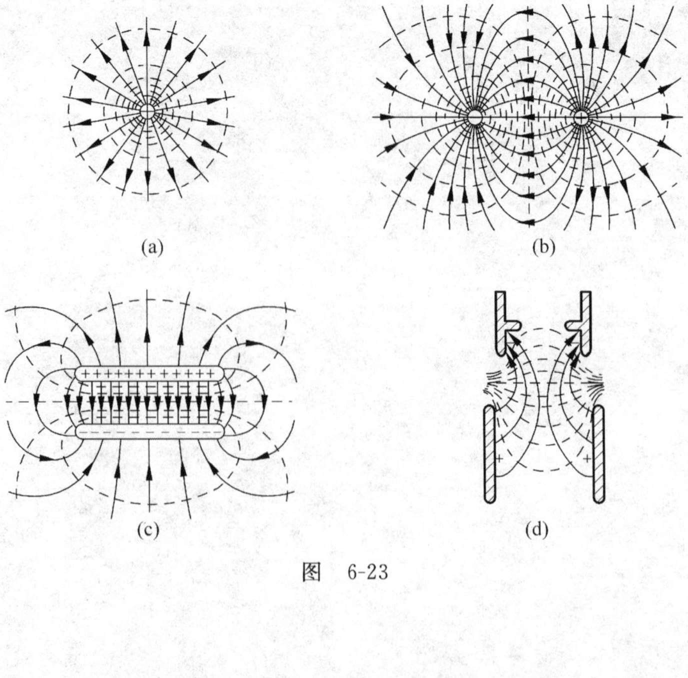

(a) (b) (c) (d)

图 6-23

2. 电势梯度

由上述等势面特性不难知道，在电场中，电势的空间变化率一般是不同的，而且在同一点，电势沿不同方向的变化率也是不同的。如沿等势面(线)的切向，电势的变化率为零；沿等势面的法线方向，电势的变化率最大。下面将看到这种电势的变化与电场强度有关。

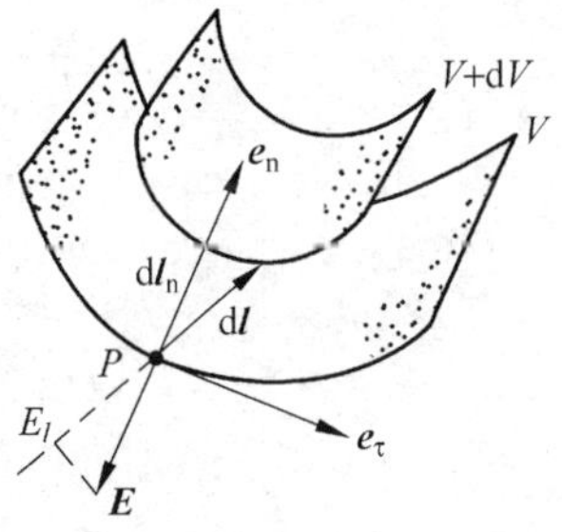

图　6-24

设有等势面 V 和电势较高的另一等势面 $V+dV$，如图 6-24 所示，现在考虑位于场点 P 周围电势沿空间变化的情况。首先沿电势增加方向取垂直于等势面 V 的法向单位矢量 $\boldsymbol{e}_n$，由于电场强度与等势面垂直，且当电荷沿电势增加的方向移动时，电场力做负功，可知电场强度 $\boldsymbol{E}$ 与 $\boldsymbol{e}_n$ 反向，即沿等势面法线指向电势降低的方向。

若从 P 点选取某任意方向上的路径微元 $d\boldsymbol{l}$，从电势与场强的积分关系，A、B 两点间的电势差为

$$-(V_B-V_A)=\int_A^B \boldsymbol{E}\cdot d\boldsymbol{l}$$

或

$$-\int_A^B dV=\int_A^B \boldsymbol{E}\cdot d\boldsymbol{l}$$

对于极为接近的 A、B 两点，就可取消积分运算写作微分运算关系

$$-dV=\boldsymbol{E}\cdot d\boldsymbol{l} \tag{6-26}$$

若以 E_l 代表 $\boldsymbol{E}$ 沿 $d\boldsymbol{l}$ 方向上的分量，可得

$$-dV=E_l dl$$

$$E_l=-\frac{dV}{dl} \tag{6-27}$$

上式说明，电势沿 $d\boldsymbol{l}$ 方向上的空间变化率与电场强度在 $d\boldsymbol{l}$ 方向上的分量大小相等，方向相反。

若取 $d\boldsymbol{l}$ 沿等势面切向，则电场强度沿此方向的分量为零，即电势的空间变化率为零；如果取 $d\boldsymbol{l}$ 沿 $\boldsymbol{e}_n$ 方向，而已知电场强度的法向分量等于 E，则应有

$$E=-\frac{\partial V}{\partial l_n}$$

式中已将沿 $\boldsymbol{e}_n$ 方向的 $d\boldsymbol{l}$ 用 dl_n 表示，进一步可写成矢量式

$$\boldsymbol{E}=-\frac{\partial V}{\partial l_n}\boldsymbol{e}_n \tag{6-28}$$

一般将 $\frac{\partial V}{\partial l_n}\boldsymbol{e}_n$ 称为电势梯度，电势梯度是一个矢量，它的大小等于电势沿等势面法向的空间变化率，指向电势增加的方向。而式(6-28)说明电场强度与电势梯度大小相等，方向相反。

通常还将式(6-28)用直角坐标分量形式来表示，如将式(6-26)中的 $d\boldsymbol{l}$ 分别取为 dx、dy、dz，应有

$$E_x=-\frac{\partial V}{\partial x}$$

$$E_y=-\frac{\partial V}{\partial y}$$

$$E_z=-\frac{\partial V}{\partial z}$$

故可将式(6-28)表示成

$$E=E_x\hat{i}+E_y\hat{j}+E_z\hat{k}=-\frac{\partial V}{\partial x}\hat{i}-\frac{\partial V}{\partial y}\hat{j}-\frac{\partial V}{\partial z}\hat{k}$$

利用梯度算子

$$\nabla=\hat{i}\frac{\partial}{\partial x}+\hat{j}\frac{\partial}{\partial y}+\hat{k}\frac{\partial}{\partial z}$$

则上式可缩写成

$$E=-\nabla V \tag{6-29}$$

∇V 就是电势梯度的一种算符表示。

为今后运算方便计，给出另外两种坐标系下的电势梯度的三个分量。对柱坐标，有

$$E_\rho=-\frac{\partial V}{\partial \rho},\quad E_\varphi=-\frac{1}{\rho}\frac{\partial V}{\partial \varphi},\quad E_z=-\frac{\partial V}{\partial z}$$

对球坐标系，有

$$E_\gamma=-\frac{\partial V}{\partial r},\quad E_\theta=-\frac{1}{r}\frac{\partial V}{\partial \theta},\quad E_\varphi=-\frac{1}{r\sin\theta}\frac{\partial V}{\partial \varphi}$$

应该指出，场强与电势的微分关系式(6-27)说明电场中某点的场强取决于电势在该点的空间变化率，而与该点的电势值本身无关。

例 13 两个带等量异号电量的点电荷（$+q$ 和 $-q$），相距 l，而 l 又较问题中所涉及的距离小得多，这一对点电荷称为电偶极子。通常将连接两电荷的直线 l 称为偶极子的轴长，将从负电荷到正电荷的矢量 $\boldsymbol{l}$ 与电量 q 的乘积 $q\boldsymbol{l}$ 称为电偶极子的电矩，用 $\boldsymbol{P}$ 表示。电矩 $\boldsymbol{P}$ 是用来表征电偶极子电性质的一个物理量。

求距电偶极子相当远的地方任一点的电势和电场强度。

解 (1) 电势分布

如图 6-25(a)所示，设场点 P 到 $\pm q$ 的距离分别为 r_+ 和 r_-，则 $\pm q$ 单独存在时 P 点的电势为

$$V_\pm=\pm\frac{1}{4\pi\varepsilon_0}\frac{q}{r_\pm}$$

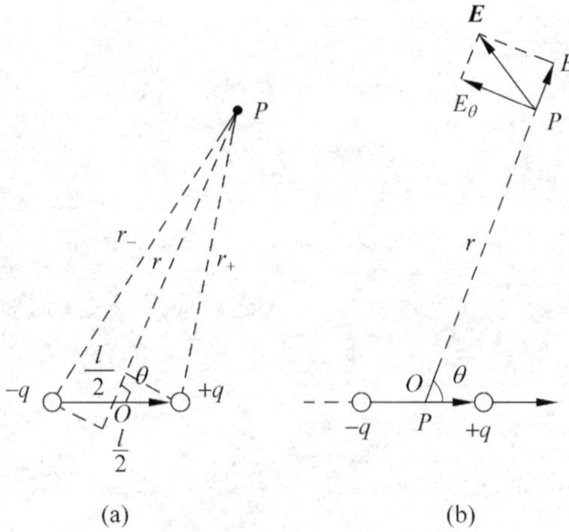

图 6-25

根据电势叠加原理，有

$$V=V_{+}+V_{-}=\frac{q}{4\pi\varepsilon_0}\left(\frac{1}{r_{+}}-\frac{1}{r_{-}}\right)$$

电偶极子的中点 O 到场点 P 的距离为 r，按题意 $r\gg l$，于是有

$$r_{+}\approx r-\frac{l}{2}\cos\theta,\quad r_{-}\approx r+\frac{l}{2}\cos\theta$$

$$r_{-}-r_{+}\approx l\cos\theta,\quad r_{+}r_{-}\approx r^2$$

将它们代入 V 的表达式，可得

$$V=\frac{q}{4\pi\varepsilon_0}\frac{r_{-}-r_{+}}{r_{+}r_{-}}\approx\frac{1}{4\pi\varepsilon_0}\frac{p\cos\theta}{r^2}=\frac{1}{4\pi\varepsilon_0}\frac{\boldsymbol{p}\cdot\boldsymbol{r}}{r^3}$$

这里用到了 $\boldsymbol{P}=q\boldsymbol{l}$，电偶极子在远处的性质是由它的电矩 $\boldsymbol{P}$ 决定的。

(2) 电场强度分布

如图 6-25(b)所示，采用球坐标系，其极轴沿电矩 $\boldsymbol{P}$，原点 O 位于电偶极子的中心。由于轴对称性，V 与方位角 φ 无关。场强 $\boldsymbol{E}$ 的 三个分量分别为

$$E_r=-\frac{\partial V}{\partial r}=\frac{1}{4\pi\varepsilon_0}\frac{2p\cos\theta}{r^3},$$

$$E_\theta=-\frac{1}{r}\frac{\partial V}{\partial\theta}=\frac{1}{4\pi\varepsilon_0}\frac{p\sin\theta}{r^3},$$

$$E_\varphi=-\frac{1}{r\sin\theta}\frac{\partial V}{\partial\varphi}=0$$

在电偶极子的延长线上，$E_\theta=0$，有

$$E=E_r=\frac{1}{4\pi\varepsilon_0}\frac{2p}{r^3}$$

在电偶极子的中垂面上，$\theta=\frac{\pi}{2}$，$E_r=0$，有

$$E=E_\theta=\frac{1}{4\pi\varepsilon_0}\frac{p}{r^3}$$

电偶极子是一个重要的物理模型，它对研究电介质极化、电磁波发射和吸收及中性分子之间的相互作用等问题都有着非常重要的作用。

本章中有关电场强度的计算提供了三种计算方法。第一种是基于点电荷(或元电荷)下的电场强度叠加原理求电场强度。这种方法广泛适用！但限于少量电荷(或电荷分布简单而具有一定规律)，且所求电场位置特殊的情形。

第二种是基于积分形式的高斯定理。这种方法限于电荷分布(或电场分布)具有对称性的情形。

第三种是基于电势与电场强度的关系。这种方法限于电荷分布已知，而分布对称性又不强时，且待求位置又不很特殊的情形。

习　题

6-1　有一均匀带电的细棒，长度为 L，所带总电量为 q。求：

(1) 细棒延长线上到棒中心的距离为 a 处的电场强度，并且 $a\gg L$；

（2）细棒中垂线上到棒中心的距离 a 处的电场强度，并且 $a \gg L$。

6-2 一个半径为 R 的无限长圆柱体均匀带电，电荷体密度为 ρ。求圆柱体内、外任意一点的电场强度。

6-3 两个带等量异号电荷的平行平板，电荷面密度为 $\pm\sigma$，两板相距为 d。当 d 比平板自身线密度小得多时，可以认为两平行板之间的电场是匀强电场，并且电荷是均匀分布在两板相对的平面上。

（1）求两板之间的电场强度；

（2）当一个电子处于负电板面上从静止状态释放，经过 1.5×10^{-8} s 的时间撞击在对面的正电板上，若 $d=2.0$ cm，求电子撞击正电板时的速率。

6-4 边长为 a 的立方体，每一个顶角上放一个电荷 q。

（1）证明任一顶角上的电荷所受合力的大小为

$$F=\frac{0.26q^2}{\varepsilon_0 a^2}$$

（2）F 的方向如何？

6-5 一大平面中部有一半径为 R 的小孔，设平面均匀带电，面电荷密度为 σ_0，求通过小孔中心并与平面垂直的直线上的场强分布。

6-6 一根很长的绝缘棒，均匀带电，单位长度上的电荷为 λ，试求棒的一端垂直距离为 d 的 P 点处的电场强度。（见习题 6-6 图）

6-7 一半径为 R 的半球面，均匀地带有电荷，面密度为 σ（见习题 6-7 图）。求球心处的电场强度。

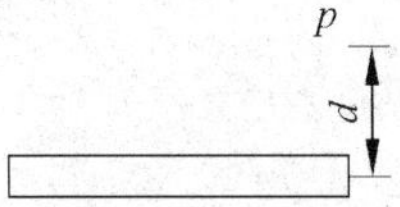

习题 6-6 图

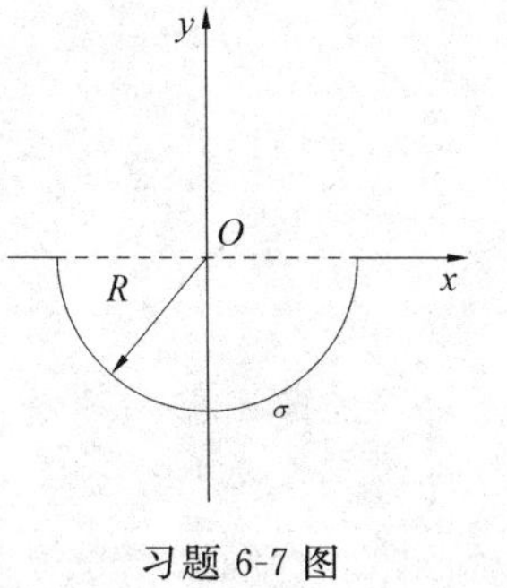

习题 6-7 图

6-8 一电量为 q 的点电荷位于导体球壳中心，壳的内外半径分别为 R_1、R_2，求球壳内、外和球壳上场强和电势的分布，并画出 E-r 和 V-r 曲线。

6-9 一个半径为 R 的球面均匀带电，球面所带总电荷量为 Q。求空间任意一点的电势，并由电势求电场强度。

6-10 一个接地的导体球，半径为 R，原来不带电。今将一点电荷 q 放在球外距球心的距离为 r 的地方，求球上的感生电荷总量。

6-11 一个点电荷 q 放在一无限大接地金属平板上方 h 处，考虑到板面上紧邻处电场垂直于板面，且板面上感生电荷产生的电场在板面上下具对称性，试根据电场叠加原理求出板面上感生面电荷密度的分布。

6-12 （1）一球形雨滴半径为 0.40 mm，带有电量 1.6 pC，它表面的电势多大？（2）两个这样的雨滴相遇后合成一个较大的球形雨滴，这个雨滴表面的电势又是多大？

6-13　一边长为 a 的正三角形，其三个顶点上各放置 q，$-q$，和 $-2q$ 的点电荷，求此三角形重心上的电势。将一电量为 $+Q$ 的点电荷由无限远处移到重心上，外力要做多少功？

6-14　实验表明，在靠近地面处有相当强的电场 $\boldsymbol{E}$ 垂直于地面向下，大小约为 130 V/m。在离地面 1.5 km 的高空的场强 $\boldsymbol{E}$ 也是垂直向下，大小约 25 V/m。

(1) 试估算地面上的面电荷密度（设地面为无限大导体平面）；

(2) 计算从地面到 1.5 km 高空的空气中的平均电荷密度。

6-15　一均匀带电球体，半径为 R，体电荷密度为 ρ，今在球内挖去一半径为 $r(r<R)$ 的球体，求证由此形成的空腔内的电场是均匀的，并求其值。

6-16　试证静电平衡条件下导体表面单位面积受的力为 $\boldsymbol{f}=\frac{\sigma^2}{2\varepsilon_0}\boldsymbol{e}_n$，其中 σ 为面电荷密度，$\boldsymbol{e}_n$ 为表面的外法线方向的单位矢量。此力方向与电荷的符号无关，总指向导体外部。

6-17　两个相同的小球质量都是 m，并带有等量同号电荷 q，各用长为 l 的丝线悬挂于同一点。由于电荷的斥力作用，使小球处于习题 6-18 图所示的位置。如果 θ 角很小，试证明两个小球的间距 x 可近似地表示为

$$x=\left(\frac{q^2 l}{2\pi\varepsilon_0 mg}\right)^{1/3}$$

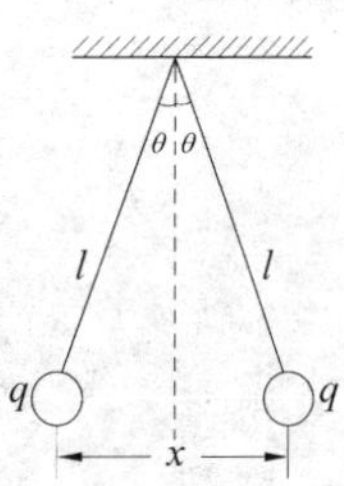

习题 6-17 图

6-18　一厚度为 d 的含有正离子的无限大平行气体层，电荷均匀分布，体电荷密度为 ρ（习题 6-19 图）。求层内、外的场强分布，并画出 E-x 曲线。

6-19　一底面半径为 R 的圆锥体，锥面均匀带电，面电荷密度为 σ（习题 6-20 图），求圆锥顶点处的电势。

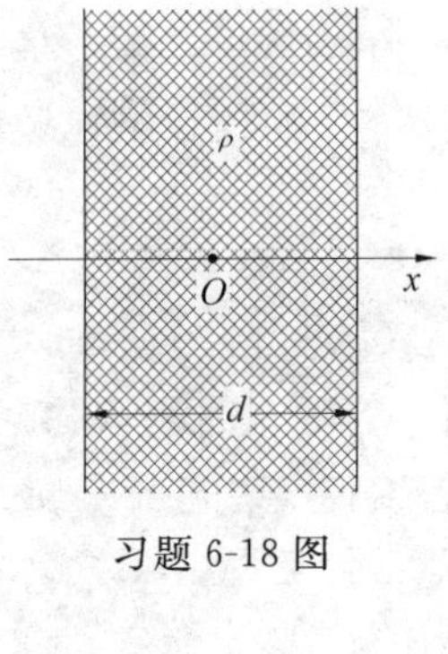

习题 6-18 图

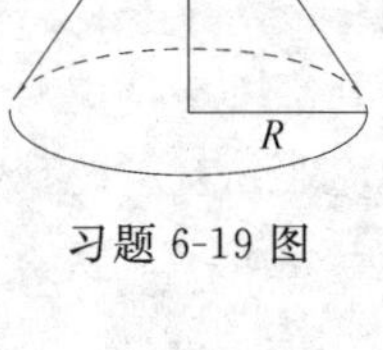

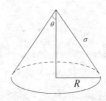

习题 6-19 图

第 7 章

导体和电介质

引子：你知道人脑的记忆，但你听说过电、磁的记忆吗

你知道人脑的记忆，但你听说过电、磁的记忆吗？人类大脑有约 140 亿个神经细胞，这些脑神经细胞是我们记忆的物质基础，而电、磁记忆的物质基础则是某些电、磁介质，例如铁电体、铁磁质。

铁电体能作为记忆元件，是基于铁电材料的高介电常数和铁电极化特性。当前应用于存储器的铁电材料主要有钙钛矿结构系列，包括 $PbZr_{1-x}Ti_xO_3$，$SrBi_2Ti_2O_9$ 和 $Bi_{4-x}La_xTi_3O_{12}$ 等。由于铁电存储器(FeRAM)是利用铁电薄膜的极化反转来实现数据的写入与读取，所以它的存储单元必须双向加压，因而在设计中除有半导体存储器的位线以外，还添加了名为板线的线路。写入“1”时，由板线向位线加压，写入“0”时则反过来由位线向板线加压。读取时通过强行写入“1”，来判断是“0”还是“1”：数据为 1 时由于铁电记忆单元的极化状态保持不变，因此电荷移动少，而数据为 0 时铁电体的极化状态将发生反转，因此会产生大的电荷移动，利用这种电荷的移动量即可判断出存储单元的 1 和 0。铁电存储器是一种在断电时不会丢失内容的非易失存储器，与传统的半导体存储器相比，具有存储速度快、密度高、低功耗和抗辐射等许多突出的优点，将是 IC 卡、数码相机、手机等比较理想的信息存储器。

铁磁质作为记忆元件，是由于它在外磁场中被磁化时存在磁滞现象，剩余磁感强度的方向与所加的外磁场方向一致，因此方向不同的两个外磁场可使铁磁质有两个不同的磁化状态。用铁磁质制作的磁性随机存储器(MRAM)的记忆元件是磁性隧道结(MTJ)，它的结构是由上下两层铁磁性材料，中间夹着一层铝氧化膜绝缘层所组成。MTJ 元件的下层(栓层：Pinned Layer)的磁化方向是固定的，由外磁场调制上层(自由层：Free Layer)铁磁质的磁化方向，使上下两层的磁化方向成为平行或反平行来建立两个稳定状态，写入“0”时外磁场使上层磁化方向与下层平行，写入“1”时外磁场使上层磁化方向与下层反平行，这样“0”与“1”的信息就可被记录下来了。MRAM 内信息的读取是利用巨磁阻效应，所谓巨磁阻效应，是指磁性材料的电阻率在有外磁场作用时较之无外磁场作用时存在巨大变化的现象，当 MTJ 元件的上下铁磁层的磁化方向相互平行时，载流子与自旋有关的散射最小，隧道结有最小的电阻。当铁磁层的磁化方向为反平行时，与自旋有关的散射最强，隧道结的电阻最大。读取时，给 TMR 元件通以传导电流，如果是“0”，由于电阻小，电流就大；如果是“1”，由于电阻大，电流就小，利用这种区别判断“0”或“1”。因为磁性体磁化方向的反转速度快，所以磁性

随机存储器的写入和读取快。另外，由于改变磁化方向的次数没有限制，因此写入次数就为无限次。

人们研究各种存储技术，以满足应用的需求。电磁存储技术的设计和制造加快了人们对大容量、高性能、低成本、高可靠、高安全存储器的追求进程，电磁存储技术的应用将对人们生活方式的改变和生活质量的提高，对人类社会向信息社会的深入推进都具有重要的作用和深远的影响。

7-1　静电场中的导体

7-1-1　导体的静电平衡条件

金属、电解质溶液、电离气体等物质的内部存在着大量自由电荷，它们在外加电场的作用下可以移动，因此这类物质具有良好的导电性能，我们称这类物质为导体。本章讨论的导体主要是金属导体，所以后面的"导体"如不作特别说明都是指金属导体。金属导体是由带正电的晶体点阵离子和自由电子组成，在导体不带电也不受外电场的作用时，自由电子的负电荷和晶体点阵的正电荷是等量、均匀分布的，因此导体内电荷的体密度为零。而当导体处于外静电场下，导体内的自由电子除了作无规则热运动外，还将在静电力的作用下向电势高的方向作定向运动，从而改变了电荷原有的均匀分布，这个现象叫做静电感应现象，在导体两侧出现的电荷叫感应电荷。反过来，电荷分布的改变又会影响到电场分布。图 7-1 为导体球在点电荷电场下的静电感应现象，实线表示电场线，虚线是等势面和纸面的交线。由图 7-1 可见，有导体存在时，电荷的分布和电场的分布相互影响、相互制约，必须满足一定的条件，导体才能达到静电平衡状态，即导体中没有电荷作定向运动。导体处于静电平衡所需满足的条件是：

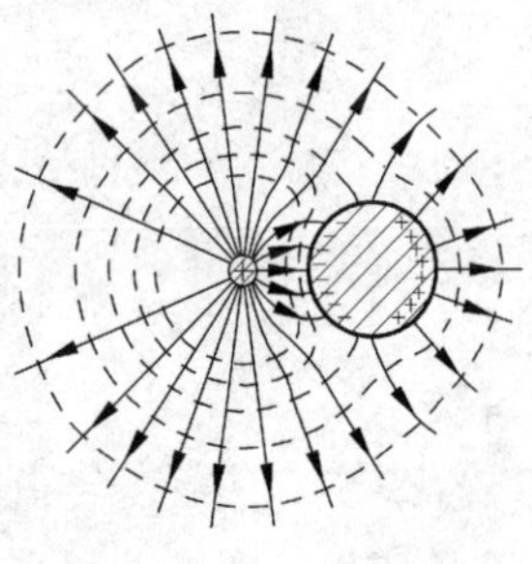

图　7-1

(1) 导体内部电场强度处处为零；

(2) 导体表面处电场强度的方向与导体表面垂直，否则，电场强度的切向分量将使自由电子沿导体表面作定向运动。

从导体的静电平衡条件出发，还可以导出以下推论：处于静电平衡状态的导体是一个等势体，导体的表面是个等势面。因为导体内任意两点 A，B 之间的电势差为

$$U_{AB} = V_A - V_B = \int_{AB} \boldsymbol{E} \cdot \mathrm{d}\boldsymbol{l}$$

又因为在静电平衡时导体内 E 处处为零，所以导体内各点的电势相等，从而其表面为一等势面。

下面，我们将进一步从静电平衡条件出发，应用静电场的高斯定理和环路定理来分析静电平衡时带电导体上的电荷分布及有关问题。

7-1-2　带电导体的电荷分布

1. 静电平衡下导体内无净电荷

静电平衡必须要求导体内电场强度 $\boldsymbol{E}$ 处处等于零，由此矢量 $\boldsymbol{E}$ 的散度等于零，由高斯

定理得出导体内的净电荷等于零。因此在达到静电平衡时，均匀导体内的电荷体密度等于零，电荷只能分布在导体的表面，而不是在导体的内部。

2. 导体壳的静电特性 静电屏蔽

如果导体内部有空腔，则在腔壁上有无净电荷，将取决于腔内是否有带电体。如图 7-2 所示，取一包含空腔的高斯面 S，整个高斯面 S 位于导体的内部。由于导体内的电场强度 $\boldsymbol{E}$ 处处为零，通过高斯面 S 的电场强度 $\boldsymbol{E}$ 通量也为零，由高斯定理得出高斯面 S 内电荷的代数和等于零。因此，若空腔内有带电体存在，则腔壁必带有等量异号电荷；若空腔内无带电体，虽然高斯面 S 内电荷的代数和等于零，但不能排除图 7-2 所示的情况，即在腔壁的不同地点出现等量异号电荷，但实际上这种情况违背了静电场的环路定理，因为取图 7-2 所示的环路 L，环路的一部分随一条电场线穿过空腔，其他部分在导体内部，显然，电场强度矢量 $\boldsymbol{E}$ 沿此环路的线积分不等于零，所以这种情况是不可能出现的。

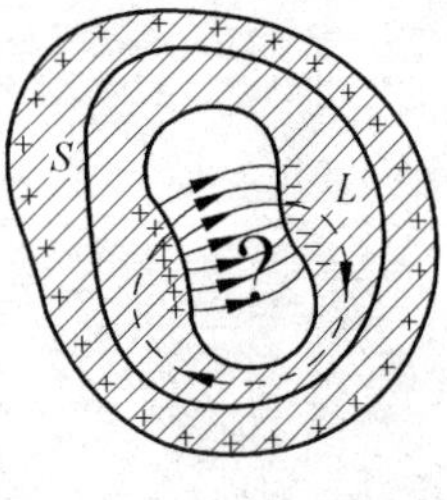

图 7-2

由此可见，在静电平衡条件下，一个空腔导体（导体壳），在腔内没有带电体时，就和实心导体一样，空腔内没有电场。只要达到了静电平衡状态，不论导体壳本身带电，还是它处于外电场中，这个结论总是正确的。这样，导体壳就能使空腔内的区域不受导体壳外表面上的电荷和外电场的影响，这个现象称为静电屏蔽。例如，为了避免精密的电子仪器受到外界静电场的干扰，通常把仪器放在金属壳中。实际上，用金属丝编成的密实网罩就能起到相当好的屏蔽作用，实用上可用金属网罩代替全封闭的金属壳。

如果要屏蔽一个带电体，使它不影响外界，例如，对室内的高压设备，则必须把它放在接地的导体壳或金属网罩内。接地的目的是，消除导体外表面上感应电荷所激发的电场影响外界。

从上面的论述我们知道，带电导体的电荷只能分布在它的外表面，这个规律是设计范德格拉夫静电起电机的基础。下面从一个简单的实验来说明范德格拉夫静电起电机的工作原理。

取一从上面开口的法拉第小桶（圆柱状的长金属容器），把它放在验电器的金属杆上，如图 7-3(a)所示。之后把带电的金属球移入到小桶里，验电器的指针发生了偏转。如果小球在移入一定的深度之后，那么无论在小桶里如何移动小球，验电器指针的偏转将不再变化，直到带电小球接触到小桶壁的内表面。这时小球不带电了，这一点可通过移出小球并和另一个验电器接触来证实。小球上的所有电荷都转移到了小桶并分布在小桶的外表面。在比较理想条件下进行该实验时，应该在把小球移入之后用金属盖盖上小桶的上端开口，但如果小桶很长，那么没有盖子实验也会很成功。基于这个实验，法拉第提出了一种方法使一个导体所带的电荷可以完全传递给另一个导体，即第二个导体应该做成空腔并把第一个导体（带电荷）移入到空腔内，在把移入的导体和空腔的内表面接触时，电荷就完全转移到第二个导体了。移入的导体可以从空腔中取出并重新让它带电，再次把它移入空腔让电荷传递给第二个导体，反复多次，理论上可以传递给空心导体无论多大的电荷量，实际上电荷量要受到因周围空气的电离而引起漏电的限制。这就是范德格拉夫静电起电机的工作原理。

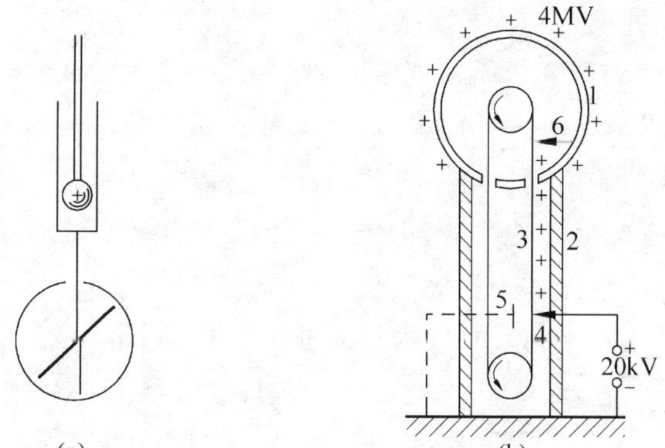

图　7-3

范德格拉夫起电机由直径为几米的空心金属球 1 和固定金属球的绝缘柱 2 组成(见图 7-3(b))。表面涂上橡胶的输电带 3 由连在电压源的针尖使之带电，和针尖相对，输电带的背面放置接地板 5，它可使针尖 4 放出的电荷加速喷向输电带 3。另一尖端 6 从输电带刮下电荷并转送到空腔球外表面。起电机能得到 3 百万～5 百万伏的电压，主要用于加速电子和离子，例如，半导体器件制造工艺中的离子注入技术，就是利用范德格拉夫静电起电机作为加速器，使杂质元素(如硼，磷等)的离子形成高速离子束，然后用这离子束轰击半导体晶片而注入其中，达到一定的掺杂要求。

3. 导体表面的电荷密度与其表面附近的电场强度之间的关系　尖端放电

在静电平衡条件下，导体表面的电荷密度与其表面附近的电场强度之间的关系可用高斯定理导出。如图 7-4 所示，在导体表面取一圆形面元 ΔS，因为面元 ΔS 充分小，所以它的电荷分布可认为是均匀的，设其电荷面密度为 σ，那么面元 ΔS 所带的电荷为 $\Delta q=\sigma\Delta S$。作如图 7-4 所示的扁圆柱形高斯面，它的轴线与导体表面垂直且上下底面的面积都为 ΔS，下底面在导体内部，上底面无限地靠近导体表面。通过此高斯面的电场强度 $\boldsymbol{E}$ 通量

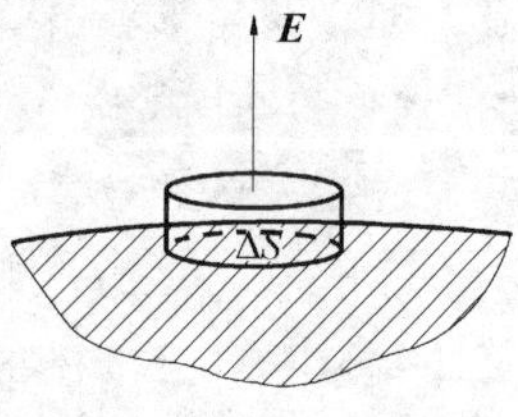

图　7-4

$$\oint_S \boldsymbol{E}\cdot\mathrm{d}\boldsymbol{S}=\int_{\text{上底}}\boldsymbol{E}\cdot\mathrm{d}\boldsymbol{S}+\int_{\text{下底}}\boldsymbol{E}\cdot\mathrm{d}\boldsymbol{S}+\int_{\text{侧面}}\boldsymbol{E}\cdot\mathrm{d}\boldsymbol{S}$$

由于导体内部电场强度处处为零$\left(\text{因而}\int_{\text{下底}}\boldsymbol{E}\cdot\mathrm{d}\boldsymbol{S}=0\right)$，导体表面的电场强度与导体表面垂直$\left(\text{因而}\int_{\text{侧面}}\boldsymbol{E}\cdot\mathrm{d}\boldsymbol{S}=0\right)$，所以上式 $\boldsymbol{E}$ 通量

$$\oint_S \boldsymbol{E}\cdot\mathrm{d}\boldsymbol{S}=\int_{\text{上底}}\boldsymbol{E}\cdot\mathrm{d}\boldsymbol{S}=E\Delta S$$

根据高斯定理得

$$E\Delta S=\frac{\sigma\Delta S}{\varepsilon_0}$$

所以

$$E=\frac{\sigma}{\varepsilon_0} \tag{7-1}$$

式(7-1)表明，导体表面的电荷密度与其表面附近电场强度的大小成正比，即导体表面电荷面密度大的地方电场强度大，电荷面密度小的地方电场强度小。

式(7-1)只给出了导体表面的电荷密度与其表面附近的电场强度之间的关系，它不能说明静电平衡下导体表面的电荷究竟是如何分布的。静电平衡下导体表面的电荷分布是一个非常复杂的问题，定量研究比较困难，因为这不仅和导体本身的形状有关，还与它周围的导体(带电或不带电)及其他物体有关。不过对于孤立的带电导体来说，导体表面电荷面密度与表面曲率半径有关，下面用一个例子来定性说明这个关系。

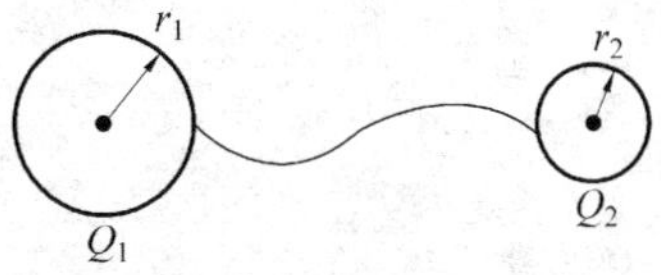

图 7-5

如图 7-5 所示，两个相距很远、半径分别为 r_1 和 r_2 的带同号电荷的导体球，由一根很长的细导线连接起来。设达到静电平衡时，两球上的电荷分别为 Q_1 和 Q_2，取无穷远处的电势为零，则两球的电势分别为 V_1 和 V_2，

$$V_1 = \frac{Q_1}{4\pi\varepsilon_0 r_1} \quad V_2 = \frac{Q_2}{4\pi\varepsilon_0 r_2}$$

由于两球是用导线连接着，因此它们的电势相等，因而有

$$\frac{Q_1}{r_1} = \frac{Q_2}{r_2} \quad 或 \quad \frac{\sigma_1 4\pi r_1^2}{r_1} = \frac{\sigma_2 4\pi r_2^2}{r_2}$$

即

$$\frac{\sigma_1}{\sigma_2} = \frac{r_2}{r_1}$$

式中 σ_1、σ_2 分别为两球上的电荷面密度。上式表明，两球上的电荷面密度与它们的半径成反比。对于任意形状的孤立导体来说，其表面的电荷分布情况与此类似，即曲率半径大(平坦)的地方，电荷面密度小，曲率半径小(突出且尖锐)的地方，电荷面密度大，曲率半径为负(表面凹进去)的地方，电荷面密度更小。但应注意，孤立导体表面的电荷面密度与曲率半径之间并不存在单一的函数关系。

电荷在导体表面上的分布可以借助于验电小球，即用安在绝缘杆上的金属小球来研究。取一金属体，把它置于绝缘的底座上，形状如图 7-6(a)所示。让金属体带电之后，用检验小球接触尖端 A，然后把检验小球和验电器接触，验电器的指针偏转了。如果重复上述步骤，但检验小球接触的是金属的侧面，则指针张开变小。如果接触的是凹部 B，那么指针完全不张开。这说明了 A 处的电荷密度最大，而 B 处的电荷密度最小。取一个柔软的金属网，在它的两面贴上轻纸片(见图 7-6(b))。把金属网放置在绝缘底座上，之后让它带上电荷。如

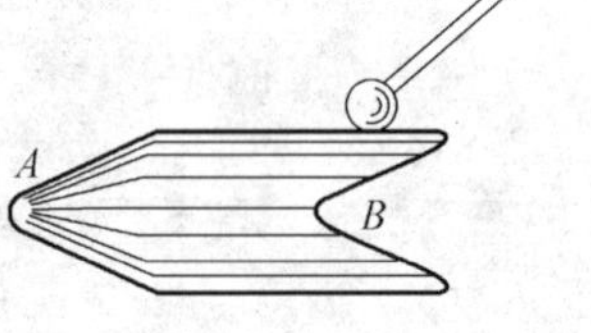

(a)

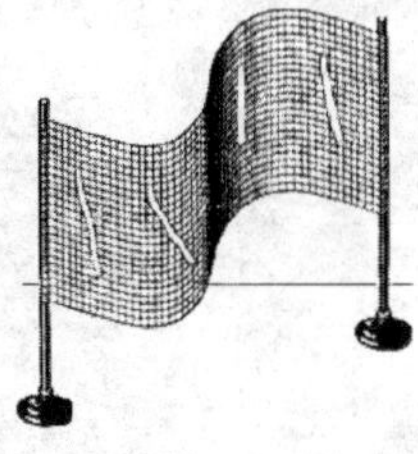
(b)

图 7-6

果金属网是平坦的，则位于两侧的轻纸片都相同地张开。在把金属网弄弯曲时，凸起处的纸片张开得更大，而凹陷处纸片张开的角度变小了。

由(7-1)式知，孤立导体表面的电场强度的分布也有同样的规律，即尖端附近的电场强度大，平坦的地方次之，凹进的地方最弱(见图 7-7)。在尖端附近的不均匀强电场中空气分子受到感应，并被吸引到尖端。和尖端接触后，空气分子就和尖端带相同的电荷而被排斥，排斥力远大于前面的吸引力，因为排斥力作用于带电的分子，而上述的吸引力作用于中性分子，因此带电的分子将以更大的速度离开尖端，出现了所谓的电子风，即离开尖端的带电空气粒子流。电子风可以吹灭点燃的蜡烛(见图 7-8)。当尖端附近的电场强度达到空气击穿场强(3 kV/mm)时，尖端的附近空气分子被强电场电离，空气变成了电导体，出现强烈的火花放电现象。

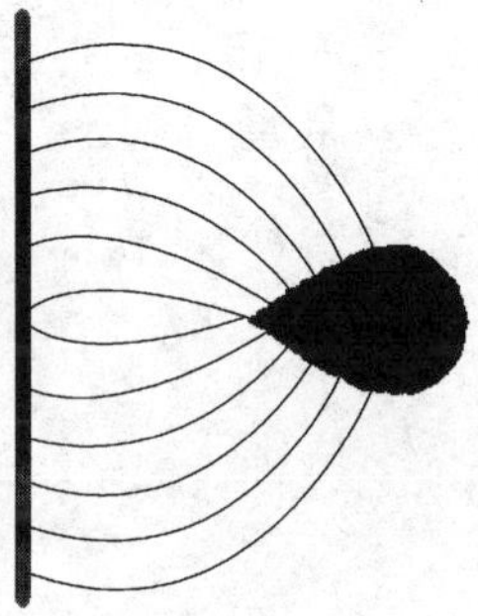

图　7-7

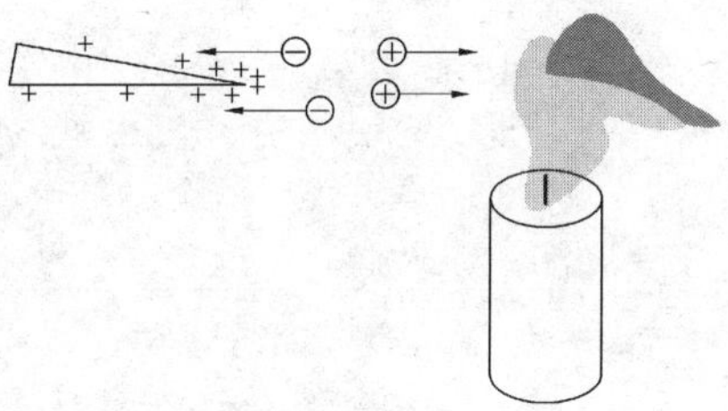

图　7-8

电子风和火花放电是尖端放电的两种不同的放电形式，都会使电能白白损耗，还会干扰精密测量和通信。因此在许多高压电器设备中，所有金属元件都应避免带有尖棱，最好做成球形，并尽量使导体表面光滑而平坦，使尖端放电不易发生。当然，尖端放电也有可利用的一面，避雷针就是应用尖端放电的一个常见例子。当带电的云层接近地面时，地面上的物体因静电感应而带上了异号电荷，且比较集中地分布在突出的物体(如高大的建筑物，大树，烟囱)上。当电荷积累到一定程度时，就会在云层和这些物体之间发生强烈的火花放电，这就是雷击现象。为了避免雷击，可在建筑物上安装避雷针(尖端导体)，参看图 7-9，通过较粗的导线把避雷针接到深埋在地下湿土里的金属板上，以保证避雷针与大地接触良好。这样，当带电的云层接近时，由于在避雷针处电场强度最大，放电就在云层和避雷针之间持续不断地进行，使得云层的电荷逐渐减少，雷击现象就不会发生了。

例 1　有一外半径 R_1 为 10 cm，内半径 R_2 为 7 cm 的金属球壳，在球壳中放一半径 R_3 为 5 cm 的同心金属球(见图 7-10)。若使球壳和球均带有 $q=10^{-8}$ C 的正电荷。问两球体上的电荷如何分布？球心的电势为多少？

解　为了计算球心的电势，必须先计算出各点的电场强度。由于在所讨论的范围内，电场具有球对称性，因此可用高斯定理计算各点的电场强度。

我们先从球内开始。取以 $r<R_3$ 的球面 S_1 为高斯面，则由导体的静电平衡条件，球内的电场强度为

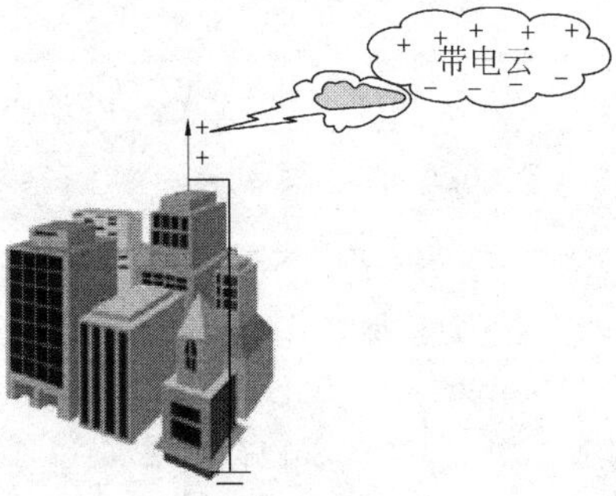

图 7-9

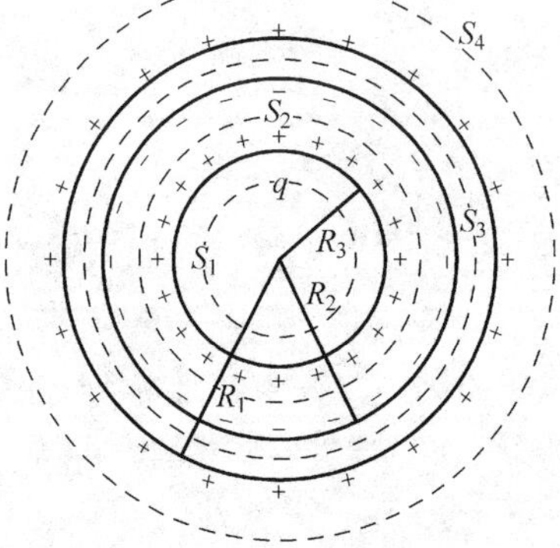

图 7-10

$$E_1 = 0 \quad (r < R_3) \tag{1}$$

（1）在球与球壳之间，作 $R_3<r<R_2$ 的球面 S_2 为高斯面，在此高斯面内的电荷仅是半径为 R_3 的球上的电荷 $+q$。由高斯定理，有

$$\oint_{S_2} \boldsymbol{E}_2 \cdot \mathrm{d}\boldsymbol{S} = E_2 4\pi r^2 = \frac{q}{\varepsilon_0}$$

得球与球壳间的电场强度

$$E_2 = \frac{1}{4\pi\varepsilon_0}\frac{q}{r^2} \quad (R_3 < r < R_2) \tag{2}$$

（2）而对于所有 $R_2<r<R_1$ 的球面 S_3 上的各点，由静电平衡条件知其电场强度应为零，即

$$E_3 = 0 \quad (R_2 < r < R_1) \tag{3}$$

由高斯定理可知，球面 S_3 内所含有电荷的代数和 $\sum q = 0$。已知球的电荷为 $+q$，所以球壳的内表面上的电荷必为 $-q$。这样，球壳的外表面上的电荷就应是 $+2q$。

球壳外面取 $r>R_1$ 的球面 S_4 为高斯面，在此高斯面内含有的电荷为 $\sum q = q - q + 2q = 2q$。所以由高斯定理可得 $r>R_1$ 处的电场强度为

$$E_4 = \frac{1}{4\pi\varepsilon_0}\frac{2q}{r^2} \quad (r > R_1) \tag{4}$$

由电势的定义式，球心 O 的电势为

$$V_0 = \int_0^{\infty} \boldsymbol{E} \cdot \mathrm{d}\boldsymbol{l} = \int_0^{R_3} \boldsymbol{E}_1 \cdot \mathrm{d}\boldsymbol{l} + \int_{R_3}^{R_2} \boldsymbol{E}_2 \cdot \mathrm{d}\boldsymbol{l} + \int_{R_2}^{R_1} \boldsymbol{E}_3 \cdot \mathrm{d}\boldsymbol{l} + \int_{R_1}^{\infty} \boldsymbol{E}_4 \cdot \mathrm{d}\boldsymbol{l}$$

把式(1)，(2)，(3)，(4)代入上式，可得

$$V_0 = 0 + \int_{R_3}^{R_2} \frac{1}{4\pi\varepsilon_0}\frac{q}{r^2}\mathrm{d}r + 0 + \int_{R_1}^{\infty} \frac{1}{4\pi\varepsilon_0}\frac{2q}{r^2}\mathrm{d}r = \frac{q}{4\pi\varepsilon_0}\left(\frac{1}{R_3} - \frac{1}{R_2} + \frac{2}{R_1}\right)$$

将已知数据代入上式，有

$$V_0 = 9\times10^9\times10^{-8}\times\left(\frac{1}{0.05} - \frac{1}{0.07} + \frac{2}{0.1}\right)\mathrm{V} = 2.31\times10^3\ \mathrm{V}$$

7-1-3 电容、电容器

电容是反映导体和电容器储存电荷的本领，电容器是电工和无线电技术中的重要元件，

例如，交流电路中对电流和电压的控制、收音机中的调谐、整流电路中的滤波、电子线路中的时间延迟等都要用到电容器。本节先讨论孤立导体的电容，然后讨论电容器及其电容，最后讨论电容器的串并联。

1. 孤立导体的电容

所谓孤立导体，是指该导体的附近没有其他导体和带电体。实验表明，孤立导体所带的电荷和它的电势(取无穷远处的电势为零)之间成正比关系：$V\propto Q$。因此，比值 Q/V 是和 Q 无关的量，它仅和导体的形状和线度有关，于是对于一个给定的孤立导体，比值 Q/V 是一定值。例如，在真空中，有一半径为 R，带电荷为 Q 的孤立球形导体，它的电势 $V=Q/(4\pi\varepsilon_0 R)$。显然，它所带的电荷与相应的电势成正比，且比值 $Q/V=4\pi\varepsilon_0 R$ 仅和球半径有关，和导体球是否带电无关。我们就定义比值

$$C=\frac{Q}{V} \tag{7-2}$$

为孤立导体的电容，它的物理意义是使导体升高单位电势所需的电量。

在国际单位制中，电容的单位是法[拉](Farad)，符号为 F。

$$1\,法拉=\frac{1\,库仑}{1\,伏特}$$

实际应用中，法拉是一个很大的单位，半径为 9 百万千米(地球半径的 1500 倍)的孤立导体球的电容是 1 法拉，因此常用的电容单位是 μF(微法)、pF(皮法)等。

$$1\,\mathrm{F}=10^6\,\mu\mathrm{F}=10^{12}\,\mathrm{pF}$$

2. 电容器

孤立导体不适合作为电子仪器的元件，因为孤立导体的电容很小，像地球那么大的导体球的电容也只有 700 μF，另外，孤立导体实际上是不存在的，在其周围总会有其他的导体或(和)带电体，它的电容将受到这些物体的影响。例如，一导体 A，带正电荷为 Q，在导体 A 的附近有另一不带电导体 B。因静电感应，导体 B 上出现了感应电荷，负的感应电荷靠近导体 A(见图 7-11)。此时导体 A 的电势(是本身所带电荷的电势与感应电荷的电势的代数和)变小了，因而它的电容变大了。要想消除其他物体对带电导体的影响，我们可采用静电屏蔽的原理：用一个封闭的导体壳 B 把带电导体 A 屏蔽起来，并将 B 接地(见图 7-12)。这样，由导体 A、B 组成的系统就构成了电容器，导体 A、B 称为电容器的两个极板。电容器的电容定义为：电容器正极板所带的电荷(Q)与两极板间电势差(U)的比值。

$$C=\frac{Q}{U} \tag{7-3}$$

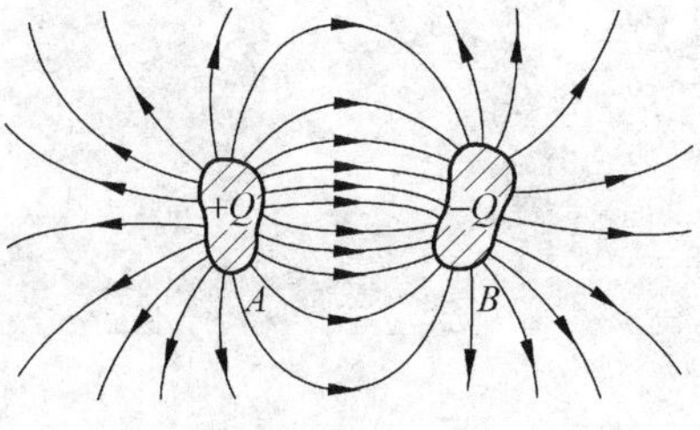

图　7-11

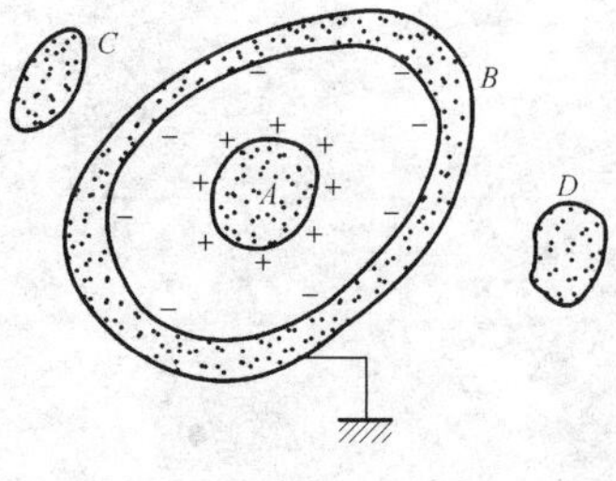

图　7-12

从下面的例题可以体会到：电容器的电容仅与两极板的形状、大小和相对位置有关，而与Q和U无关，也与它周围的其他物体无关。

例 2 设有两根半径都为R的平行长直导线，它们中心之间相距为d，且$d\gg R$。求单位长度的电容。

解 如图 7-13 所示，设导线 A，B 间的电势差为U，它们的电荷线密度分别为$+\lambda$和$-\lambda$。两导线中心OO'连线上，距O为x处点P的电场强度$\boldsymbol{E}$的大小为

$$E=\frac{1}{2\pi\varepsilon_0}\left(\frac{\lambda}{x}+\frac{\lambda}{d-x}\right)$$

$\boldsymbol{E}$的方向沿x轴正向。两导线之间的电势差为

$$U=\int_l \boldsymbol{E}\cdot\mathrm{d}\boldsymbol{l}=\int_R^{d-R}E\,\mathrm{d}x=\frac{\lambda}{2\pi\varepsilon_0}\int_R^{d-R}\left(\frac{1}{x}+\frac{1}{d-x}\right)\mathrm{d}x$$

上式积分后为

$$U=\frac{\lambda}{\pi\varepsilon_0}\ln\frac{d-R}{R}$$

考虑$d\gg R$，上式近似为

$$U\approx\frac{\lambda}{\pi\varepsilon_0}\ln\frac{d}{R}$$

于是，两长直导线单位长度的电容为

$$C=\frac{\lambda}{U}=\frac{\pi\varepsilon_0}{\ln\dfrac{d}{R}}$$

实际使用的电容器种类繁多，大小和形状也很不相同，常见的一些电容器如图 7-14 所示，通常还在两金属板间夹有一层绝缘介质（即电介质，见下一节内容）。如按电容器所用的电介质来分，电容器有真空电容器、空气电容器、云母电容器、纸质电容器、油浸纸质电容器、陶瓷电容器、电解电容器、钛酸钡电容器等；按其电容可变与否，电容器又可分为固定电容器、微调电容器、半可变电容器、可变电容器等。

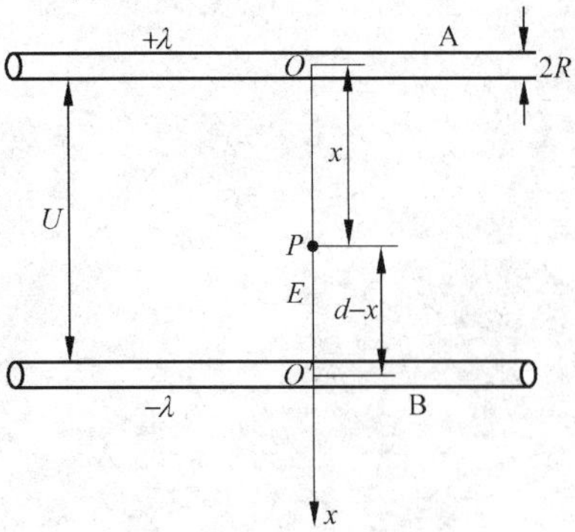

图 7-13

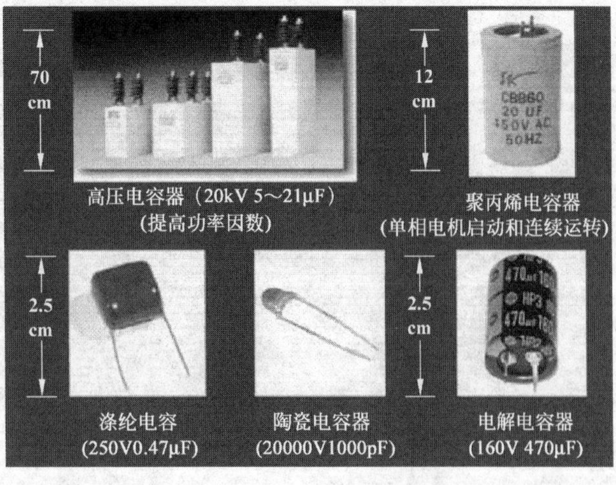

图 7-14

3. 电容器的并联和串联

在实际的电路设计中，需要考虑到电容器的两个主要指标：电容值和耐压值(两极板的电压超过耐压值，电介质就会被击穿，电容器被损坏)。电路中常使用几个电容器的串联和并联来实现这两个指标。

电容器的并联，如图 7-15 所示，每个电容器的一个极板有相同的电势 V_1，另一个极板也具有相同的电势 V_2，即并联时各个电容器的电势差 U 是相等的，那么所有电容器储存的总电量(电容器各个止极板所带电量之和)为

$$Q = \sum Q_k = \sum C_k U = U \sum C_k$$

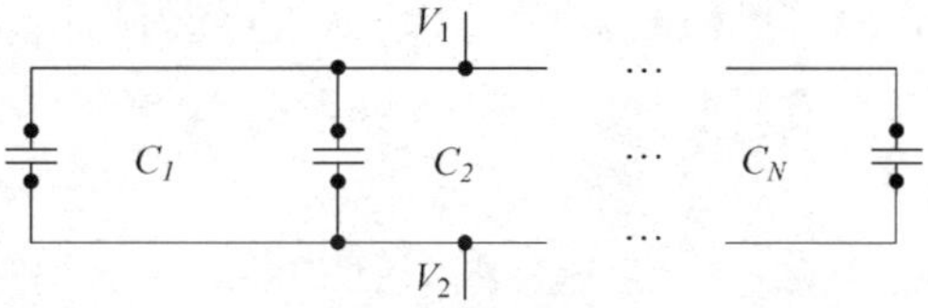

图　7-15

总电量除以电势差 U，得到电容器组的总电容

$$C = \sum C_k \tag{7-4}$$

因此，电容器并联时总电容等于各个电容器的电容之和。并联后电容器组的电容值增加了，但它的耐压值等于电容器组中耐压值最小的那一个电容器的耐压值。

电容器的串联，图 7-16 表示出了 N 个电容器的串联。设 V_1 大于 V_2，则第一个电容器的上极板和第 N 个电容器的下极板分别带上了 $+Q$ 和 $-Q$ 的电荷。因为电容器之间的导线连接，使第一个电容器的下极板和第二个电容器的上极板形成了一个导体，所以静电感应使它们分别带上了 $-Q$ 和 $+Q$ 的电荷，第二个电容器的上极板的 $+Q$ 电荷，又使第二个电容器的下极板和第三个电容器的上极板分别带上了 $-Q$ 和 $+Q$ 的电荷，如此等等。因此，串联的每一个电容器所带的电荷是相等的，而任一个电容器的电势差为

$$U_k = \frac{Q}{C_k}$$

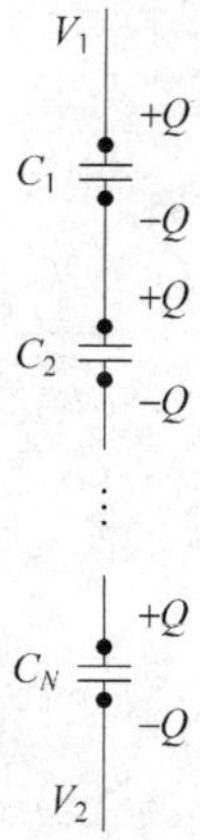

图　7-16

整个串联电容器组两端的电势差等于每一个电容器上的电势差之和，即

$$U = V_1 - V_2 = \sum U_k = \sum \frac{Q}{C_k} = Q \sum \frac{1}{C_k}$$

由此可得出

$$\frac{1}{C} = \sum \frac{1}{C_k} \tag{7-5}$$

即串联电容器组的总电容 C 的倒数是各个电容器电容的倒数之和，总电容比串联中的任一电容器的电容都小。如果是 N 个相同的电容器，有相同的电容 C_1 和耐压值，那么它们串联之后，$C=C_1/N$，而串联电容器组的耐压值 $(U_{max})_{总} = NU_{max}$，即总的耐压值提高了。

7-2 静电场中的电介质

不导电的物质我们称之为电介质(或绝缘介质)，它与静电场相互作用的特点，在某些方面和导体有类似之处，但也有本质上的差别，下面以演示实验说明之。

如图 7-17 所示，有一个带电的验电器 C，当电中性的电介质 AB 移近验电器的小球时，验电器的指针偏转角变小了，和 AB 是导体时的现象相同。因此表明了 C 的带电小球在电介质的 A 端感应出了负电荷，在 B 端感应了正电荷。电介质上感应出的电荷又使验电器的电荷重新分布，从而使验电器的指针偏转角变小。

金属中有自由电子，它们可以移动到金属的任何位置，因此在静电场下的感应电荷是分布在导体相对的两端，可以机械地把它们分离开(如图 7-18 所示，此时 A 和 B 是导体)。步骤如下：取两个固定在绝缘底座上的金属柱体 A 和 B，并且 A 和 B 分别和一个验电器相连(如图 7-18 所示)，移近 A、B 使它们相互接触。如果移近另一带电球 C，那么两个验电器的指针都发生了偏转，在拿离球 C 后偏转消失了。现在在球 C 的影响下分开 A 和 B，然后再移走 C，那么在 A、B 上的电荷保持不变。如果球 C 是带正电，那么 A 带负电荷，而 B 带正电荷。A、B 上带何种电荷可以用在毛皮摩擦过的玻璃棒来检验，如果玻璃棒和 A 接触，那么验电器的指针的偏转变小，如果和 B 接触，那么 B 上的验电器指针的偏转变得更大。如果 A 和 B 是电介质，重复上面的实验，我们会发现 A 和 B 都不带电荷，这表明，在电介质中的电荷不能自由移动。为了区别导体上的感应电荷，我们称在外电场下电介质表面出现的感应电荷为极化电荷(或束缚电荷)。在电介质的表面产生极化电荷的现象称为电介质的极化现象。

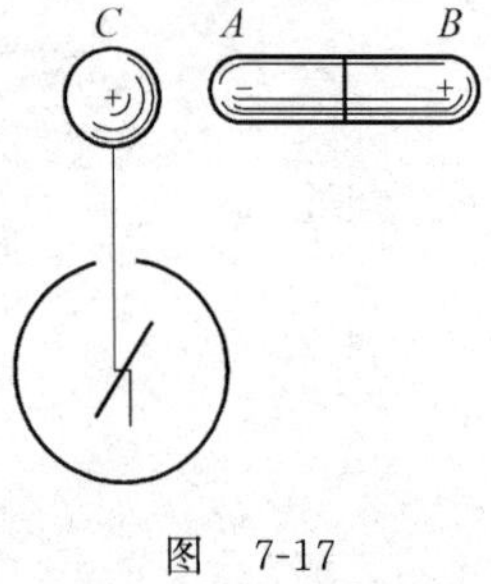

图 7-17

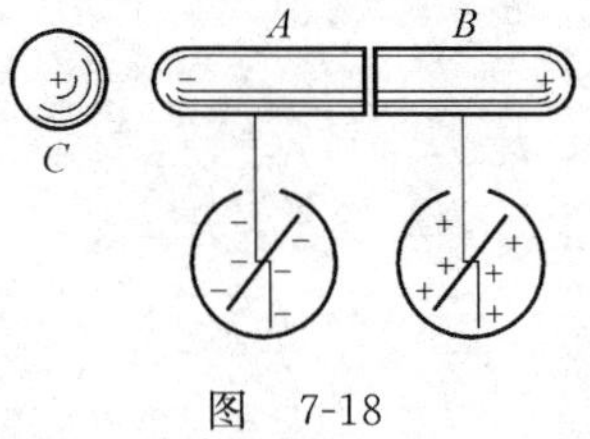

图 7-18

从上述的讨论可知，电介质在外静电场中会出现极化电荷，极化电荷像自由电荷一样能激发电场，从而影响原电场的分布。下面我们将进一步讨论电介质极化的微观机制。

7-2-1 电介质的种类和电介质的极化

电介质是由电中性分子组成，且中性分子本身可能是有极的，也可能是无极的。有极分子的正、负电荷中心不重合(如 H_2O，HCl，NH_3 等分子)，分子相当于一个电偶极子，这个电偶极子的电偶极矩叫做分子的固有电偶极矩(见图 7-19)；无极分子(如 H_2，O_2，CH_4 等分子)的正、负电荷中心重合，不具有分子固有电偶极矩。在外电场的作用下，不论是由无极分子还是有极分子组成的电介质，都将出现电介质的极化现象，微观机理如下。

若电介质是由无极分子均匀组成，那么在存在外电场时，无极分子的正、负电荷中心沿电场方向发生相对位移而产生分子电偶极矩，这种电偶极矩称为诱导电偶极矩，如图 7-20 所示。无极分子变成了电偶极子，它的电偶极矩指向外电场的方向，因此，如图 7-21 所示，在电介质的不同侧面分别出现等量的正、负极化电荷。这就是无极分子介质的极化，当外电场撤销后，无极分子的诱导电偶极矩又变为零，极化现象消失。

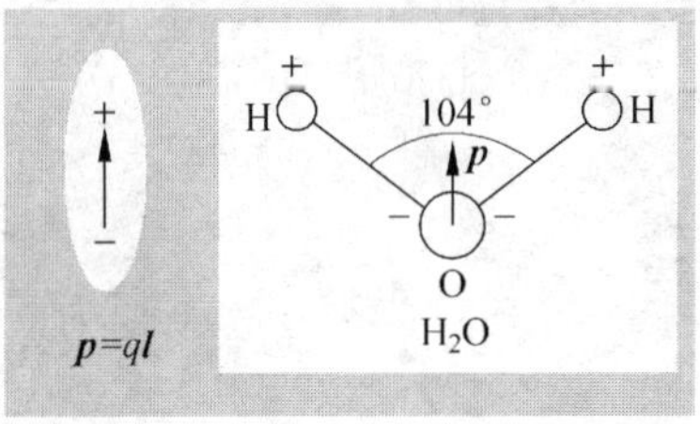

图　7-19

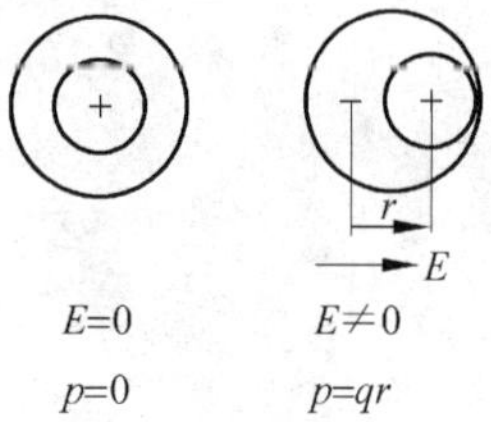

图　7-20

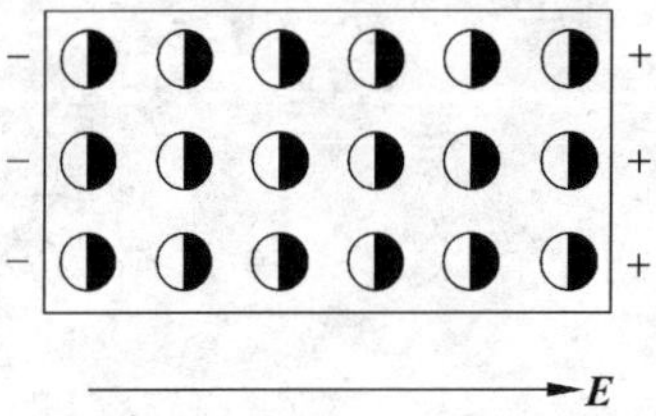

图　7-21

电介质的表面出现极化电荷(圆圈表示分子,圆圈中黑色表示分子带正电的部分,白色是代表带负电的部分)

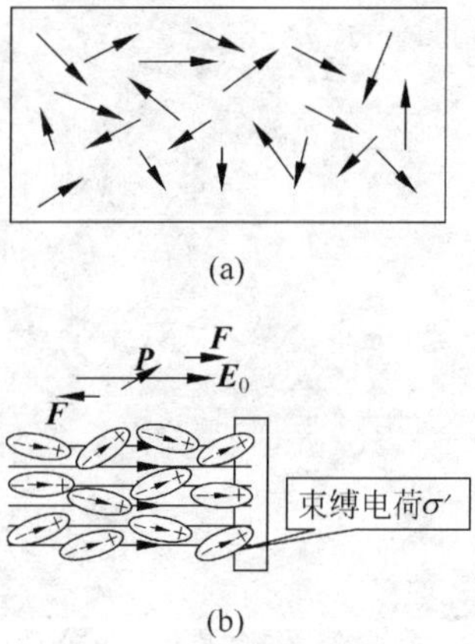

图　7-22

对于由有极分子均匀组成的电介质，在没有外电场时，虽然每一个分子都具有固有电偶极矩，但由于分子的热运动，使得各个固有电偶极矩的取向是杂乱无章的，因此宏观上不出现极化现象，如图 7-22(a)所示。在有外电场时，分子的固有电偶极矩在外电场的作用下转向外电场的方向。尽管由于分子的无规则热运动，不可能使这些电偶极子沿外电场方向整齐地排列，但对整块电介质来说，这种一定程度的转向排列的结果，也会使在垂直于电场方向的两侧面出现极化电荷，如图 7-22(b)所示。当然，在外电场中，有极分子的正、负电荷中心也要发生相对移动，即出现诱导电偶极矩，但因诱导电偶极矩导致的极化效应要比固有电偶极矩转向引起的极化效应小一个数量级，所以有极分子电介质的极化我们一般只考虑分子固有电偶极矩的转向引起的极化效应。

由上面的讨论知，电介质极化的机理和电介质的具体分子组成有关，但不论是无极分子还是有极分子组成的电介质，在外电场中都有相同的宏观表现，即在不同的侧面分别出现正、负极化电荷。顺便提及，对电介质极化只涉及电介质在外电场中的宏观效应时，我们将不再关心电介质的具体分子组成。

7-2-2 电极化强度矢量 $\boldsymbol{P}$

1. $\boldsymbol{P}$ 的定义

在没有外电场时，电介质分子固有电偶极矩要么等于零，要么取向杂乱无章，总之所有的分子电偶极矩之和为零。在外电场的作用下，电介质极化了，这实际上意味着，电介质分子电偶极矩的合矢量不等于零了。因此，定量地描写电介质的极化程度自然就取单位体积的电偶极矩来衡量。如果电场或(和)电介质是不均匀的，那么电介质中各点的极化程度就不一样。为了表示某一点的极化程度，可以取一个包含该点的小的体积元 ΔV，求出这个体积内的分子电偶极矩的和 $\sum_{\Delta V}\boldsymbol{p}_i$，它和 ΔV 的比值

$$\boldsymbol{P}=\frac{\sum_{\Delta V}\boldsymbol{p}_i}{\Delta V} \tag{7-6}$$

叫做电介质的电极化强度矢量，它的单位是 $\mathrm{C\cdot m^{-2}}$。

2. 电介质表面极化电荷和 $\boldsymbol{P}$ 之间的关系

取一块斜平行六面体形状的均匀电介质，把它放在均匀的电场中，电场平行于侧棱边(见图 7-23)，在平行六面体的底面出现面密度为 σ' 的极化电荷。如果平行六面体的底面面积为 S，那么电介质具有 $\sigma' S\boldsymbol{l}$ 的电偶极矩，$\boldsymbol{l}$ 是平行于棱边从负束缚电荷的底面指向正束缚电荷底面的矢量。设平行六面体的体积为 V，那么它的电极化强度矢量等于

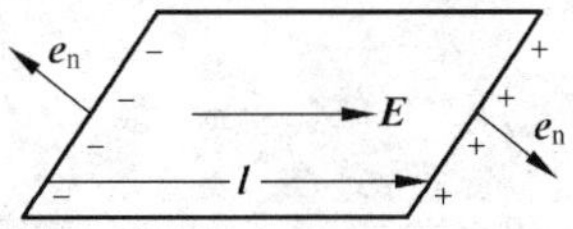

图 7-23

$$\boldsymbol{P}=\frac{\sigma' S}{V}\boldsymbol{l}$$

用 $\boldsymbol{e}_n$ 表示底面的单位正法线方向，那么 $V=S\boldsymbol{e}_n\cdot\boldsymbol{l}$，把它代入上式且两边点乘 $\boldsymbol{e}_n$，得到

$$\sigma'=\boldsymbol{P}\cdot\boldsymbol{e}_n=P\cos\theta=P_n \tag{7-7}$$

其中 θ 为 $\boldsymbol{l}$ 和 $\boldsymbol{e}_n$ 之间的夹角。式(7-7)表示了电介质表面极化电荷面密度分布和电极化强度矢量之间的关系，此式表明，电介质极化时出现的极化电荷的面密度，等于电极化强度矢量沿表面正法线方向的分量，因此，图 7-23 所示的斜平行六面体左底面出现负极化电荷，右底面出现正极化电荷。另外，也不难得出，上图的平行六面体侧面的极化电荷面密度等于零。

例 3 设半径为 R 的介质球在电场中发生均匀感应极化，已知单位体积中介质分子数为 n，每个分子的感应电矩为 $q_0\boldsymbol{l}$。

(1) 将极化看成正负电荷球的相对移动，试计算在介质球面上的极化面电荷密度；

(2) 计算介质的极化强度 $\boldsymbol{P}$，再由 $\boldsymbol{P}$ 计算介质球面上的极化面电荷密度；

(3) 正、负极化电荷的总量各等于多少？

解 (1) 将极化看作带正电的球体与带负电的球体沿外电场方向相互错开。因为极化净电荷只出现在左右两个有弯月形截面的球壳中(见图 7-24)，在体积元 $l\cos\theta\mathrm{d}S$ 中的极化电荷即为 $\mathrm{d}S$ 所带的“面电荷”，设这电荷为 $\mathrm{d}q'$，则

$$\mathrm{d}q' = nq_0 l\cos\theta \mathrm{d}S$$

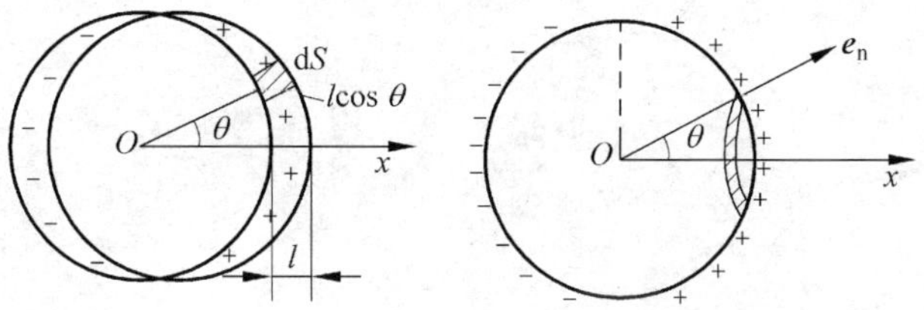

图　7-24

故极化面电荷

$$\sigma' = \frac{\mathrm{d}q'}{\mathrm{d}S} = nq_0 l\cos\theta = \sigma'_m\cos\theta$$

式中 $\sigma'_m = nq_0 l$

(2) 据极化强度定义式有

$$\boldsymbol{P} = \frac{\sum_i \boldsymbol{P}_i}{\Delta V} = nq_0 \boldsymbol{l}$$

极化面电荷密度

$$\sigma' = \boldsymbol{P}\cdot\boldsymbol{e}_\mathrm{n} = nq_0\boldsymbol{l}\cdot\boldsymbol{e}_\mathrm{n} = nq_0 l\cos\theta = \sigma'_m\cos\theta$$

(3) 由极化面电荷密度公式可知介质球体右半球面 σ' 为正，左半球面 σ' 为负。在 $\theta=\frac{\pi}{2}$ 的大圆的一周上有 $\sigma'=0$；而 $\theta=0$、π 的两极处 $\sigma'=\pm\sigma'_m=\pm nq_0 l$。把右半球面所带极化电荷看成是许多圆环形极化电荷的和，故有

$$q' = \int\sigma'\mathrm{d}S = \int_0^{\frac{\pi}{2}}\sigma'_m\cos\theta(2\pi R\sin\theta)(R\mathrm{d}\theta) = \pi R^2\sigma'_m = n\pi q_0 lR^2$$

按电荷守恒定律，左半球应带 $-n\pi q_0 lR^2$ 的极化电荷。

3. 电介质体极化电荷和 P 之间的关系

上面我们说过，如果电场或(和)电介质是不均匀的，那么电介质中各点的极化程度就不一样，也就是说，极化电荷不仅可以出现在表面，也可以在电介质的内部。在电介质内任取一体积 V，它的表面积为 S，如图 7-25(a)所示。因为各点的电极化强度不同，所以我们把闭合面 S 划分成无数个小面积元 $\mathrm{d}S$，在每一个小面元范围内认为电极化强度是均匀的，那么由式(7-7)得

$$P_\mathrm{n}\mathrm{d}S = \boldsymbol{P}\cdot\mathrm{d}\boldsymbol{S} = \sigma'\mathrm{d}S = q'$$

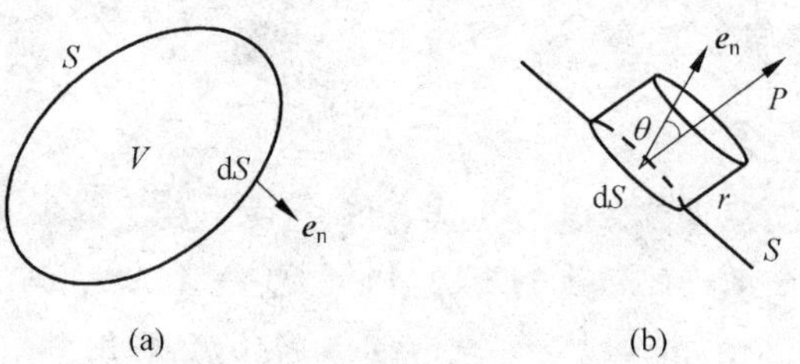

图　7-25

式中 q' 是 $\mathrm{d}S$ 内的电量。对整个闭合面有

$$\oint_S \boldsymbol{P} \cdot \mathrm{d}\boldsymbol{S} = \sum_{S内} q' = -\sum_{V内} Q' \tag{7-8}$$

上式的后一个等式成立的原因是，S 内的电荷和 V 内的电荷守恒。式(7-8)就是电介质体极化电荷和 $\boldsymbol{P}$ 之间的关系式。如果介质是均匀的，可以证明，其体内不会有净余的束缚电荷，即极化电荷的体密度为零。

7-2-3 有电介质时的高斯定理、电位移矢量

1. 电介质存在时的电场强度

电介质极化时出现极化电荷，这些极化电荷和自由电荷一样，也要在周围空间(既在介质内也在介质外)激发电场 $\boldsymbol{E}'$。由电场强度的叠加原理知，空间任一点的电场强度 $\boldsymbol{E}$，是外电场的电场强度 $\boldsymbol{E}_0$ 和束缚电荷在该处激发的电场强度 $\boldsymbol{E}'$ 的矢量和

$$\boldsymbol{E} = \boldsymbol{E}_0 + \boldsymbol{E}' \tag{7-9}$$

实验表明，对于绝大多数电介质，如果电介质是各向同性且电场强度 $\boldsymbol{E}$ 不太强时，电介质内的电极化强度矢量 $\boldsymbol{P}$ 和电场强度 $\boldsymbol{E}$ 呈线性关系，即可表示为

$$\boldsymbol{P} = \chi \varepsilon_0 \boldsymbol{E} \tag{7-10}$$

χ 称为电介质的电极化率。

2. 有电介质时的高斯定理

第 6 章我们只研究了真空中静电场的高斯定理。当静电场中有电介质时，在高斯面包围的体积内不仅会有自由电荷 $\sum Q_0$，而且还会有极化电荷 $\sum Q'$，此时高斯定理的数学式应写成下面的形式

$$\oint_S \boldsymbol{E} \cdot \mathrm{d}\boldsymbol{S} = \frac{1}{\varepsilon_0}\left(\sum Q_0 + \sum Q'\right) \tag{7-11}$$

上式中极化电荷的出现使问题变复杂了，即使在电介质中电场具有某种对称性，用式(7-11)也不能求解出电场强度 $\boldsymbol{E}$，因为要求解的 $\boldsymbol{E}$ 和束缚电荷有关，而束缚电荷 $\sum Q'$ 又由 $\boldsymbol{E}$ 确定。为了解决这个困难，我们可利用式(7-8)，即电介质体极化电荷和 $\boldsymbol{P}$ 之间的关系，那么式(7-11) 可写成

$$\oint_S (\varepsilon_0 \boldsymbol{E} + \boldsymbol{P}) \cdot \mathrm{d}\boldsymbol{S} = \sum Q_0 \tag{7-12}$$

上式括号中的量用字母 $\boldsymbol{D}$ 表示，于是引入一个辅助性的物理量

$$\boldsymbol{D} = \varepsilon_0 \boldsymbol{E} + \boldsymbol{P} \tag{7-13}$$

我们称之为电位移矢量，用电位移矢量表示式(7-12)有

$$\oint_S \boldsymbol{D} \cdot \mathrm{d}\boldsymbol{S} = \sum Q_0 \tag{7-14}$$

此式即为有介质时的高斯定理的数学表达式，可叙述为：在静电场中，通过任意闭合曲面的电位移通量等于该闭合曲面内所包围的自由电荷的代数和。

应该注意，电位移矢量 $\boldsymbol{D}$ 是两个完全不同的量 $\varepsilon_0 \boldsymbol{E}$ 与 $\boldsymbol{P}$ 的和，因此它只是一个辅助矢量，本身没有什么物理意义，但它的引入在许多情况下可以简化介质中电场的研究。顺便也说一下，关系式(7-13)和式(7-14)对任何的电介质(不论是各向同性还是各向异性)都成立。

在各向同性的电介质中，有关系式(7-10)。把式(7-10)代入式(7-13)中，得到

$$\boldsymbol{D}=\varepsilon_0(1+\chi)\boldsymbol{E}=\varepsilon_0\varepsilon_r\boldsymbol{E}=\varepsilon\boldsymbol{E} \tag{7-15}$$

式中 $\varepsilon_r=1+\chi$ 叫做电介质的相对电容率，$\varepsilon=\varepsilon_0\varepsilon_r$ 叫做电容率。电介质的相对电容率 ε_r(或 χ)是电介质的基本电学特征量，它的值和电介质的自身性质有关。所有物质的 $\varepsilon_r>1$，而真空中的 $\varepsilon_r=1$。几种常见电介质的相对电容率见下表。

几种常见电介质的相对电容率和击穿场强

电介质	相对电容率 ε_r	击穿场强/10^3 kV·mm^{-1}(室温)
真空	1	
空气(0℃)	1.000 59	3
水(20℃)	80.2	
变压器油	2.2～2.5	12
纸	2.5	5～14
聚四氟乙烯	2.1	60
聚乙烯	2.26	50
氯丁橡胶	6.60	12
硼硅酸玻璃	5～10	14
云母	5.4	160
陶瓷	6	4～25
二氧化钛	173	
钛酸锶	约 250	8
钛酸钡锶	约 104	

电位移矢量 $\boldsymbol{D}$ 也可用电位移线来直观地描述，和电场线的规定一样，电位移线上每一点的切向就是该点的电位移矢量 $\boldsymbol{D}$ 的方向，而曲线的疏密程度则表示该点电位移矢量 $\boldsymbol{D}$ 的大小。和电场线不同在于：电场线既可始于和终于自由电荷，也可始于和终于极化电荷，而电位移线只始于和终于自由电荷，在有极化电荷存在的区域，电位移线不中断。

例 4　如图 7-26 所示，平行平板电容器由两个彼此靠得很近的平行极板 A，B 组成，板间距 $d=1$ mm，两极板的面积均为 $S=0.01\ \text{m}^2$，极板间充满相对电容率为 $\varepsilon_r=3$ 的电介质。充入电介质之前，两板的电势差是 1000 V。试求：(1)若充入电介质后两平板上的电荷面密度保持不变，两板间电介质内的电场强度 E，电极化强度 P，平板和电介质的电荷面密度，电介质内的电位移 D；(2)充入电介质后电容器的电容。

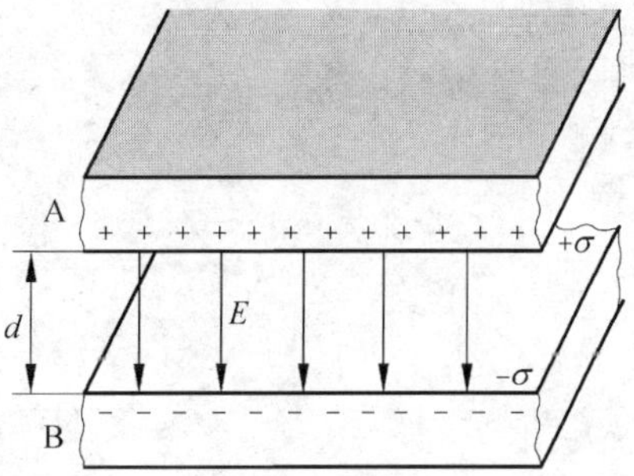

图 7-26　平行平板电容器

解　(1) 充入电介质前，两板间的电场强度为

$$E_0=\frac{U}{d}=10^3\ \text{kV}\cdot\text{m}^{-1}$$

充入电介质后，电介质中的电场强度为

$$E=\frac{E_0}{\varepsilon_r}=3.33\times10^2\ \text{kV}\cdot\text{m}^{-1}$$

由此可知，电介质的电极化强度为

$$P=(\varepsilon_r-1)\varepsilon_0 E=5.89\times10^{-6}\ \mathrm{C\cdot m^{-2}}$$

无论两板间是否充入电介质，两板自由电荷面密度的值均为

$$\sigma_0=\varepsilon_0 E_0=8.85\times10^{-6}\ \mathrm{C\cdot m^{-2}}$$

由此可知，电介质中极化电荷面密度的值为

$$\sigma'=P=5.89\times10^{-6}\ \mathrm{C\cdot m^{-2}}$$

电介质中的电位移为

$$D=\varepsilon_0\varepsilon_r E=\varepsilon_0 E_0=\sigma_0=8.85\times10^{-6}\ \mathrm{C\cdot m^{-2}}$$

(2) 设两极板分别带有$+Q$和$-Q$的电荷，可得极板间电场强度为

$$E=\frac{\sigma_0}{\varepsilon_0\varepsilon_r}=\frac{Q}{\varepsilon_0\varepsilon_r S}$$

应当指出，在上面的讨论中，我们略去了极板的边缘效应，即把两极板边缘附近的电场仍近似视为均匀电场。这种近似处理的方法是可行的，因为实用的电容器极板间的距离d比起极板的线度要小得多，使边缘附近不均匀电场所导致的误差完全可以略去。于是极板间的电势差为

$$U=\int_{AB}\boldsymbol{E}\cdot\mathrm{d}\boldsymbol{l}=Ed=\frac{Qd}{\varepsilon_0\varepsilon_r S}$$

由电容器电容的定义式，可得平板电容器的电容为

$$C=\frac{Q}{U}=\frac{\varepsilon_0\varepsilon_r S}{d}=2.66\times10^{-7}\ \mathrm{F}$$

从上式可见，平板电容器的电容与极板的面积成正比，与极板间的距离成反比。电容C的大小与电容器是否带电无关，只与电容器本身的结构形状有关。

例5 如图7-27所示，圆柱形电容器是由半径分别为R_1和R_2的两同轴圆柱导体面所构成，且圆柱体的长度l比半径R_2大得多。两圆柱面之间充满相对电容率为ε_r的电介质。求：(1)设两同轴圆柱导体面单位长度上的电荷分别为$+\lambda$和$-\lambda$，电介质中的电场强度、电位移和极化强度；电介质内、外表面的极化电荷面密度；(2)圆柱形电容器的电容。

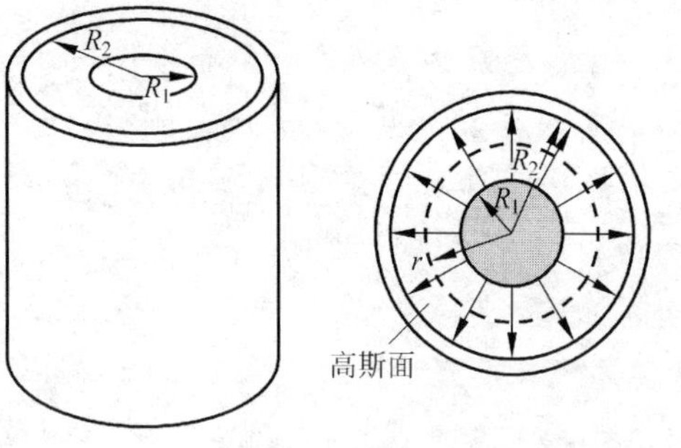

图 7-27

解 (1) 由于电荷分布是均匀对称的，所以电介质上的电场也是柱对称的，电场强度的方向沿柱面的径矢方向。作一与圆柱导体同轴的柱形高斯面，其半径为$r(R_1<r<R_2)$，长为L。因为电介质中的电位移$\boldsymbol{D}$与柱形高斯面的两底面的法线垂直，所以通过这两底面的电位移通量为零。根据电介质中的高斯定理，有

$$\oint_S\boldsymbol{D}\cdot\mathrm{d}\boldsymbol{S}=\lambda l,\quad 即\ D2\pi rl=\lambda l$$

得

$$D=\frac{\lambda}{2\pi r}$$

由$E=D/\varepsilon_0\varepsilon_r$，得电介质中的电场强度为

$$E=\frac{\lambda}{2\pi\varepsilon_0\varepsilon_r r},\quad R_1<r<R_2 \tag{1}$$

电介质中的极化强度为

$$P=(\varepsilon_r-1)\varepsilon_0 E=\frac{(\varepsilon_r-1)}{2\pi\varepsilon_r r}\lambda$$

由式(1)可知电介质两表面处的电场强度分别为

$$E_1=\frac{\lambda}{2\pi\varepsilon_0\varepsilon_r R_1},\quad r=R_1$$

和

$$E_2=\frac{\lambda}{2\pi\varepsilon_0\varepsilon_r R_2},\quad r=R_2$$

所以,电介质两表面极化电荷面密度的值分别为

$$\sigma_1'=(\varepsilon_r-1)\varepsilon_0 E_1=(\varepsilon_r-1)\frac{\lambda}{2\pi\varepsilon_r R_1}$$

$$\sigma_2'=(\varepsilon_r-1)\varepsilon_0 E_2=(\varepsilon_r-1)\frac{\lambda}{2\pi\varepsilon_r R_2}$$

(2) 设内、外圆柱面各带有$+Q$和$-Q$的电荷,则单位长度上的电荷$\lambda=Q/l$。两圆柱面之间距圆柱的轴线为r电场强度$\boldsymbol{E}$的大小为

$$E=\frac{\lambda}{2\pi\varepsilon_0\varepsilon_r r}=\frac{Q}{2\pi\varepsilon_0\varepsilon_r l}\frac{1}{r}$$

电场强度方向垂直于圆柱轴线。于是,两圆柱面间的电势差为

$$U=\int_l \boldsymbol{E}\cdot\mathrm{d}\boldsymbol{r}=\int_{R_A}^{R_B}\frac{Q}{2\pi\varepsilon_0\varepsilon_r l}\frac{\mathrm{d}r}{r}=\frac{Q}{2\pi\varepsilon_0\varepsilon_r l}\ln\frac{R_B}{R_A}$$

圆柱形电容器的电容为

$$C=\frac{Q}{U}=\frac{2\pi\varepsilon_0\varepsilon_r l}{\ln\dfrac{R_B}{R_A}}\tag{2}$$

可见,圆柱越长,电容C越大;两圆柱面间的间隙越小,电容C也越大。如果以d表示两圆柱体面间的间隙,有$d+R_1=R_2$。当$d\ll R_1$时,有

$$\ln\frac{R_2}{R_1}=\ln\frac{R_1+d}{R_1}\approx\frac{d}{R_1}$$

于是,式(1)可写成

$$C\approx\frac{2\pi\varepsilon_0\varepsilon_r l R_1}{d}$$

式中$2\pi R_1 l$为圆柱体的侧面积S,上式又可写成

$$C\approx\frac{\varepsilon_0\varepsilon_r S}{d}$$

此即平板电容器的电容。可见,当两圆柱面之间的间隙远小于圆柱体半径,即$d\ll R_1$时,圆柱形电容器可当作平板电容器。

例 6 球形电容器的电容。

解 球形电容器是由半径分别为R_1和R_2的两个同心金属球壳所组成(见图 7-28)。设内球壳带正电($+Q$),外球壳带负电($-Q$),内、外球壳之间的电势差为U。由高斯定理可求得两球壳之间点P的电场强度为

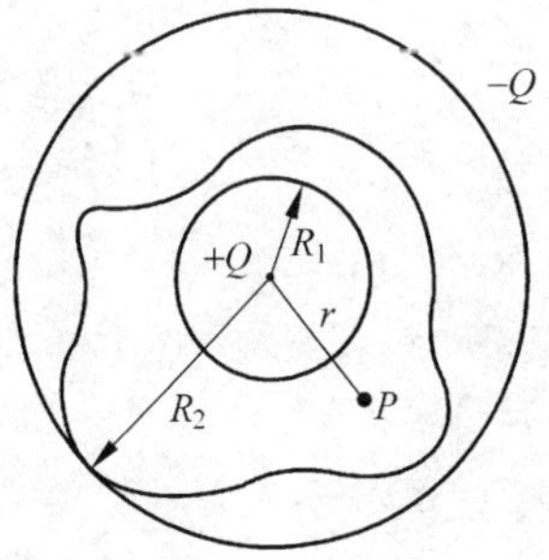

图 7-28

$$\boldsymbol{E}=\frac{Q}{4\pi\varepsilon_0 r^2}\boldsymbol{e}_r,\quad R_1<r<R_2$$

所以,两球壳之间的电势差为

$$U=\int_l \boldsymbol{E}\cdot\mathrm{d}\boldsymbol{l}=\frac{Q}{4\pi\varepsilon_0}\int_{R_1}^{R_2}\frac{\mathrm{d}r}{r^2}=\frac{Q}{4\pi\varepsilon_0}\left(\frac{1}{R_1}-\frac{1}{R_2}\right)$$

于是,由电容器电容的定义式,可求得球形电容器的电容为

$$C=\frac{Q}{U}=4\pi\varepsilon_0\left(\frac{R_1R_2}{R_2-R_1}\right)$$

顺便指出,如 $R_2\to\infty$,有

$$C=4\pi\varepsilon_0 R_1$$

此即孤立球形导体电容的公式。

7-2-4 铁电体、驻极体和压电体

1. 铁电体

1920 年 J. 瓦拉塞克(Valasek)发现,当外电场 $\boldsymbol{E}$ 撤去后晶体酒石酸钾钠仍有剩余极化,且在交变外电场 $\boldsymbol{E}$ 的作用下,此晶体的宏观极化强度 $\boldsymbol{P}$ 与 $\boldsymbol{E}$ 的关系出现回线(电滞回线),如图 7-29 所示。当 $\boldsymbol{E}$ 从零开始增大(正向或反向)时,$\boldsymbol{P}$ 也非线性增大而达到饱和(再增大 $\boldsymbol{E}$,$\boldsymbol{P}$ 不变);此后,随着 $\boldsymbol{E}$ 的减小,$\boldsymbol{P}$ 的变化并不沿着原曲线(图中虚线)返回,当 $\boldsymbol{E}=0$ 时,$\boldsymbol{P}$ 也不回到零,而是仍有一定的数值 $\boldsymbol{P}_r$(称为剩余极化强度),人们把具有这种电滞回线的电介质称为铁电体。目前已发现的铁电体已有 340 多种,如钛酸钡、PZT 等单晶和陶瓷等,另外,还发现一些液晶和高分子材料也具有铁电性。铁电体的应用是多方面的,下面仅列举几个和电学有关的应用。

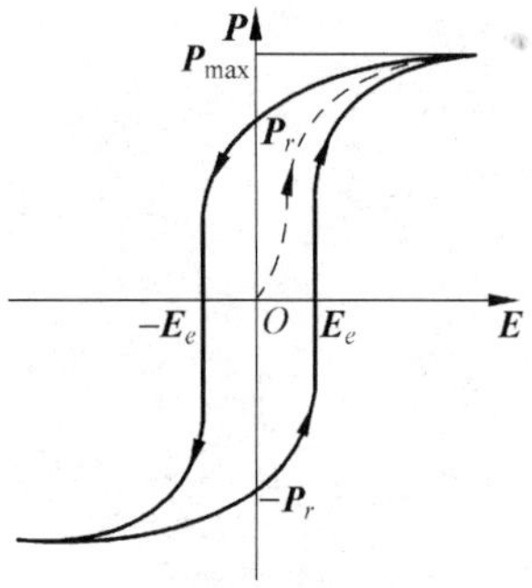

图 7-29

铁电体的相对电容率 ε_r 不是常数,它和所加的外电场的强度有关,最大可达 $10^4\sim10^5$。在诸多铁电体中,尤其钛酸钡等晶体,不仅 ε_r 大,而且机械强度,耐热、耐湿性都比较好,可用来制作电容大、体积小的电容器。凡铁电体都存在一特征温度,只有低于此温度才具有铁电性,这个温度称为居里温度,如钛酸钡的居里温度是 120℃。在居里温度附近铁电体的电阻率对温度的变化十分敏感,故可用来制成铁电热敏电阻器。

以铁电体为材料制成的信息存储器 FeRAM 的原理是,被极化的铁电体在外电场被撤销后,它的剩余极化强度是 $\boldsymbol{P}_r$ 或 $-\boldsymbol{P}_r$,参看图 7-29,即铁电体的极化有两个稳定态,且和外电场的方向有关,FeRAM 就是根据这一特性实现二进制数据或信息的存储或读出,成为一种即使断电信息也不会丢失的新颖不挥发存储器。FeRAM 具有工作电压低,读写快速,低功耗,尺寸小,擦写次数高达 10^{14} 次和 10 年的数据保存能力等许多优点,是给予厚望的新一代存储器。

铁电体还具有独特的光、力、声和热学等性能,以及它们之间相互耦合或转换的功能,大量应用于民生和军事各个领域。

2. 驻极体

常见的电介质在外电场作用下发生极化，当去除外电场，电介质的极化现象也随之消失。驻极体是能自身维持长久极化的电介质，它的电荷可以是因极化而被“冻结”的极化电荷，也可以是陷入其表面或体内中的正、负电荷。与钢棒经磁化后具有剩磁成为永磁体类似，人们也把具有长久保持极化状态的电介质叫永电体，习惯上称为驻极体。1922 年日本海军大学的江口元太郎首次人工制成驻极体，他所用的材料是巴西棕榈蜡与松香的等量混合，再加些蜂蜡，熔融至 130℃，加上 15 kV/cm 的电场，冷却凝固后，去掉电场，便制成驻极体，这种制备方法为热驻极法。但江口元太郎的驻极体由于机械强度差，不便应用。从 20 世纪60 年代开始，由于高分子科学的飞跃发展，许多用高分子材料制备成的驻极体不仅电荷密度高，机械强度好，而且可以制成薄膜器件，这对驻极体的研究和应用起到了极大的推动作用。

驻极体的制备并不困难，常见的方法除热驻极法外还有电驻极法、静电纺丝法、摩擦起电法、低能电子束轰击法。下面我们简单介绍一下热驻极法和电驻极法。

(1) 热驻极法

把电介质(高分子聚合物)放在上、下两块电极之间，按一定的规律将整个系统加热，然后使之冷却，并在两极间加以高电压。在这个过程中，材料内部产生了两类极化。一类是内部电偶极子在外场作用下整齐排列，表面出现了束缚电荷，加上材料内部离子的宏观位移，产生了与相邻电极电性相反的电荷，称之为“异号电荷”(见图 7-30(a))。另一类是在电极和材料间的气隙中有时会出现击穿现象，产生一定的离子与电子，它们在外电场作用下会沉积在材料表面或进入材料一定深度，这种电荷其符号与邻接电极电性相同，称之为“同号电荷”(见图 7-30(b))。由热驻极法制备的驻极体叫做热驻极体。一般所观察到的极化是这两种现象的综合效应。

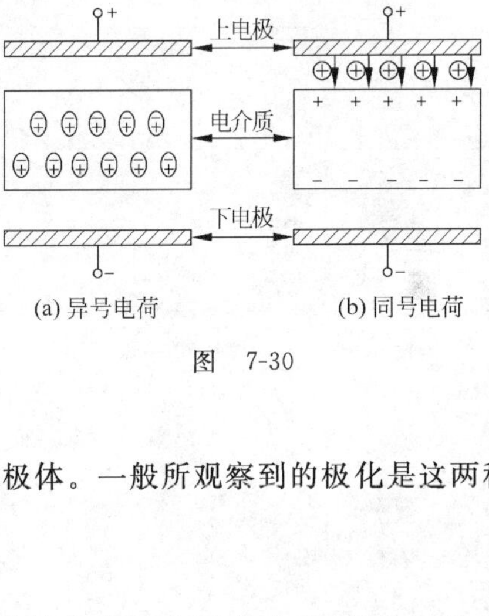

图 7-30

(2) 电驻极法

在常温条件下将电介质放在静电场中，或者使材料与电极之间产生电晕放电，这时电子能进入材料一定深度并驻留在材料中，这就制成了驻极体，用这些方法制成的驻极体，叫做电驻极体。由于这种方法设备简单，制造工艺易于掌握，生产周期短，所以被广泛采用。

在实际应用中，常常把驻极体看作为一个对外不提供功率，只提供电压的高电压源，这个电压即是驻极体表面所产生的等效驻极体电压。若驻极体所带电荷面密度为 σ，其厚度为 d，电介质的相对电容率为 ε_r，于是等效驻极体电压 U_0 为

$$U_0 = \frac{\sigma d}{\varepsilon_0 \varepsilon_r}$$

用有机高分子材料拉成的薄膜制成的驻极体，广泛用于传声器、拾音器、传真图像记

录等。用聚丙烯纤维制成的驻极体空气过滤器，原理上是靠静电吸力除去尘埃的，而且在潮湿和电离的空气中过滤器里的驻极体纤维也不会显著放电，因此，驻极体空气过滤器是一种高效节能过滤器。此外，值得一提的是，用驻极体可制成医用材料，如我国首创的消炎止痛膜用于治疗某种类型的伤痛，已取得良好的疗效，获得国际尤里卡发明金奖，并已批量生产；驻极体薄膜的电场有阻止血栓形成的作用，有希望成为人造血管的材料等。

对于许多晶体在机械拉伸和加压时会在特定的方向发生电极化，因此在那些方向相对的表面将出现符号相反的极化电荷，这种现象称为正压电效应；反之，在外电场的作用下，晶体能出现机械形变（伸长或压缩）的现象称为逆压电效应，习惯称之电致伸缩。有正压电效应和逆压电效应的物质即为压电体，首次被发现的压电体是石英晶体。

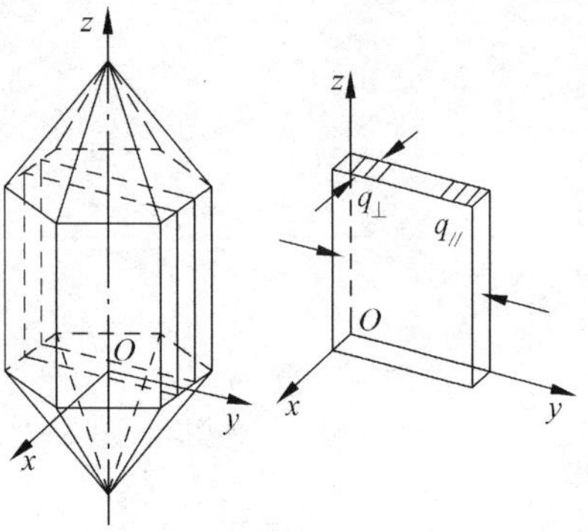

(a) (b)

图 7-31

图 7-31(a)所示是一天然石英晶体。为研究其压电效应，将晶体切割成如图 7-31(b)所示的晶片。该晶片是一直角平行六面体，并使它的三对底面分别平行于 Ox，Oy，Oz。当有压力沿 x 轴作用于晶体时，在垂直于 x 轴的两底面上分别出现等量而异号的极化电荷 $q_{\perp}$，其值与压力 F 成正比，有

$$q_{\perp} = kF$$

式中 k 叫压电系数，石英的压电系数 $k = 2.2 \times 10^{-12}\ \mathrm{C \cdot N^{-1}}$。这种压电效应叫纵压电效应。如压力沿 y 轴作用于晶体，这时在垂直于 x 轴的两底面上也要出现等量而异号的极化电荷，只不过电荷的符号与纵压电效应相反，其电荷 $q_{/\!/}$ 的值为

$$q_{/\!/} = k\frac{b}{d}F$$

式中 b 为石英晶片沿 y 轴的宽度，d 为石英晶片沿 x 轴的厚度。若压力沿 z 轴作用于晶体，则不产生压电效应。

之后电气石晶体、闪锌矿、氯化钠、酒石酸、蔗糖、钛酸钡等 1500 多种物质都观测到了压电现象。现在压电体已被广泛用于科学技术，实现机-电和电-机转换，例如，扩音器、电唱头、声呐等器件中的压电晶体就是把机械振动（声波）变为电振动；电话耳机、超声发生器中的压电晶体使电振荡转换为声振动。

7-3　静电场的能量

7-3-1　点电荷系的能量

带电体之间的相互作用力是保守力，因此带电体系具有势能。下面我们先讨论点电荷系的势能（即点电荷系的能量），从两个点电荷组成的系统开始讨论，并设两点电荷的电量分

别为 q_1 和 q_2，它们之间的距离是 r_{12}。

当两个点电荷相距无穷远时，它们之间没有相互作用，我们规定此时的电势能为零。在把两个点电荷从无穷远处移到相距 r_{12} 处时，需要克服静电场力做功 W，此功 W 等于系统电势能的增量，即系统的电势能 E。把两个点电荷从相距无穷远移至相距 r_{12}，有无穷多的方式，我们用下面的两种方式来计算 W。第一种方式是，点电荷 q_2 不动，把 q_1 移至 q_2，得克服静电场力做功

$$W_1 = q_1 \frac{1}{4\pi\varepsilon_0} \frac{q_2}{r_{12}} = q_1 V_1 \tag{7-16}$$

式中 V_1 是点电荷 q_2 在距其 r_{12} 处产生的电势。第二种方式是，点电荷 q_1 不动，把 q_2 移至 q_1，同上计算出克服静电场力做的功为

$$W_2 = q_2 \frac{1}{4\pi\varepsilon_0} \frac{q_1}{r_{12}} = q_2 V_2 \tag{7-17}$$

式中 V_2 是点电荷 q_1 在距其 r_{12} 处产生的电势。由上面的讨论，对于两个点电荷组成的系统，它的能量可表示为

$$E = \frac{1}{4\pi\varepsilon_0} \frac{q_1 q_2}{r_{12}} = q_1 V_1 = q_2 V_2 = \frac{1}{2}(q_1 V_1 + q_2 V_2) \tag{7-18}$$

三个点电荷组成的系统，在把第三个点电荷 q_3 从无穷远处移至距 q_1 为 r_{13}、距 q_2 为 r_{23} 处时，克服静电场力做的功

$$W_3 = q_3 \frac{1}{4\pi\varepsilon_0}\left(\frac{q_1}{r_{13}} + \frac{q_2}{r_{23}}\right) = q_3 V_3$$

式中 V_3 是点电荷 q_1 和 q_2 在点电荷 q_3 处产生的电势。因此，对于三个点电荷系统的静电场能量是

$$E = \frac{1}{4\pi\varepsilon_0} \frac{q_1 q_2}{r_{12}} + q_3 \frac{1}{4\pi\varepsilon_0}\left(\frac{q_1}{r_{13}} + \frac{q_2}{r_{23}}\right)$$

上式可以改写为下面的形式

$$\begin{aligned} E &= \frac{1}{2} \frac{1}{4\pi\varepsilon_0}\left[q_1\left(\frac{q_2}{r_{12}} + \frac{q_3}{r_{13}}\right) + q_2\left(\frac{q_1}{r_{12}} + \frac{q_3}{r_{23}}\right) + q_3\left(\frac{q_1}{r_{13}} + \frac{q_2}{r_{23}}\right)\right] \\ &= \frac{1}{2}(q_1 V_1 + q_2 V_2 + q_3 V_3) \end{aligned} \tag{7-19}$$

式中 V_1 是点电荷 q_2 和 q_3 在点电荷 q_1 位置处产生的电势，V_2 依此类推。

由 N 个点电荷组成的系统，可以证明它的电势能等于

$$E = \frac{1}{2}\sum q_i V_i \tag{7-20}$$

式中 V_i 是 q_i 除外的所有点电荷在第 i 点电荷处产生的电势。

例 7　四个相同的点电荷 q 位于四面体的四个顶点，已知四面体的边长都为 a（见图 7-32），求该系统的静电能。

解　因为任意三个点电荷在另一个点电荷位置处产生的电势为

$$V = \frac{3q}{4\pi\varepsilon_0 a}$$

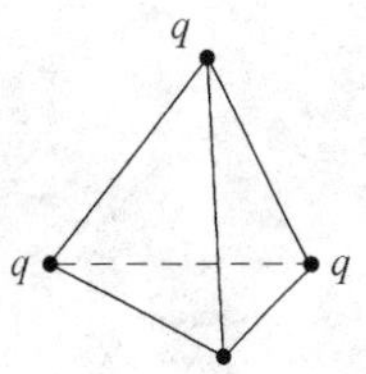

图　7-32

所以由式(7-20)得

$$E = \frac{1}{2}\sum_{i=1}^{4} q_i V_i = \frac{1}{2} 4qV = \frac{1}{4\pi\varepsilon_0}\frac{6q^2}{a}$$

7-3-2 带电体的能量

如果带电体的电荷分布是连续的，那么我们可以把带电体看作元电荷 $dq=\rho d\Omega$ 的集合，式(7-20)的求和用积分代替就可得出带电体的静电能

$$E = \frac{1}{2}\int V dq = \frac{1}{2}\int \rho V d\Omega \tag{7-21}$$

式中 V 是所有元电荷在体积元 $d\Omega$ 处产生的电势。

类似地可以写出电荷分布为面分布带电体的静电能表达式，这种情况下只要把式(7-21)中的电荷体密度 ρ 用面密度 σ 代替，体积元 $d\Omega$ 用面元 dS 代替即可。

7-3-3 电容器储存的能量

(1) 孤立导体的能量

设孤立导体带电量 q 且电势为 V。因为导体是等势体，所以公式(7-21)中的电势可以拿到积分号外，那么剩下的积分就是导体所带的电量，即

$$E = \frac{1}{2}qV = \frac{1}{2}CV^2 = \frac{1}{2}\frac{q^2}{C} \tag{7-22}$$

上面的表达式用到孤立导体电容 $C=q/V$。

(2) 电容器的能量

设 q_+ 和 V_+ 分别是电容器正极板上的电荷量和电势。根据式(7-21)，积分分成两部分，即对正极板和负极板积分之后再求和，得

$$E = \frac{1}{2}(q_+ V_+ + q_- V_-)$$

因为 $q_- = -q_+$，所以

$$E = \frac{1}{2}q_+ (V_+ - V_-) = \frac{1}{2}qU$$

式中 $q=q_+$ 是电容器的电量，U 是两极板之间的电势差。注意到 $C=q/U$，我们得到电容器储存能量的下面这个表达式

$$E = \frac{1}{2}qU = \frac{1}{2}CU^2 = \frac{1}{2}\frac{q^2}{C} \tag{7-23}$$

顺便说明一下，在电介质存在时，可以证明式(7-22)和式(7-23)也是成立的。

7-3-4 静电场的能量和能量密度

公式(7-21)是通过电荷和电势的分布来确定任一带电系统的静电能 E，然而静电能也可由表征静电场的特征物理量——电场强度 $\boldsymbol{E}$ 来表示，下面我们用最简单的例子——平行板电容器来说明之。忽略边缘效应，把平行板电容器电容 $C=\varepsilon S/d$ 代入公式(7-23)得

$$W = \frac{CU^2}{2} = \frac{\varepsilon SU^2}{2d} = \frac{\varepsilon}{2}\left(\frac{U}{d}\right)^2 Sd$$

因为 $U/d=E$ 且 $Sd=V$（两极板之间的体积），所以

$$W=\frac{1}{2}\varepsilon E^2 V \tag{7-24}$$

上式只适用于分布在体积 V 中的均匀电场。

理论上可以证明，如果电介质各向同性，不均匀电场的能量用电场强度可表示为

$$W=\int\frac{\varepsilon_0\varepsilon_r E^2}{2}\mathrm{d}V=\int\frac{\boldsymbol{E}\cdot\boldsymbol{D}}{2}\mathrm{d}V \tag{7-25}$$

上式积分号里的表达式具有这样的能量含义：$\varepsilon_0\varepsilon_r E^2/2$ 是体积 $\mathrm{d}V$ 所包含的能量，这种能量含义直接导致了一个重要的物理观点，电场的能量是定域在电场中的，即电场能量的携带者是电场本身，而不是电荷。这个观点的最有力的证据是电磁波携带能量，正是由于电磁波可以脱离电荷而传播，使我们能分辨出电场的能量是与电荷相联系，还是与电场相联系的。

从式(7-24)和式(7-25)知，静电场的能量是以能量密度

$$w=\frac{\varepsilon_0\varepsilon_r E^2}{2}=\frac{\boldsymbol{E}\cdot\boldsymbol{D}}{2} \tag{7-26}$$

分布于电场存在的空间中。应当注意，式(7-26)只适用于各向同性电介质($\boldsymbol{P}=\chi\varepsilon_0\boldsymbol{E}$)中的电场，对于各向异性电介质的能量密度的表达式比较复杂，本教材不作讨论。

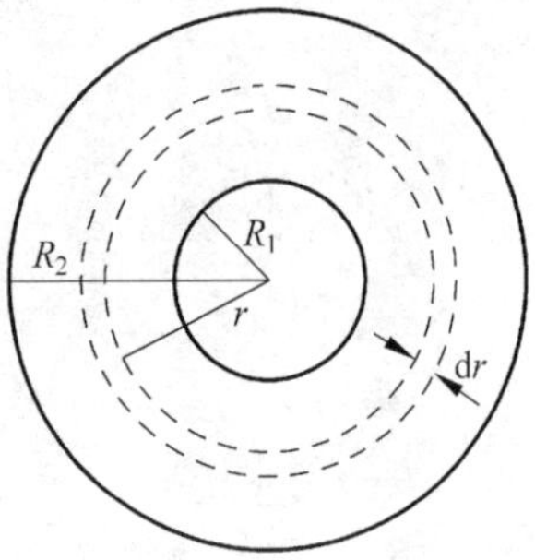

图　7-33

例 8　如图 7-33 所示，球形电容器的内、外半径分别为 R_1 和 R_2，所带电荷为 $\pm Q$。若在两球壳间充以电容率为 ε 的电介质，问此电容器储存的电场能量为多少？

解　若球形电容器极板上的电荷是均匀分布的，则球壳间电场亦是对称分布的。由高斯定理可求得球壳间电场强度为

$$\boldsymbol{E}=\frac{1}{4\pi\varepsilon}\frac{Q}{r^2}\boldsymbol{e}_r,\quad R_1<r<R_2$$

故球壳内的电场能量密度为

$$w_e=\frac{1}{2}\varepsilon E^2=\frac{Q^2}{32\pi^2\varepsilon r^4}$$

取半径为 r，厚为 $\mathrm{d}r$ 的球壳，其体积元为 $\mathrm{d}V=4\pi r^2\mathrm{d}r$，在此体积元内电场的能量为

$$\mathrm{d}W_e-w_e\mathrm{d}V=\frac{1}{2}\varepsilon E^2\mathrm{d}V=\frac{Q^2}{8\pi\varepsilon r^2}\mathrm{d}r$$

电场总能量为

$$W_e=\int\mathrm{d}W_e=\frac{Q^2}{8\pi\varepsilon}\int_{R_1}^{R_2}\frac{\mathrm{d}r}{r^2}=\frac{Q^2}{8\pi\varepsilon}\left(\frac{1}{R_1}-\frac{1}{R_2}\right)=\frac{1}{2}\frac{Q^2}{4\pi\varepsilon\dfrac{R_2R_1}{R_2-R_1}}$$

此外，球形电容器的电容为 $C=4\pi\varepsilon[R_1R_2/(R_2-R_1)]$。所以由电容器所储电能的公式

$$W_e=\frac{1}{2}\frac{Q^2}{C}$$

也能得到相同的答案。然而大家应明白，电容器的能量是储存于电容器内的电场之中的。

如果 $R_2\to\infty$，此带电系统即为一半径为 R_1、电荷为 Q 的孤立球形导体。由上述答案可知，它激发的电场所储的能量为

$$W_e=\frac{Q^2}{8\pi\varepsilon R_1}$$

例 9 在如图 7-27 所示的圆柱形电容器中，若长圆柱导体与导体圆筒之间充满空气，且已知空气的击穿场强是 $E_b=3\times10^6\ \mathrm{V\cdot m^{-1}}$。设导体圆筒的半径 $R_2=10^{-2}$ m。在空气不被击穿的情况下，长圆柱导体的半径 R_1 取多大值可使电容器贮存的能量最多？

解 两圆柱面间的电场强度为

$$E=\frac{\lambda}{2\pi\varepsilon_0 r},\quad R_1<r<R_2 \tag{1}$$

λ 为圆柱导体单位长度的电荷。从上式可以看出，$E\propto\frac{1}{r}$。故在长圆柱体表面附近，即 $r=R_1$ 处电场强度最强。因此，我们设想若此处的电场强度为击穿场强 E_b 时，圆柱形电容器既可带电荷最多，又不会使空气介质被击穿。于是有

$$E_b=\frac{\lambda_{\max}}{2\pi\varepsilon_0 R_1} \tag{2}$$

由上式可得 $\lambda_{\max}=2\pi\varepsilon_0R_1E_b$，显然 $\lambda_{\max}$ 是由 E_b 和 R_1 所决定。

由电容器的能量式 $W_e=QU/2$ 可知，单位长度圆柱形电容器所储的能量为

$$W_e=\frac{1}{2}\lambda U \tag{3}$$

U 为两极间的电势差。由电势差的定义式有

$$U=\int_{R_1}^{R_2}\boldsymbol{E}\cdot\mathrm{d}\boldsymbol{r}$$

把式(1)代入上式，得

$$U=\frac{\lambda}{2\pi\varepsilon_0}\int_{R_1}^{R_2}\frac{\mathrm{d}r}{r}=\frac{\lambda}{2\pi\varepsilon_0}\ln\frac{R_2}{R_1} \tag{4}$$

把上式代入式(3)，有

$$W_e=\frac{\lambda^2}{4\pi\varepsilon_0}\ln\frac{R_2}{R_1}$$

再以式(2)中的 $\lambda_{\max}$ 代入上式，得电容器电荷最多又使空气介质不致被击穿时的电能为

$$W_e=\pi\varepsilon_0E_b^2R_1^2\ln\frac{R_2}{R_1} \tag{5}$$

式(5)表明，在 E_b 已知时，W_e 仅随 R_1 而异。显然，欲使圆柱形电容器储能最多，且空气介质又不致被击穿，R_1 的值需满足 $\mathrm{d}W_e/\mathrm{d}R_1=0$ 的条件。由式(5)得

$$\frac{\mathrm{d}W_e}{\mathrm{d}R_1}=\pi\varepsilon_0E_b^2R_1\left(2\ln\frac{R_2}{R_1}-1\right)=0$$

有

$$2\ln\frac{R_2}{R_1}-1=0$$

即
$$R_1=\frac{R_2}{\sqrt{e}} \tag{6}$$
时，圆柱形电容器所储能量最大，且空气又不被击穿。由已知数据 $R_2=10^{-2}$ m，可得内半径为 $R_1=10^{-2}/\sqrt{e}$ m$=6.07\times10^{-3}$ m。

我们还可以算出空气不被击穿时，圆柱形电容器两极间最大电势差。将式(6)和式(2)代入式(4)，得
$$U_{\max}=E_bR_1\ln\frac{R_2}{R_1}=E_b\frac{R_2}{\sqrt{e}}\ln\frac{R_2}{R_2/\sqrt{e}}=\frac{E_bR_2}{2\sqrt{e}}$$
将已知数据代入，有
$$U_{\max}=\frac{3\times10^6\times10^{-2}}{2\sqrt{e}}\text{V}=9.10\times10^3\ \text{V}$$

上述计算结果表明，对以空气为介质的圆柱形电容器，当外半径为 10^{-2} m 时，其内半径须为 6.07×10^{-3} m，才能使所储的电能最多。此时，两极的最大电压为 9.10×10^3 V。

习　　题

7-1　将一个带正电的带电体 A 从远处移到一个不带电的导体 B 附近，导体 B 的电势将(　　)。
(A) 升高　(B) 降低　(C) 不会发生变化　(D) 无法确定

7-2　将一带负电的物体 M 靠近一不带电的导体 N，在 N 的左端感应出正电荷，右端感应出负电荷。若将导体 N 的左端接地(如习题 7-2 图所示)，则(　　)。
(A) N 上的负电荷入地　(B) N 上的正电荷入地
(C) N 上的所有电荷入地　(D) N 上所有的感应电荷入地

7-3　一半径为 0.10 m 的孤立导体球，已知其电势为 100 V(以无穷远为零电势)，计算球表面的面电荷密度。

7-4　两个相距很远的导体球，半径分别为 $r_1=6.0$ cm，$r_2=12.0$ cm，都带有 3×10^{-8} C 的电量。如果用一导线将两球连接起来，求最终每个球上的电量。

7-5　有一外半径为 R_1，内半径为 R_2 的金属球壳，在壳内有一半径为 R_3 的金属球，球壳和内球均带电量 q，求球心的电势。

7-6　不带电的导体球 A 含有两个球形空腔，两空腔中心分别有一点电荷 q_b，q_c，导体球外距导体球较远处的 r 处还有一个点电荷 q_d(如习题 7-6 图所示)。试求点电荷 q_b、q_c、q_d 各受多大的电场力。

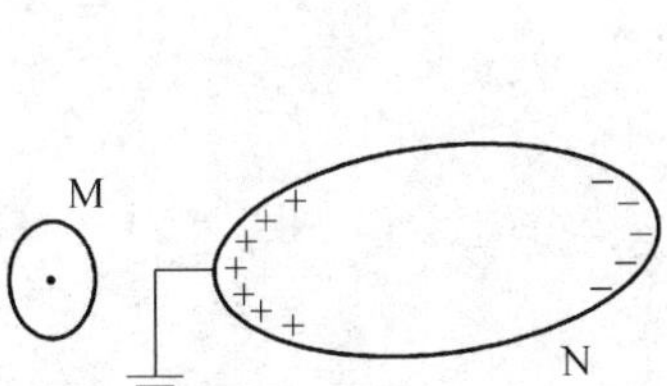

习题 7-2 图

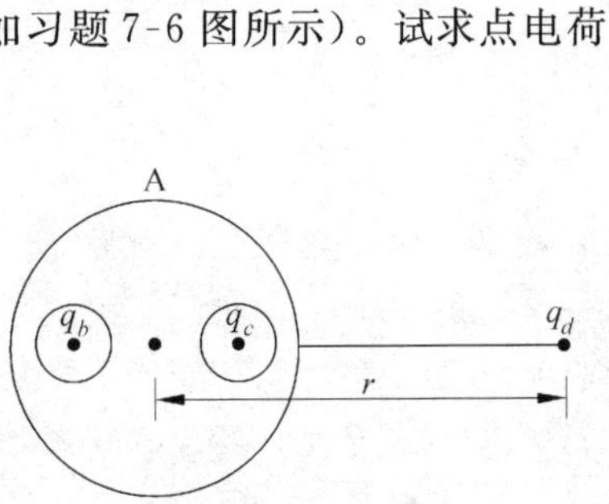

习题 7-6 图

7-7　一导体球半径为 R_1，外罩一半径为 R_2 的同心薄导体球壳，外球壳所带总电荷为 Q，而内球的电势为 V_0。求此系统的电势和电场分布。

7-8　如习题 7-8 图所示，在一半径为 $R_1=6.0$ cm 的金属球 A 外面套有一个同心的金属球壳 B。已知球壳 B 的内、外半径分别为 $R_2=8.0$ cm，$R_3=10.0$ cm。设 A 球带有总电荷 $Q_A=3.0\times10^{-8}$ C，球壳 B 带有总电荷 $Q_B=2.0\times10^{-8}$ C。求：(1) 球壳 B 内、外表面上所带的电荷以及球 A 和球壳 B 的电势；(2) 将球壳 B 接地后断开，再把金属球 A 接地，求金属球 A 和球壳 B 内、外表面上所带的电荷以及球 A 和球壳B 的电势。

7-9　两块带电量分别为 Q_1、Q_2 的导体平板平行相对放置(如习题 7-9 图所示)，假设导体平板面积为 S，两块导体平板间距为 d，并且 $\sqrt{S}\gg d$。试证明(1)相向的两面电荷面密度大小相等符号相反；(2)相背的两面电荷面密度大小相等符号相同。

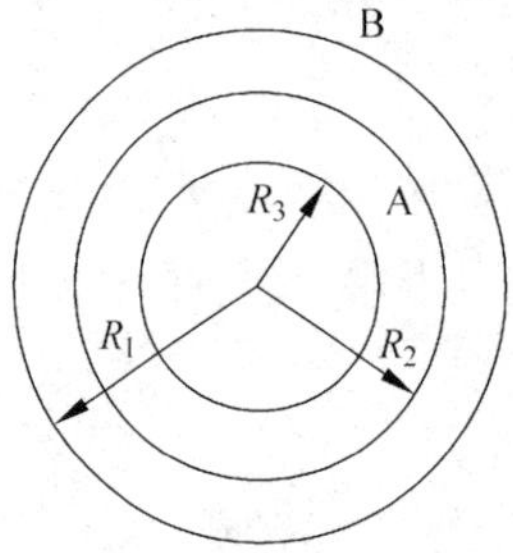

习题 7-8 图

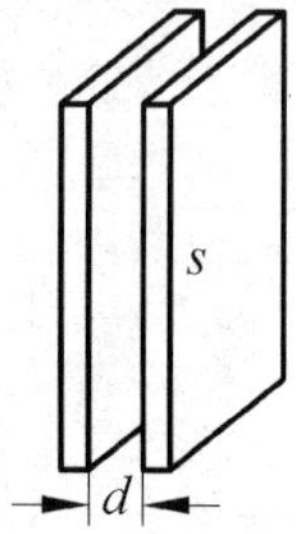

习题 7-9 图

7-10　如习题 7-10 图所示，在真空中将半径为 R 的金属球接地，在与球心 O 相距为 $r(r>R)$ 处放置一点电荷 q，不计接地导线电荷的影响，求金属球表面上的感应电荷总量。

7-11　将带电量为 Q 的导体板 A 从远处移至不带电的导体板 B 附近(如习题 7-11 图)，两导体板几何形状完全相同，面积均为 S，移近后两导体板距离为 $d(d\ll\sqrt{S})$，(1)忽略边缘效应求两导体板间的电势差；(2)若将 B 接地，结果又将如何？

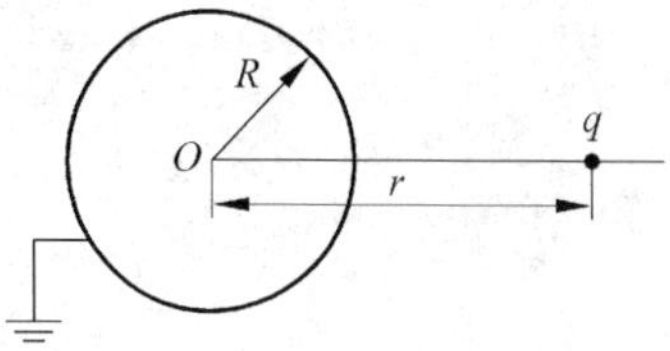

习题 7-10 图

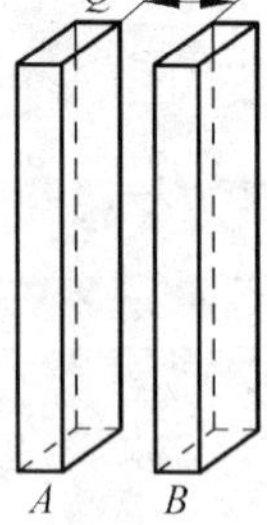

习题 7-11 图

7-12　地球和电离层可当作一个球形电容器，它们之间相距约为 100 km，试估算地球－电离层系统的电容。设地球与电离层之间为真空。

7-13　两输电线的直径为 3.26 mm，两线中心相距 0.50 m。输电线位于地面上空很高处，因而大地影响可以忽略。求输电线单位长度的电容。

7-14　电容式计算机键盘的每一个键下面连接一小块金属片，金属片与底板上的另一块金属片间保持一定空气间隙，构成一小电容器(如习题 7-14 图所示)。当按下按键时电容发生变化，通过与之相连的电子线路向计算机发出该键相应的代码信号。假设金属片面积为 $50.0\ mm^2$，两金属片之间的距离是 0.600 mm。如果能检测电容变量是 0.250 pF，试问按键需要按下多大的距离才能给出必要的信号？

7-15　如习题 7-15 图所示，由两块相距为 0.50 mm 的薄金属板 A，B 构成的空气平板电容器，被屏蔽在一个金属盒内，金属盒上、下两壁与 A、B 分别相距 0.25 mm，金属板面积为 $30\times40\ mm^2$。求：(1)被屏蔽后的电容器电容变为原来的几倍；(2)若电容器的一个引脚不慎与金属屏蔽盒相碰，问此时的电容又为原来的几倍。

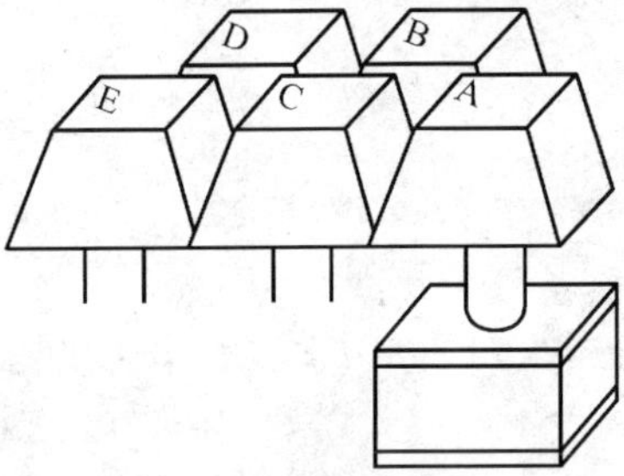

习题 7-14 图

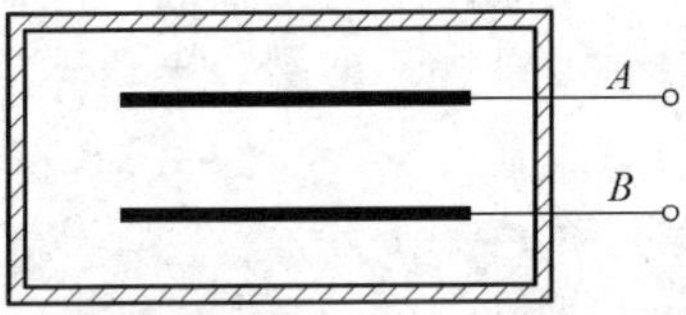

习题 7-15 图

7-16　如习题 7-16 图所示，在点 A 和点 B 之间有五个电容器，其连接如图所示。(1)求 A，B 两点之间的等效电容；(2)若 A，B 之间的电势差为 12 V，求 U_{AC}，U_{CD} 和 U_{DB}。

7-17　如习题 7-17 图所示，一半径为 R 的介质球，试分别计算下列两种情况下电介质球表面上的极化面电荷密度和极化电荷的总和。已知极化强度(1)$P=P_0$；(2)$P=P_0\dfrac{x}{R}$。

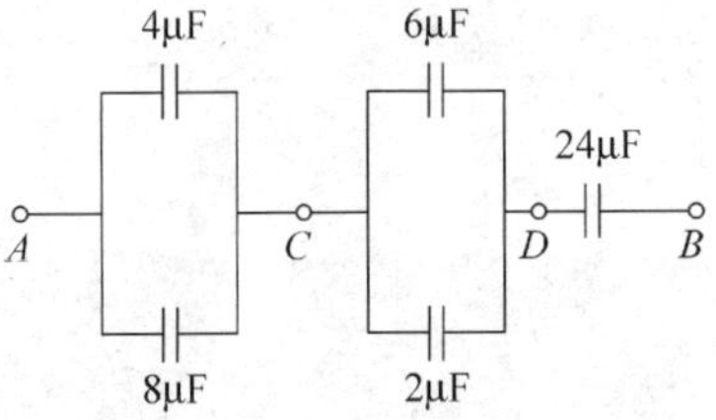

习题 7-16 图

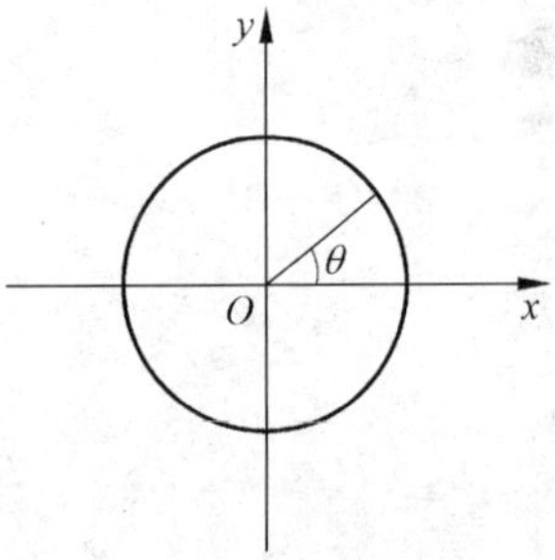

习题 7-17 图

7-18　平行板电容器，板面积为 $100\ cm^2$，两板带电量分别为 $\pm8.9\times10^{-7}$ C，在两板间充满电介质后，其场强为 1.4×10^6 V/m，试求：(1)介质的相对介电常数 ε_r；(2)介质表面上的极化面电荷密度。

7-19　如习题 7-19 图所示，球形电极浮在相对电容率为 $\varepsilon_r=3.0$ 的油槽中，球的一半浸没在油中，另一半在空气中。已知电极所带净电荷 $Q_0=2.0\times10^{-6}$ C，问球的上下部分各有多少电荷？

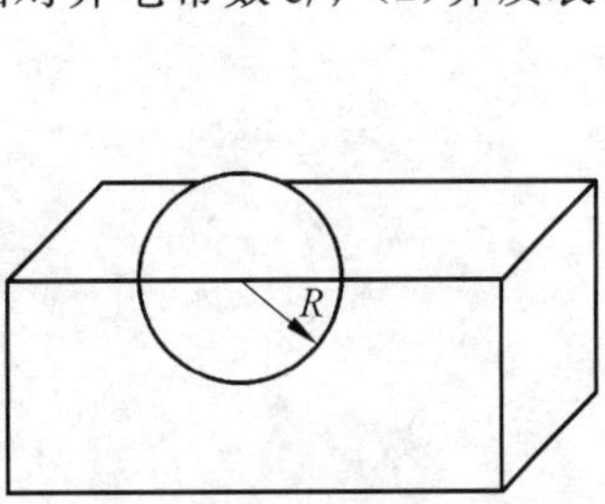

习题 7-19 图

7-20　面积为 S 的平行板电容器，两板间距为 d，求(1)插入厚度为 $\dfrac{d}{3}$，相对介电常数为 ε_r 的电介质，其电容变为原电容的多少倍？(2)插入厚度为$\frac{d}{3}$的导体板，其电容又变为原电容的多少倍？

7-21 电学理论证明：一球形均匀电介质放在均匀外电场中会发生均匀极化。若已知此极化介质球的半径为R，极化强度为$\boldsymbol{P}$。试求极化电荷在球心处产生的场强$\boldsymbol{E}'$。

7-22 对于各向同性的均匀电介质，下列概念正确的是(　　)。

(A) 电介质充满整个电场并且自由电荷的分布不发生变化时，介质中的电场强度一定等于没有电介质时该点电场强度的$1/\varepsilon_r$倍

(B) 电介质中的电场强度一定等于没有介质时该点电场强度的$1/\varepsilon_r$倍

(C) 在电介质充满整个电场时，电介质中的电场强度一定等于没有电介质时该点电场强度的$1/\varepsilon_r$倍

(D) 电介质中的电场强度一定等于没有介质时该点电场强度的ε_r倍

7-23 人体的某些细胞壁两侧带有等量的异号电荷。设某细胞壁厚为5.2×10^{-9} m，两表面所带面电荷密度分别为$\pm5.2\times10^{-3}$ C·m^{-2}，内表面为正电荷。如果细胞壁物质的相对电容率为6.0，求(1)细胞壁内的电场强度；(2)细胞壁两表面间的电势差。

7-24 半径为R的导体球，带电量为q，球外有一均匀介质的同心球壳，内外半径分别为r_1和r_2，相对介电常数为ε_r(如习题7-24图所示)。求：(1)介质内、外的$\boldsymbol{E}$和$\boldsymbol{D}$；(2)介质内的极化强度$\boldsymbol{P}$和半径r_2处表面上的极化面电荷密度σ'。

7-25 如习题7-25图所示，一平板电容器中充以三种电介质。已知极板面积为S，求其电容。

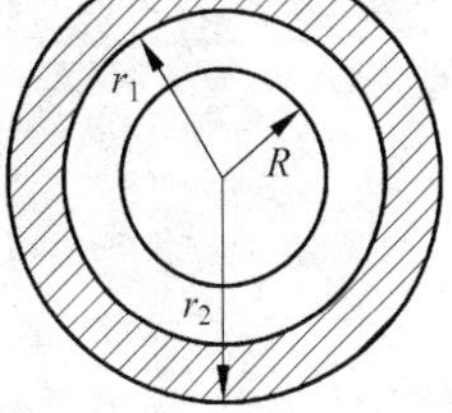

习题7-24图

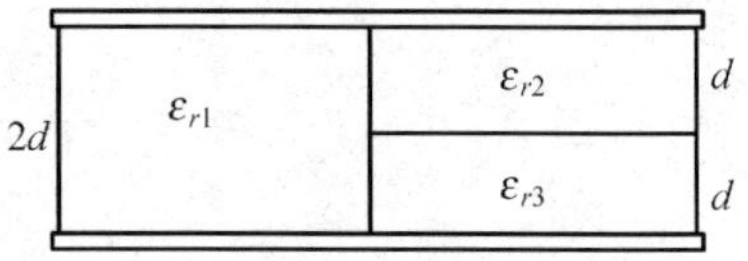

习题7-25图

7-26 4个等量异号的点电荷分别位于边长为1的正方形的4个顶点上，分别如习题7-26图所示。试求两种情况中：(a)每个电荷的电势能；(b)若将此电荷系统拆散，共需做多少功？

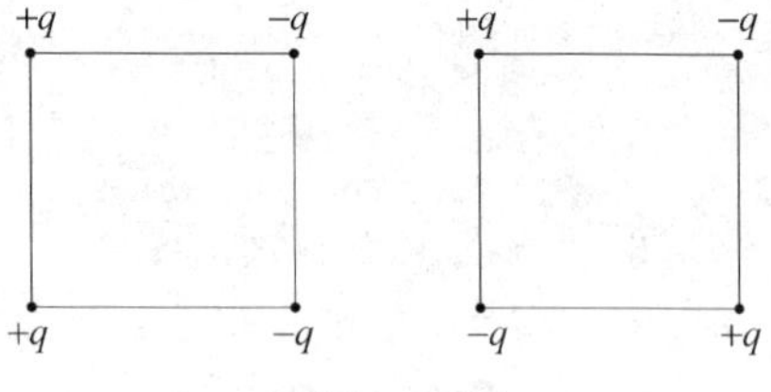

习题7-26图

7-27 有一电容为0.50 μF的平行平板电容器，两极板间被厚度为0.01 mm的聚四氟乙烯薄膜所隔开。(1)求该电容器的额定电压；(2)求电容器存储的最大能量。

7-28 一平行板空气电容器，极板面积为S，间距为d，充电至带电Q后与电源断开，然后用外力缓缓地把两极间距拉开到$2d$，求：(1)电容器能量的改变；(2)在此过程中外力所做的功，并讨论此过程中的功能转换关系。

7-29 半径为2.0 cm的导体球外套有一个与它同心的导体球壳，球壳的内外半径分别为4.0 cm和5.0 cm。当内球带电量为3.0×10^{-8} C时，求：(1)系统储存了多少电能？(2)用导线把壳与球连在一起电能变化了多少？

第 8 章

稳恒电流

引子：从伏打电堆的发明到电流的三种效应

伏特发现用金属导线把两种相互接触的不同金属连接起来，回路中有电流通过，不过电流微弱。为了获得强的电流，伏特把 40～60 对圆形的铜片和锌片相间地叠起来，每一对铜片、锌片之间用盐水浸透的麻布片隔开，制成了“伏打电堆”(见右图)，1800 年 3 月 20 日伏特向英国皇家学会报告了他发明的伏打电堆。伏打电堆能产生几伏的电压，是最早的直流电源，从此，人类对电的研究从静电发展到流动电。

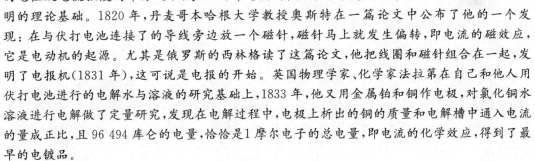

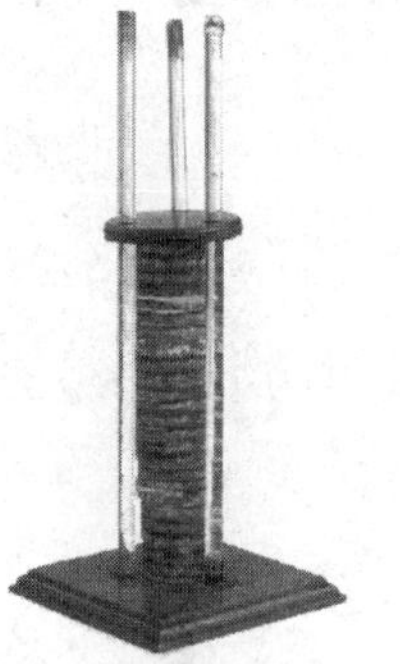

伏打电池发明之后，人们利用这种电池进行了各种各样的实验和研究，取得了包括电流的热效应、磁效应和化学效应在内的一系列关于电的重大的发现。1840 年，焦耳把环形线圈放入装水的试管内，测量不同电流强度和电阻时的水温，发现：导体在一定时间内放出的热量与导体的电阻及电流强度的平方之积成正比，即电流的热效应，它是电用于照明的理论基础。1820 年，丹麦哥本哈根大学教授奥斯特在一篇论文中公布了他的一个发现：在与伏打电池连接了的导线旁边放一个磁针，磁针马上就发生偏转，即电流的磁效应，它是电动机的起源。尤其是俄罗斯的西林格读了这篇论文，他把线圈和磁针组合在一起，发明了电报机(1831 年)，这可说是电报的开始。英国物理学家、化学家法拉第在自己和他人用伏打电池进行的电解水与溶液的研究基础上，1833 年，他又用金属铂和铜作电极，对氯化铜水溶液进行电解做了定量研究，发现在电解过程中，电极上析出的铜的质量和电解槽中通入电流的量成正比，且 96 494 库仑的电量，恰恰是1 摩尔电子的总电量，即电流的化学效应，得到了最早的电镀品。

电磁学是物理学中颇具重要意义的基础学科。现今，无论人类生活、科学技术活动以及物质生产活动都已离不开电。随着科学技术的发展，某些带有专门知识的研究内容逐渐独立，形成专门的学科，如电子学、电工学等。

8-1 电流 电流密度

8-1-1 电流 电流密度

电荷的定向运动就形成电流，这种由于电荷的定向运动形成的电流称为传导电流。电荷的携带者称为载流子，例如，在金属中载流子是电子，在电解质溶液和电离的气体中载流子是正、负离子。

首先讨论一个最简单的情况，即形成电流的所有载流子都相同（例如，金属中的电子）。假想我们在金属中，沿着电流的方向取一任意的、物理意义上无限小的体积，并用$\boldsymbol{v}_{\mathrm{d}}$表示该体积内所有载流子的平均速度，这个速度叫漂移速度，用n表示载流子的浓度，即单位体积载流子的数目。以无限小的面积$\mathrm{d}S$（它和漂移速度$\boldsymbol{v}_{\mathrm{d}}$垂直）为底面、$\boldsymbol{v}_{\mathrm{d}}\mathrm{d}t$为高作一个正圆柱，如图8-1(a)所示。因为在正圆柱里的所有载流子在$\mathrm{d}t$时间内都将通过面积$\mathrm{d}S$，所以在$\mathrm{d}t$时间内通过面积$\mathrm{d}S$的电量$\mathrm{d}q=nev_{\mathrm{d}}\mathrm{d}t\mathrm{d}S$，其中$e$是单个载流子所带的电量，而单位时间通过单位面积的电量是$j=nev_{\mathrm{d}}$。矢量

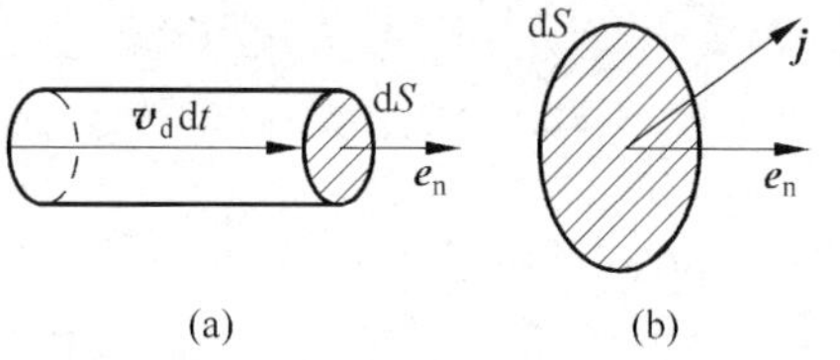

图 8-1

$$\boldsymbol{j}=ne\,\boldsymbol{v}_{\mathrm{d}} \tag{8-1}$$

称为电流密度，电流密度的大小等于在单位时间内，通过垂直于电流方向上的单位面积的电量，它的方向为带正电荷载流子的漂移速度的方向。

不难把上面的讨论推广到几个不同种载流子形成电流的情况，这种情况下电流密度可以定义为下面的表达式

$$\boldsymbol{j}=\sum_i n_i e_i\,\boldsymbol{v}_{\mathrm{d}} \tag{8-2}$$

式中n_i，e_i，$\boldsymbol{v}_{\mathrm{d}}$分别表示第$i$个载流子的浓度、所带的电量和漂移速度。

任意规定面积$\mathrm{d}S$的一个法线的方向为正方向，并用$\boldsymbol{e}_{\mathrm{n}}$表示。如果载流子带正电，那么单位时间通过面积$\mathrm{d}S$的电量取正还是负，取决于载流子的运动方向是沿着还是逆着$\boldsymbol{e}_{\mathrm{n}}$方向，总之可以用下式表示

$$\mathrm{d}q=\boldsymbol{j}\cdot\boldsymbol{e}_{\mathrm{n}}\mathrm{d}S=j_{\mathrm{n}}\mathrm{d}S \tag{8-3}$$

上式对面积$\mathrm{d}S$与$\boldsymbol{j}$不垂直时也适用（见图8-1(b)），因为$\boldsymbol{j}$垂直于$\boldsymbol{e}_{\mathrm{n}}$方向上的分量不能使电荷穿过面积$\mathrm{d}S$。

例1 (1) 设每个铜原子贡献一个自由电子，问铜导线中自由电子的数密度为多少？(2)在家用线路中，容许电流最大值为15 A，铜导线的半径为0.81 mm。试问在这种情况下，电子的漂移速率是多少？(3)若铜导线中电流密度是均匀的，问电流密度的值是多少？

解 (1) 设以ρ表示铜的质量密度，$\rho=8.95\times10^{3}\ \mathrm{kg\cdot m^{-3}}$，$M$表示铜的摩尔质量。$M=63.5\times10^{3}\ \mathrm{kg\cdot mol^{-1}}$，$N_{\mathrm{A}}$表示阿伏伽德罗常数，那么铜内自由电子的数密度为

$$n=\frac{N_{\mathrm{A}}\rho}{M}=\frac{6.02\times10^{23}\times8.95\times10^{3}}{63.5\times10^{-3}}\ 个/\mathrm{m}^{3}=8.48\times10^{28}\ 个/\mathrm{m}^{3}$$

(2) 自由电子漂移速度为

$$v_{\mathrm{d}}=\frac{I}{nSe}=\frac{15}{8.48\times10^{28}\times\pi\times(8.10\times10^{-4})^{2}\times1.60\times10^{-19}}\ \mathrm{m\cdot s^{-1}}$$
$$=5.36\times10^{-4}\ \mathrm{m\cdot s^{-1}}\approx2\ \mathrm{m\cdot h^{-1}}$$

自由电子的漂移速率比蜗牛的爬行速率还要略小一点。

(3) 电流密度则为

$$j=\frac{I}{S}=\frac{15}{\pi\times(8.10\times10^{-4})^2}\text{A}\cdot\text{m}^{-2}=7.28\times10^6\ \text{A}\cdot\text{m}^{-2}$$

8-1-2　电流的连续性方程

电荷守恒定律是物理学的基本规律之一，下面我们将用宏观物理量：电荷密度ρ和电流密度$\boldsymbol{j}$给出它的数学表达式。考察如图 8-2 所示的闭合曲面S，它包围的体积是V。单位时间从体积V内通过面积S的电量是对式(8-3)的积分$\oint j_n \mathrm{d}S$，也等于体积V内电量的减少$-\partial q/\partial t$，其中q是时刻t体积V内的电量，所以有

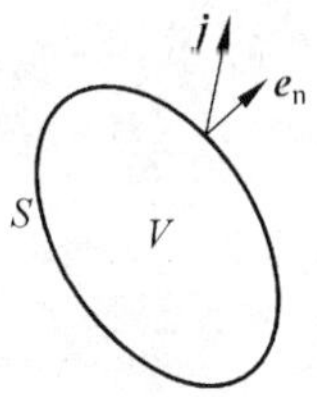

图　8-2

$$\frac{\partial q}{\partial t}=-\oint_S j_n \mathrm{d}S \tag{8-4}$$

式中我们使用了偏微分，目的是强调面积S是保持不变的。代入$q=\int_V \rho \mathrm{d}V$并把面积分变换为体积分，得出关系式

$$\frac{\partial}{\partial t}\int_V \rho \mathrm{d}V=-\int_V \nabla\cdot\boldsymbol{j}\mathrm{d}V$$

这个关系式应该对任一体积都满足，因此有

$$\frac{\partial\rho}{\partial t}+\nabla\cdot\boldsymbol{j}=0 \tag{8-5}$$

式(8-4)和式(8-5)就是宏观电动力学的电荷守恒定律。式(8-5)也叫做电流的连续性方程。

如果电荷的密度不随时间变化，那么式(8-4)和式(8-5)变为

$$\oint \boldsymbol{j}\cdot\boldsymbol{e}_n \mathrm{d}S=0 \quad 和 \quad \nabla\cdot\boldsymbol{j}=0 \tag{8-6}$$

表明$\boldsymbol{j}$对任何闭合曲面的通量总是等于零，即单位时间从任一闭合曲面一侧流入的电荷量，必然等于从另一侧流出的电荷量，由此式(8-6)也称为电流的稳恒条件。

8-2　电阻率　欧姆定律的微分形式

8-2-1　电阻率

在实验基础上总结出的欧姆定律的内容是：在均匀导体中的电流强度I正比于导体两端的电势差U，即

$$I=\frac{U}{R} \tag{8-7}$$

这里R为这段导体的电阻。电阻的单位是Ω(欧[姆])，1 Ω 等于在一段导体两端加上 1 V 的电压，这段导体上的电流强度正好是 1 A 时的电阻。

电阻R与导体的材料、几何形状及温度有关。对于粗细均匀的导体，当导体的材料均匀和温度一定时，其电阻R与长度l、横截面积S的关系为

$$R = \rho \frac{l}{S} \tag{8-8}$$

比例系数 ρ 称为电阻率，单位是 Ω·m。若导体的横截面积 S 各处不同，且（或）电阻率 ρ 也不均匀，式(8-8)应写成下面的积分形式

$$R = \int \rho \frac{\mathrm{d}l}{S} \tag{8-9}$$

8-2-2 欧姆定律的微分形式

由式(8-7)表示的欧姆定律（也称为欧姆定律的积分形式）可以写成微分形式。设想在导体内某一点处取如图 8-3 所示的圆柱形体积元，如果电荷的定向运动是电场推动的，那么对于各向同性的导体，各点处电流密度 $\boldsymbol{j}$ 的方向与电场强度 $\boldsymbol{E}$ 的方向一致。通过圆柱体元横截面 $\mathrm{d}S$ 的电流强度是 $j\mathrm{d}S$，圆柱体元两端的电势差等于 $E\mathrm{d}l$，圆柱体元的电阻为 $\rho\frac{\mathrm{d}l}{\mathrm{d}S}$，代入这些值到式(8-7)，得

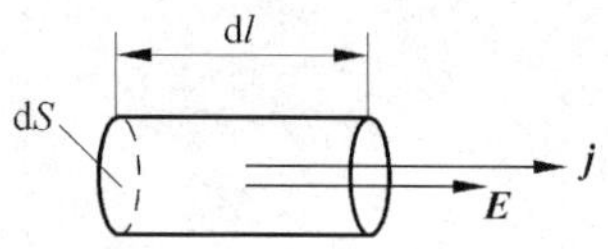

图 8-3

$$j\mathrm{d}S = \frac{\mathrm{d}S}{\rho \mathrm{d}l} E \mathrm{d}l$$

化简后写成矢量式有

$$\boldsymbol{j} = \frac{1}{\rho}\boldsymbol{E} = \gamma \boldsymbol{E} \tag{8-10}$$

式中 $\gamma = \frac{1}{\rho}$ 叫做电导率，单位是 S/m（西[门子]/米），$1\ \mathrm{S} = 1\ \Omega^{-1}$。此式即为欧姆定律的微分形式，即某点处的电流密度等于该点的电场强度和电导率的乘积，它反映了导体中任一点处电流密度与电场强度的关系。

例 2 有一内半径为 R_1，外半径为 R_2 的金属圆柱筒，长度为 l，其电阻率为 ρ。若圆柱筒内缘的电势高于外缘的电势，且它们的电势差为 U 时，圆柱体中沿径向的电流为多少？

解 1 如图 8-4 所示，以半径 r 和 $r+\mathrm{d}r$ 作两个圆柱面，则圆柱面的面积为 $S=2\pi rl$。由电阻的定义，可得两圆柱间的电阻为

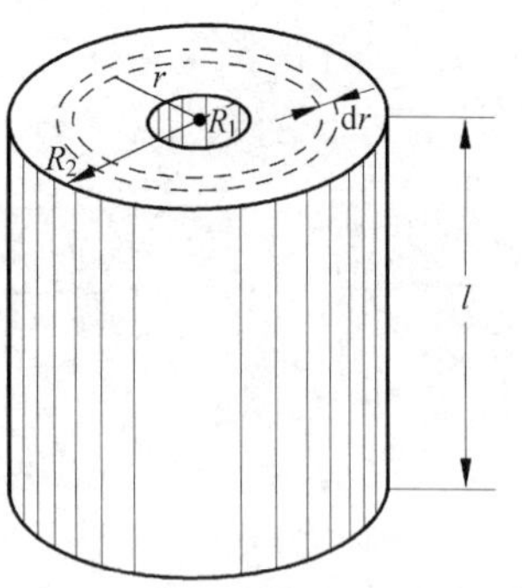

图 8-4

$$\mathrm{d}R = \rho \frac{\mathrm{d}r}{S} = \rho \frac{\mathrm{d}r}{2\pi rl}$$

于是，圆柱筒的径向总电阻为

$$R = \int_{R_1}^{R_2} \rho \frac{\mathrm{d}r}{2\pi rl} = \frac{\rho}{2\pi l}\int_{R_1}^{R_2} \frac{\mathrm{d}r}{r}$$

从而有

$$R = \frac{\rho}{2\pi l} \ln \frac{R_2}{R_1}$$

由于圆柱筒内外缘之间的电势差为 U，所以，由欧姆定律可求得圆柱筒的径向电流为

$$I=\frac{U}{R}=\frac{U}{\frac{\rho}{2\pi l}\ln\frac{R_2}{R_1}}$$

解 2 对半径 r 的圆柱面来说，由于对称性，圆柱面上各点电流密度 $\boldsymbol{j}$ 的大小均相同，各点电流密度的方向均沿径矢向外，因此，通过半径为 r 的圆柱面 S 的电流为

$$I=\int \boldsymbol{j}\cdot \mathrm{d}\boldsymbol{S}=j2\pi rl$$

可得

$$j=\frac{I}{2\pi rl}$$

又由欧姆定律的微分形式，圆柱筒上电场强度 E 的大小为

$$E=\rho j=\frac{\rho I}{2\pi rl}$$

$\boldsymbol{E}$ 的方向沿径矢向外。于是，圆柱筒内缘与外缘之间的电势差应为

$$U=V_1-V_2=\int_{R_1}^{R_2}\boldsymbol{E}\cdot \mathrm{d}\boldsymbol{r}=\frac{\rho I}{2\pi l}\int_{R_1}^{R_2}\frac{\mathrm{d}r}{r}$$

即

$$U=\frac{\rho I}{2\pi l}\ln\frac{R_2}{R_1}$$

由此得，圆柱筒的径向电流为

$$I=\frac{U}{\frac{\rho}{2\pi l}\ln\frac{R_2}{R_1}}$$

上述结果与解 1 所得结果是一致的。在电力工程中常利用上式来计算同轴电缆的径向漏电流。

例 3 有两个分别带有 $\pm Q$ 电荷的良导体 A 和 B，它们被相对电容率为 ε_r，电阻率为 ρ 的物质所包围。试证明该两带电导体之间的电流与两导体的尺寸以及它们间的距离无关。

解 因为两导体间任一点的电流密度取决于该点的电场强度，所以我们应先求导体外任一点的电场强度 $\boldsymbol{E}$。设任意一个导体 A 被闭合曲面 S 所包围。由电介质中的高斯定理 $\oint_S \boldsymbol{D}\cdot \mathrm{d}\boldsymbol{S}=Q$，可得

$$\oint_S \boldsymbol{E}\cdot \mathrm{d}\boldsymbol{S}=\frac{Q}{\varepsilon_0\varepsilon_r}$$

下面计算离开导体 A 的总电流。设在闭合曲面 S 上任意点的电流密度为 $\boldsymbol{j}$，那么离开导体 A 的总电流为

$$I=\oint_S \boldsymbol{j}\cdot \mathrm{d}\boldsymbol{S}$$

而在电阻率为 ρ 的物质中，任意点的电流密度为

$$\boldsymbol{j}=\frac{1}{\rho}\boldsymbol{E}$$

于是，考虑到闭合面 S 上各点的电阻率相同，总电流可写成

$$I=\oint_S \frac{1}{\rho}\boldsymbol{E}\cdot \mathrm{d}\boldsymbol{S}=\frac{1}{\rho}\oint_S \boldsymbol{E}\cdot \mathrm{d}\boldsymbol{S}=\frac{Q}{\rho\varepsilon_r\varepsilon_0}$$

由上式明显看出，两带电导体之间的电流仅依赖于 Q，ρ 和 ε_r，而与两导体的尺寸以及它们之间的距离无关。

各种材料的电阻率都与温度有关。对于绝大多数金属导体来说，它们的电阻率随着温度的升高是增大的，在温度变化范围不大时，电阻率与温度有下面的近似线性关系

$$\rho = \rho_0(1+\alpha t) \tag{8-11}$$

式中 ρ 表示 t℃时的电阻率，ρ_0 表示 0℃时的电阻率，α 叫做电阻的温度系数，单位是 1/℃。不同材料的电阻温度系数不同，表 8-1 给出一些常用金属和合金材料的 α 值和在 0℃时的电阻率 ρ_0。

表 8-1　几种金属、合金和碳的 ρ_0 和 α 值

材　　料	$\rho_0/\Omega\cdot m$	$\alpha/(1/℃)$
银	1.5×10^{-8}	4.0×10^{-2}
铜	1.6×10^{-8}	4.3×10^{3}
铝	2.5×10^{-8}	4.7×10^{-3}
钨	5.5×10^{-8}	4.6×10^{-3}
铁	8.7×10^{-8}	5×10^{-3}
铂	9.8×10^{-8}	3.9×10^{-3}
汞	94×10^{-8}	8.8×10^{-3}
镍铬合金(60%Ni，15%Cr，25%Fe)	110×10^{-8}	1.6×10^{-4}
铁铬合金(60%Fe，30%Cr，5%Al)	140×10^{-8}	4×10^{-3}
镍铜合金(54%Cu，46%Ni)	50×10^{-3}	4×10^{-3}
锰铜合金(84%Cu，12%Mn，4%Ni)	48×10^{-8}	1×10^{-3}

利用金属导体的电阻率随温度变化的这种性质，可以制成电阻温度计。电阻温度计常使用的金属是铂和铜，因为在它们的测温范围内(铂电阻温度计在－200～500℃、铜电阻温度计在－50～150℃)物理、化学性质稳定，而且电阻率随温度变化的线性关系比较好。从表 8-1 还可以看出，有些合金，如镍铬合金和锰铜合金，它们的电阻温度系数特别小，所以用这些合金线绕制的电阻受温度的影响极小，常作为标准电阻来使用。

8-2-3　四类电介体(绝缘体、半导体、导体、超导体)

在室温下，按电阻率的大小，人为地把物体划分为三类，即导体(电阻率约为 $10^{-8}\sim10^{-6}\ \Omega\cdot m$)、半导体(电阻率约为 $10^{-5}\sim10^{6}\ \Omega\cdot m$)和绝缘体(电阻率约为 $10^{8}\sim10^{18}\ \Omega\cdot m$)。当温度降到绝对零度附近时，某些金属、合金和化合物的电阻率突然降为零，这种现象叫做超导电现象，具有这种性质的物体称为超导体。

以电势差为横坐标，电流强度为纵坐标画出的曲线叫做电介体的伏安特性曲线。对欧姆定律成立的导体，它的伏安特性曲线是一条通过原点的直线，其斜率等于电阻的倒数，它是一个与电势差、电流强度无关的常量，具有这种性质的电学元件叫做线性元件，线性元件的电阻叫做线性电阻。

对于绝缘体和半导体，欧姆定律不成立，它们的伏安特性曲线不是直线，而是不同形状

的曲线。在常温、常压下，气体是优良的绝缘电介质，但由于热运动碰撞、光照和辐射等的作用，使气体中产生少量的离子。这些离子在外电场作用下的定向迁移使气体产生一定程度的电导。在两个平行的金属板间充以气体，加上直流电压后，测量其电流与电压，就可以得到图 8-5 所示的气体的伏安特性曲线。由图 8-5 可见，曲线大体上可划分为以下三个部分：第一部分，当电场强度很小时，电流密度随电场强度近似呈正比增加，大致符合欧姆定律；第二部分，当电场强度增加到 E_1 附近，电流密度趋于饱和，不再随电场强度发生变化。但饱和电流密度数值极小，因此这时气体间隙仍处于良好的绝缘状态；第三部分，当电场强度增至E_2 附近时，又出现电流的增长，但这时电流密度仍很小，气体的绝缘性能尚未遭到破坏；最后，当电场强度升高到临界值 E_m 时，电流密度突然急剧增大，并伴随有明显的声、光现象，气体的绝缘性能遭到破坏，这就是气体的电击穿。气体被击穿后，随电流的增加，两极之间的电压下降，即场强减小，这是因为此时的强烈电离的气体电导率很大，强电场难以再建立起来。正常情况下，空气的 E_2 值约为 10 kV/cm，而击穿场强 E_m 约为 30 kV/cm。

在液体电介质中，矿物油如变压器油、电容器油、电缆油等是广泛使用的液体绝缘材料。此外，某些植物油如蓖麻籽油、桐油及合成的脂类油也常有使用。高温下，则经常使用硅油、氟化烃油类等。液体电介质的电导和击穿是个相当复杂的过程，影响因素很多。图 8-6 给出了实验所得的液体(高纯度硝基苯)电介质的伏安特性曲线。由图可见，在弱场区电流随电场的增加大致呈线性增加，符合欧姆定律；在强场区电流随电场的增加接近于呈指数形式增加；在中场区则没有明显的电流饱和现象。这表明，液体与气体电介质的伏安特性曲线相接近，而主要区别是在中场区没有明显的电流饱和现象。其原因可解释为：与气体相比，液体的密度大，离子的迁移率小，并且在液体中离子相遇而复合的几率大。这些因素都是使离子不易全部到达电极，于是在中场区，随着电场强度的升高，电流仍有所增加。

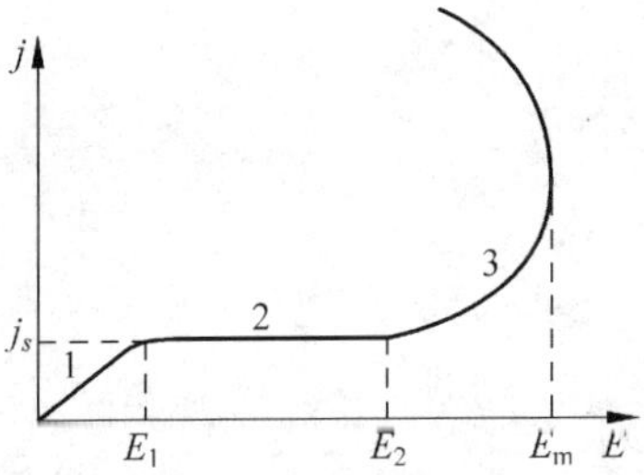

图　8-5

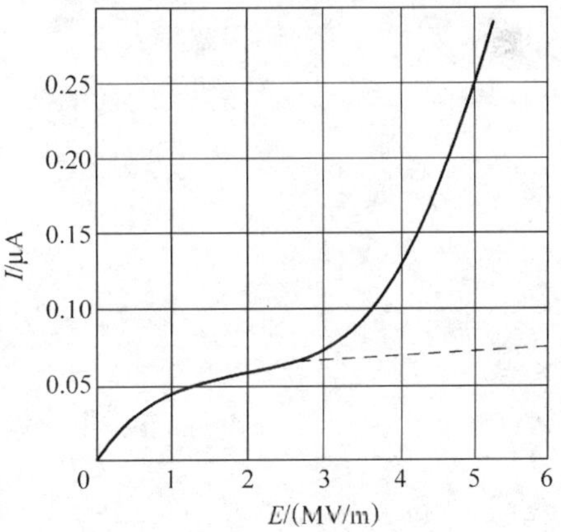

图　8-6

尽管绝缘体从其本意来看应该是完全不导电的，然而从气体、液体的伏安特性曲线来看，实际上在直流电压的作用下，总会有微弱的电流流过(漏导电流)。在一定的电压范围内，固体电介质的漏导电流与所加的电压成正比，符合欧姆定律；在高电压范围内，它的导电特性将偏离线性欧姆定律，此时的伏安特性曲线比较复杂，因为它不仅与材料本身有关，还与试样的几何形状和尺寸有关。固体电介质的击穿，除了材料本身的特性以外，还受到一系列外界因素的影响，诸如试样和电极的形状、外界媒质、电压类型、温度、介质散热条件等。

与气体和液体电介质相比，固体电介质击穿有以下几个特点：一是固体电介质的击穿场强比气体高两个数量级，比液体高一个数量级左右；二是固体通常总是在气体或液体环境媒质中，击穿往往发生在击穿场强比较低的气体或液体环境媒质中，这种现象称为边缘效应，因此在进行固体击穿试验时，必须尽可能地排除边缘效应；三是固体电介质的击穿一般是破坏性的，击穿后在试样中留下贯穿的孔道、裂纹等不可恢复的伤痕。

我们以晶体二极管为例来说明半导体的导电性质。图 8-7 给出了晶体二极管的伏安特性曲线，从曲线可以看到，晶体二极管是一个非线性元件。值得注意的是，在晶体二极管两极加上反向电压时，在电路中的电流很小，并很快就会达到饱和；当反向电压增大到一定值时，反向电流急剧增加，而电压几乎不变，此时晶体二极管被击穿，元件损坏。

1911 年荷兰物理学家昂尼斯(H. K. Onnes，1853—1926 年)研究在低温下汞的电阻随温度的变化关系时发现，在 4.2 K 附近，汞的电阻突然变为零，如图 8-8 所示，汞成了超导体，昂尼斯把金属电阻突然降为零的状态称为超导态，或称超导电性，把电阻发生突变的温度称为超导转变温度(或临界温度，用 T_c 表示)。后来人们发现许多金属、合金、化合物和氧化物陶瓷都具有超导电性，表 8-2 给出一些材料的临界温度。零电阻率是超导体的一个重要特性，由于超导体的电阻为零，所以电流在超导体内流动时，导体内任意两点间没有电势差，整个超导体是一个等势体。为了显示零电阻现象，有人曾作过这样一个演示实验：把一个超导线圈放在磁场中，并把温度降至临界温度 T_c 以下，然后把磁场撤去，这时在线圈中便激起感应电流。由于该超导线圈是处于临界温度 T_c 以下，故线圈的电阻为零，这个线圈中的电流经过一年之久仍未见衰减的迹象。

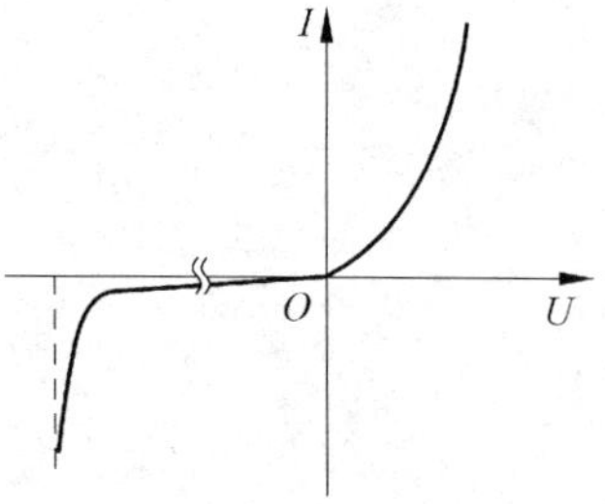

图 8-7

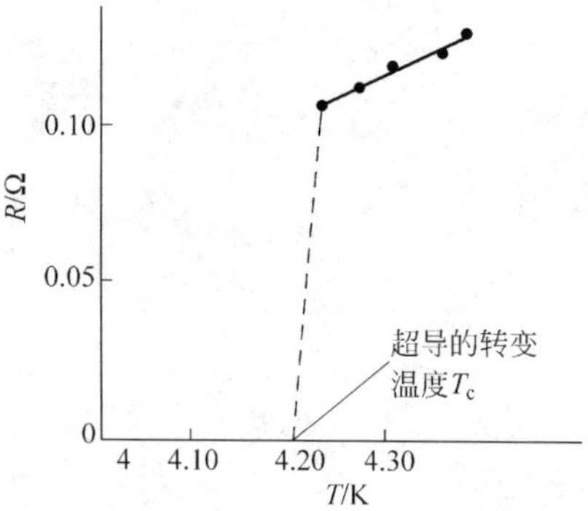

图 8-8

表 8-2 几种超导材料的临界温度

材　料	临界温度 T_c/K	发现年份
汞(Hg)	4.15	1911
铅(Pb)	7.26	1913
铌(Nb)	9.2	1930
氮化铌(NbN)	14.7	1955
铌三锗(Nb_3Ge)	23.2	1973
镧钡铜氧化物(La—Ba—Cu—O)	35	1986
钇钡铜氧化物(Y—Ba—Cu—O)	90	1987
钡锶铜氧化物(Ba—Sr—Cu—O)	110	1988
铊钡钙鲷氧化物(Tl—Ba—Ca—Ca—O)	120	1989

8-3　电源　电动势

如果作用在电流载流子上的力只有静电场力，那么在静电场力的作用下，正载流子从电势高的地方向电势低的地方移动，而负载流子的移动方向相反，最终导致所有相互连接的导体具有相同的电势，从而导体间的电流消失了。所以，为了保持电流稳恒，在电路中除了需要能使正载流子向电势低的方向移动之外（这是静电场力的作用），还需要能把移到低电势处的正载流子再送回到高电势，这个过程靠静电场力是无法完成的，但可以利用机械的、化学的、热的、磁的、光的作用等来完成这个过程，习惯上我们把这些作用统称为非静电力。

8-3-1　电源　电动势

我们把能够提供非静电力的装置叫做电源，常见的电源有干电池、蓄电池、发电机等。电源有正负两个电极，正极电势高，用导线把电源两极和电器连起来就构成闭合的电流回路，如图 8-9(a)所示，电源外的电路称外电路，电源内的电路称内电路。由图 8-9(b)可见，电源内的非静电力 $\boldsymbol{F}'$ 将正电荷由负极移到正极要克服静电力 $\boldsymbol{F}$ 做功，实际上这就是把其他形式的能量转变为电能的过程。不同的电源能量转变的能力不同，为了表征电源这个特性，人们引入了电动势这一物理量。若用 $\boldsymbol{E}_{\mathrm{k}}$ 表示单位正电荷所受的非静电力，并把它等效看作非静电场，则非静电场的强度是

$$\boldsymbol{E}_{\mathrm{k}}=\frac{\boldsymbol{F}'}{q}$$

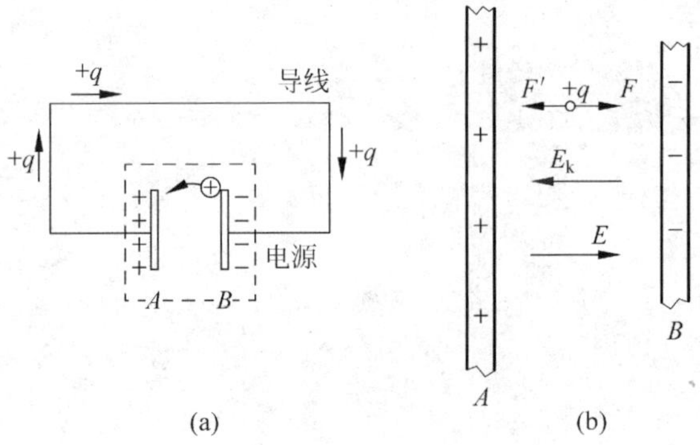

图　8-9

这样电源的电动势 ε 定义为

$$\varepsilon=\int_{-}^{+}\boldsymbol{E}_{\mathrm{k}}\cdot\mathrm{d}\boldsymbol{l}\tag{8-12}$$

即把单位正电荷从负极通过电源内部移到正极非静电场力所做的功。由此可见，电源电动势只取决于电源本身，一定的电源具有一定的电动势，而与外电路无关。

有时非静电力不只限定于一段电路上，而存在于整个电路中，这时电动势就等于 $\boldsymbol{E}_{\mathrm{k}}$ 沿整个电流回路的线积分

$$\varepsilon=\oint_{l}\boldsymbol{E}_{\mathrm{k}}\cdot\mathrm{d}\boldsymbol{l}\tag{8-13}$$

另外值得提醒的是，电动势虽是标量，但在计算电路问题时，为了方便判断在已知电流流向时非静电力是做正功还是负功，通常规定：经电源内部，负极指向正极的方向作为电动势的方向。

8-3-2 稳恒电场

在稳恒电流电路中，导体中的电流是由稳恒电场决定的。正是由于此电场的作用，正电荷从正极向负极移动，移动的过程中，从能量的角度来看，就是把由非静电场力转化的电能运送到负载。下面我们来看一看决定电场的电荷的分布情况。

在稳恒电流条件下，均匀导体内部没有净电荷，电荷只可能分布在导体的表面和导体间的界面处，说明如下。根据稳恒电流条件式(8-6)得到

$$\oint \boldsymbol{j} \cdot \boldsymbol{e}_{\mathrm{n}} \mathrm{d}S = \oint \gamma \boldsymbol{E} \cdot \boldsymbol{e}_{\mathrm{n}} \mathrm{d}S = 0$$

对于均匀导体，γ 可以从积分号内提出来，得

$$\oint \boldsymbol{E} \cdot \boldsymbol{e}_{\mathrm{n}} \mathrm{d}S = 0$$

在导体内任一闭合曲面 S，上式均成立，由高斯定理得知，闭合曲面内的电荷的代数和等于零，所以均匀导体内部没有净电荷。对于闭合曲面内部包含导体间界面点，由于界面两侧的电导率 γ 不同，所以界面上有电荷分布。

当一个闭合回路中的电流达到稳恒状态时，界面(导体间的界面和导体与介质间的界面)上电荷的分布是这样的稳定状态，此状态使得导体内的电流满足欧姆定律，并且稳恒电场线要与导体的表面平行，否则在电流线指向导体表面的地方将有电荷的继续累积，与稳恒电流状态这个前提矛盾。

8-3-3 含电源电路的欧姆定律

前面讨论了电流通过一段均匀电路时的欧姆定律式(8-7)或式(8-10)，但实际上我们经常会遇到包含电源在内的各种电路。

在含有电源的电路中，电源的内部的电流密度是由稳恒电场 $\boldsymbol{E}$ 和非静电场 $\boldsymbol{E}_{\mathrm{k}}$ 共同决定的，显然式(8-10)可推广为

$$\boldsymbol{j} = \gamma(\boldsymbol{E} + \boldsymbol{E}_{\mathrm{k}}) \tag{8-14}$$

上式也可称为含电源电路欧姆定律的微分形式。

下面我们来计算一段电路的两个端点之间的电势差 U_{AB}，如图 8-10 所示，设电流密度在各处是均匀分布的。

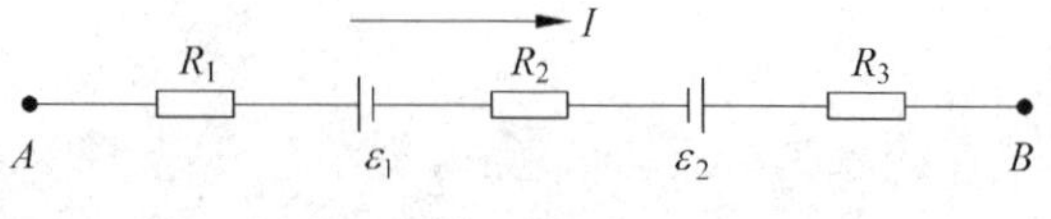

图 8-10

式(8-14)除以 γ 后，再点乘线元 $\mathrm{d}\boldsymbol{l}$，它的方向是从 A 端指向 B 端(和电流的方向一致，规定这个方向为正方向)，然后沿 A 点积分到 B 点

$$\int_A^B \frac{\boldsymbol{j}\cdot \mathrm{d}\boldsymbol{l}}{\gamma} = \int_A^B \boldsymbol{E}\cdot \mathrm{d}\boldsymbol{l} + \int_A^B \boldsymbol{E}_\mathrm{k}\cdot \mathrm{d}\boldsymbol{l} \tag{8-15}$$

对于上式的左边，用 $1/\rho$ 代替 γ，用 $j_l \mathrm{d}l$ 替代 $\boldsymbol{j}\cdot \mathrm{d}\boldsymbol{l}$，其中 j_l 是矢量 $\boldsymbol{j}$ 在 $\mathrm{d}\boldsymbol{l}$ 方向上的投影，再用 I/S 替代 j_l，因为电流是稳恒的，所以电流 I 可以提到积分号外，最终式(8-15)左边变形为

$$\int_A^B \frac{\boldsymbol{j}\cdot \mathrm{d}\boldsymbol{l}}{\gamma} = I\int_A^B \rho \frac{\mathrm{d}l}{S}$$

其中 $\int_A^B \rho \frac{\mathrm{d}l}{S} = R_1 + R_2 + R_3 + r_1 + r_2 = R$ 正是 AB 间的总电阻，r_1，r_2 分别为电源 ε_1，ε_2 的内阻，在计算中忽略了导线本身的电阻。

对于式(8-15)的右边，第一个积分是 AB 两点间的电势差 $U_{AB} = V_A - V_B$，而第二个积分是 AB 两点间所有电动势的代数和，这里代数和的意思是：电动势的方向与电流的方向相同，则电动势取正值，反之取负值，所以图 8-10 所示电路中电动势的代数和是 $\varepsilon = -\varepsilon_1 + \varepsilon_2$。

经过对式(8-15)左右两边的变换，我们得到含电源电路欧姆定律的积分形式

$$IR = U_{AB} + \varepsilon \tag{8-16}$$

从式(8-16)可以得到下面两点推论：

(1) 如果电路是闭合的，那么 $V_A = V_B$，所以有 $IR = \varepsilon$，ε 是整个闭合回路电源电动势的代数和，R 是整个闭合回路的电阻。

(2) 如果电流 $I=0$，即 A 点或(和)B 点是从闭合回路断开的情况，则 $\varepsilon = -U_{AB}$。从这个推论我们也可得出，在没有接外电路时，电源的电动势就等于电源两极间的电势差。

例 4　在如图 8-11 所示的电路中，$\varepsilon_1 = 2.4\ \mathrm{V}$，$r_1 = 2\ \Omega$，$\varepsilon_2 = 1.2\ \mathrm{V}$，$r_2 = 1\ \Omega$，$R = 3\ \Omega$。求(1)电流 I；(2)ε_1 的端电压；(3)ε_2 的端电压；(4)ε_1 所消耗的化学能及所输出的有效功率；(5)输入 ε_2 的功率及转变为化学能的功率；(6)电阻 R 上产生的热功率。

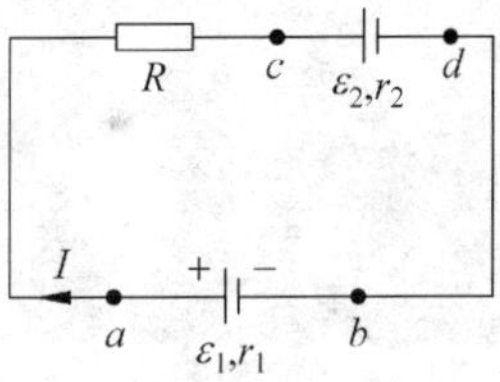

图　8-11

解　(1) 设 I 的方向如图中所示，则从 a 点出发沿顺时针方向巡查一周(注意，沿一周时始末两点重合，电势增量为零)，按一段含电源的欧姆定律可得

$$\varepsilon_1 - \varepsilon_2 - IR - Ir_1 - Ir_2 = 0$$

所以

$$I = \frac{\varepsilon_1 - \varepsilon_2}{R + r_1 + r_2} = 0.2\ \mathrm{A}$$

电流 I 的实际方向与图中假设的方向一致。

(2) 选定巡查方向由 a 经 ε_1 到 b，可得

$$U_b - U_a = -\varepsilon_1 + Ir_1 = -2.0\ \mathrm{V}$$

说明 a 点电势比 b 点高 2.0 V，即

$$U_a - U_b = 2.0\ \mathrm{V}$$

(3) 选定巡查方向自 c 经 ε_2 到 d，可得

$$U_d - U_c = -\varepsilon_2 - Ir_2 = -1.4\ \mathrm{V}$$

或

$$U_c - U_d = 1.4\ \mathrm{V}$$

(4) ε_1 的化学能功率为

$$P_1 = I\varepsilon_1 = 0.2 \times 2.4\ \text{W} = 0.48\ \text{W}$$

ε_1 的输出功率为

$$P_2 = I(U_a - U_b) = 0.2 \times 2.0\ \text{W} = 0.40\ \text{W}$$

消耗在内阻 r_1 上的功率为

$$P_3 = I^2 r_1 = (0.2)^2 \times 2\ \text{W} = 0.08\ \text{W}$$

(5) 输入 ε_2 的功率为

$$P_4 = IU_{cd} = 0.2 \times 1.4\ \text{W} = 0.28\ \text{W}$$

转变为化学能的功率为

$$P_5 = I\varepsilon_2 = 0.2 \times 1.2\ \text{W} = 0.24\ \text{W}$$

消耗在内阻 r_2 上的功率为

$$P_6 = I^2 r_2 = 0.04\ \text{W}$$

(6) 电阻 R 上产生的热功率为

$$P_7 = I^2 R = (0.2)^2 \times 3\ \text{W} = 0.12\ \text{W}$$

以上计算结果符合能量守恒定律，即电池 ε_1 消耗化学能的功率，等于电池 ε_2 中转变为化学能的功率以及消耗于电阻 r_1，r_2，R 上的热功率之和。

8-4 电容器的充放电

到目前为止，我们只讨论了稳恒电流。实际上，在电路中电流变化不太快的情况下，恒定电流电路的规律对此电路也适用，因为电流的瞬时值在电路的任一横截面处都相等，这种电路中的电流与此电流所对应的电场称为似稳电流和电场，总结一句话为，如果使用瞬时值，那么似稳电流的电路问题可以用稳恒电流电路的规律来解决。下面我们将在似稳电流的条件下讨论电容器的充放电。

(1) 电容器的放电

如果一个已被充电的电容器（电容为 C）和电阻 R 构成一个闭合回路（见图 8-12），那么电路里有电流流动，设电流的瞬时值、电容器正极板的电量和两板之间的电势差分别表示为 I、q 和 U。考虑到电流从正极板流向负极板为电流 I 的正方向，有 $I=-\mathrm{d}q/\mathrm{d}t$。根据部分电路的欧姆定律，对电阻 R 的两端有

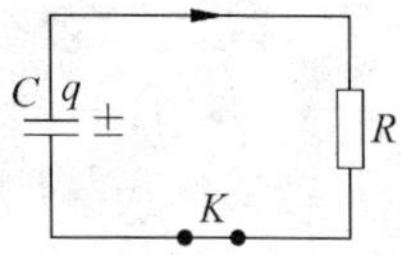

图 8-12

$$RI = U$$

把 $I=-\mathrm{d}q/\mathrm{d}t$ 和 $U=q/C$ 代入上式，化简得

$$\frac{\mathrm{d}q}{\mathrm{d}t} + \frac{q}{RC} = 0 \tag{8-17}$$

令电键闭合的瞬间为 $t=0$，此时电容器的电量为 q_0，上式积分为

$$q = q_0 \mathrm{e}^{-\frac{t}{\tau}} \tag{8-18}$$

式中 $\tau=RC$ 具有时间的量纲，称为 RC 电路的时间常数。从式(8-18)可见，τ 是电容器的电量衰减到初始值的 $1/\mathrm{e}$ 所需的时间。

式(8-18)对时间的一阶微分，得到电流 I 随时间变化的函数关系

$$I=-\frac{dq}{dt}=I_0\,e^{-t/\tau} \tag{8-19}$$

其中 $I_0=q_0/\tau$ 是初始时刻 $t=0$ 的电流强度。图 8-13 画出了电容器上的电量随时间变化的曲线，电路中的电流随时间的变化也有类似的曲线形状。

(2) 电容器的充电

研究一个由电容器(电容为 C)、电阻 R 和电动势为 ε 的电源串联的电路，如图 8-14 所示。在开关未闭合前，电容器极板没有电荷，在 $t=0$ 时开关闭合，电路有电流通过，电容器开始充电。随着电容器极板电荷的增加，电路中的电流逐渐减小。对 $1\varepsilon R2$ 这段电路使用欧姆定律

$$RI=V_1-V_2+\varepsilon$$

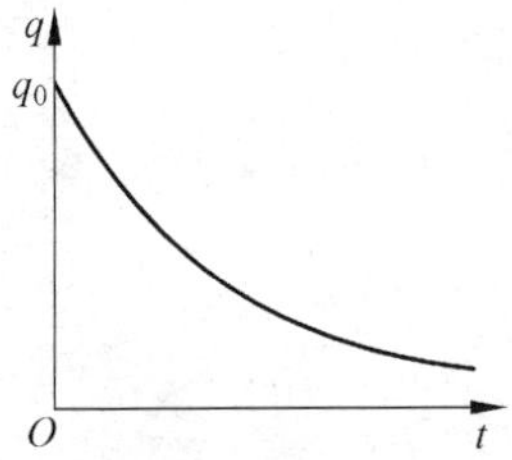

图　8-13

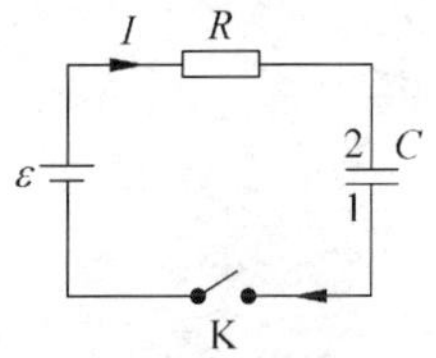

图　8-14

这里的 R 应理解为这段电路的总电阻，其中包括电源的内阻。考虑到 $I=dq/dt$ 和 $V_2-V_1=U=q/C$，上式可写为

$$\frac{dq}{dt}=\frac{\varepsilon-q/C}{R}$$

即

$$\frac{R\,dq}{\varepsilon-q/C}=dt$$

对上式积分，并代入初始条件，得

$$q=q_m(1-e^{-t/\tau})$$

式中 q_m 是电容器所带电量的极限值(在 $t\to\infty$ 时)；$\tau=RC$。

电路中电流随时间的变化规律是

$$I=\frac{dq}{dt}=I_0\,e^{-t/\tau}$$

其中 $I_0=\varepsilon/R$。图 8-15 给出了 $q(t)$ 和 $I(t)$ 的时间函数关系。

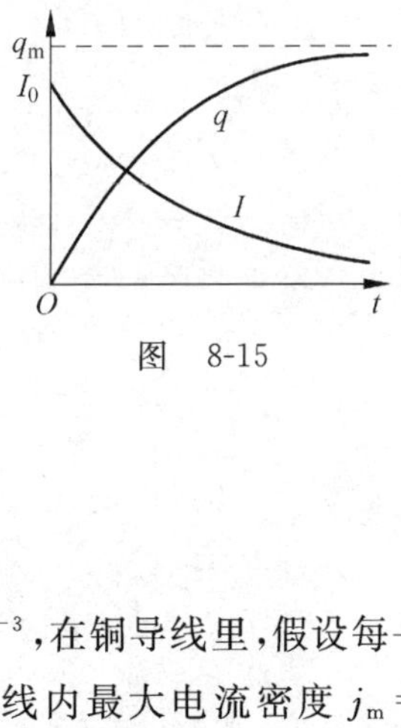

图　8-15

习　　题

8-1　已知铜的摩尔质量 $M=63.75\ g\cdot mol^{-1}$，密度 $\rho=8.9\ g\cdot cm^{-3}$，在铜导线里，假设每一个铜原子贡献出一个自由电子。(1)为了技术上的安全，铜线内最大电流密度 $j_m=6.0\ A\cdot mm^{-2}$，求此时铜线内电子的漂移速率；(2)在室温下电子热运动的平均速率是电子漂移速率的多少倍？

8-2　在电视显像管中，电子束沿管轴射向管端的荧光屏上。设电子束形成的电流是 1.6×10^{-3} A，问每秒内有多少电荷射到管端？又设电子束中的电子速率为 $5\times10^{-7}\ m\cdot s^{-1}$，

问 1 s 内有多长的电子束打到屏上？在 1 cm 长的电子束内有多少个电子？

8-3 有两个同轴导体圆柱面，它们的长度均为 20 m，内圆柱面的半径为 3.0 mm，外圆柱面的半径为 9.0 mm。若两圆柱面之间有 10 μA 电流沿径向流过。求通过半径为 6.0 mm 的圆柱面上的电流密度。

8-4 沿半径 R 的圆柱截面的电流密度为(1)$j=j_0\left(1-\dfrac{r}{R}\right)$；(2)$j=j_0\dfrac{r}{R}$，$r$ 为距离圆柱中心轴线的距离。计算上述两种情况下流过此导体的电流强度。

8-5 有两个半径分别为 R_1 和 R_2 的同心球壳，其间充满了电导率为 γ(γ 为常量)的介质，若在两球壳间维持恒定的电势差 U，求两球壳间的电流。

8-6 把大地看成均匀的导电介质，其电导率为 γ。现有一半径为 r 的球形电极，将其一半埋于地下(见习题 8-6 图)。求此电极的接地电阻。

8-7 如习题 8-7 图所示，圆锥体电阻率为 ρ，长为 l，两端面的半径分别为 R_1 和 R_2。试计算此锥体两端面之间的电阻。

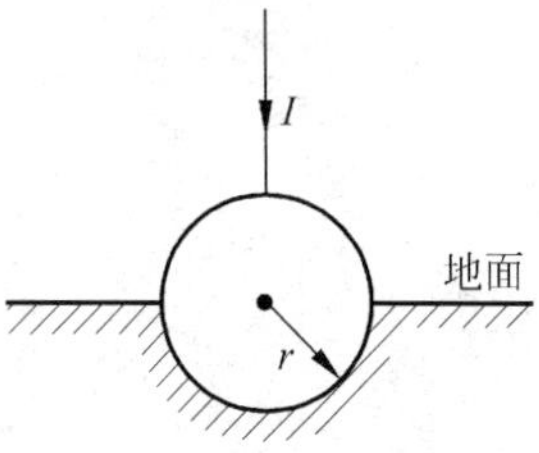

习题 8-6 图

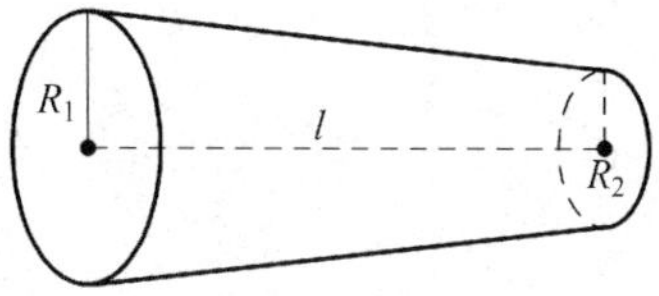

习题 8-7 图

8-8 在地球大气中存在有土壤中放射性元素产生的和来自宇宙射线中的正负带电离子，其电量为 e。已知某区域中正负离子的数密度分别为 $n_+=620\ \text{cm}^{-3}$，$n_-=550\ \text{cm}^{-3}$。又已知大气中存在电场，场强为 120 V/m，并测得大气的电导率为 $\gamma=2.70\times10^{-14}$ S/m。大气中电流密度有多大？设正负离子有相同的漂移速度 $\boldsymbol{v}_d$，则 $\boldsymbol{v}_d$ 应为多大？

8-9 如习题 8-9 图所示的电路中，$\varepsilon_1=6$ V，$\varepsilon_2=2$ V，$R_1=1\ \Omega$，$R_2=2\ \Omega$，$R_3=3\ \Omega$，$R_4=4\ \Omega$。求：(1)通过各电阻的电流；(2)A，B 两点间的电势差。

8-10 如习题 8-10 图所示，$\varepsilon_1=\varepsilon_2=2.0$ V，内阻 $R_{i1}=R_{i2}=0.1\ \Omega$，$R_1=5.0\ \Omega$，$R_2=4.8\ \Omega$。试求：(1)电路中的电流；(2)电路中消耗的功率；(3)两电源的端电压。

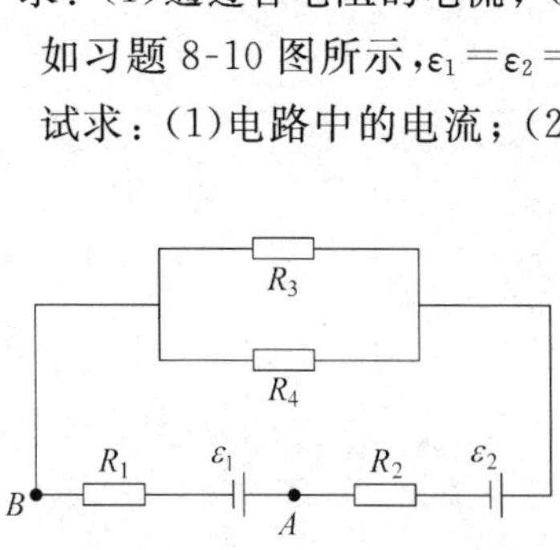

习题 8-9 图

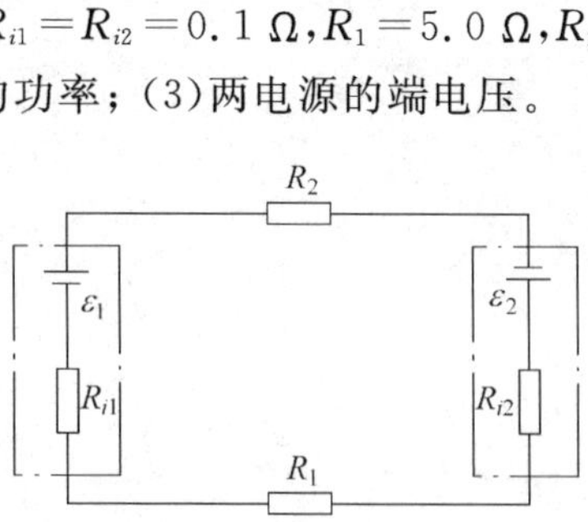

习题 8-10 图

8-11 如习题 8-11 图所示电路中，若 $\varepsilon=14$ V，$R=7.5\times10^4\ \Omega$，$C=0.84\ \mu$F，求(1)电路中的时间常数；(2)闭合开关时最大充电电流；(3)闭合开关 500 ms 后，电路中的电流和电容器极板上的电荷；(4)电容器上最终的电荷。

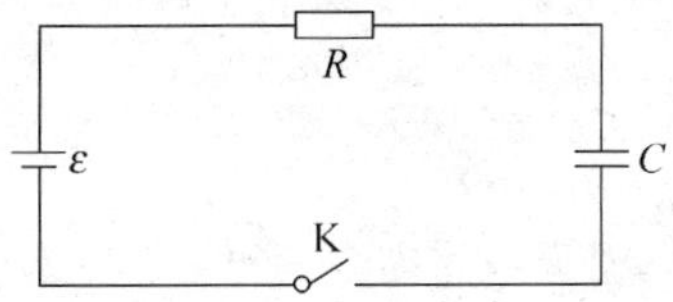

习题 8-11 图

8-12　红宝石激光器中的脉冲氙灯，常利用 2000 μF 的电容器充电到 4000 V 后放电时的瞬时大电流来使之发光。如电源给电容器充电时的最大输出电流为 1.0 A。(1)求此充电电路的时间常数 τ_1；(2)脉冲氙灯放电时，其灯丝内阻近似为 0.5 Ω，求最大放电电流 I_m 和放电电路的时间常数 τ_2；(3)在 $0\sim\tau_2$ 时间内，电容器放电释放的能量占总能量的百分之几？

参 考 文 献

1. 吴锡珑. 大学物理教程. 北京：高等教育出版社，1999
2. 马文蔚等. 物理学. 北京：高等教育出版社，1999
3. 张三慧. 力学(第二版). 北京：清华大学出版社，1999
4. 王正行. 近代物理学. 北京：北京大学出版社，1995
5. 赵展岳. 相对论导引. 北京：清华大学出版社，2002
6. Wolfgang Rindler. Introduction to special relativity, Clarendon press, Oxford, 1991
7. 张三慧. 大学基础物理学. 北京：清华大学出版社，2003
8. 马文蔚. 物理学(第五版). 北京：高等教育出版社，2006
9. 张三慧等译. 物理学基础(哈立德原著第六版). 北京：机械工业出版社，2004
10. 郑永令等译. 费曼物理学讲义. 上海：上海科学技术出版社，2005
11. 滕小瑛改编. 大学物理学(Douglas C. Giancoli 原著). 北京：高等教育出版社，2005
12. 殷之文. 电介质物理(第二版). 北京：科学技术出版社，2003
13. 杨津基. 气体放电. 北京：科学技术出版社，1983
14. 恽英. 大学物理学(音像文字结合教材)，1996
15. 赵凯华. 电磁学. 北京：人民教育出版社，1978